电气工程、自动化专业系列教材
国家精品课程"过程控制与集散系统"配套教材

过程控制及其 MATLAB 实现

（第 3 版）

刘晓玉　主编

吴怀宇　刘　斌　方康玲　黄卫华　副主编

U0225971

电子工业出版社
Publishing House of Electronics Industry
北京·BEIJING

内 容 简 介

本书为国家精品课程"过程控制与集散系统"的配套教材。本书系统地介绍了有关过程控制的理论与技术。全书共分 11 章，内容包括概述、过程控制系统建模方法、过程控制系统设计、PID 调节原理、串级控制、特殊控制方法、补偿控制、关联分析与解耦控制、模糊控制、预测控制和先进控制。

本书从基本概念出发，深入浅出地阐述了过程控制系统的本质与特点，同时配合大量的应用实例，力图使学生掌握过程控制系统分析、设计和优化的基本原理和方法。

本书可作为高等学校自动化类专业本科及研究生的教材，也可作为有关领域工程技术人员的参考书。

未经许可，不得以任何方式复制或抄袭本书部分或全部内容。
版权所有，侵权必究。

图书在版编目(CIP)数据

过程控制及其 MATLAB 实现 / 刘晓玉主编. —3 版. —北京：电子工业出版社，2021.2
ISBN 978-7-121-40537-2

Ⅰ. ①过…　Ⅱ. ①刘…　Ⅲ. ①过程控制—Matlab 软件—高等学校—教材　Ⅳ. ①TP273

中国版本图书馆 CIP 数据核字（2021）第 023624 号

责任编辑：韩同平
印　　刷：涿州市京南印刷厂
装　　订：涿州市京南印刷厂
出版发行：电子工业出版社
　　　　　北京市海淀区万寿路 173 信箱　　邮编：100036
开　　本：787×1092　1/16　印张：19.25　字数：616 千字
版　　次：2009 年 1 月第 1 版
　　　　　2021 年 2 月第 3 版
印　　次：2025 年 1 月第 7 次印刷
定　　价：65.90 元

凡所购买电子工业出版社图书有缺损问题，请向购买书店调换。若书店售缺，请与本社发行部联系，联系及邮购电话：(010) 88254888，88258888。

质量投诉请发邮件至 zlts@phei.com.cn，盗版侵权举报请发邮件至 dbqq@phei.com.cn。

本书咨询联系方式：(010) 88254525，hantp@phei.com.cn。

第 3 版前言

本书为国家精品课程"过程控制与集散系统"的配套教材。

本书第 1 版于 2009 年 1 月出版,书名为《过程控制与集散系统》,第 2 版于 2013 年 9 月出版,书名变更为《过程控制及其 MATLAB 实现》。

第 3 版在保持本书原有特色的基础上,主要做了以下几方面的调整和更新:将 MATLAB 仿真融入每章中;第 1 章增加对过程控制发展进程的总结和思考;精简第 2 章内容,突出机理建模基本方法及测试建模的时域法、最小二乘法;重写第 3 章,通过实例讲解过程控制系统设计方法,从产品选型需求出发总结各类过程参量检测仪表原理,介绍执行机构原理和特点;第 4 章增加对 PID 参数经验试凑法的解释;删掉第 12、13 章。

本书主要有以下几个方面的特色:

(1)突出工程教育理念。以使学生树立工程思想、掌握工程概念、具备工程思维为产出结果,通过大量工程实例引发学生对各种工业生产过程中复杂工程问题的认知,使其从中发现相关控制问题,学会依据控制理论、结合实际工程需求和客观条件分析工程问题、解决工程问题。

(2)注意理论和应用相结合。将控制理论的概念和方法嵌入到过程控制工程应用背景下,通过整合、协调理论和应用的教学内容,采用澄清、总结归纳和启发等教学方法,力求使学生控制概念清晰、理论基础扎实、实践应用能力强,且能举一反三。

(3)加强过程控制 MATLAB 仿真。直接将 MATLAB 仿真与过程控制系统数学建模、PID 调节、串级控制、各种复杂控制和先进控制等内容相结合。仿真实例有验证、设计、分析等类型,是对相关教学内容的有力验证和补充解释,可丰富教师的教学手段,可加深学生对过程控制相关理论的认知和理解,加强过程控制系统设计和分析能力。仿真实例也可作为学生实验及课程设计的素材。

本书参考学时为 32 学时,必修章节为前 8 章;若作为研究生教学用书,可增加第 9~11 章的教学内容。相关教学资源可登录国家精品课程网站 http://202.114.240.202/C1/zcr-1.htm 获取。

参加第 3 版编写工作的有:刘晓玉(第 1、2、3、4 章)、黄卫华(第 5 章)、孙灵芳(第 6 章)、吴怀宇(第 7、8 章)、方康玲(第 9 章)、刘斌(第 10、11 章)。由刘晓玉任主编,吴怀宇、刘斌、方康玲、黄卫华任副主编。

由于编者水平有限,不足之处在所难免,希望读者不吝指正(liuxiaoyu@wust.edu.cn)。

编　者

目　录

第1章 概　述

自动化技术的发展与生产过程密切相关，过程控制技术是自动化技术的重要分支。自 20 世纪 30 年代以来，随着人们对生产需求的日益增长和科学技术的极大发展，过程控制技术取得了极其显著的进展。

本章首先简要地说明过程控制的任务与控制目标；接着介绍过程控制系统，包括系统组成、特点以及性能指标；最后，介绍过程控制技术的发展历程。通过对过程控制中复杂工程问题的诠释，为后期课程学习中掌握工程对象特点，因"材"施"控"，从科学发展观角度把握过程控制工程设计要点做好铺垫。

1.1　过程控制的任务

工业过程可以分为连续过程工业、离散过程工业和间隙过程工业。其中，连续过程工业所占的比重最大，涉及石油、化工、冶金、电力、轻工、纺织、医药、建材、食品等工业部门，连续过程工业的发展对于我国国民经济意义重大。过程控制主要是指对连续过程工业的控制。

连续过程工业的生产过程是指物料通过生产加工，其间经过若干物理、化学变化而成为产品的过程。该过程中通常会发生物理反应、化学反应、生化反应、物质能量的转换与传递等，或者说生产过程表现为物流变化的过程。伴随物流变化的信息包括体现物流性质（物理特性和化学成分）的信息和操作条件（温度、压力、流量、液位或物位等）的信息。因此，也有将过程控制界定为对生产过程中温度、压力、流量、液（物）位、成分等物流变化信息量进行的控制。

高炉炼铁是连续生产过程，其基本原理是将自然界中的铁矿石（铁和氧的化合物）通过焦炭（碳）还原为生铁。看上去如此简单的原理在实际高炉生产中却是由图 1.1 所示的复杂生产工艺完成的：作为物料的铁矿石、焦炭和熔剂从炉顶不断地装入，同时，喷入燃料、吹进热风。在高温下，焦炭中和喷吹物中的碳燃烧生成的一氧化碳将铁从铁矿石中还原出来。而后铁水从出铁口放出，得到高炉冶炼的主产品生铁。此外高炉的副产品有高炉渣和经除尘处理后的高炉煤气。铁矿石还原速度的快慢，主要取决于煤气流和矿石的特性，煤气流特性主要是煤气温度、压力、流量和成分等，矿石特性主要是粒度、气孔度和矿物组成等。

生产过程的总目标，应该是在满足国家法律法规和环保要求的条件下，凭借可能获得的原料和能源，以最经济的途径将原物料加工成预期的合格产品。为了达到目标，必须对生产过程进行监视与控制。因此，过程控制的任务是在充分了解生产过程的工艺流程和动静态特性的基础上，应用理论对系统进行分析与综合，以生产过程中物流变化信息量作为被控量，选用适宜的技术手段，实现生产过程的控制目标。

总目标具体表现为生产过程的安全性、稳定性和经济性。

（1）安全性。在整个生产过程中，确保人身和设备安全是最重要和最基本的要求。在过程控制系统中，通常采用越限报警、事故报警和连锁保护等措施来保证生产过程的安全性。近年来，在线故障预测与诊断、容错控制等已逐步应用到生产过程中，以进一步提高生产过程的安全性。

此外，工业生产在将原材料经若干工艺流程转化为产品的同时，会消耗大量的能源，产生的废料向外排放会污染环境，为保证社会可持续发展，企业应严格遵守国家的环境保护法规，将节约能源、保护环境纳入安全生产的要求之中，作为生产过程总目标的重要组成部分。

（2）稳定性。指系统抑制外部干扰、保持生产过程长期稳定运行的能力。变化的（特别是恶劣的）工业运行环境、原料成分的变化、能源系统的波动等，均有可能影响生产过程的稳定运行。在外部干扰下，过程控制系统应该使生产过程参数与状态产生的变化尽可能小，以消除或减少外部干扰可能造成的不良影响。

（3）经济性。在满足以上两个基本要求的基础上，低成本高效益是过程控制的另一个目标。为了达到这个目标，不仅需要对过程控制系统的设计进行优化，还需要管控一体化，即以经济效益为目标的整体优化。

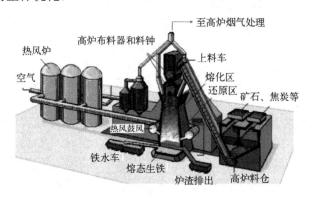

图 1.1 高炉生产工艺示意图

1.2 过程控制系统的组成与特点

1.2.1 过程控制系统组成

过程控制系统一般由以下几部分组成：

（1）被控过程（或对象）；

（2）用于生产过程参数检测的检测与变送仪表；

（3）控制器；

（4）执行机构；

（5）报警、保护和连锁等其他部件。

图 1.2 为过程控制系统的基本结构框图。当设定值 r 因生产需要改变，或有干扰 $d(t)$ 时，生产过

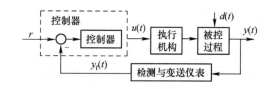

图 1.2 过程控制系统基本结构框图

程原有的稳定运行状态被打破，被控量 $y(t)$ 偏离设定值，控制器（或称调节器）根据系统输出反馈值 $y_f(t)$ 与设定值 r 的偏差，按照一定的控制算法输出控制量 $u(t)$，对被控过程进行控制。执行机构（比如调节阀）接受控制器送来的控制信号调节被控量 $y(t)$，从而达到预期的控制目标。过程的输出信号通过过程检测与变送仪表，反馈到控制器的输入端，构成闭环控制系统。

图1.3为转炉供氧控制系统流程图。转炉是炼钢工业生产过程中的一种重要设备。熔融的铁水装入转炉后，通过氧枪供给转炉一定的氧气，称之为吹氧。其目的是使铁水中的碳氧化物燃烧，以不断降低铁水中的含碳量。控制吹氧量和吹氧时间，可以获得不同品种的钢产品。由图1.3可见，从节流装置1采集到的氧气流量，送到流量变送器（FT）2，再经过开方器3，其结果送到流量控制器（FC）（也称调节器）4作为流量反馈值，与供氧量的设定值比较，得到偏差值，经过流量控制器4进行 PID 运算，输出控制信号，去控制调节阀5的开度，从而改变供氧量的大小，以满足生产工艺要求。

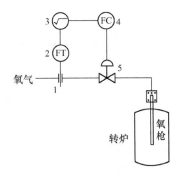

图 1.3　转炉供氧控制系统工艺流程图

图1.2和图1.3分别是从控制角度和生产工艺角度对控制系统的描述。将图1.3对应到图1.2中，可得图1.4。对于图1.4有以下几点需要解释：

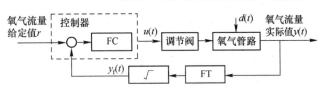

图 1.4　转炉供氧流量控制系统结构框图

（1）与图1.2中的被控过程相对应的不是图1.3中的转炉，也不是氧气或氧枪，而应是从控制角度描述的"氧气管路"，即从调节阀的开度到氧气管路中氧气流量之间的被控过程通路，该被控过程的输入为阀门开度，输出为氧气流量。也就是说在控制系统结构图中，每个方框表示一个过程环节（子系统），每个环节的输入和输出线段上均为信息流。而在类似图1.3的生产工艺流程图中，生产设备或装置间连接的线段均表示物料流，比如节流装置和调节阀之间的线段表示氧气输送管线，管线中是氧气流，是一种物质流，而非信息流。

（2）图1.4中的$d(t)$表示转炉供氧流量控制系统中可能的干扰，比如调节阀上的压力波动，该波动会引起氧气管路中氧气流量的波动。

（3）图1.4中并未画出实际转炉生产中与供氧控制系统相关的安全保护措施，比如对氧气流量控制而言，实际上现场均会设置流量的高、低限报警。此外，实际生产中的氧枪需要依靠高压水冷却保护系统以承受高炉内2500℃左右的高温热辐射。为确保保护效果，相应的水冷系统中包含水压、水温、水流量控制，并设有报警、连锁机制。比如，水压低限报警和相应的提枪连锁动作等。

1.2.2　过程控制系统特点

1. 过程工业的特点

由于过程控制主要是指连续过程工业的过程控制，故过程工业的特点主要是指连续过程工业的特点。过程控制作为自动化的一个重要分支，也是基于连续过程工业的，因此，有其自身的特点。所以要实现过程控制的目标，掌握连续过程工业的特点是首要前提。

过程工业伴随着物理反应、化学反应、生化反应、物质能量的转换与传递，是一个十分复杂的大系统，存在着不确定性、时变性以及非线性等因素。因此，过程控制的难度是显而易见的，要解决过程控制问题必须采用有针对性的特殊方法与途径。

过程工业常常处于恶劣的生产环境中，同时常常要求苛刻的生产条件，如高温、高压、低温、真空、易燃、易爆或有毒等。因此，生产设备与人身的安全性特别重要。

由连续生产的特征可知，过程工业更强调实时性和整体性。协调复杂的耦合与制约因素，求得全局优化，也是十分重要的。因此，有必要采用智能控制方法和计算机控制技术。

2．过程控制系统的特点

（1）被控过程的连续性

过程控制是特指对连续工业过程的控制。前述的高炉炼铁生产和转炉炼钢生产，均为原料不断送入，产品不断产出，工人也一天24小时"三班倒"的连续生产过程。被控过程的连续性意味着其控制任务是应对连续生产过程中不断发生、难以避免的各类干扰，保持生产过程的平稳运行。

（2）被控过程的复杂性

如前所述，连续过程工业的生产过程常经历各种物理、化学变化，其机理复杂，加之原料、环境和生产环节中的各种不确定变化等，故被控过程常具有非线性、不确定性和时变性。

连续工业生产过程中各种反应、物质能量转换等慢过程带来的大惯性，物料远距离传输等造成的大滞后，以及生产过程中各控制参量间关联所引起的控制耦合等，被控过程的这些复杂性是过程控制的难点所在。

（3）被控过程的多样性

过程工业涉及各种工业部门，其物料加工成的产品是多样的。同时，生产工艺各不相同，如石油化工过程、冶金工业中的冶炼过程、核工业中的动力核反应过程等，这些过程的机理不同，执行机构也不同。因此，过程控制系统中的被控对象（包括被控量）是多样的，明显地区别于运动控制系统。

（4）控制方案的多样性

过程工业的特点以及被控过程的多样性，决定了过程控制系统的控制方案必然是多样的。这种多样性包含系统硬件组成和控制算法以及软件设计。即便针对同一生产工艺，不同企业因生产规模、生产设备和场地、原材料、生产条件、生产需求、成本控制、甚至人员习惯等方面的差异，使得控制方案也不能相互照搬，而是需要设计人员和用户不断沟通，然后进行针对性设计。

（5）定值控制是过程控制的主要形式

在多数生产过程中，被控参数的设定值为一个定值，定值控制的主要任务在于如何减小或消除外界干扰，使被控量尽量保持接近或等于设定值，使生产稳定。

（6）过程控制分类方法的多样性

- 按被控参数分类，可分为温度控制系统、压力控制系统、流量控制系统、液位或物位控制系统、物性控制系统、成分控制系统。
- 按被控量数分类，可分为单变量过程控制系统、多变量过程控制系统。
- 按设定值分类，可分为定值控制系统、随动（伺服）控制系统。
- 按参数性质分类，可分为集中参数控制系统、分布参数控制系统。
- 按控制算法分类，可分为简单控制系统、复杂控制系统、先进或高级控制系统。
- 按控制器形式分类，可分为常规仪表过程控制系统、计算机过程控制系统等。

1.3　过程控制系统的性能指标

工业过程对控制的要求，可以概括为准确性、稳定性和快速性。另外，定值控制系统和随动（伺服）控制系统对控制的要求既有共同点，也有不同点。定值控制系统在于恒定，即要求克服干扰，使系统的被控参数能稳、准、快地保持接近或等于设定值；而随动（伺服）控制系统的主要目标是跟踪，即使被控参数稳、准、快地跟踪设定值，随设定值的变化而变化。图1.5为一个过程控制系统的阶跃响应曲线。其中 r 为设定值，y 为被控参量，即系统响应的值。

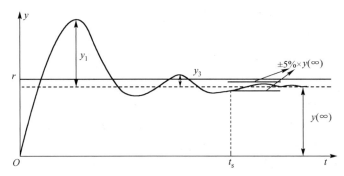

图1.5 过程控制系统的阶跃响应曲线

1．衰减比 η 和衰减率 ψ

衰减比是衡量振荡过程衰减程度的指标，等于两个相邻同向波峰值之比，即

$$\eta = y_1 / y_3 \tag{1.1}$$

衡量振荡过程衰减程度的另一个指标是衰减率，它是指每经过一个周期以后，波动幅度衰减的百分数，即

$$\psi = (y_1 - y_3) / y_1 \tag{1.2}$$

衰减比习惯上用 $\eta:1$ 表示。在实际生产中，一般希望过程控制系统的衰减比为 $4:1\sim10:1$，它相当于衰减率 $\psi = 0.75\sim0.9$，这样可保证系统有足够的稳定度。若 $\psi = 0.75$，则大约振荡两个波就认为系统进入稳态。

衰减比和衰减率可衡量系统动态稳定性。$\eta<1$，系统是稳定的；$\eta=1$，说明出现了等幅振荡；如果 $\eta<1$，则系统发散振荡，是不稳定的。

2．最大动态偏差和超调量

最大动态偏差是指在阶跃响应中，被控参数偏离其最终稳态值的最大偏差量，一般表现在过渡过程开始的第一个波峰，如图1.5 中的 y_1。最大动态偏差占被控量稳态值的百分比称为超调量。

动态偏差大且持续时间长是不允许的，容易引发安全事故。很多过程参量都设有高低限报警，一旦动态偏差越限，相应的设备保护动作将依次启动，以避免安全事故发生。

最大动态偏差是过程控制系统动态准确性的衡量指标。

3．余差

余差是指过渡过程结束后，被控量新的稳态值 $y(\infty)$ 与设定值 r 的差值。它是过程控制系统稳态准确性的衡量指标。

4．调节时间 t_s 和振荡频率 β

调节时间 t_s 是指从过渡过程开始到结束的时间。理论上它应该为无限长。但一般认为当被控量进入其稳态值的±5％范围内时，就算过渡过程已经结束，这时所需时间就是调节时间t_s，如图1.5所示。调节时间t_s是衡量过程控制系统快速性的指标。

过渡过程的振荡频率β是振荡周期p的倒数，即

$$\beta = 2\pi/p \qquad\qquad (1.3)$$

在同样的振荡频率下，衰减比η越大则调节时间越短；当η相同时，则振荡频率越高，调节时间越短。因此，振荡频率在一定程度上也可作为衡量过程控制系统快速性的指标。

在 MATLAB 中，通过函数 step(sys)可以绘制系统 sys 的阶跃响应曲线。用鼠标右键单击阶跃响应图形画面，从右键菜单中可以选择在阶跃响应曲线上标注几个特征点（Characteristic）：①峰值（Peak Response）；②调节时间（Settling Time，默认稳态值的±2％以内）；③上升时间（Rise Time，默认为响应从终值的10％上升到终值的90％所需的时间）；④新稳态值（Steady State）。图 1.6 为系统 $G = \dfrac{1}{s^2 + 0.3s + 1}$ 的阶跃响应曲线及特征点显示。依据这些数据可以进一步求取系统的其他动、静态性能指标。也可以通过命令[y,t] = step(sys)，依据函数返回的时域响应数据（t,y），自行编程计算出系统的动、静态性能指标。

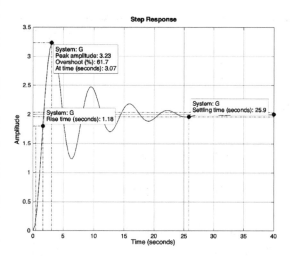

图 1.6　MATLAB 中的阶跃响应曲线及特征点显示

1.4　过程控制的进展

1.4.1　过程控制装置的进展

工业自动化技术是采用控制理论和自动化装置来满足工业生产需要的技术。20 世纪 40 年代以来，迅猛发展的计算机技术、信息技术、通信技术与不断增长的工业生产需求相互促进，呈现出需求和技术相辅相成、螺旋上升的发展态势，使得工业自动化技术成为现代科学技术中发展最快的领域之一。其间工业自动控制系统经历了翻天覆地的变化。

20 世纪 40 年代以前，工业生产大多处于手工操作状态，操作工人通过对火候、冷热、色泽、形状等的观察来调整生产过程。

20 世纪 50 年代前后，一些企业实现了仪表控制和局部自动化。当时，采用的是基地式仪表和部分组合仪表，是以 3～15 psi（0.2～1.0 kg/cm²）气动信号为标准信号的气动控制系统。

20 世纪 60 年代，随着电子技术的迅速发展，企业界开始大量采用单元组合仪表（包括气动与电动）以及组装仪表，以适应比较复杂的模拟和逻辑规律相结合的控制系统的需要。此时，出现了以 4～20 mA 和 0～10 mA 电动模拟信号为统一标准信号的电动模拟控制系统。

图 1.7 为模拟仪表控制系统结构框图。

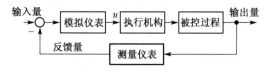

图 1.7　模拟仪表控制系统结构框图

与此同时，计算机开始用于过程控制领域。1946 年世界上第一台计算机诞生。1959 年过程控制计算机（Process Control Computer，如 TR300 等）便在化肥厂和炼油厂试用于控制生产过程。20 世纪 60 年代中期，出现了用计算机实现的直接数字控制（Direct Digital Control, DDC）系统和计算机监控（Supervisory Computer Control, SCC）系统。

直接数字控制（DDC）本质上是用一台计算机取代一组模拟控制器，构成闭环控制回路。与采用模拟控制器的控制系统相比，DDC 的突出优点是计算灵活，它不仅能实现典型的 PID 控制，还可以分时处理多个控制回路，其结构框图如图 1.8 所示。DDC 用于工业控制的主要问题是，当时计算机系统价格昂贵，同时计算机运算速度并不能满足过程实时控制的需求。计算机监控系统（SCC）是 DDC 系统的进一步发展。SCC 系统也称集中型计算机控制系统，它使用一台计算机实现集中检测、集中控制、集中管理。SCC 控制系统的优点是可以实现先进控制、连锁控制等复杂控制功能，并且控制回路的增加和控制方案的改变可以由软件方便实现；但是缺点也很明显，利用一台计算机控制多回路容易造成负荷过载，而且控制的集中也容易导致危险的集中，高度的集中使系统十分脆弱，一旦某一控制回路发生故障就可能导致生产过程全面瘫痪。

20 世纪 70 年代中期，一些厂家推出了分布式计算机控制系统（Distributed Control System, DCS，又称集散控制系统）和可编程序控制器（PLC），将工业自动化向前推进了一大步。图 1.9 为集散控制系统（DCS）结构框图。集散控制系统的核心思想是集中管理、分散控制，即管理与控制相分离，上位机用于集中监视管理，下位机则分散到各个现场实现分布式控制，上、下位机之间通过控制网络互连实现信息传递。这种分布式的控制体系结构有力地克服了集中型数字控制系统中对控制器处理能力和可靠性要求极高的缺陷。

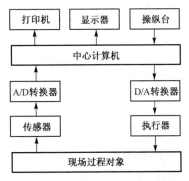

图 1.8 直接数字控制系统结构框图

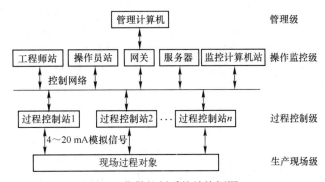

图 1.9 集散控制系统结构框图

20 世纪 80 年代以来，各厂家相继推出了各种数字化智能变送器和智能化数字执行器，以现场总线（Fieldbus）为标准，实现以微处理器为基础的现场总线控制系统（FCS, Fieldbus Control System）。根据 IEC 标准及现场总线基金会的定义：现场总线是连接智能现场设备和自动化系统的数字式双向传输、多分支结构的通信网络。FCS 突破了 DCS 采用专用通信网络的局限，采用了开放式、标准化的通信技术；同时，进一步变革了 DCS 的系统结构，形成了全分布式的系统构架，把控制功能彻底下放到现场，进一步将控制功能分散，增强了系统的灵活性和可靠性。图 1.10 所示现场总线控制系统（FCS）结构框图

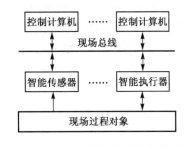

图 1.10 现场总线控制系统结构框图

仅突出了 FCS 与 DCS 的不同之处,即智能仪表取代了传统仪表,基于现场总线标准的数字通信取代了模拟通信。

工业控制网络(也称工业数据通信与控制网络)是计算机技术、通信技术和自动控制技术相结合的产物,FCS 是一种基于工业控制网络的控制系统,它的出现彻底改变了工业自动控制系统的面貌。近年来,以太网技术逐渐渗入到工业自动化领域,形成了工业以太网。由于技术上与商业以太网兼容,性能上满足工业现场需要,工业以太网能够克服现场总线多种标准并存,异种网络通信困难的问题。因此,工业以太网被称为现代工业控制网络。随着高速以太网的到来,智能以太网交换机的使用和耐工业环境(防尘、防潮、防爆、耐腐蚀、抗电磁干扰等)以太网器件的面市,工业以太网将会更加广泛地在工业自动化中得到应用,从而使过程控制系统更为灵活、方便和经济。图 1.11 为工业以太网和无线网桥搭建的管控一体化系统示例。其中圆圈代表所有设备组成一个局域网,利用以太网的冗余互联特性,实现多方数据的互访共享;PC 控制终端实现工厂上层管理职能;平板电脑作为管理人员的现场移动巡检工具;过程控制站实现对现场设备的控制功能。

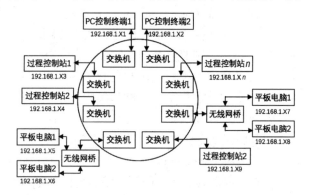

图 1.11　工业以太网和无线网桥搭建的管控一体系统示例

在控制装置发展的同时,高新技术的发展和新材料的应用也促进了工业仪表的发展。数字化、多变量和专用集成电路(ASIC)的广泛应用,产生出了许多智能传感器和执行器。它们不仅可以检测有关过程变量,还能提供仪表状态和诊断的信息,而且具有通信功能,便于调试、投运、维护和管理。一些重要的生产过程逐渐采用技术先进的在线分析仪器,如近红外、质谱、色谱、专用生化过程传感器等。随着各种光、机、电传感技术以及厚膜电路等先进加工工艺的发展与广泛应用,工业仪表显得越来越异彩纷呈。

1.4.2　过程控制策略与算法的进展

几十年来,过程控制策略与算法出现了三种类型:简单控制、复杂控制与先进控制。

通常将单回路 PID 控制称为简单控制。它一直是过程控制的主要手段。PID 控制以经典控制理论为基础,主要用频域方法对控制系统进行分析设计与综合。目前,PID 控制仍然在广泛应用。在许多 DCS 和 PLC 系统中,均设有 PID 控制算法软件或 PID 控制模块。

从 20 世纪 50 年代开始,过程控制界逐渐发展了串级控制、比值控制、前馈控制、均匀控制和 Smith 预估控制等控制策略与算法,称为复杂控制。它们在很大程度上满足了复杂过程工业的一些特殊控制要求。它们仍然以经典控制理论为基础,但在结构与应用上各有特色,而且目前仍在继续改进与发展。

20 世纪 70 年代中后期,出现了以 DCS 和 PLC 为代表的新型计算机控制装置,为过程控制提供了强有力的硬件与软件平台。

从 20 世纪 80 年代开始,在现代控制理论和人工智能发展的理论基础上,针对工业过程本身的非线性、时变性、耦合性和不确定性等特性,提出了许多行之有效的解决方法,如解耦控制、推断控制、预测控制、模糊控制、自适应控制、人工神经网络控制等,常统称为先进过程控制。近十年来，以专家系统、模糊逻辑、神经网络、遗传算法为主要方法的基于知识的智能处理方法已经成为过程控制的一种重要技术。先进过程控制方法可以有效地解决那些采用常规控制效果差，甚至无法控制的复杂工业过程的控制问题。实践证明，先进过程控制方法能取得更高的控制品质和更大的经济效益，具有广阔的发展前景。

1.4.3 对过程控制发展进程的总结和思考

表 1.1 将上述过程控制的发展沿时间轴，按工业现场状况、技术背景、控制装置和控制理论四个方面进行了总结。

表 1.1 过程控制发展进程

时间	工业现场状况	技术背景	控制装置	控制理论
20 世纪 40 年代以前	工人就地手工操作			
20 世纪 50 年代前后	尚无控制室的概念		基地式仪表和部分组合仪表 气动控制系统	控制理论初步形成
20 世纪 60 年代	设立控制室，并沿用至今	电子技术的发展	气动、电动单元组合仪表 电气控制系统	以 PID 为基础的单回路控制广泛应用
20 世纪 70 年代	多回路的集中控制，计算机负荷重，系统可靠性差	数字计算机进入工业应用，但计算机的能力和可靠性有限； 显示技术开始应用	模拟仪表，采用 4～20 mA 模拟信号传输标准； 以计算机替代模拟控制器的直接数字控制（DDC）； 集中监督控制系统（SCC）	串级控制等复杂控制用于满足复杂过程工业的特殊控制要求； 现代控制理论
20 世纪 70 年代中期	控制规模扩大，过程参数、控制回路众多； 各过程控制站只负责局部回路，控制风险分散，管理监视集中	计算机可靠性提高； 网络技术的发展	"集中管理+分散控制"的集散控制系统 DCS； 可编程序控制器 PLC	
20 世纪 80 年代以来	设备间的数字通信替代模拟通信，电缆敷设成本大幅减少，系统可靠性、易维护性、控制精度提高	微处理器的普遍应用； 网络和通信技术的发展	带有信息采集、显示、处理、传输以及优化控制等功能的智能现场设备； 设备间采用现场总线进行数字通信； 现场总线控制系统 FCS	预测控制、自适应控制、模糊控制和神经网络控制等智能控制、非线性控制、优化控制等；
发展趋势	整合企业经营管理、生产调度监控、现场过程控制的多层级、全方位管控一体协调优化控制	以太网技术的工业化应用信息技术的发展； 大数据、人工智能技术的发展和应用	用工业以太网取代种类繁多、互通互联不便的现场总线；以太网不仅应用到管理层，也应用到现场层，形成管控一体的综合自动化	应对生产过程的非线性、大滞后、不确定等特点，满足整体优化、协调控制的目标

从表 1.1 可以看出，过程控制的发展历程是在工业过程生产需求推动下，将所处时代科学和技术发展成果在工业过程控制领域加以应用的发展史。在具体实施应用中，为满足工业过程生产的需求，适应工业过程生产的特点，许多科学和技术难点被提出、被分析、被解决、被产品化，由此相关科学与技术也得以进一步发展。

由表 1.1 还可以看出，过程控制的发展所经历的由简单控制到复杂控制、先进控制和智能控制，控制系统结构由局部的单一回路控制到大范围的多回路集散控制，乃至全厂的管控一体的综合协调控制，得益于多学科、多领域科技成果的交叉融合。

由此，对于过程控制的学习者和从业者，应在学习或设计具体控制方案前，多与相关工业生产过程工艺人员沟通交流，全面深入了解生产过程的工艺流程、安全生产和环境保护等方面的法律法规，在明确厂家需求、控制对象特性和控制目标、当前可用技术和设备资源的前提下，再进行过程控制方案的设计和实践工作。同时，对过程控制领域先进技术以及未来发展方向要紧密跟踪，尽量保证设计方案的先进性和后期可能的系统升级。

本 章 小 结

1. 过程控制主要是指连续过程工业的控制，其被控量是温度、压力、流量、液位（或物位）、物理特性和化学成分，它们是在工业生产过程中体现物流性质和操作条件的信息。

2. 过程控制系统一般由控制器（调节器）、执行机构、用于生产过程参数检测的检测与变送仪表、被控过程（或对象），以及相关的报警、保护和连锁等其他部件组成。

3. 被控过程的连续性、复杂性和多样性、控制方案的多样性、以及定值控制是过程控制系统的主要特点。

4. 过程控制系统的性能指标有衰减比（衰减率）、最大动态偏差和超调量、余差、调节时间和振荡频率等，这些指标可衡量过程控制系统在稳、准或快等方面的单项性能。

5. 近几十年来，伴随现代科学技术的发展和工业生产需求的增长，过程控制系统的硬件和控制算法也在飞速发展。

习　　题

1.1　过程控制系统中有哪些类型的被控量？

1.2　过程控制与运动控制的区别何在？

1.3　列举一个过程控制系统，画出对应的工艺流程图和控制系统结构图，分别分析系统在给定值变动、外扰情况下是如何维持稳定工作的。

1.4　列举一个过程控制系统，分析在该实例中过程控制复杂性的体现。

1.5　衰减比 η 和衰减率 ψ 可以表征过程控制系统的什么性能？

1.6　最大动态偏差与超调量有何异同之处？

1.7　查阅资料，了解火电厂生产工艺，举例说明生产过程总目标中的安全性、稳定性和经济性在火电厂生产中的具体表现。

1.8　查阅资料，了解国家的节能减排政策，列举案例说明企业为节能减排在生产过程中采取的措施。

1.9　查阅资料，列举 5 种 DCS 产品（要求其中至少有 1 种国产产品），找出每种 DCS 的应用案例。

1.10　查阅资料，列举 5 种现场总线，分别就技术特点、主要应用场合及技术支持公司进行简要说明。

1.11　查阅资料，列举人工智能在工业过程控制中的应用案例。

1.12　编写 MATLAB 函数，依据给定的单位阶跃响应数据（t,y）求取衰减比、衰减率、最大动态偏差、超调量、余差、调节时间和振荡频率等单项性能指标。

第2章 过程控制系统建模方法

设计一个过程控制系统，首先需要对过程的特性有足够的了解。所谓"知己知彼，百战不殆"。依据被控过程各自的特性，建立对应的数学模型，然后基于模型进行控制方案设计、控制参数整定，是当今过程控制系统设计的主流方法。

尽管各种生产过程千差万别，且具有本质上的复杂性，但人们通过理论和实验分析，在满足应用和理论需求的原则下，仍归纳总结出一些典型类型的被控过程数学模型，以及相应的建模方法。

本章主要讲述过程控制系统建模的概念、意义、模型的类型和特点，以及建模方法。

2.1 过程控制系统建模概念

2.1.1 建模的概念

关于系统建模，简单地说，就是建立系统输入和输出之间关系的模型。对于图 1.2 所示的过程控制系统，图中每一个方框皆表示一个"小系统"，在方框的左右两边分别有流入和流出系统的箭头，箭头上的信号即为每个系统的输入和输出。本章的"过程控制系统建模"特指其中被控过程"小系统"的建模，即建立被控过程的输入量和输出量之间关系的模型。

这里需要澄清几个概念：

1. 被控过程的输入量和输出量

一般被控过程的输出量选择为生产工艺中对产品质量有关键影响的过程参量。比如图 1.4 所示转炉供氧系统中的氧气流量。

被控过程的输入量则分控制量（操纵量）和干扰量两种，二者皆可影响被控量，只是从工艺和控制等方面考虑的选择不同而已。比如，加热炉炉温控制系统（见图 2.1）中，燃料流量和燃料热值均会影响加热炉内的炉温，其中燃料流量易调易控，选作控制量；燃料热值随着生产原料来源的不同有差异，难控制，故选作干扰量。

图 2.1　控制量和干扰量

由此，对被控过程而言，就存在控制通道和干扰通道两套系统。相应的建模就有过程通道建模和干扰通道建模之分，两种模型分别表示控制量与被控量、干扰量与被控量的关系。结合图 1.2 所示过程控制系统基本结构框图，就是 $u(t) \rightarrow y(t)$ 的控制通道模型和 $d(t) \rightarrow y(t)$ 的干扰通道模型。

2. 静态模型和动态模型

过程工业的生产一般都是稳态运行的，即过程参量在生产过程中基本保持不变。控制的目的就是输出跟随给定和抑制干扰。一旦给定值因生产需要而改变，或者有干扰发生，使得输出不再稳定在原来的平衡状态下，控制的作用就是使输出尽量稳、准、快地被调整，从而恢复到新的平衡态（给定值变化情况下），或者回到原平衡态（受干扰情况下）。

静态模型表征被控过程从原平衡态到新的平衡态的变化程度，动态模型则表征从原平衡态被打破到新平衡态形成的中间变化过程。显然，相比静态模型，被控过程的动态模型更具有理论分析和实践意义，是控制器设计的主要依据。所以，过程控制系统的建模一般指建立过程控制系统的动态模型。

3. 数学模型的形式

数学模型的形式很多，不仅限于代数方程、微分方程、微分方程组、传递函数等数学方程形式的模型（称为参数模型），基于实验测试得到的输入输出数据集，比如脉冲响应、阶跃响应等也是数学模型（称为非参数模型）。在预测控制中就有基于脉冲响应模型的模型算法控制（MAC）和基于阶跃响应模型的动态矩阵控制（DMC）。当然，通过各种系统辨识方法，可以将非参数模型转化为参数模型。

数学模型的种类也很多。除了按上述数学模型的形式分为参数模型和非参数模型，按时间连续与否分，有针对连续系统的微分方程、微分方程组、传递函数等模型，以及针对离散系统的差分方程、差分方程组、脉冲传递函数等模型；按系统线性与否分，有线性模型和非线性模型；按参数集中与否分，有集中参数模型和分布参数模型等。

4. 对被控过程数学模型准确性的要求

被控过程的复杂性决定了很难对其建立精确的数学模型。实际上，对被控对象数学模型的要求，并不是越准确越好，而是要准确可靠，满足实际应用需求即可。超过实际需要的准确性要求必然造成不必要的浪费，何况对在线运用的数学模型还有一个实时性的要求，而满足准确性要求的数学模型一般都相对复杂，所以准确性和实时性往往是矛盾的。再者，一般来说，过程控制常采用闭环控制形式，而闭环控制本身有一定的鲁棒性，即便模型有误差，也可将误差视为干扰，而闭环系统一定程度上具有自动消除干扰影响的能力。

实际生产过程的动态特性是非常复杂的。在建立其数学模型时，往往要抓住主要因素，忽略次要因素，否则就得不到可用的模型。为此需要做很多近似处理，例如线性化、分布参数系统集总化和模型降阶处理等。

2.1.2 建模的意义

建立适宜的数学模型是控制系统设计成败的关键之一，也是整个设计周期中相对困难，耗时最多的环节。建模的意义包括：

（1）控制及优化的需要。过程控制作为自动化的主要分支之一，就是因为其被控对象是工业生产过程，而过程对象的特点多样繁杂，相应的控制方法也千差万别。所以，设计控制方案前，首先要对被控过程的特点有充分的了解，建立其动态数学模型。很多控制方法都是基于模型的，比如前馈控制、解耦控制、时滞补偿控制、自适应控制、最优控制、预测控制等。即便对 PID 控制等不明确需要被控对象数学模型的控制系统设计中，被控对象的数学模型也是有用的。比如在 PID 参数整定时，过程对象的动态特性可以作为调参的依据。在第 8

章将讲述的多变量系统中，关联分析的依据也是多变量间的数学模型，并且关联分析的结果可用于变量配对关系的确定，可以直接通过优化控制结构来减小耦合。

（2）生产工艺设备设计的需要。通过分析生产工艺和设备的原理、特性，在建立被控对象数学模型的过程中，实际上对生产工艺设备哪些关键参数会影响被控对象的特性已经有了较为深入的了解，因而可以在满足生产工艺和产品质量的前提下，从利于控制的角度对生产工艺设备进行指导性设计。

（3）对控制方案进行仿真验证的需要。控制方案设计好后不能立刻投入实际生产系统中，首先需要在实验室中进行仿真验证。仿真是基于数学模型的实验。所以，为验证所设计控制方案的可用性，首先需要建立被控过程的数学模型。甚至，控制器参数的初始值也可以通过仿真进行初步确定。

（4）故障诊断和预测的需要。一般过程控制系统在运行中避免不了会因各种内外因素导致故障发生，这些内外因素对被控过程的影响有些涵盖在数学模型中，所以可以通过建立的数学模型和对生产过程状态的监测，推算故障缘由、预测可能发生的故障等，从而指导后续生产的改进、设备检修计划的制订等。

（5）人员培训的需要。现代仿真技术、3D 技术、虚拟现实技术发展迅猛。基于建立的被控过程数学模型，加之虚拟出的逼真生产场景，可以构建虚拟仿真实训系统，供工厂员工培训、学校学生实习，提高培训体验和培训质量，解决在工厂实际环境中培训时操作机会有限、且安全性难以保证等问题。

2.1.3 建模的基本方法

建模的方法主要分机理建模和测试建模两种。无论采用哪种方法，建模前都要对研究对象进行充分了解，获取相关的先验知识、实验数据等信息。

在过程控制系统建模中，所研究的对象是工业生产中的各种装置和设备，例如换热器、工业窑炉、蒸汽锅炉、精馏塔、反应器等。而被控对象内部所进行的物理、化学过程可以是各色各样的。先验知识即这些对象所符合的定理、原理及模型等。先验知识是机理建模的基础，也是测试建模中确定模型结构、阶次等的参考依据。

在进行建模时，关于过程的信息也能通过对对象的实验与测量而获得。通过合适的定量观测和实验所获得的数据是建立模型或验证模型的重要依据

1．机理法建模

用机理法建模就是根据生产过程中实际发生的变化机理，写出各种有关的平衡方程，如物质平衡方程、能量平衡方程、动量平衡方程以及反映流体流动、传热、传质、化学反应等基本规律的运动方程、物性参数方程和某些设备的特性方程等，然后去除中间变量，最终得到表征被控过程输入输出关系的数学模型。

当过程机理过于复杂，存在较高阶次、时变、非线性、分布参数等情况时，应从模型的准确性、适用型和实时性等方面综合考虑，结合过程对象的特点，对模型进行适宜的简化处理。比如过程虽存在非线性，但一般过程参量只在工作点附近小范围内变动，此种情况下，将非线性环节在工作点附近做线性化处理就是合理的。再比如，模型阶次较高，但其中某个环节相较所串联的其他环节时间常数小很多，则可以忽略该环节，模型阶次随之降低。也即，在模型简化处理中要抓住主要因素，忽略次要因素，在保证模型可用的前提下尽量简化模型，

取得模型准确性和实时性兼顾的效果。

2．测试法建模

测试法一般只用于建立输入-输出模型。它是根据工业过程的输入和输出的实测数据进行某种数学处理后得到的模型。它的主要特点是把被研究的工业过程视为一个黑匣子，完全从外特性上测试和描述它的动态性质，因此不需要深入掌握其内部机理。然而，这并不意味着可以对内部机理毫无所知。

过程的动态特性只有当它处于变动状态下才会表现出来，在稳态下是表现不出来的。因此为了获得动态特性，必须使被研究的过程处于被激励的状态，例如施加一个阶跃扰动或脉冲扰动等。为了有效地进行这种动态特性测试，仍然有必要对过程内部的机理有明确的定性了解，例如究竟有哪些主要因素在起作用、它们之间的因果关系如何，等等。丰富的验前知识无疑会有助于成功地用测试法建立数学模型。那些内部机理尚未被人们充分了解的过程，例如复杂的生化过程，也是难以用测试法建立其动态数学模型的。

用测试法建模一般比用机理法建模要简单和省力，尤其是对于那些复杂的工业过程更为明显。如果两者都能达到同样的目的，一般采用测试法建模。

测试法建模又可分为经典辨识法和现代辨识法两大类。经典辨识法不考虑测试数据中偶然性误差的影响，它只需对少量的测试数据进行比较简单的数学处理，计算工作量一般很小，可以不用计算机。现代辨识法的特点是可以消除测试数据中的偶然性误差即噪声的影响，为此需要处理大量的测试数据，计算机是不可缺少的工具。

近年来，随着大数据和人工智能技术的飞速发展，其应用也逐渐渗透到过程控制领域。因工业过程工艺复杂、非线性、强耦合、不确定等原因导致的建模难题，业内正在尝试采用基于数据驱动的各类机器学习方法予以解决。但此类建模多用于故障检测、诊断、识别，软测量，质量检测等领域，其模型形式如何与已有控制理论相结合，用于控制器的设计，如何解决计算复杂、计算速度慢与工业应用实时性要求的矛盾等，如此各种现代技术与工业应用相结合的问题尚需研究解决。

2.2　机理建模方法

在不同的生产部门中被控对象千差万别，但其动态数学模型最终都是可以由微分方程来表示的。微分方程阶次的高低是由被控对象中储能部件的多少决定的。最简单的一种形式，是仅有一个储能部件的单容对象。

储能元件可理解为流入和流出物料间的缓冲容器，比如电气系统中的电容，流体（气体或液体）系统中的储罐，热系统中的热容量（比如加热炉）。在力学系统中用惯性来衡量储能元件的容积，因为它决定了一个静止或运动的物体所能存储能量的大小。

以下首先给出工业领域几种典型单容对象的机理建模方法，推导出它们的传递函数模型，并得出结论：这些工业对象虽机理不同，但都是单容对象，都可以用一阶惯性环节的传递函数模型表示。然后以单容对象的机理建模方法为基础，给出其他几种典型工业对象的传递函数模型。

通过机理建模，将实际系统设备与理论模型相对应，控制理论中传递函数的各参数便有了明确的物理含义，这将为后续控制器设计提供有效指导。

2.2.1 单容对象的传递函数

1. 单容水槽

如图 2.2 所示，有一单容水槽，不断有水流入槽内，同时也有水不断由槽中流出。水流入量 Q_i 由控制阀开度 u 加以控制。水槽流出侧有负载阀，假设其开度不变，则流出量 Q_o 仅随水槽底部水压（受水位影响）的变化而变化。被调量为水位 h，它反映水的流入与流出之间的平衡关系。现分析水位 h 在控制阀开度 u 变动下的动态特性。

设各变量定义如下：

Q_i——水流入量的稳态值（m^3/s）；

ΔQ_i——水流入量的增量（m^3/s）；

Q_o——水流出量的稳态值（m^3/s）；

ΔQ_o——水流出量的增量（m^3/s）；

h——液位的高度（m）；

h_o——液位的稳态值（m）；

Δh——液位的增量（m）；

u——控制阀的开度（%）。

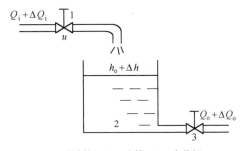

1— 控制阀；2— 水槽；3— 负载阀

图 2.2 单容水槽

设 A 为水槽横截面积（m^2）。根据物料平衡关系，在正常工作状态下，初始时刻处于平衡状态：$Q_o = Q_i$，$h = h_o$。当控制阀开度发生阶跃变化 Δu 时，液位发生变化。在流出侧负载阀开度不变的情况下，液位的变化将使流出量改变。

依据流量的定义——单位时间内通过管路有效截面的流体的体积（或质量），以及物料平衡关系可得：在原平衡关系打破后，流入量增量与流出量增量之差等于水槽液体储存量的变化率，即

$$\Delta Q_i - \Delta Q_o = \frac{\mathrm{d}V}{\mathrm{d}t} = A\frac{\mathrm{d}\Delta h}{\mathrm{d}t} \tag{2.1}$$

式中，ΔQ_i 是由控制阀开度变化 Δu 引起的。当阀前后压差不变（这是一个理想化、为建模简单而做的合理假设）时，ΔQ_i 与 Δu 成正比关系，即

$$\Delta Q_i = K_u \Delta u \tag{2.2}$$

式中，K_u 为阀门流量系数（m^3/s）。

由伯努利方程，流出量与液位高度的关系为

$$Q_o + \Delta Q_o = A_o\sqrt{2gh} = k\sqrt{h} \tag{2.3}$$

式中 g 为自由落体加速度，A_o 为负载阀的截面积。在本例中负载阀开度不变，A_o 也不变，故系数 $k = A_o\sqrt{2g}$。在工作点处，由伯努利方程，$Q_o = k\sqrt{h_o}$。

式（2.3）是一个非线性关系，如图 2.3 所示。

一般工业过程中被控参量保持在稳态工作点附近很小范围内变化。所以可以利用泰勒级数展开：

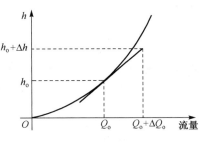

图 2.3 液位与流出量的关系

$$Q_\mathrm{o} + \Delta Q_\mathrm{o} = k\sqrt{h_\mathrm{o} + \Delta h} = k\sqrt{h_\mathrm{o}} + \frac{k}{2\sqrt{h_\mathrm{o}}}\Delta h + \cdots \approx k\sqrt{h_\mathrm{o}} + \frac{k}{2\sqrt{h_\mathrm{o}}}\Delta h \qquad (当 \Delta h \text{ 很小时})$$

对式（2.3）在平衡点（h_o, Q_o）附近进行线性化，得

$$R = \Delta h / \Delta Q_\mathrm{o} \qquad (2.4)$$

式中 $R = \dfrac{\sqrt{h_\mathrm{o}}}{k} = \dfrac{\sqrt{2h_\mathrm{o}}}{A_\mathrm{o}\sqrt{g}}$，为负载阀液阻。将式（2.4）、式（2.2）代入式（2.1），可得

$$RA\frac{\mathrm{d}\Delta h}{\mathrm{d}t} + \Delta h = K_\mathrm{u}R\Delta u \qquad (2.5)$$

令 $T = RA$，$K = K_\mathrm{u}R$，则式（2.5）可写为

$$T\frac{\mathrm{d}\Delta h}{\mathrm{d}t} + \Delta h = K\Delta u \qquad (2.6)$$

于是可得液位变化时控制阀开度改变量的传递函数为

$$G(s) = \frac{\Delta H(s)}{\Delta U(s)} = \frac{K}{Ts+1} \qquad (2.7)$$

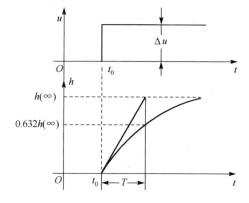

图 2.4　单容对象的阶跃响应曲线

这是一个一阶惯性环节，模型参数 T 是惯性时间常数，K 是稳态增益。一阶惯性环节的阶跃响应如图 2.4 所示。

由图 2.4 可见，一阶惯性环节是稳定的环节，即在阶跃输入下，输出经递增过渡过程最后趋于新的稳态值。对于本例的水槽系统而言，在进水阀阶跃变动（比如开大一个开度）后，进水量增加。变动初期，出水量因与水位关联，还未显著增加，进、出水量于是失衡，水位随即经历一个上涨的过程。其间，随着水位持续上涨，出水量相应增大。经过一个过渡过程后，进、出水量重新达到平衡，水位停止上涨，达到一个新的平衡态。所以说，这样的单容水槽是一个有自平衡能力的系统。

惯性时间常数 T 决定了系统响应的快慢。在水槽系统中，水槽底面积 A 越大，由 $T = RA$ 可知，T 也越大。这意味着：大的水槽，在相同进水增量的情况下，相较于小的水槽，水槽内水位上涨得会慢些，即惯性更大。这一点由物理常识很容易理解。

稳态增益 K 是系统对控制增量的稳态放大。水槽系统中，在相同的控制增量 Δu 下，由 $K = K_\mathrm{u}R$，采用大的阀门，对应着大的流量系数 K_u，稳态增益 K 也就大。从另一个角度看，由式（2.2），大的 K_u 意味着同样的 Δu 下进入水槽的水量 ΔQ_i 大。由于新平衡态下依然有 $\Delta Q_\mathrm{i} = \Delta Q_\mathrm{o}$，由式（2.4）有：与 ΔQ_o 相对应的 Δh 也就大，这意味着最终水槽内水位达到新的平衡态时水位更高，这是稳态增益大的表现。

需要注意的是，以上分析中，系统时间常数 T 和稳态增益 K 都与式（2.4）中的负载阀液阻 R 有关，且上述分析中假定 R 为常数。而由图 2.3 和式（2.4）可知，R 实则为该曲线的导数，是基于当前系统工作点而定的，在其他工作点上 R 将增大或减小，则系统时间常数 T 和稳态增益 K 将随之变化。

2．电加热炉

电加热炉如图 2.5 所示，对象的被控参数为炉内温度 T，控制量为电热丝两端的电压 u。设加热丝质量为 M，比热容为 C，传热系数为 H，传热面积为 A，未加温前炉内温度为 T_0，

加温后的温度为 T。

根据热力学知识，有
$$MC\frac{\mathrm{d}(T-T_0)}{\mathrm{d}t}+HA(T-T_0)=Q_\mathrm{i} \qquad (2.8)$$

式中，Q_i 为单位时间内电热丝产生的热量。

考虑到 Q_i 与外加电压 u 的平方成比例，故 Q_i 与 u 是非线性关系。在平衡点（Q_0,u_0）附近进行线性化，得
$$K_\mathrm{u}=\Delta Q_\mathrm{i}/\Delta u$$

于是可得式（2.8）对应的增量微分方程为
$$MC\frac{\mathrm{d}\Delta T}{\mathrm{d}t}+HA\Delta T=K_\mathrm{u}\Delta u \qquad (2.9)$$

令 $\tau=\dfrac{MC}{HA}$，$K=\dfrac{K_\mathrm{u}}{HA}$，则式（2.9）可写为
$$\tau\frac{\mathrm{d}\Delta T}{\mathrm{d}t}+\Delta T=K\Delta u \qquad (2.10)$$

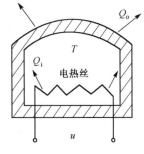

图 2.5 电加热炉

于是可得炉内温度变化量与控制电压变化量之间的传递函数为
$$G(s)=\frac{\Delta T(s)}{\Delta u(s)}=\frac{K}{\tau s+1} \qquad (2.11)$$

3. 压力对象

有一压力对象如图 2.6 所示。

设气体容器的气容为 C，进气管道气阻为 R，开始处于平衡状态时 $p_{\mathrm{o}0}=p_{\mathrm{i}0}$，如果进口压力突然增加 Δp_i，容器内压力发生变化 Δp_o，由气阻 R 的定义有
$$R=\frac{气压差变化量}{气体质量流量变化量}$$

即 $R=\dfrac{(p_{\mathrm{i}0}+\Delta p_\mathrm{i})-(p_{\mathrm{o}0}+\Delta p_\mathrm{o})}{\Delta\theta}=\dfrac{\Delta p_\mathrm{i}-\Delta p_\mathrm{o}}{\Delta\theta}$（s/m²） (2.12)

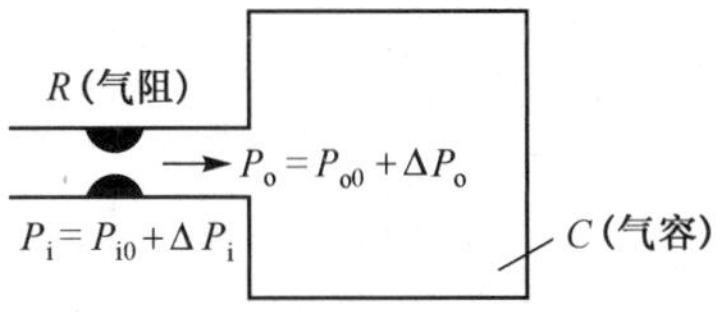

气容 C 的定义为
$$C=\frac{容器内气体质量变化量}{容器内气体变化量}$$

图 2.6 压力对象

即
$$C=\frac{\mathrm{d}G}{\mathrm{d}(p_{\mathrm{o}0}+\Delta p_\mathrm{o})}=\frac{\mathrm{d}G}{\mathrm{d}\Delta p_\mathrm{o}} \quad （\text{m}^2） \qquad (2.13)$$

式中，G 为容器内气体质量（kg）。

因为压力变化 $\mathrm{d}\Delta p_\mathrm{o}$ 乘以气容 C 等于 $\mathrm{d}t$ 秒内容器中增加的气体质量，即
$$\frac{\mathrm{d}G}{\mathrm{d}t}=\frac{C\mathrm{d}\Delta p_\mathrm{o}}{\mathrm{d}t}=\mathrm{d}Q \qquad (2.14)$$

由式（2.12）、式（2.14）并考虑到在微量时 $\mathrm{d}Q=\Delta\theta$，故可得
$$RC\frac{\mathrm{d}\Delta p_\mathrm{o}}{\mathrm{d}t}+\Delta p_\mathrm{o}=\Delta p_\mathrm{i} \qquad (2.15)$$

于是可得容器压力变化量与进气压力变化量之间的传递函数

$$G(s) = \frac{\Delta p_o(s)}{\Delta p_i(s)} = \frac{1}{RCs+1} \tag{2.16}$$

通过对上述三种不同单容对象的机理分析和建模可知，这些对象虽然机理不同，但都是一阶惯性环节，其中的"一阶"说明它们是单容对象；"惯性"说明它们是自平衡能力的。

2.2.2 其他典型工业过程对象的传递函数

除了一阶惯性环节，还有表现为一阶惯性环节加纯延迟、纯积分环节、二阶惯性环节等多种特性的工业过程对象。图 2.7～图 2.10 是以图 2.1 所示单容水槽为基础构造出的具有其他典型特性的工业应用场景。鉴于相关机理建模方法和步骤与单容水槽类似，这里不再赘述，仅将机理建模中的关键要素——输入输出变量、物料平衡方程和建模结果——传递函数，以及它们对应的阶跃响应曲线列举在表 2.1 中，以便对比。中间的机理建模过程读者可自行完成。

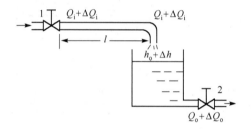

图 2.7 有纯延迟的单容水槽

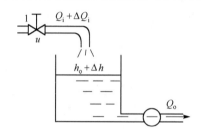

图 2.8 无自平衡能力的单容水槽

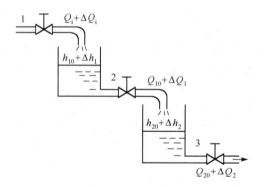

图 2.9 双容水槽

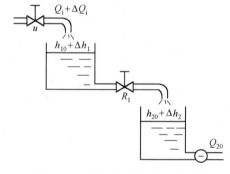

图 2.10 无自平衡能力的双容水槽

大多数工业过程对象在经过合理的线性化、降阶处理后都可以归结为表 2.1 所列的几种传递函数模型之一。这为过程控制系统的分析和设计带来极大的便利，也是本书后续所介绍的各种传统过程控制系统设计方法的基础。

表 2.1 典型工业过程对象的数学模型

类型	对应的水槽	输入-输出	自衡能力	物料平衡方程	传递函数	阶跃响应
单容对象	图 2.1	$\Delta u - \Delta h$	有	$\Delta Q_i - \Delta Q_o = A\dfrac{\mathrm{d}\Delta h}{\mathrm{d}t}$	$\dfrac{K}{Ts+1}$	

类型	对应的水槽	输入-输出	自衡能力	物料平衡方程	传递函数	阶跃响应
有纯延迟的单容对象	图2.7 进水管线很长	$\Delta u - \Delta h$	有	$T\dfrac{\mathrm{d}\Delta h}{\mathrm{d}t} + \Delta h$ $= K\Delta u(t-\tau)$	$\dfrac{K}{Ts+1}\mathrm{e}^{-\tau s}$	
无自衡能力单容对象	图2.8 出口为定量泵	$\Delta u - \Delta h$	无	$A\dfrac{\mathrm{d}\Delta h}{\mathrm{d}t} = \Delta Q_1 = K_{\mathrm{u}}\Delta u$	$\dfrac{1}{T_{\mathrm{a}}s}$	
双容对象	图2.9 上下水槽串连	$\Delta u - \Delta h_2$	有	$\Delta Q_1 - \Delta Q_1 = C_1\dfrac{\mathrm{d}\Delta h_1}{\mathrm{d}t}$ $\Delta Q_1 - \Delta Q_2 = C_2\dfrac{\mathrm{d}\Delta h_2}{\mathrm{d}t}$	$\dfrac{K\mathrm{e}^{-\tau s}}{T_1 T_2 s^2 + (T_1+T_2)s+1}$	
无自衡能力双容对象	图2.10 下水槽出口为定量泵	$\Delta u - \Delta h_2$	无	$\Delta Q_i - \Delta Q_1 = C_1\dfrac{\mathrm{d}\Delta h_1}{\mathrm{d}t}$ $\Delta Q_1 = C_2\dfrac{\mathrm{d}\Delta h_2}{\mathrm{d}t}$	$\dfrac{K}{Ts+1}\cdot\dfrac{1}{T_{\mathrm{a}}s}\mathrm{e}^{-\tau s}$	
有自衡能力多容对象			有		$\dfrac{K}{(Ts+1)^n}\cdot\mathrm{e}^{-\tau s}$	

2.3　测试建模方法

对于某些生产过程的机理，人们往往还未充分掌握；即便掌握了，也可能因建立的是高阶非线性微分方程而难以求解；有时会出现模型中结构已知，但有些参数难以确定的情况。这时就需要用过程辩识方法把数学模型估计出来。

2.3.1　对象特性的实验测定方法

通过实验获取被控过程对象的输入输出数据，这毫无疑问是测试建模的基础。而需要怎样的实验数据其实是由所需数学模型的形式而定的。比如，在 PID 参数整定时需要被控过程的传递函数模型参数，这可以通过阶跃响应数据求得，那么相应的实验就是测试被控过程的阶跃响应。所以，明确建模目的是测试建模的前提。

建模目的确定了，实验中被控过程的输入形式基本也就确定了。被控过程的输入其实就是在过程输入端施加的激励信号，以激发测量过程的相应响应。根据加入的激励信号和结果的分析方法不同，测试对象动态特性的实验方法也不同，主要有以下几种。

（1）测定动态特性的时域法

该方法是对被控对象施加阶跃输入，测出对象输出量随时间变化的响应曲线，或施加脉冲输入，测出输出的脉冲响应曲线。由响应曲线的结果分析，确定被控对象的传递函数。这种方法测试设备简单，测试工作量小，因此应用广泛；其缺点是测试精度不高。

（2）测定动态特性的频域法

该方法是对被控对象施加不同频率的正弦波，测出输入量与输出量的幅值比和相位差，从而通过获得对象的频率特性来确定被控对象的传递函数。这种方法在原理和数据处理上都比较简单，测试精度比时域法高，但此法需要用专门的超低频测试设备，测试工作量较大。

（3）测定动态特性的统计相关法

该方法是对被控对象施加某种随机信号或直接利用对象输入端本身存在的随机噪音进行观察和记录，依据输入端的随机信号 $x(t)$，和测量得到的输出信号 $y(t)$，计算出自相关函数 $R_{xx}(\tau)$ 和互相关函数 $R_{xy}(\tau)$，求出脉冲响应 $g(t)$，然后转换成阶跃响应，最后得到 $G(s)$。其中利用的原理是：当输入为白噪声时，输入与输出的互相关函数 $R_{xy}(\tau)$ 与脉冲响应函数成比例，由互相关函数很容易得到脉冲响应函数。

统计相关法可以在生产过程正常运行状态下进行，可以在线辨识，精度也较高。但统计相关法要求积累大量数据，并要用相关仪和计算机对这些数据进行计算和处理。

上述三种方法测试的动态特性，表现形式是以时间或频率为自变量的实验曲线，称为非参数模型，其建立数学模型的方法称为非参数模型辨识方法或经典的辨识方法。它假定过程为线性的，不必事先确定模型的具体结构，因而这类方法可适用于任意复杂的过程，应用也较广泛。其非参数模型阶跃响应 $R(t)$、频率响应 $G(j\omega)$ 经过适当的数学处理可转换成参数模型传递函数的形式。

此外还有一种参数模型辨识方法，称为现代的辨识方法。该方法必须假定一种模型结构，例如自回归模型（Autoregressive Model，AR）、滑动平均模型（Moving Average model，MA）、自回归滑动平均模型（Autoregressive Moving Average Model，ARMA）、受控自回归滑动平均模型（CARMA）等，然后通过极小化模型与过程之间的误差准则函数来确定模型的参数。这类辨识方法根据不同的基本原理又可分为最小二乘法、梯度校正法和极大似然法三种类型。

以下分别就经典辨识方法中的时域法和现代辨识方法中的最小二乘法为代表对测试建模方法进行介绍。

2.3.2 测定动态特性的时域法

该方法是在被控对象上人为地加非周期信号后，测定被控对象的响应曲线，然后再根据响应曲线，求出被控对象的传递函数。

1. 输入信号选择及实验注意事项

对象的阶跃响应曲线比较直观地反映了对象的动态特性，由于它直接来自原始的记录曲线，无须转换，实验也比较简单，且从响应曲线中也易于直接求出其对应的传递函数，因此阶跃输入信号是时域法首选的输入信号。但有时生产现场运行条件受到限制，不允许被控对象的被控参数有较大幅度变化，或无法测出一条完整的阶跃响应曲线，则可改用矩形脉冲作为输入信号，得到脉冲响应后，再将其换成一条阶跃响应曲线。

其测试方法及曲线转换方法如下。

首先在对象上加一阶跃扰动，待被控参数继续上升（或下降）到将要超过允许变化范围时，立即去掉扰动，即将控制阀恢复到原来的位置上，这就变成了矩形脉冲扰动形式，如图2.11所示。

从图 2.11 中可以看出

$$\begin{cases} u(t) = u_1(t) + u_2(t) \\ u_2(t) = -u_1(t - \Delta t) \end{cases}$$

设 $u_1(t)$ 和 $u_2(t)$ 作用下的阶跃响应曲线分别为 $y_1(t)$ 和 $y_2(t)$，如图 2.11 所示，则脉冲响应曲线为

$$y(t) = y_1(t) + y_2(t) = y_1(t) - y_1(t - \Delta t)$$

即 $\qquad\qquad y_1(t) = y(t) + y_1(t - \Delta t) \qquad\qquad$ （2.17）

式（2.17）就是由矩形脉冲响应曲线 $y(t)$ 转换为阶跃响应曲线 $y_1(t)$ 的根据。

式（2.17）能成立隐含着对象为线性的假定，即满足可乘性和可加性。

具体实施中，只需按图 2.11 所示将时间离散为 t_1，t_2 等时间间隔，按式（2.17）计算，即可得到完整的阶跃响应曲线 $y_1(t)$。

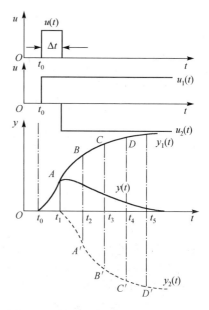

图 2.11 由矩形脉冲响应确定阶跃响应

在实验过程中，应注意以下一些问题。

（1）采取一切措施防止其他干扰的发生，否则将影响实验结果。为防止其他干扰影响，同一阶跃响应曲线应重复测试两三次，以便进行比较，从中剔除某些明显的偶然误差，并求出其中合理部分的平均值。

（2）在对象的同一平衡工况下，加上一个反向的阶跃信号，测出对象的响应特性，与正方向的响应特性进行比较，以检验对象的非线性特性。实验时，扰动作用的取值范围为其额定值的 5%～20%，一般取 8%～10%。

（3）测试应进行到被控参数接近它的稳态值或至少也要测试到被控参数的变化速度达到最大值之后。

（4）一般应在被控对象最小、最大及平均负荷下重复测试 n 条响应曲线进行对比。

（5）要注意被测量起始状态测量的精度和加阶跃信号的计时起点，这对计算对象延迟的大小和传递函数确定的准确性有关。

2. 实验结果的数据处理

如何将实验所获得的各种不同响应曲线进行处理，以便用一些简单的典型微分方程或传递函数来近似表达，既适合工程应用，又有足够的精度，这就是数据处理要解决的问题。

用测试法建立被控对象的数学模型，首要的问题就是选定模型的结构。一般从表 2.1 所示几种典型的工业过程的传递函数中进行选择即可。

根据阶跃响应曲线，选择哪一种传递函数与其对应，这与测试者对被控对象的验前知识掌握的多少和本人的经验有关。一般来说，可将测试的阶跃响应曲线与标准的一阶、二阶阶跃响应曲线比较，来确定将其相近曲线对应的传递函数形式作为数据处理的模型。对同一条响应曲线，用低阶传递函数来拟合，数据处理简单，计算量也小，但准确度较低。用高阶传递函数来拟合，则数据处理麻烦，计算量大，但拟合精度也较高。所幸的是，闭环控制尤其是最常用的 PID 控制并不要求非常准确的被控对象。在满足精度要求的情况下，尽量使用低阶传递函数来拟合，故简单一些的工业过程对象多采用一阶、二阶传递函数拟合。

常见的一种阶跃响应曲线为图2.12所示的S形单调曲线。数据处理的方法很多，下面介绍几种常用的方法。

（1）用作图法读取一阶惯性加纯延迟环节的参数

假定图2.12所示S形曲线是一阶惯性加纯延迟环节：

$$G(s) = \frac{K}{Ts+1}\mathrm{e}^{-\tau s} \qquad (2.18)$$

的阶跃响应,则可用作图法来确定其中的参数 K, T, τ。

设阶跃输入幅值为 Δu，则稳态增益 K 可按下式求取

$$K = \frac{y(\infty) - y(0)}{\Delta u} \qquad (2.19)$$

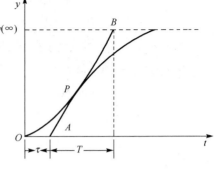

图2.12　用作图法确定参数 T 和 τ

惯性时间常数 T 和纯延迟时间 τ 可用作图法确定，即在拐点 P 处作切线，它与时间轴交于 A 点，与曲线的稳态值渐近线交于 B 点，如图2.12所示，图中的 τ 和 T 即式（2.18）中的 τ 和 T 值。

这种作图法拟合程度较差。首先，它是用一条向右平移的抛物线来拟合S形曲线的，这在 OA 区间的拟合误差最大。其次，在作图中切线的画法也有较大的随意性，而这关系到 T 和 τ 的取值。但作图法十分简单，而且实践表明它可以成功地应用于PID调节器的参数整定，故应用较广泛。

（2）用两点法求取一阶惯性加纯延迟环节的参数

用作图法求取参数不够准确，这里采用两点法，即利用阶跃响应曲线 $y(t)$ 上的两点数据计算 T 和 τ 的值。而 K 的值仍按式（2.19）计算。

首先需要把 $y(t)$ 转换成它的无量纲形式 $y^*(t)$ ，即

$$y^*(t) = y(t)/y(\infty)$$

式中， $y(\infty)$ 为 $y(t)$ 的稳态值。

与式（2.18）相对应的阶跃响应无量纲形式为

$$y^{\bullet}(t) = \begin{cases} 0 & t < \tau \\ 1 - \exp\left(-\dfrac{t-\tau}{T}\right) & t \geq \tau \end{cases} \qquad (2.20)$$

为解出上式的 T 和 τ ，必须选择两个时刻 t_1 和 t_2 ，其中 $t_2 > t_1 \geq \tau$ ，从测试结果中可以读出 $y^*(t_1)$ 和 $y^*(t_2)$ 并写出联立方程

$$\begin{cases} y^*(t_1) = 1 - \exp\left(-\dfrac{t_1-\tau}{T}\right) \\ y^*(t_2) = 1 - \exp\left(-\dfrac{t_2-\tau}{T}\right) \end{cases} \qquad (2.21)$$

由式（2.21）可以解出

$$\begin{cases} T = \dfrac{t_2 - t_1}{\ln[1 - y^*(t_1)] - \ln[1 - y^*(t_2)]} \\ \tau = \dfrac{t_2 \ln[1 - y^*(t_1)] - t_1 \ln[1 - y^*(t_2)]}{\ln[1 - y^*(t_1)] - \ln[1 - y^*(t_2)]} \end{cases} \qquad (2.22)$$

为了计算方便，取 $y^*(t_1) = 0.39$ ， $y^*(t_2) = 0.63$ ，可得

$$\begin{cases} T = 2(t_2 - t_1) \\ \tau = 2t_1 - t_2 \end{cases} \qquad (2.23)$$

计算出的 T 和 τ 准确与否，还可另取两个时刻进行校验，即

$$\begin{cases} t_3 = 0.8T + \tau, & y^*(t_3) = 0.55 \\ t_4 = 2T + \tau, & y^*(t_4) = 0.87 \end{cases} \tag{2.24}$$

注意：为克服两点法中所取两点就是所测曲线中两点而带来的测试误差，可将测试点先平滑拟合画出响应曲线，再从平滑拟合后的响应曲线上取出所需两点，可以减小测量误差。

（3）用两点法求取二阶惯性环节的参数

用表 2.1 中的二阶惯性环节

$$G(s) = \frac{Ke^{-\tau s}}{T_1 T_2 s^2 + (T_1 + T_2)s + 1} \tag{2.25}$$

拟合图 2.13 的 S 形阶跃响应曲线，求 K, τ, T_1 和 T_2 的方法。

增益 K 值仍可按式（2.19）计算。时间纯延迟 τ 可以根据阶跃响应曲线脱离起始的毫无反应的阶段开始出现变化的时刻来确定，参见图 2.13。然后截去纯延迟部分，并化为无量纲形式的阶跃响应 $y^*(t)$。

式（2.25）截去纯延迟并化为无量纲形式后，所对应的传递函数形式为

$$G(s) = \frac{1}{(T_1 s + 1)(T_2 s + 1)}, \quad T_1 \geqslant T_2 \tag{2.26}$$

与上式对应的阶跃响应为

$$y^*(t) = 1 - \frac{T_1}{T_1 - T_2} e^{-t/T_1} - \frac{T_2}{T_2 - T_1} e^{-t/T_2}$$

或

$$1 - y^*(t) = \frac{T_1}{T_1 - T_2} e^{-t/T_1} - \frac{T_2}{T_2 - T_1} e^{-t/T_2} \tag{2.27}$$

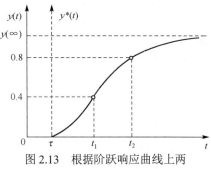

图 2.13 根据阶跃响应曲线上两个点的数据确定 T_1 和 T_2

根据式（2.27），可以利用图 2.13 上的两个数据点$(t_1, y^*(t_1))$和$(t_2, y^*(t_2))$确定参数 T_1 和 T_2。一般可取 $y^*(t)$ 分别为 0.4 和 0.8，再从曲线上定出 t_1 和 t_2，如图 2.13 所示，即可得如下联立方程

$$\begin{cases} \dfrac{T_1}{T_1 - T_2} e^{-t_1/T_1} - \dfrac{T_2}{T_1 - T_2} e^{-t_1/T_2} = 0.6 \\[2mm] \dfrac{T_1}{T_1 - T_2} e^{-t_2/T_1} - \dfrac{T_2}{T_1 - T_2} e^{-t_2/T_2} = 0.2 \end{cases} \tag{2.28}$$

由 $y^*(t)$ 所取两点查得 t_1 和 t_2 并代入式（2.28）便可得到所需的 T_1 和 T_2。

为求解方便，式（2.28）也可以近似表示如下

$$\begin{cases} T_1 + T_2 \approx \dfrac{1}{2.16}(t_1 + t_2) & (2.29) \\[2mm] \dfrac{T_1 T_2}{(T_1 + T_2)^2} \approx \left(1.74\dfrac{t_1}{t_2} - 0.55\right) & (2.30) \end{cases}$$

在固定选取 $y^*(t)$ 分别为 0.4 和 0.8 后，对应的 t_1 和 t_2 能够反映出其应该对应于高阶惯性环节 $G(s) = \dfrac{K}{(Ts+1)^n} \cdot e^{-\tau s}$ 的传递函数的阶次，其关系参见表 2.2。

表 2.2 高阶惯性对象 $1/(Ts+1)^n$ 中阶数 n 与比值 t_1/t_2 的关系

n	t_1/t_2	n	t_1/t_2
1	0.32	8	0.685
2	0.46	9	
3	0.53	10	0.71
4	0.58	11	
5	0.62	12	0.735
6	0.65	13	
7	0.67	14	0.75

注意：表中 t_1 和 t_2 应是 $y^*(t)$ 取 0.4 和 0.8 所对应的 t_1 和 t_2；而高阶惯性环节中的时间常数 T 可由下式求得

$$nT \approx (t_1 + t_2)/2.16 \tag{2.31}$$

由表 2.2 可知，式（2.25）表示的二阶对象应该为

$$0.32 < t_1/t_2 \leqslant 0.46$$

（4）用非自平衡过程阶跃响应曲线求取积分环节参数

还有一种非自平衡阶跃响应曲线如图 2.14 所示，它所对应的传递函数可以用表 2.1 中的纯积分环节

$$G(s) = \frac{1}{T_a s}e^{-\tau s} \tag{2.32}$$

或带纯积分的惯性环节

$$G(s) = \frac{e^{-\tau s}}{T_a s(Ts+1)} \tag{2.33}$$

来近似。其方法如下：

① 用纯积分来近似图 2.14 的响应曲线。作响应曲线稳态上升部分过拐点 A 的切线交时间轴于 t_2，切线与时间轴夹角为 θ，如图 2.14 所示。可见曲线稳态上升部分可看作一条过原点的直线，向右平移 t_2 距离，即曲线稳态部分可看作经过纯延迟 t_2 后的一条积分曲线。因此式（2.32）中 $\tau = t_2$，$T_a = \Delta u/\tan\theta$，式中 Δu 为阶跃输入幅值。

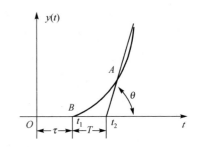

图 2.14　一种非自平衡过程阶跃响应曲线

用式（2.32）近似图 2.14 的响应曲线，方法简单易求，但在 t_1 到 A 这一段误差较大。若要这一部分也较准确可采用式（2.33）来近似。

② 用带纯积分的惯性环节来近似图 2.14 的响应曲线。由图 2.14 可见，在 0 到 t_1 时间 $y(t) = 0$，故取 $\tau = t_1$。在曲线稳态之后是积分环节作用为主，故 $T_a = \Delta u/\tan\theta$，而 t_1 至 A 之间以惯性环节作用为主，故 $T = t_2 - t_1$。

2.3.3　最小二乘法

最小二乘法，是高斯为完成行星运行轨道预测工作首先提出来的。此后，最小二乘法就成为根据实验数据估计函数参数的主要手段。它通过最小化误差的平方和来寻找实验数据的最佳函数匹配。最小二乘法既可以用于动态系统，又可以用于静态系统；既可以用于线性系统，又可以用于非线性系统；既可以用于离线估计，又可以用于在线估计，是具有最佳统计特性的方法。

将最小二乘法应用于过程对象的建模，实际上是把过程对象当成一个"黑匣子"，如图 2.15 所示，通过实验数据 $\{u(k), y(k)\}$，求解模型 G 中参数，使得模型输出与实验观测得到的对象输出之间的误差平方和最小。

考虑到测试数据为采样得来，具有时间离散的特点，以下以单入单出系统脉冲传递函数模型的参数估计问题为例，介绍最小二乘法的应用。

设图 2.15 中被控过程的脉冲传递函数为

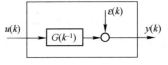

图 2.15　"黑匣子"系统

$$G\left(z^{-1}\right)=\frac{B\left(z^{-1}\right)}{A\left(z^{-1}\right)}=\frac{b_1 z^{-1}+b_2 z^{-2}+\cdots+b_{n_b} z^{-n_b}}{1+a_1 z^{-1}+\cdots+a_{n_a} z^{-n_a}} \tag{2.34}$$

其中 n_a，n_b 为模型阶次，一般 $n_a > n_b$，可由先验知识获取，或通过辨识手段估计。此处假定 n_a，n_b 已知。

综合误差 $\epsilon(k)=e(k)/A(z^{-1})$，$e(k)$ 中包含建模误差、测量误差等。

由图 2.15，$y(k)=G(z^{-1})u(k)+\epsilon(k)$，将式（2.34）代入有

$$y(k)=-a_1 y(k-1)-\cdots-a_{n_a} y(k-n_a)+b_1 u(k-1)+\cdots+b_{n_b} u(k-n_b)+e(k) \tag{2.35}$$

式（2.34）或式（2.35）含有假定：系统无纯延迟。如果有纯延迟 $\tau=mT_s$（T_s 为采样周期），则式（2.35）应写为：

$$\begin{aligned} y(k)=&-a_1 y(k-1)-\cdots-a_{n_a} y(k-n_a)+b_1 u(k-m-1)+\cdots+\\ &b_{n_b} u(k-m-n_b)+e(k) \end{aligned} \tag{2.36}$$

以下考虑系统无纯延迟的情况，即对式（2.35）中的参数进行估计。

定义模型参数向量
$$\boldsymbol{\theta}=[a_1,a_2,\cdots,a_{n_a};\ b_1,b_2,\cdots b_{n_b}]^{\mathrm{T}} \tag{2.37}$$

和实验数据向量
$$\boldsymbol{h}(k)=\left[-y(k-1),-y(k-2),\cdots,-y(k-n_a);\ u(k-1),\cdots,u(k-n_b)\right]^{\mathrm{T}} \tag{2.38}$$

则式（2.35）可用向量形式表示为

$$y(k)=\boldsymbol{h}^{\mathrm{T}}(k)\boldsymbol{\theta}+e(k) \tag{2.39}$$

将 L 组实验数据 $\{u(i),y(i),i=1,2,\cdots,L\}$ 用向量表示

$$\boldsymbol{Y}_L=[y(1),y(2),\cdots,y(L)]^{\mathrm{T}} \tag{2.40}$$

$$\boldsymbol{H}_L=\begin{bmatrix}\boldsymbol{h}^{\mathrm{T}}(n_a+1)\\ \vdots \\ \boldsymbol{h}^{\mathrm{T}}(n_a+L+1)\end{bmatrix} \tag{2.41}$$

$$\boldsymbol{e}_L=[e(1),e(2),\cdots,e(L)]^{\mathrm{T}} \tag{2.42}$$

将式（2.40）～式（2.42）代入式（2.39），可得方程组

$$\boldsymbol{Y}_L=\boldsymbol{H}_L\boldsymbol{\theta}+\boldsymbol{e}_L \tag{2.43}$$

这个方程组有 L 个方程，$\boldsymbol{\theta}$ 是其中待求的参数，有 n_a+n_b 个。如果 $L<n_a+n_b$，则方程数少于待求的未知数，解不唯一；当 $L=n_a+n_b$ 时，若误差 $\boldsymbol{e}_L=0$，则方程有唯一解，但这样的解不可靠，会随着测量值的变动而变动，况且 $\boldsymbol{e}_L$ 也不可能为 0。所以，一般要求实验次数 $L>n_a+n_b$，且足够多，以保证求解精度。

下面采用最小二乘法对方程组（2.43）进行求解。

依据最小二乘思想，引入函数匹配准则：最佳的函数匹配应使函数值和测量值的误差平方和最小，则对于式（2.43）相应的准则函数为

$$J\left(\boldsymbol{\theta}\right)=\sum_{i=1}^L e^2(i)=\sum_{i=1}^L\left(y(k)-\boldsymbol{h}^{\mathrm{T}}(k)\boldsymbol{\theta}\right)^2$$

写成二次型的形式为
$$J(\boldsymbol{\theta})=(\boldsymbol{H}_L\boldsymbol{\theta}-\boldsymbol{Y}_L)^{\mathrm{T}}(\boldsymbol{H}_L\boldsymbol{\theta}-\boldsymbol{Y}_L) \tag{2.44}$$

要使 $J(\pmb{\theta})$ 极小，只需求解 $$\frac{\partial J(\pmb{\theta})}{\partial \pmb{\theta}} = 0 \qquad (2.45)$$

利用微分公式 $$\frac{\partial}{\partial \pmb{x}}(\pmb{a}^{\mathrm{T}} \pmb{x}) = \pmb{a}^{\mathrm{T}} \qquad (2.46)$$

$$\frac{\partial}{\partial \pmb{x}}(\pmb{x}^{\mathrm{T}} \pmb{A} \pmb{x}) = 2\pmb{x}^{\mathrm{T}} \pmb{A} \qquad (2.47)$$

求解式（2.45）可得 $$\pmb{\theta} = (\pmb{H}_L^{\mathrm{T}} \pmb{H}_L)^{-1} \pmb{H}_L^{\mathrm{T}} \pmb{Y}_L \qquad (2.48)$$

此时，$\dfrac{\partial^2 J(\pmb{\theta})}{\partial \pmb{\theta}^2} = 2\pmb{H}_L^{\mathrm{T}} \pmb{H}_L > 0$。

由此，式（2.48）是方程（2.43）的最小二乘解，也即方程（2.34）的最小二乘参数估计。

上述最小二乘参数估计方法是基于一次性获取所有（L 组）实验数据的，是一种离线方法。最小二乘还可通过递推方式，完成在线参数辨识。在线辨识相对离线方法，占用内存小，且可以通过获取新数据保持模型的更新和适应性。

上述最小二乘估计方法基于对模型的阶次和时滞已知的假设。对于模型阶次未知的情况，可以通过尝试的方式，逐渐递增模型阶次，比较阶次 n 和 $n+1$ 时，模型与测试数据的拟合程度。一般模型阶次越高，拟合效果越好。但当模型阶次足够高，而拟合性能没有明显提高时，就没必要继续尝试了。时滞的估计既采用这种尝试的做法，也可以由先验知识或通过观测过程受激励后的前期响应情况得出。

2.4 基于 MATLAB 的系统建模

本节利用 MATLAB 强大的数值计算和仿真能力，对几类典型的工业过程对象进行仿真，并解决测试建模中的数学计算问题，以期使读者深入了解工业过程对象的特性，掌握各种测试建模的实现方法。

2.4.1 典型工业过程阶跃响应的 MATLAB 仿真

如表 2.1 所列，典型工业过程的传递函数模型常用的有以下几类：

（1）一阶惯性加纯延迟环节： $$G(s) = \frac{Ke^{-\tau s}}{Ts+1} \qquad (2.49)$$

（2）二阶惯性加纯延迟环节： $$G(s) = \frac{Ke^{-\tau s}}{(T_1 s+1)(T_2 s+1)} \qquad (2.50)$$

（3）纯积分环节： $$G(s) = \frac{1}{T_a s} e^{-\tau s} \qquad (2.51)$$

（4）带纯积分的惯性环节： $$G(s) = \frac{1}{T_a s(Ts+1)} e^{-\tau s} \qquad (2.52)$$

其中（1）和（2）属于有自衡能力的对象，（3）和（4）中均含有纯积分环节，属于无自衡能力的对象。

以下利用 MATLAB 的控制工具箱对这 4 类典型过程对象进行阶跃响应仿真实验，以说明各类对象的特性及其中模型参数的意义。

● 仿真实例 2.1 一阶惯性加纯延迟环节的阶跃响应

设某过程对象可简化为如下一阶惯性加纯延迟环节：

$$G(s) = \frac{8e^{-5s}}{10s+1} \qquad (2.53)$$

则可利用 MATLAB 控制工具箱中的传递函数建模函数 tf 构建该对象，用工具箱中的 step 函数求解对象的阶跃响应。

tf 函数可以产生连续或离散传递函数（transfer function），其基本语法是 sys = tf(num,den)。其中输入参数 num 和 den 分别是传递函数的分子和分母多项式系数组成的向量，返回参数 sys 为产生的传递函数模型。要表示带纯延迟的传递函数，可用语法 sys = tf(num,den,'InputDelay',n)，其中 n 代表纯延迟时间。

step 函数可求解并画出系统的单位阶跃响应，其基本语法是 step(sys)。此用法不带输出参数，用于求解并画出系统 sys 的单位阶跃响应，其中的仿真时间由系统 sys 的动态过程时间决定。

函数用法：step(sys,Tfinal)，则规定仿真截止时间为 Tfinal。

函数用法：[y,t]=step(sys,Tfinal)，仅求解但不画出系统 sys 的单位阶跃响应，并将解中的仿真时间和阶跃响应分别返回到参数 t 和 y 中。

下列代码分别就式（2.53）所示系统、系统稳态增益 K 由 8 变为 4、系统时间常数 T 由 10 变为 20、系统纯延迟时间 τ 由 5 变为 10 等情况下的单位阶跃响应进行仿真。

```
% chap2_1.m   一阶惯性加纯延迟环节的特性分析及参数物理意义说明
% 一阶惯性加纯延迟环节的单位阶跃响应
k=8; T=10; tau=5;
G1=tf(k,[T 1],'inputdelay',tau);    %构建一阶惯性加纯延迟传递函数模型 G1
[y,t]=step(G1);                      %求 G1 的单位阶跃响应
figure(1)
plot(t,y)
xlabel('Time(sec)'), ylabel('Amplitude')
% 找出阶跃响应曲线上 0.632 倍过程稳态值所在点，以确定时间常数 T
yi=k*(1-exp(-1));                    % 0.632 倍的过程稳态值
[d,i]=min(abs(yi-y));
yT=y(i);
tT=t(i);
line([0 tT tT]',[yT yT 0]','LineStyle','--')
text(1,yT+0.3,'0.632y({\infty})')
text(tau,0.3,'{\tau}')
text(tT,0.3,'{\tau}+T')
%稳态增益 K 不同时的单位阶跃响应差异
k=4; T=10; tau=5;
G2=tf(k,[T 1],'inputdelay',tau);
figure(2)
step(G1,'-',G2,'--')
legend('k=8','k=4',4)
%惯性时间常数 T 不同时的单位阶跃响应差异
k=8; T=20; tau=5;
G2=tf(k,[T 1],'inputdelay',tau);
figure(3)
```

```
step(G1,'-',G2,'--')
legend('T=10','T=20',4)
%纯延迟时间 tau 不同时的单位阶跃响应差异
k=8; T=10; tau=10;
G2=tf(k,[T 1],'inputdelay',tau);
figure(4)
step(G1,'-',G2,'--')
legend('{\tau}=5','{\tau}=10',4)
```

仿真结果如图 2.16～图 2.19 所示。

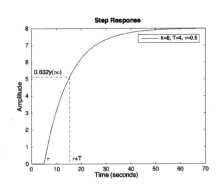

图 2.16　一阶惯性加纯延迟环节的单位阶跃响应

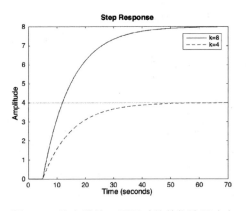

图 2.17　稳态增益 K 不同时的单位阶跃响应

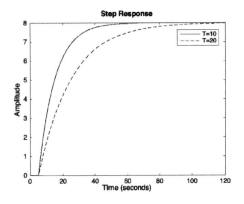

图 2.18　惯性时间常数 T 不同时的单位阶跃响应

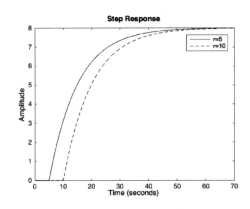

图 2.19　纯延迟时间 τ 不同时的单位阶跃响应

图 12.16 为式（2.53）所示系统的单位阶跃响应曲线。从该曲线可以看出，一阶惯性加纯延迟环节是具有自平衡能力的环节。在单位阶跃输入下，系统经过渡过程，可达到平衡态，且幅值跃升了 8，说明其稳态增益为 8。稳态增益是系统输出对输入的放大程度。

图 12.17 给出系统稳态增益分别为 8 和 4 时的阶跃响应情况。从图 12.17 可见，在相同的激励下，随着稳态增益的减小，系统输出稳态值相应减小，表明系统对输入的放大程度减弱。

惯性时间常数 T 决定了系统响应的快慢。按照一阶惯性环节的特点，对于阶跃输入，经惯性时间 T，系统输出即达到其稳态值的 0.632 倍。图 12.16 中的虚线标明了惯性时间常数 T 的获取方法。图 12.18 为式（2.53）所示系统在惯性时间常数分别为 10 和 20 时的阶跃响应情况。从图 12.18 可以看出，随着惯性时间常数的增大，系统的惯性增大，动作响应变慢，到达稳态的时间加长。

由模型式（2.53）可知，系统有纯延迟，其纯延迟时间$\tau=5$。反映在图12.16中为系统的阶跃响应曲线从第5s开始才有上升，之前系统输出一直为零。图12.19显示了式（12.53）所示系统在纯延迟时间分别为5s和10s两种情况下的阶跃响应。显然，随着纯延迟时间常数的增大，系统对输入的开始响应时间推后。

● **仿真实例2.2** 二阶惯性加纯延迟环节的阶跃响应

设某过程对象可简化为如下二阶惯性加纯延迟环节：

$$G(s) = \frac{3e^{-5s}}{(10s+1)(3s+1)} \tag{2.54}$$

该模型可分解为如下两个一阶惯性环节的串联

$$G_1(s) = \frac{1}{3s+1} \tag{2.55}$$

$$G_2(s) = \frac{3e^{-5s}}{10s+1} \tag{2.56}$$

以下代码采用将式（2.55）和式（2.56）所示两个一阶惯性环节相串联的方式构建式（2.54）所示二阶惯性环节，利用MATLAB控制工具箱中的建模和仿真函数，求取该二阶系统的阶跃响应。

```
%chap2_2.m   二阶惯性加纯延迟环节的阶跃响应特性分析
k1=1; T1=3;
G1=tf(k1, [T1, 1]);              % 第一个一阶惯性环节
k2=3; T2=10; tau=5;
G2=tf(k2, [T2, 1],'inputdelay', tau);   % 第二个一阶惯性环节
G=G1*G2;                         % 两个一阶惯性环节串联，得二阶惯性环节
step(G,'-',G1,'--',G2,':')       % 一阶惯性环节和二阶惯性环节的阶跃响应
grid on
legend('G=G1*G2','G1=1/(3s+1)','G2=3 e^{-5s}/(10s+1)',4)
```

运行上述仿真程序，可得二阶惯性环节（式（2.54））的阶跃响应曲线，如图2.20所示。为比较一阶惯性环节和二阶惯性环节特性的不同，图2.20中同时给出了两个一阶惯性环节（式（2.55）和式（2.56））的阶跃响应曲线。

相比一阶惯性环节，二阶惯性环节的阶跃响应不是单纯的指数增长，而是呈现明显的S形特征。仔细观察图2.20所示阶跃响应的起步阶段，不难发现这种区别。究其原因，对于第2个一阶惯性环节G_2的输出（也即该二阶惯性环节的输出），由于其前面又串入了一个一阶惯性环节G_1，而G_1是有惯性的，所以相当于拖了G_2的"后腿"，使得整个二阶系统在阶跃响应初期变化速度变慢，于是出现S形变化。

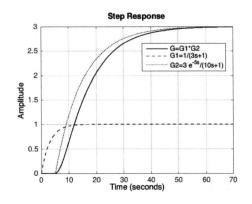

图2.20 二阶惯性加纯延迟环节的阶跃响应

一个有趣的现象是，观察图2.20会发现，二阶惯性环节G的阶跃响应曲线跟G_2的很相似，虽然二者一个是二阶系统，一个是一阶系统。其实，这缘于二阶系统G中两个时间常数

相差较大，G_1 的时间常数为 3，较 G_2 的时间常数 10 小了很多。所以相对而言，G_1 是一个快过程，而 G_2 是一个慢过程，当二者串联构成二阶系统 G 时，G_1 的快过程"稍纵即逝"，G 整体的惯性表现更接近较慢的 G_2。所以，如果要将二阶系统 G 做降阶处理，一个初略的办法是忽略其中的快过程，保留慢过程，即在动态特性上 $G≈G_2$。

此外，两个一阶惯性环节串联所得的二阶惯性环节，仍然是具有自平衡能力的系统。系统的稳态增益是两个一阶惯性环节稳态增益的乘积。图 2.20 所示的仿真结果也验证了这一点。

● **仿真实例 2.3** 纯积分环节的阶跃响应

设某过程对象可简化为如下的纯积分环节：

$$G(s) = \frac{1}{2s} e^{-0.5s} \qquad (2.57)$$

以下代码给出其对阶跃输入和方波输入的响应分析。

```
%chap2_3.m   纯积分环节的阶跃响应分析
%纯积分环节的阶跃响应
Ta=2;tau=0.5;
g1=tf(1,[Ta 0],'inputdelay',tau);     %积分时间常数 Ta=2 的纯积分环节

Ta=4;tau=0.5;
g2=tf(1,[Ta 0],'inputdelay',tau);     %积分时间常数 Ta= 4 的纯积分环节

figure(1)
step(g1,'-',g2,'--')
grid on
legend('Ta=2','Ta=4')
title('G(s)=ke^{-{\tau}s}/T_{a}s,    k=1,tau=0.5')

%纯积分环节对方波输入的响应
Ta=2;
g3=tf(1,[Ta 0]);          %积分时间常数 Ta=2 的纯积分环节
t=0:0.1:10;               %仿真时间
u=zeros(1,length(t));     %环节输入
u(sin(t)>0)=1;            %构造方波输入
figure(2)
lsim(g3,u,t)
title('纯积分环节 G(s)=1/2s 对方波输入的响应')
```

从图 2.21 所示纯积分环节对阶跃输入的响应曲线可以看出，纯积分环节是非自衡环节，只要输入保持，积分环节的输出就会随时间增长一直累加下去。累加的速度与积分时间常数有关：积分时间常数越大，累加速度越慢，表现在图 2.21 中，$T_a=4$ 时纯积分环节的阶跃响应曲线斜率比 $T_a=2$ 时的要小，也就是说积分时间与积分速度成反比。

图 2.22 所示纯积分环节对方波输入的响应则更为明确地说明积分是对输入的累加，即输入持续期间，积分环节的输出不断增大；一旦输入为零，输出就不再增长，而是保持当前状态不变。

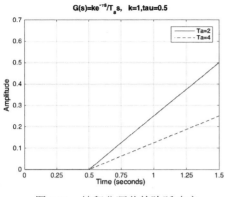

图 2.21　纯积分环节的阶跃响应

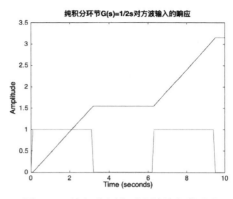

图 2.22　纯积分环节对方波输入的响应

● **仿真实例 2.4**　带纯积分的惯性环节的阶跃响应

在惯性环节的前面或后面串联上一个纯积分环节，即构成带纯积分的惯性环节。与纯积分环节相同，它也是一个无自衡能力的环节。在动态响应上，带纯积分的惯性环节和纯积分环节相似，只是在应对输入变化的初始阶段，前者略微缓慢而已。这主要是因为与之相串联的惯性环节在"拖后腿"。

下面给出带纯积分的惯性环节的阶跃响应仿真实例，以说明其动态特性。

设某过程对象可简化为如下带纯积分的惯性环节：

$$G(s) = \frac{3}{s(2s+1)} e^{-0.5s} \qquad (2.58)$$

以下代码给出该环节在不同惯性时间常数下的单位阶跃响应。

```
%chap2_4.m    带纯积分的惯性环节的阶跃响应分析
k=3;T=2;tau=0.5;
g1=tf(k,conv([1 0],[T 1]),'inputdelay',tau);      %惯性时间常数 T=2 的惯性+积分环节

k=3;T=4;tau=0.5;
g2=tf(k,conv([1 0],[T 1]),'inputdelay',tau);      %惯性时间常数 T=4 的惯性+积分环节

figure(1)
step(g1,'-',g2,'--')
grid on
legend('T=2','T=4',4)
title('G(s)=ke^{-\{tau}s}/s(Ts+1), k=3,tau=0.5')
```

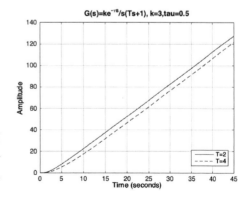

图 2.23　带纯积分的惯性环节的阶跃响应

上述仿真程序运行结果如图 2.23 所示。从图中不难看出，带纯积分的惯性环节确实与纯积分环节相似，均属非自衡环节。但由于惯性环节的存在，其对阶跃输入的响应初期表现为缓慢增长，而在响应后期，由于惯性环节的自衡特性，整个环节的输出几乎都是积分环节的贡献，故其阶跃响应表现出与纯积分环节阶跃响应相同的动态特征。而且，同纯积分环节一样，积分速度与积分时间常数成反比。

2.4.2　测试建模中 MATLAB 的应用

以下仿真实例分别介绍 MATLAB 在一阶系统作图法建模、一阶系统两点法建模中的应用。

● **仿真实例 2.5** 一阶系统作图法建模及仿真

已知某液位对象在阶跃扰动量 Δu=20%时的响应实验数据如表 2.3 所示。

表 2.3 某液位对象阶跃响应实验数据

t/s	0	10	20	40	60	80	100	140	180	250	300	400	500	600
h/cm	0	0	0.2	0.8	2.0	3.6	5.4	8.8	11.8	14.4	16.6	18.4	19.2	19.6

假定该对象可以用一阶惯性加纯延迟形式 $G(s)=\dfrac{Ke^{-\tau s}}{Ts+1}$ 来近似，可用作图法确定该模型中的三个参数 K、T 和 τ。

仿真步骤：

（1）根据输出稳态值和阶跃输入的变化幅值，由式（2.43）求得对象的稳态增益：

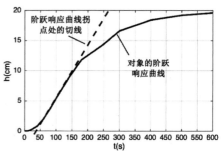

图 2.24 用作图法确定参数 T 和 τ

$$K=\frac{y(\infty)-y(0)}{\Delta u}=\frac{19.6-0}{0.2}=98$$

（2）根据表 2.3 中的实验数据，利用 MATLAB 对该组数据做平滑处理，之后画出该液位系统的阶跃响应曲线，如图 2.24 所示。

（3）根据作图法，在曲线拐点处做切线，与横坐标交点处坐标为 40，与曲线稳态值渐近线交点的横坐标值为 260，故 $\tau=40\text{ s}$，$T=260-40=220\text{ s}$。

（4）由（1）、（3）步的结果可得，该液位对象的数学模型为

$$G(s)=\frac{98}{220s+1}\mathrm{e}^{-40s} \qquad (2.59)$$

以下给出作图法求取一阶惯性加纯延迟环节模型参数的 MATLAB 程序，程序中还通过阶跃响应仿真比较了作图法所得模型与实际系统模型的差异。仿真程序如下：

```
%chap2_5.m 作图法一阶系统建模
t=[0 10 20 40 60 80 100 140 180 250 300 400 500 600];
h=[0 0 0.2 0.8 2.0 3.6 5.4 8.8 11.8 14.4 16.6 18.4 19.2 19.6];
figure(1)
plot(t,h)
grid on;
xlabel('t(s)')
ylabel('h(cm)')

%作图法建立的系统模型与实验数据模型比较
K=98;
T=220;
tau=40;

G=tf(K,[T 1],'inputdelay',tau);
[yG,tG]=step(G,linspace(t(1),t(end),20));
u=0.2;
hG=u*yG;
figure(2)
```

```
plot(t,h,'-',tG,hG,'--')
legend('实验数据模型','作图法模型')
grid on
xlabel('t(s)')
ylabel('h(cm)')

%作图法中作图差异对建模结果的影响
K1=98;
T1=160;
tau1=50;

G1=tf(K1,[T1 1],'inputdelay',tau1);
[yG1,tG1]=step(G1,linspace(t(1),t(end),20));
hG1=u*yG1;
figure(3)
plot(t,h,'-',tG,hG,':',tG1,hG1,'--')
legend('实验数据模型','作图法模型 T=220','作图法模型 T=160')
grid on
xlabel('t(s)')
ylabel('h(cm)')
```

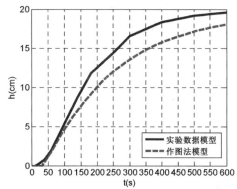

图 2.25 对作图法得到的液位系统模型（式（2.60)）与表 2.3 所描述的实际液位系统实验结果进行了比较。可以看出，两种模型还是有一定差距的。这种差距有对模型结构（如系统阶次）估计的偏差，也有作图法本身不精确、手工操作随意性大等方面的偏差。

图 2.25　作图法建立的系统模型与实验数据模型对比

图 2.26 仍采用作图法，只是在阶跃响应曲线上选取了另一个拐点，相应绘制的切线也不同，则显然可得到另一组模型参数：$\tau = 50\,\mathrm{s}$，$T = 210 - 50 = 160\,\mathrm{s}$。则对应的系统数学模型变为

$$G(s) = \frac{98}{160s+1}\mathrm{e}^{-50s} \tag{2.60}$$

相应的阶跃响应曲线也将发生变化，见图 2.27。

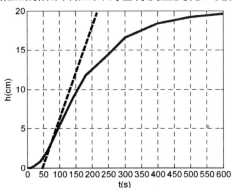

图 2.26　作图法选取另一组拐点和切线时的曲线

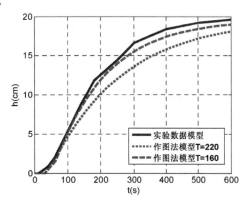

图 2.27　实验数据模型及不同作图法所得系统模型的比较

由上述仿真分析可知，作图法虽然简单，但其操作起来随意性大，也不够精确，所以只能做到对模型参数的大致估计。

● **仿真实例 2.6** 一阶系统两点法建模及仿真

相比作图法的随意性，两点法通过求解方程组来获取一阶系统中的时间常数 T 和纯延迟 τ，因而较为准确。两点法利用一阶系统阶跃响应函数 $y(t)$，将阶跃响应曲线上任意找到的两点 (t_1,y_1) 和 (t_2,y_2) 代入 $y(t)$ 中，从而建立两个方程的方程组，进而求取方程组中的未知数 T 和 τ。

一般为计算方便，在阶跃响应曲线上选取两个特殊点：$y^*(t_1)=0.39$，$y^*(t_2)=0.63$（其中 y^* 为系统输出 y 的无量纲值），则可解方程组得：

$$\begin{cases} T=2(t_2-t_1) \\ \tau=2t_1-t_2 \end{cases} \tag{2.61}$$

以下通过仿真实例说明两点法求取一阶系统参数的过程及其参数估计的正确性。仿真所用数据仍来自表 2.3 所述的液位对象。

```
% chap2.6.m 两点法建立一阶系统模型
t=[0 10 20 40 60 80 100 140 180 250 300 400 500 600];
h=[0 0 0.2 0.8 2.0 3.6 5.4 8.8 11.8 14.4 16.6 18.4 19.2 19.6];
delta_u=20/100;
%求系统稳态增益 k
k=(h(end)-h(1))/delta_u
%将系统输出化为无量纲形式
y=h/h(end);
%用插值法求系统输出到达 0.39 和 0.63 两点处时间 t1 和 t2
%因插值函数 inerp1 的输入样本数据不允许有重复，故此处舍去系统输出无变化时间段
t_tau=10;    % 输出无变化的时间
tw=t(2:end)-t_tau;
yw=y(2:end);
h1=0.39; t1=interp1(yw,tw,h1)+t_tau;
h2=0.63; t2=interp1(yw,tw,h2)+t_tau;
%由 t1 和 t2 确定系统的惯性时间常数 T 和纯延迟时间 tau
T=2*(t2-t1)
tau=2*t1-t2
%比较两点法结果与实际系统在阶跃响应上的差异
%两点法确立的一阶惯性加纯延迟模型 G
G=tf(k,[T,1],'inputdelay',tau);
[yG,tG]=step(G,linspace(t(1),t(end),50));
yG=yG*delta_u;
plot(t,h,'-',tG,yG,'--')
legend('实际系统','两点法所求近似系统',4)
```

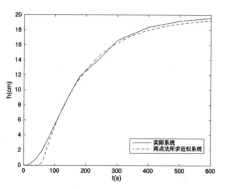

程序运行可得 $k=98$，$T=136.7077$，$t_{au}=58.0462$，即由两点法求得的一阶系统模型为

$$G(s)=\frac{98}{136.7s+1}e^{-58s}$$

图 2.28 两点法所得一阶系统及
实际系统的阶跃响应

该模型对应系统的阶跃响应如图 2.28 所示。对比图 2.27 可知，两点法较作图法可得到更为准确的一阶系统模型。

● **仿真实例 2.7** 最小二乘法用于模型参数估计及仿真

考虑过程模型 $\quad y(k)-1.6y(k-1)+0.8y(k-2)=0.8u(k-1)+0.3u(k-2)+e(k)$

本实例应用最小二乘法估计该模型的参数。

仿真程序中，输入 u 为幅值为 1 的方波，误差 e 为均匀分布的随机噪声，噪声强度在程序中可调。

程序中待估计参数为 $\qquad\qquad \theta=[a_1,a_2,b_1,b_2]^{\mathrm{T}}$ （2.62）

引入待估计参数，过程的理论值用通式表示为

$$y(k)=-a_1y(k-1)-a_2y(k-2)+b_1u(k-1)+b_2u(k-2) \qquad (2.63)$$

过程的测量值用通式表示为

$$z(k)=-a_1z(k-1)-a_2z(k-2)+b_1u(k-1)+b_2u(k-2)+e(k) \qquad (2.64)$$

其中 $k=3,4,\cdots,n$，而 n 是实验中采样的样本数。

由式（2.48）所述最小二乘解：$\boldsymbol{\theta}=(\boldsymbol{H}_L^{\mathrm{T}}\boldsymbol{H}_L)^{-1}\boldsymbol{H}_L^{\mathrm{T}}\boldsymbol{Y}_L$

本例中 $\qquad\qquad\qquad Y_L=[z(3),z(4),\cdots,z(n)]^{\mathrm{T}}$ （2.65）

$$Y_L=\begin{bmatrix} -z(2) & -z(1) & u(2) & u(1) \\ -z(3) & -z(2) & u(3) & u(2) \\ & \vdots & & \\ -z(k+1) & -z(k) & u(k+1) & u(k) \\ & \vdots & & \\ -z(n-1) & -z(n-2) & u(n-1) & u(n-2) \end{bmatrix} \qquad (2.66)$$

相关 MATLAB 仿真程序如下：

```
%chap2_7 最小二乘法用于参数估计
%y(k)-1.6y(k-1)+0.8y(k-2)=0.8u(k-1)+0.3u(k-2)+e(k)
clear, close all
%第一步，构造输入输出数据{u(k),y(k)}
a1=-1.6; a2=0.8; b1=0.8; b2=0.3;
n=100;  %实验数据组数
u=zeros(n,1); u(4:50)=1; %构造单位阶跃输入
y=zeros(n,1);   %理论输出序列初始化
for k=3:n
    y(k)=-a1*y(k-1)-a2*y(k-2)+b1*u(k-1)+b2*u(k-2);          %理论输出序列
end
ke=0.3; %噪声强度系数
e=(rand(n,1)-0.5)*ke;  %制造随机噪声
z=zeros(n,1);
for k=3:n
    z(k)=-a1*z(k-1)-a2*z(k-2)+b1*u(k-1)+b2*u(k-2)+e(k);     %测量输出序列
end
figure(1),set(gcf,'position',[100,100,400,300]);
```

```
plot(u,'b-.'),hold on,plot(y,'b'),plot(z,'r--')

% 第二步，构造数据向量，最小二乘求解
HL=zeros(n-2,4);
for k=1:n-2
    HL(k,:)=[-z(k+1) -z(k) u(k+1) u(k)];
end
YL=z(3:n);
Theta=(HL'*HL)\HL'*YL    %最小二乘参数估计结果
A1=Theta(1); A2=Theta(2); B1=Theta(3); B2=Theta(4);

% 第三步，验证
Y=zeros(n,1);
for k=3:n
    Y(k)=-A1*Y(k-1)-A2*Y(k-2)+B1*u(k-1)+B2*u(k-2);        %估计模型的输出
end
mse=sum((y-Y).^2) /n     % 估计值和理论值的均方误差
figure(1),plot(Y,':k','LineWidth',1)
legend('输入值','理论值','测量值','估计值')
```

表 2.4 为在不同测量误差强度下，最小二乘估计的结果，包括模型参数估计结果与真值的对比，以及估计参数模型与理论真值模型输出结果的均方误差。由表 2.4 可得，最小二乘参数估计法是有效的，随着测量误差的增大，估计的准确性有所下降。

图 2.29 为利用表 2.4 最后一行的估计参数仿真的结果。可见，虽然过程的测量值 z 与理论值 y 有一些偏差，但用最小二乘法估计出的模型参数仍然比较准确，估算模型的输出很好地契合了理论模型的输出，表 2.4 中记载二者的均方误差为 0.0266。

表 2.4 仿真实例 2.7 的最小二乘参数估计结果

参数		a_1	a_2	b_1	b_2	模型输出与理论输出的均方误差
真值		−1.6	0.8	0.8	0.3	
估计值 测量误差强度系数 k_e	k_e=0	−1.6000	0.8000	0.8000	0.3000	1.04E-13
	k_e=0.1	−1.6001	0.8042	0.7816	0.3364	0.0017
		−1.5920	0.7956	0.7866	0.3271	0.0015
	k_e=0.2	−1.6066	0.8050	0.7913	0.3100	0.0026
		−1.5854	0.7895	0.8141	0.3088	0.0028
	k_e=0.3	−1.6048	0.8227	0.8323	0.3391	0.0833
		−1.6252	*0.8271*	*0.8323*	*0.2870*	0.0266

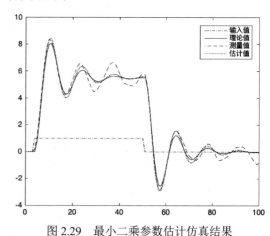

图 2.29 最小二乘参数估计仿真结果

本 章 小 结

过程系统的建模，通常指建立过程系统的输入输出模型。根据建模的原理，一般可分为机理法和测试法。

1．机理法建模根据所研究系统在实际生产过程中发生物理、化学、生化等反应的机理，写出相关的平衡方程，分析过程的内在联系，消去中间变量，写出输入变量与输出变量之间的关系。

2．实际工业过程是复杂的，但可以通过抓住主要因素、降阶、线性化等手段将其数学模型简化。典型的工业过程模型可总结为一阶惯性环节、带延迟的一阶惯性环节、纯积分环节等一阶环节，以及这些一阶环节串联组合而成的各种二阶环节、高阶环节等传递函数形式。这些模型中所有带纯积分的环节，相应的过程对象无自平衡能力；否则有自平衡能力。模型的阶次、稳态增益、惯性时间常数、延迟时间常数等由生产过程、生产设备的特性决定，对这些模型参数的理解是了解过程对象特性、设计控制方案的关键。

3．测试法建模，是指根据过程的输入和输出的实测数据进行某种数学处理后得到过程系统的模型。它完全从外特性上测试和描述过程对象的动态性质，不需要深入掌握内部机理。但对内部机理充分了解有助于模型形式、模型阶次、模型时滞等的确定。本章仅对时域法及相关 MATLAB 建模和仿真方法做了介绍。

4．测试建模分经典方法和现代方法。经典的测试建模有时域法、频域法、统计相关法等；现代的测试建模有最小二乘法、梯度校正法和极大似然法等。本章仅对最小二乘法及相关 MATLAB 仿真做了介绍。

习　题

2.1　什么是对象的动态特性？为什么要研究对象的动态特性？

2.2　通常描述对象动态特性的方法有哪些？

2.3　过程控制中被控对象动态特性有哪些特点？

2.4　单容对象的放大系数 K 和时间常数 T 各与哪些因素有关？试从物理概念上加以说明，并解释 K,T 的大小对动态特性有何影响？

2.5　对象的纯滞后时间产生的原因是什么？

2.6　在测定被控对象阶跃响应曲线时，要注意哪些问题？

2.7　在图 2.2 所示液位控制系统中，依靠进水量的调节来保证水槽液位达到给定值。试问：若系统中进水压力常有波动，则系统的控制通道模型和干扰通道模型分别是什么？试画出整个控制系统的结构框图。

2.8　什么是最小二乘参数辨识问题？简单阐述它的基本原理。

2.9　分别用机理建模法推导出图 2.8、图 2.9 和图 2.10 所示水槽液位系统的传递函数模型。

2.10　某水槽如题 2.10 图所示。其中 F 为槽的截面积，R_1,R_2 和 R_3 均为线性水阻，Q_1 为流入量，Q_2 和 Q_3 为流出量。要求：

（1）写出以水位 H 为输出量，Q_1 为输入量的对象动态方程；

（2）写出对象的传递函数 $G(s)$，并指出其增益 K 和时间常数 T 的值。

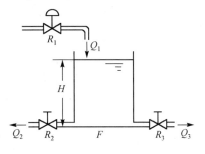

题 2.10 图

2.11　在题 2.11 图所示加热器中，假设加热量 Q_h 为常量。已知：容器中水的热容量 $C_w=50\,kJ/℃$；加热器壁热容量 $C_m=16\,J/℃$；进出口水流量相等，均为 $3\,kg/min$；加热器内壁与水的对流传热量 $Q_{hi}=5\,kJ/(℃\cdot min)$；加热器外壁对外界空气的散热量 $Q_{ho}=0.5\,kJ/(℃\cdot min)$。求以外界空气温度 θ_1 为输入量、出口水温 θ_2 为输出量的温度对象传递函数。

2.12 已知题 2.12 图中气罐的容积为 V，入口处气体压力 p_1 和气罐内气体温度 T 均为常数。假设罐内气体密度 ρ 在压力 p 变化不大的情况下，可视为常数，并等于入口处气体的密度。R_1 在进气量 Q_1 变化不大时可近似看作线性气阻。求以 Q_1 为输入量、p 为输出量时对象的动态方程。

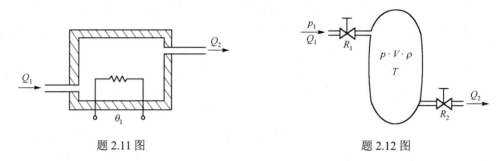

题 2.11 图　　　　　　　　　　　题 2.12 图

2.13 有一复杂液位对象，其液位阶跃响应实验数据为

t/s	0	10	20	40	60	80	100	140	180	250	300	400	…	∞
h/cm	0	0	0.5	2	5	9	13.5	22	29.5	36	39	39.5	…	400

（1）用 MATLAB 画出液位的阶跃响应曲线；

（2）若该对象用带纯延迟的一阶惯性环节近似，试用作图法确定纯延迟时间 τ 和时间常数 T；

（3）确定出该对象增益 K，设阶跃扰动量 $\Delta\mu=1\%$；

（4）用 MATLAB 画出作图法求的一阶惯性环节的阶跃响应曲线，并与（1）的实验曲线对比。

2.14 某水槽水位阶跃响应实验数据为

t/s	0	10	20	40	60	80	100	150	200	300	400
h/mm	0	9.5	18	33	45	55	63	78	86	95	98

其中阶跃扰动量 $\Delta\mu=20\%$。

（1）画出水位的阶跃响应曲线；

（2）水位对象用一阶惯性环节近似，试确定其增益 K 和时间常数 T。

2.15 已知被控对象的单位阶跃响应曲线实验数据如下：

$T(s)$	0	15	30	45	60	75	90	105	120	135
Y	0	0.02	0.045	0.065	0.090	0.135	0.175	0.233	0.285	0.330
$T(s)$	150	165	180	195	210	225	240	255	270	285
Y	0.379	0.430	0.485	0.540	0.595	0.650	0.710	0.780	0.830	0.885
$T(s)$	300	315	330	345	360	375				
Y	0.951	0.980	0.998	0.999	1.000	1.000				

分别用切线法、两点法求传递函数，并用 MATLAB 仿真计算过渡过程，所得结果与实际曲线进行比较。

2.16 某温度对象矩形脉冲响应实验数据为

t/min	1	3	4	5	8	10	15	16.5	20	25	30	40	50	60	70	80
θ/℃	0.46	1.7	3.7	9.0	19.0	26.4	36	37.5	33.5	27.2	21	10.4	5.1	2.8	1.1	0.5

矩形脉冲幅值为 1/3，脉冲宽度 $\Delta t=10$ min。

（1）试将该矩形脉冲响应曲线转换为阶跃响应曲线；

（2）用二阶惯性环节写出该温度对象传递函数。

2.17 有一液位对象，其矩形脉冲响应实验数据为

t/s	0	10	20	40	60	80	100	120	140	160	180	200
h/cm	0	0	0.2	0.6	1.2	1.6	1.8	2.0	1.9	1.7	1.6	1
t/s	220	240	260	280	300	320	340	360	380	400		
h/cm	0.8	0.7	0.7	0.6	0.6	0.4	0.2	0.2	0.15	0.15		

已知矩形脉冲幅值阀门开度变化 $\Delta\mu = 20\%$，脉冲宽度 $\Delta t = 20\ s$。

（1）试将该矩形脉冲响应曲线转换为阶跃响应曲线；

（2）若将它近似为带纯延迟的一阶惯性对象，试用不同方法确定其特性参数 K, T 和 τ 的值，并对结果进行分析。

2.18 已知矩形脉冲宽度为 1 s，幅值为 0.3，测得某对象的脉冲响应曲线数据如下：

$t(s)$	0	1	2	3	4	5	6	7	8	9
y	0	3.75	7.20	9.00	9.35	9.15	8.40	7.65	7.05	6.45
$t(s)$	10	11	12	13	14	15	16	17	18	19
y	5.85	5.10	4.95	4.50	4.05	3.60	3.30	3.00	2.70	2.40
$t(s)$	20	21	22	23	24	25	26	27	28	29
y	2.25	2.10	1.95	1.80	1.65	1.50	1.35	1.20	1.05	0.90
$t(s)$	30	31	32	33	34	35	36	37	38	39
y	0.75	0.60	0.45	0.40	0.36	0.30	0.20	0.15	0.10	0.08

试求阶跃响应曲线，并求出其对应的传递函数。

2.19 根据热力学原理，对给定质量的气体，压力 p 与体积 V 之间的关系为 $pV^{\alpha} = \beta$，其中 α 和 β 为待定参数，经实验获得如下一批数据，V 的单位为(in)[①]，p 的单位为 $Pa/(in)^2$。

V	54.3	61.8	72.4	88.7	118.6	1940.0
p	61.2	49.5	37.6	28.4	19.2	10.1

试用最小二乘法确定参数 α 和 β。

2.20 仍考虑仿真实例 2.7 中的过程模型

$$y(k) - 1.6y(k-1) + 0.8y(k-2) = 0.8u(k-1) + 0.3u(k-2)$$

若先验知识对模型阶次的了解有误，如设定的预辨识模型为

$$y(k) + a_1 y(k-1) + a_2 y(k-2) = b_1 u(k-1)$$

则待估计的参数向量为 $\boldsymbol{\theta} = [a_1, a_2, b_1]^T$

试采用最小二乘法求解参数向量 $\boldsymbol{\theta}$，然后通过阶跃响应结果，对比此解下辨识模型与原过程模型的差异。

---

① 英寸(inch)为非法定长度计量单位，1 in = 0.0254 m

第3章　过程控制系统设计

过程控制系统设计是过程工艺、仪表及计算机和控制理论等多学科的综合。本章从工程应用的角度，讨论过程控制系统的设计任务、步骤和系统设计方法，介绍常用过程控制系统检测和变送装置、执行机构等硬件设备的基本原理和选型原则。

3.1　过程控制系统设计的任务和步骤

先来看一个过程控制系统的例子。

炼钢是一种将钢中碳和合金元素的含量调整到满足钢种要求的生产过程，其实质就是一个氧化过程，氧化所用原料是通过氧枪吹入的氧气。

氧枪在吹氧时，要求喷射出的氧气流量稳定、流速快、穿透能力强，对熔池有足够高的搅拌能力，化渣效果好，喷溅小，对炉衬的侵蚀小。为此，采用图 3.1 所示控制系统实现氧气流量、压力的控制。

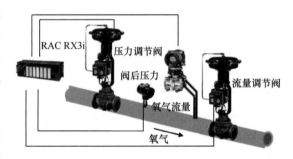

图 3.1　炼钢生产中氧枪压力流量控制系统

而这其实只是氧枪系统的一部分。因为氧枪实际工作时处在极其恶劣的环境中，要受到钢水、炉气、炉渣的高温辐射，还要经受钢液和炉渣对氧枪的冲刷和黏结，所以氧枪还必须有用高压循环冷却水对其进行冷却的自动供水系统。此外还有氧枪的位置控制系统、主备枪换枪横移系统等。这些系统在正常生产时协同工作，在危险和事故发生时连锁动作，保证炼钢生产的安全稳定运行，确保产品质量满足生产需求。

由氧枪自动控制系统的例子可见，复杂的工业过程在实现自动化生产时，被拆解成一个个简单的，或独立或有关联的控制系统。过程控制系统设计的首要任务是在对过程生产目标、工艺、实际生产条件有足够认知的基础上，确定控制目标，而后设计满足控制目标的控制方案，进而选择适宜的仪表设备实现方案。

过程控制系统的设计不单单是理论设计，设计中要充分结合各个生产厂家的实际情况，从厂家需求、实际生产环境、设备采购和运维成本等多方面综合考虑，要确保设计出来的系统能正常投入使用，且使用中有足够的安全警示和保障措施。所以说，过程控制系统的设计实际上是一个复杂的工程设计问题。

过程控制系统设计的具体步骤是：

（1）根据工艺要求和控制目标确定系统变量；

（2）建立数学模型，其方法如第 2 章所述；

（3）确定控制方案；

（4）选择硬件设备；

（5）选择控制算法，进行控制器设计；

（6）软件设计。

系统设计完成后，进行设备安装、调试与整定，再投入运行。

3.2 确定控制变量与控制方案

3.2.1 确定控制目标

第1章已经明确了：过程控制的总目标是在保证生产安全（包括人身、设备及环境安全）的前提下，稳定、经济地生产出满足品质要求的产品。

控制系统的设计是为工艺生产服务的，因此它与工艺流程设计、工艺设备设计以及设备选型等有密切关系。现代工业生产过程的类型很多，生产装置日趋复杂化、大型化，这就需要更复杂可靠的控制装置来保证生产过程的正常运行。因此，对于具体系统，过程控制设计人员必须熟悉生产工艺流程、操作条件、设备性能、产品质量指标等，并与工艺人员一起研究各操作单元的特点以及整个生产装置工艺流程特性，确定保证产品质量和生产安全的关键参数。

1. 被控变量

被控变量也是工业过程的输出变量，选择的基本原则是

（1）选择对控制目标起重要影响的输出变量作为被控变量；

（2）选择可直接控制目标质量的输出变量作为被控变量；

（3）在以上前提下，选择与控制（或操作）变量之间的传递函数比较简单、动态特性和静态特性较好的输出变量，作为被控变量；

（4）有些系统存在控制目标不可测的情况，则选择其他能够可靠测量，且与控制目标有一定关系的输出变量，作为辅助被控变量。

图 3.2 所示锅炉生产过程中，锅炉（又称汽包）作为物料缓冲和汽水分离装置，其进水经下降管送入炉膛，在炉膛内被加热后经上升管重回锅炉，而后经汽水分离，以蒸汽形式排出到后续工艺。锅炉中的水位是确保安全生产和提供优质蒸汽的重要参数。水位过高，蒸汽中带水，会腐蚀后续工艺设备；水位过低，有锅炉干烧的危险。鉴于锅炉水位在生产工艺中的重要性，对其必须加以控制。而锅炉水位可以实时检测，故在锅炉水位的控制中，直接将锅炉水位作为被控量。

图 3.3 所示精馏塔生产过程中，进料在塔内受热后，进料中的易挥发成分气化上升，不易挥发部分保留液体状态滴落，实现组分分离。不同生产工艺中，精馏塔的产品或是塔顶产品，或是塔底产品，但产品的质量指标均是产品成分。近年来，成分检测仪表发展很快，特别是工业色谱仪的在线应用，但成分分析仪表价格昂贵，维护保养麻烦，采样周期较长，所以现阶段精馏塔产品的质量指标通常采用的是间接质量指标——温度。因为，在塔内压力稳定的情况下，组分的沸点与产品成分呈单调函数关系，可以通过塔内温度间接反映产品成分。由此，精馏塔中对产品质量的控制通过确定被控变量为塔内温度来实现。

值得注意的是，由于精馏塔内的多层塔板结构，各层塔板周围的温度随塔板所处高度的不同而呈现分布参数的特点，由此有了灵敏板的提法。灵敏板是塔内操作条件变化时，温差变化最大的塔板。以灵敏板的温度作为被控变量是精馏塔温度控制的常用做法。

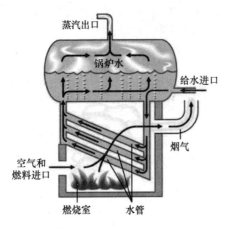

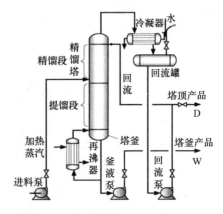

图 3.2　锅炉生产工艺示意图　　　　　图 3.3　精馏塔生产工艺示意图

2．输入变量

在生产过程中，影响被控变量保持稳定的变量有很多。从控制的角度，这些变量统一归结为输入变量。由第 2 章数学建模的概念已知，工业过程的输入变量有两类：控制（或操作）变量和扰动变量。其中，扰动变量破坏系统的平稳运行，控制变量用来克服干扰的影响。需要再次强调的是，这些输入变量中之所以有些为控制变量，有些为扰动变量，其实只是在控制系统设计时的选择不同而已，实际上并无绝对的划分。

控制（或操作）变量是可由操作者或控制机构调节的变量，选择的基本原则为

（1）选择对所选定的被控变量影响较大的输入变量作为控制变量；

（2）选择变化范围较大的输入变量作为控制变量，以便易于控制；

（3）在（1）的基础上选择对被控变量作用效应较快的输入变量作为控制变量，使控制的动态响应较快；

（4）在复杂系统中，存在多个控制回路，即存在多个控制变量和多个被控变量，所选择的控制变量应直接影响对应的被控变量，而对其他输出变量的影响应该尽可能小，以便使不同控制回路之间的关联比较小。第 8 章将详细论述这方面的问题。

比如，在图 3.2 所示的锅炉水位控制中，影响水位的主要是进水流量，但其实出口蒸汽的流量也会影响水位。这是因为，若蒸汽负荷大幅提升，则锅炉内压力骤降，水的沸腾加剧，由此水位检测仪检测出虚假的高水位。显然，进水流量和蒸汽流量相比，选择进水流量作为控制变量更为直接，且便于操作；而蒸汽流量是负荷，对其进行控制是不合理的，所以可考虑将其作为扰动变量，采用适宜的控制方案抑制其对锅炉水位的影响。

再比如，在图 3.3 所示的精馏塔温度控制系统中，塔顶的回流量（冷）和塔底再沸器的加热蒸汽量（热）均可改变塔内的热平衡。显然，再沸器的加热蒸汽量对塔釜温度的影响远大于其对塔顶温度的影响；塔顶回流量则更大程度地影响塔顶的温度。故选择何种输入变量为控制变量，另一种变量做干扰量，抑或二者皆为控制变量，构成双输入双输出系统，要视工艺要求而定。

3.2.2　确定控制方案

工业过程的控制目标以及输入、输出变量确定以后，控制方案就可以确定了。控制方案

包括控制结构和控制算法。

1．控制结构

常用的控制结构有两种。

（1）反馈控制

利用被控变量的直接测量值调节控制变量，使被控变量保持在预期值，如图3.4所示。这类系统的特点是结构简单，对被控对象的模型要求低，在输出跟随给定和抑制扰动方面均有较好表现，且被控变量的直接测量使控制效果的好坏一目了然。目前，绝大多数的自动控制系统都采用了反馈控制方案。

（2）前馈控制

利用扰动量的直接测量值，调节控制变量，使被控变量保持在预期值，如图3.5所示。与反馈控制不同，前馈控制本质上是在系统存在比较显著的、频繁出现的扰动时对系统干扰的一种补偿控制，以及时、有效地抑制扰动对被控制量的影响。其基本原理见第7章。

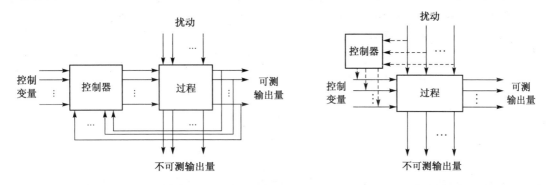

图 3.4　反馈控制原理框图　　　　　　图 3.5　前馈控制原理框图

比如，在图 3.2 所示锅炉水位控制系统中，将进水量作为控制变量，蒸汽流量作为扰动变量，可设计简单的单冲量控制，这是一个典型的反馈控制系统，且系统中只有一个回路；也可以在单回路控制基础上，加上针对蒸汽流量波动的前馈控制，构成双冲量控制。第 7 章将将对这种前馈+反馈控制系统进行介绍。锅炉水位的这两种控制方案如图 3.6（a）和（b）所示。

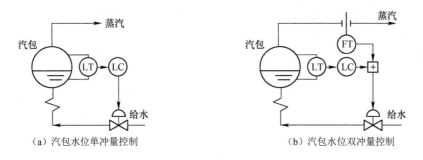

（a）汽包水位单冲量控制　　　　　　（b）汽包水位双冲量控制

图 3.6　汽包水位的不同控制方案

2．控制算法

在控制结构确定以后，需要选择合适的控制算法，根据控制算法进行控制器设计。第4～

10 章将阐述各种控制算法。

3.2.3 确定安全保护措施

在过程控制系统设计中，仅考虑功能实现问题是不够的。过程控制的首要目标是安全，故系统设计时除满足控制功能和性能指标外，还要考虑生产过程的安全保障问题。

对生产过程中的关键参数，一般均需根据工艺要求设置高、低限报警。当越限情况发生时，能通过声、光报警的形式，提醒操作人员及时关注现场有关生产运行情况，必要时采取保护措施，避免事故发生。

为避免人工操作的失误和不及时，有必要设计自动化的连锁保护措施，使事故发生时各生产设备能按照合理的次序及时、紧急停止运转，保障人身、设备的安全。比如，在管式加热炉生产过程中，若出现严重事故需要紧急停炉，应先停燃油泵，再关掉燃油阀，隔一定时间再停止引风机，最后切断热油阀。若采用人工方式，可能忙乱中会错误地先关掉热油阀，以致烧坏热油管，或者先停引风机，致使炉内积聚大量的燃油气，一旦事故处理结束重新点火，会引发爆炸事故。所以，出于安全考虑，必要情况下，过程控制系统的设计要考虑连锁保护问题，使系统能按照顺序启停相关生产设备。

此外，在石油、化工、冶金、电力等生产过程中，常会遇到高温、高压、易燃、易爆、强腐蚀、强振动等环境，这些生产环境中仪表的安全保护问题也应在设备选型设计中予以充分考虑。

3.3 过程控制系统的检测和变送装置

由过程控制的任务可知，系统中常遇到的被测参数有温度、压力、流量、物位和成分等，关于这些参数的测量仪表和传感器的工作原理和类型的详细介绍可参阅仪器仪表方面的教材，本节仅从过程控制系统设计的角度，对过程控制中常用的测量仪表进行归纳和比较，以便设备选型。

3.3.1 检测和变送的相关概念

在如图 1.2 所示的过程控制系统基本组成中，检测和变送仪表的作用是将生产过程中的过程参量（温度、压力、流量、物位等）检测出来，并变送成标准信号供显示、记录或传递给控制器，用于反馈控制或生产过程监视等。

其中检测仪表直接响应过程参量，依据测量原理不同，将过程参量的变化转换成位移、压力、差压、电量（如电压、电流、频率）等。这些信号种类繁多，且一般强度较弱，应用变送器对它们进行转换、放大、整形、滤波等处理，变成行业统一的标准信号（如 4～20 mA 或 1～5 V 的电信号，20～100 kPa 的气压信号），再送往显示、指示或记录仪表，或同时送往控制器。

仪表的种类千差万别，但衡量其性能的指标是统一的，主要有准确度、变差和灵敏度等。

1. 准确度

仪表的准确度，又称精度、精确度等。在工业测量中，规定用引用误差来衡量仪表的准确度。引用误差是绝对误差与仪表量程的百分比，记为 γ，即

$$\gamma = \frac{\Delta}{x_{\max} - x_{\min}} \times 100\% \qquad (3.1)$$

其中 Δ 是绝对误差，$x_{\max}$ 和 $x_{\min}$ 分别是仪表量程的上、下限值。

按照式（3.1），引用误差是一个连续量，而通常仪表的准确程度是用等级方式表示的。具体做法是：将引用误差"±"号和"%"去掉，然后经圆整后取较大值来确定仪表的准确度等级。按照国际法制计量组织（OIML）的推荐，仪表的准确度等级采用以下数字：1×10^n、1.5×10^n、1.6×10^n、2×10^n、2.5×10^n、3×10^n、4×10^n、5×10^n 和 6×10^n，其中 $n = 1$、0、-1、-2、-3 等。作为 OIML 成员国，我国的自动化仪表精度等级有 0.005、0.02、0.05、0.1、0.2、0.5、1.0、1.5、2.5、4.0 等级别。其中，规定一级标准仪表的准确度为 0.005、0.02、0.05；二级标准仪表的准确度为：0.1、0.2、0.5；一般工业仪表的准确度为：1.0、1.5、2.5、4.0。

一般级数数字越小精度越高。科学实验用的仪表精度等级在 0.05 以上（级数≤0.05）；工业检测仪表多在 0.1~4.0 级，其中校验用的多在 0.1 或 0.2 级，现场用的多为 0.5~4.0 级。

例 3.1 若某过程的温度范围为 200℃～700℃，要求仪表指示误差不超过 ±4℃，试问，应该选择准确度的等级是多少？

解 由式（3.1），要求仪表的引用误差为

$$\gamma = \frac{4}{700 - 200} \times 100\% = 0.8\%$$

0.8 介于仪表精度等级中的 0.5 和 1.0 之间。按照保证仪表精度足够的原则，应选用 0.5 等级的仪表。若选用了 1.0 级的仪表，则测量误差将可能达到 ±5℃，显然误差超过了要求。

2．变差

变差是指外界条件不变的情况下，使用同一仪表对被测参数在仪表全部测量范围内进行正、反行程（即被测参数逐渐由小到大和由大到小）测量时所产生的最大绝对误差与仪表量程之比的百分数。

3．灵敏度

灵敏度是指仪表的输出变化量 ΔY 与引起此变化的输入变化量 ΔX 之比，即

灵敏度 $= \Delta Y / \Delta X$

灵敏度体现了单位输入所引起的输出变化量，反映了仪表对被测变量变化反应的灵敏程度。

仪表的分辨率则是单位仪表读数所对应的被测变量的变化范围，即

分辨率 $= \Delta X / \Delta Y$

可见，分辨率反映的是仪表输出所能分辨和响应的最小输入变化量。分辨率是仪表灵敏程度的一种体现。

除了准确度、变差、灵敏度，仪表的性能指标还有稳定性、时漂、温漂、线性度等。仪表的这些性能指标在选型使用时要视情况加以考虑。

3.3.2 温度检测仪表

温度是表示物体冷热程度的物理量。温度的单位有摄氏度（℃）、卡尔文（K）、华氏度（℉）、兰氏度（°R）、列氏度（°Re）等。包括我国在内的世界上很多国家都使用摄氏度，美国和其他一些英语国家使用华氏度，而开尔文是国际单位制（SI）基本单位之一。

温度是过程控制中的常用被控参量，比如精馏塔的温度，加热炉的温度，锅炉产品-过热蒸汽的温度，以加热或冷却物料为目的的物料出口温度等，都需要监测和控制。这些生产过程工艺的差异，决定了温度检测仪表的种类及其选用也千差万别。部分常用温度检测仪表性能指标归纳总结到表 3.1 中，供大家选型时参考。

表 3.1　部分常用温度检测仪表性能指标

测量方式	测量原理	典型仪表	测量范围（℃）	准确度	仪表特点
接触式	物质膨胀原理	玻璃液体温度计	−100～600	0.1～2.5	价格便宜，准确度高，易破损，读数不方便，适于就地测量、显示，不能远传、记录
		压力式温度计	−100～500	1.0～2.5	准确度较低，可远传（≤50 m），受环境温度影响大
		双金属温度计	−80～600	1.0～2.5	结构简单可靠，准确度较低，读数方便，适于就地测量、显示，不能远传、记录
	电热效应	热电偶	−200～1800	0.5～1.0	测量范围大，准确度高，便于远传，需冷端补偿，低温段测量误差大
	电阻的热效应	热电阻	−200～650	0.5～3.0	准确度高，便于远传，需外加电源
非接触式	光度测温	光学高温计	600～2400	1.0～1.5	测温元件不与被测温对象接触，不破坏被测温环境，但测温精度受环境影响
	辐射测温	辐射高温计	400～2000	1.5	
		比色温度计	500～3200	1.5	

由表 3.1 可知，温度检测仪表种类繁多，在选型时除了测量范围、精度等功能参数方面的考虑，还应兼顾适用环境及安装条件的限制、安全保护配套等。归结起来，温度检测仪表的选型可从以下几方面综合考虑：

（1）被测对象的温度是否需记录、报警和自动控制，是否需要远距离测量和传送；

（2）测温范围的大小和精度要求；

（3）测温元件大小是否适当；

（4）被测对象温度随时间变化的场合，测温元件的滞后能否适应测温的要求；

（5）被测对象的环境条件对测温元件是否有损害；

（6）价格、使用、维护等是否满足要求。

即便选择了适宜的温度检测仪表，也要注意仪表的安装问题。恰当的安装位置才能保证准确、及时地测量出需要的温度，避免因安装问题引起测温误差，且便于仪表的日常检修、保养等。

3.3.3　流量检测仪表

流量是指单位时间内流经封闭管道或明渠有效截面的流体量。当流体量按体积计算时称为体积流量，用符号 Q_V 表示，其单位一般用米^3/小时（m^3/h）；当流体量按质量计算时称为质量流量，用符号 Q_m 表示，其单位一般用吨/小时（t/h）、千克/小时（kg/h）等。Q_V 和 Q_m 的关系为

$$Q_m = Q_V \rho \tag{3.2}$$

式中，ρ 为流体密度。

除上述瞬时流量外，有时还需要统计流体总量，即总流量。显然，总流量是某段时间间隔内瞬时流量对时间的积分。

在工业生产过程中，大量应用空气、煤气、氧气等各类气体和燃料油、水、酸、碱、盐等各类液体。比如，为加热炉提供热量的燃料油、为氧枪提供保护的冷却水、精馏塔的塔顶

产出气体或塔釜液等。这些流体是生产操作和控制的重要依据，是确定物料配比、物料消耗和产出的主要指标，因此流体的流量检测十分重要。

生产过程中各种流体的性质（如黏度、腐蚀性、导电性等）、工作状态各不相同，相应的流量测量仪表也不尽相同。依据测量的是体积流量还是质量流量，可将流量检测仪表分为两大类，其中检测体积流量的仪表又分容积式（直接测量法）和速度式（间接法）两类。

1. 容积式流量检测仪表

容积式流量检测仪表以单位时间内管路中所排出固定容积数量来计量流量。这类仪表主要有椭圆齿轮流量计、旋转活塞流量计、刮板式流量计、腰轮式流量计等。容积式流量计受流体流动状态影响较小，测量的准确度较高。

2. 速度式流量测量仪表

速度式流量测量仪表以流体在管道内的流速来计算流量。这类仪表主要有节流式流量计、转子流量计、电磁流量计、涡轮流量计、涡街流量计、靶式流量计、超声波流量计等。其中节流式流量计和转子流量计在工业生产过程中应用最为广泛。

需要注意的是，由于速度式流量计测量的是管道内的平均流速，所以流体流动产生的涡流、截面上流速分配的不均匀等都会给测量带来误差。在使用这类仪表时要充分注意安装和使用条件。

3. 质量流量测量仪表

质量流量测量仪表以流体流过的质量来计量流量。这类仪表中采用直接法测量的有悬浮陀螺质量流量计、热式质量流量计、科里奥利力式质量流量计等；还有通过体积流量计与密度计组合实现质量流量检测的间接型质量流量计。

4. 节流式流量计

节流式流量计属于速度式流量计，是应用历史最长、最成熟、最常用的一种流量计，在工业生产过程中应用十分广泛。在此简要介绍该流量计的测量原理、特点及实际使用注意事项。

节流式流量计为一种差压式流量计。当它安装于管道中时，其内部的节流元件会使流体流束产生局部收缩（如图3.7所示），流速加快，这将导致流体在通过节流元件后静压能降低，因此在节流元件两侧产生明显的静压差。此压力差与流体流量之间满足如下函数关系：

质量流量 $$Q_m = \alpha\varepsilon a\sqrt{2\rho_1\Delta p} \qquad (3.3)$$

体积流量 $$Q_V = \alpha\varepsilon a\sqrt{2\Delta p/\rho_1} \qquad (3.4)$$

式中，Q_m 为质量流量(kg/s)；Q_V 为体积流量(m^3/s)；α 为流量系数；ε 为可膨胀系数；a 为节流装置开孔截面积(m^2)；ρ_1 为流体流经节流元件前的密度(kg/m^3)；Δp 为节流元件前后压力差(Pa)。

节流式流量计通过测量节流元件两端的压力差求得流体流量。需要注意的是，在使用节流式流量计时，流量计实际测得的是节流元件两端的压力差，而要换算成流量需要在外部串联开方器，如图3.8所示，这样整个检测环节才能保持输入输出之间的线性关系。回顾图1.3中氧枪供氧系统中流量检测变送器FT后接开方器的方案就是这样的应用。当然，也不是所有的应用场合都需如此配置，具体是否加开方器还要视使用场景、工程预算等而定。

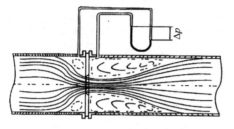

图 3.7　节流元件两端压力差

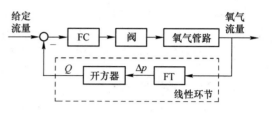

图 3.8　节流式流量计和开方器组合成线性环节

节流式流量计中的节流元件可以是图 3.9 所示的孔板、喷嘴、文丘里喷嘴和文丘里管等。

（a）标准孔板

（b）标准喷嘴

（c）文丘里喷嘴

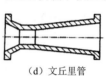
（d）文丘里管

图 3.9　标准节流元件

5. 几种常用流量检测仪表的比较

以下通过表 3.2 对部分工业生产过程中常用的流量检测仪表进行归纳、比较，供读者选型时参考。

表 3.2　部分常用流量检测仪表

流量计 性能	容积式流量计	涡轮流量计	转子流量计	节流式流量计	电磁流量计
测量原理	总流量=转子转动次数×单次转子转动充入流量计的"计量空间"	涡轮叶片的角速度与流量成正比	转子沿锥形管轴心的位移量与流量有关	节流元件两端压力差与流量有关	导电流体在磁场中作切割磁力线运动时感应的电动势与流量有关
被测介质	气体、液体	气体、液体	气体、液体	气体、液体、蒸汽	导电性液体
准确度	0.2～0.5	0.5～1	1～2	2	0.5～1.5
安装直管要求	不要	直管段安装	不要	直管段安装	上游要求 下游不要求
压力损失	有	有	有	较大	几乎没有
口径系列 Ø/mm	10～300	2～500	2～150	50～1000	2～2400
制造成本	较高	中等	低	中等	高

由表 3.2 可看出，流量计的种类繁多，性能各异，能测量的流体也不尽相同。在流量检测仪表选型时，一般从以下几方面考虑：

（1）仪表性能：包括测量范围、准确度、重复性、线性度、信号输出特性、响应时间和压力损失等。

（2）流体性质：包括流体温度、压力、密度、黏度、化学腐蚀性、磨蚀性、结垢、混相、相变、电导率、声速、导热系数、比热容等。

（3）安装条件：包括管道方向、流体流动方向、检测元件上下游直管段长度、管道口径、维修空间、电源、接地、辅助设备（过滤器、消气器）的安装等。

（4）环境条件：包括环境温度、湿度、电磁干扰、安全性、防爆、管道振动等。

（5）经济因素：包括仪表购置费、安装费、运行费、校验费、维修费、仪表使用寿命、备品备件等。

3.3.4 压力检测仪表

压力是物体间因相互挤压而垂直作用在物体表面上的力。习惯上，在力学和多数工程学科中，压力一词与物理学中的压强同义。以下使用工程中压力的提法，即物理学中的压强。压力的国际单位是帕斯卡（Pa），简称帕。1 Pa 是 1 N 力垂直均匀作用于 1 m² 面积上形成的压力，即 1 Pa=1 N/m²。此外压力的单位还有巴（1 bar=0.1 MPa）、毫米汞柱（1 毫米汞柱=133.322 Pa）、毫米水柱（1 毫米水柱=9.80665 Pa）等。关于压力需要掌握的常识有：1 atm（标准大气压）=101 325 Pa≈0.1 MPa，1 at（工程大气压）=1 kg/cm² ≈0.098 MPa。

在工程上有绝对压力、表压和负压等提法，图 3.10 所示为压力划分示意图。图中 P_{atm} 为大气压，P_{abs} 为绝对压力，是介质所受的实际压力；P_g 为表压，是高于大气压的绝对压力与大气压之差；P_v 为负压（真空度），是大气压与低于大气压的绝对压力的差值。低于大气压的压力需要真空表来测量，测出的读数即负压，称为真空度。

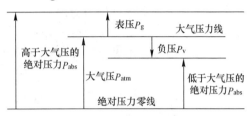

图 3.10 压力划分示意图

在工业生产过程中，压力是重要的过程参量，压力的检测和控制是满足工艺要求，保证人身、设备和环境安全，使生产过程正常运行的必要条件。比如，火力发电厂锅炉生产中要求生产出的过热蒸汽满足一定的高压；炉膛内要求为负压，避免火焰和烟气外泄；锅炉汽包供水管路中若水压不稳，会影响供水流量的平稳等。除压力检测和控制的需求外，压力还常常用于间接测量温度、流量、液位等其他物理量。所以，压力测量在自动化生产过程中具有重要的地位。

以下通过表 3.3 对部分工业生产过程中常用的压力检测仪表进行归纳、比较，供读者选型时参考。

表 3.3 部分常用压力检测仪表

分类	测量原理	典型仪表	测量范围	准确度	仪表特点
液柱式	压力～液柱高度	单管压力计 U 形管压力计 斜管压力计	测量范围窄；低压、微压	高	结果简单，使用方便；精度受工作液毛细管作用、密度及视差等影响
弹性式	压力～弹性元件形变位移	弹簧管压力计 波纹管压力计 膜式压力计	测量范围广；高压、中压、低压、微压、真空度	可达 0.05 以上	结构牢固可靠，使用方便，价格便宜，但有弹性滞后。在工业中应用广泛，是常用压力仪表，多用于现场指示压力，若需记录、远传、报警，要加装相应设备
活塞式	液压机中压力～活塞上平衡砝码的质量	活塞压力计		可达 0.05～0.02 以上	结构复杂，价格昂贵；因精度高，一般用作标准压力表，检验其他压力表
电气式	压力～电量	电容式压力计 电阻式压力计 电感式压力计 应变式压力计 霍尔片式压力计	测量范围广 高真空～超高压	可达 0.2	可远传，反应快，测量范围广；工业自动化中应用广泛；可用于压力变化快、有脉动压力、高真空、超高压的场合

由表 3.3 可知，压力检测仪表种类繁多，适用场合各异。在压力检测仪表选型时，一般应从以下几方面综合考虑：

1）生产工艺要求：包括测量范围、测量精度，以及是否需要现场压力的指示、报警、记录、远传等。

2）被测介质性质：包括腐蚀、黏度、高低温、易燃、易爆、易结晶等。

3）仪表使用环境：包括振动、电磁场、腐蚀、高低温等。

图 3.11　氧压力表

除了正确的选型，也要注意使用安全。比如图 3.11 所示的氧压力表，表盘上的红色"禁油"二字就明确提醒该表在使用中要严格禁止渗入油，否则油进入氧气系统有爆炸危险。

3.3.5　物位检测仪表

物位指工业生产过程中封闭式或敞开容器中物料（固体或液位）的高度，包括液位、界位和料位。液位指罐、塔和槽等容器内液体高度，或液面位置；界位指容器中两种互不溶解液体或固体与液体相界面位置；料位指块状、颗粒状和粉料等固体物料堆积的高度，或表面位置。

物位检测的目的是确定物料的体积或质量，有时也为了调节流入和流出物料的平衡。

物位检测有各种方法，相应的物位检测仪表很多。以下通过表 3.4 对部分工业生产过程中常用的物位检测仪表进行归纳、比较，供读者选型时参考。

表 3.4　部分常用物位检测仪表

类别	典型仪表	测量原理	适用对象	测量范围(m)	仪表特点
直读式	玻璃管式	连通器原理	液位	<1.5	结构简单，价格低廉，易损坏，读数不明显
	玻璃板式		液位	<3	
静压式	压力式	液位高度与液柱静压成正比	液位	<50	适于敞口容器，使用简单
	差压式		液位、界位	<25	敞口、密闭容器皆可
浮力式	浮标式	浮子随液面变化而升降	液位	<2.5	结构简单，价格低廉
	浮筒式		液位	<2.5	
电气式	电阻式	电极参数随物位变化而变化	液位、界位、料位	由安装位置定	测量滞后小，能远传，但线路复杂，价格高
	电容式			<50	
其他	超声式	超声波在介质中传播速度及在不同相界面上的反射特性	液位、界位、料位	<60	非接触测量，准确度高，惯性小，成本高
	辐射式	辐射强度与介质厚度成反比	液位、界位、料位	<20	可用于高温高压、强腐蚀、剧毒、易爆、黏滞、易结晶、沸腾状态等介质，但辐射对人身体有害

物位测量仪表的选型与其他几种过程参数检测仪表选型的原则类似，同样需要从生产工艺要求、被测介质特性、工作环境等方面综合考虑，此处不再赘述。

3.3.6　检测仪表的选型

3.3.2～3.3.5 节已分别就温度、流量、压力和物位这四大类过程参量的检测仪表进行了归类总结，并给出各类仪表的选型原则。这些原则从满足单个仪表的使用需求来说是足够的，当放到整个过程控制系统设计中考虑时，则还要加上经济性、统一性和先进性原则。

（1）经济性原则。仪表的选型，也决定于投资的规模。一般准确度高的仪表价格也较贵，所以，在满足工艺和自控要求的前提下，还要进行必要的经济核算，取得适宜的性价比。

（2）统一性原则。为便于仪表的维修和管理，在选型时也要注意到仪表的统一性，尽量选用同一系列、同一规格型号及同一生产厂家的产品。

（3）先进性。随着自动化技术的飞速发展，测量仪表和传感器的技术更新周期越来越短，而价格却越来越低。在可能的条件下，应该尽量采用先进的设备。

一般国内仪表生产厂家已经具备各类检测仪表的生产能力，产品种类也较为齐全。表3.5摘录了国内某公司生产的部分检测仪表的说明，以使读者对检测仪表有更为具体的认知。

表 3.5　国内某公司生产的部分检测仪表

序号	产品图片	产品说明
1		**高温防腐热电偶** 由耐高温合金电偶丝、耐高温防腐保护管、防腐接线盒组成，适用于各种生产过程中高温、腐蚀性场合，广泛应用于石油工业、冶炼玻璃及陶瓷工业测温
2		**石油化工热电阻** 专门针对石油化工部门设计，可直接测量-200℃～1600℃ 范围内液体、蒸汽、气体介质及固体表面
3		**一体化数显温度变送器** 将工业热电偶、热电阻信号转换成与输入信号成线性的 4～20 mA、0～10 mA 的输出信号。可直接安装在热电偶、热电阻的接线盒内与之形成一体化结构
4		**普通压力表** 属于就地指示型压力表，就地显示压力的大小，不带远程传送显示、调节功能。适用测量无爆炸、不结晶、不凝固、对铜和铜合金无腐蚀作用的液体、气体或蒸汽的压力和真空
5		**电磁流量计** 根据导电流体通过外加磁场时感生的电动势来测量导电流体流量的一种仪器
6		**孔板流量计** 由标准孔板与差压变送器配套组成，可测量气体、蒸汽、液体的流量，广泛应用于石油、化工、冶金、电力、供热、供水等领域的过程控制和测量
7		**投入式液位计** 基于所测液体静压与该液体的高度成比例的原理，采用先进的隔离型扩散硅敏感元件制作而成，直接投入容器或水体中即可精确测量出水位计末端到水面的高度，并将水位值通过 4～20mA 电流或 RS485 信号对外输出

3.4　过程控制系统的执行机构

在过程控制系统中，最常用的执行机构是调节阀。比如，氧枪供氧系统中通过调节阀调节进氧量和吹氧压力（参见图3.1）；加热炉系统中通过调节阀调节燃料量来控制炉温；锅炉汽包系统中通过调节阀调节进水量来控制汽包水位等。

调节阀是按照控制器（调节器或操作器）所给定的信号大小，改变阀的开度，以实现调节流体流量的装置。如果把控制器比喻为自动调节系统中的"头脑"，则调节阀就是自动调节系统的"手脚"，可见调节阀的重要性。

3.4.1　调节阀的结构

相对于 3.3 节所介绍的压差式流量计中固定流通截面积的节流元件，调节阀实际上是一个流通截面积可以改变的节流元件。图 3.12 给出了一个气动薄膜调节阀的内部结构。其中的阀杆、阀芯和阀座是所有类型调节阀的核心，如图 3.13 所示。

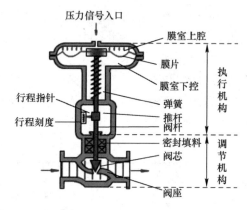

图 3.12　气动薄膜调节阀内部结构

结合图 3.13，调节阀的工作原理是：阀杆将接收的控制信号转变为位移，带动阀芯远离或接近阀座，由此调节阀体内的可流通截面积，从而改变管道中流体的流量。

围绕调节阀的核心结构，完整的调节阀由执行机构和调节机构两个部分组成，参见图 3.12。其中，执行机构将接收的控制信号变成阀杆位移；调节机构将阀杆位移转变为阀体可流通截面积的变化，即流量变化。图 3.14 为调节阀的工作原理框图。

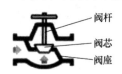

图 3.13　调节阀核心结构

图 3.14　调节阀工作原理框图

1. 执行机构

依据能量形式不同，调节阀的执行机构分气动、电动和液动三种。

（1）气动执行机构

气动执行机构以压缩空气为工作介质来传递动力和控制信号。其优点是用空气作为工作介质，容易获取，使用完的空气可以直接排放到大气，处理方便，且气压传送动作迅速、反应快、维护简单、工作介质干净不变质，适应性好，特别适用于易燃、易爆、多尘埃、强磁、强振、潮湿、有辐射和温度变化大等恶劣环境中，其安全可靠性优于电动和液动调节阀，且价格便宜。其缺点是，因采用空气作为介质，空气的可压缩特性使得气动执行机构很难做到精确稳定控制；气动的压力级不高，输出力不大，故限制了其应用于大型精确控制场合；另外，气动执行机构工作时的噪声很大，在高速排气时，需加装消音器。

气动执行机构有薄膜式和活塞式两种。薄膜式气动执行阀通常接收 0.02～0.1MPa 的标准气动信号，具有结构简单，动作可靠，维修方便，防火防爆，价格低廉等优点，广泛应用于石油化工等行业。但薄膜片承受压力有限，导致输出力有限。相比之下，活塞式气动执行机构的气缸压力可达 0.5MPa，故推动力更大，适于高静差、高压差控制阀或蝶阀的执行机构。

（2）电动执行机构

电动执行机构的信号源是 4～20mA 的标准电信号，由伺服电机控制执行机构的行程。其优点是高度的稳定和恒定的推力，控制精度高，这一点比气动执行机构有优势；且推力大，造价比液动执行机构便宜很多。其缺点是，结构复杂，容易发生故障，维修相对复杂；电机工作中会产生热，当控制频繁时，电机发热厉害，需要热保护，同时加大了对齿轮的磨损；从控制信号发出到执行机构运动到位需要经历较长的时间，这一点不如气动和液动执行机构。

（3）液动执行机构

液动执行机构的液压力远大于气动和电动的能量，且可以根据要求精确调整，在工作平稳性、精确性上好于气动和电动执行机构。但需要外部液压系统支持，一次性投资大，工程安装量也大，故液动执行机构只适用于对控制要求较高的特殊工况。油液的黏性受温度影响，不适用于高温或低温场合。

2. 调节机构

调节机构依据结构设计的不同可实现不同形式的节流。图 3.15 为常用调节机构的结构形式。

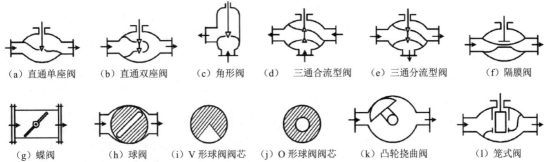

（a）直通单座阀　　（b）直通双座阀　　（c）角形阀　　（d）三通合流型阀　　（e）三通分流型阀　　（f）隔膜阀

（g）蝶阀　　（h）球阀　　（i）V 形球阀阀芯　　（j）O 形球阀阀芯　　（k）凸轮挠曲阀　　（l）笼式阀

图 3.15　调节机构的结构形式

这些不同结构形式的调节阀，特点不同，可适用的场合也不同。比如直通单座阀，因为只有一个阀芯，所以介质对阀芯产生的不平衡推力大，导致阀芯能承受的压差有限，因此直通单座阀仅适用于低压差的场合。相比之下，直通双座阀因为有 2 个阀芯，对介质的不平衡推力能相互抵消，故能承受更大的压差，但密封性不如单座阀。所以对泄漏要求严、压差不大的场合，宜用直通单座阀；对泄漏要求不严，要求压差大的，则宜选用直通双座阀。

由此可见，调节机构的选择需要结合结构、调节介质和工艺要求等多方因素综合考虑。

3.4.2　调节阀的作用方式

调节阀的作用方式只有在选用气动执行机构时才涉及。调节阀的作用方式有气开、气关式两种。所谓气开式，指气动调节阀在无气动信号时阀门关闭，有气动信号时阀门打开，随着控制信号增大，阀门开度增大的形式。气关式则指，没有气动信号时阀门处于全开状态，有气动信号时，阀门由先前的全开开始关闭，随着控制信号的增大，阀门逐渐关小的形式。

气开式或气关式由执行机构和调节机构的组合实现。图 3.16 表示了气开式和气关式调节阀中执行机构和调节机构的不同组合形式。其中执行机构的正作用指有压时阀杆下移；反作用则指有压时阀杆上移。调节机构的正作用指阀杆下移时阀门关闭；反作用是指阀杆下移时阀门打开。

调节阀的作用方式的选择由生产工艺要求决定。

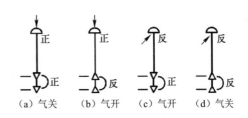

（a）气关　　（b）气开　　（c）气开　　（d）气关

图 3.16　气开式和气关式调节阀中执行机构和调节机构的组合形式

（1）生产安全要求

这是调节阀作用方式选择时首要考虑的因素。思路是：生产过程中一旦发生导致气源中断或控制阀出现故障的情况，那么调节阀应该关还是开，才能保证生产处于安全状态。比如用于保护氧枪的冷却水系统，在事故时就不得停水，即事故时应保证冷却水阀处于开启状态，所以该冷却水阀应选择气关阀。再比如,加热炉燃料进料阀,在事故时就应该关闭,避免烧坏炉膛及设备,所以要选气开阀。

（2）产品质量要求

同样考虑事故发生情况下,尽量保证产品质量原则。比如,精馏塔生产中,回流量用于保证塔顶产品纯度。回流量调节阀宜采用气关阀,这样在事故发生时,气源中断,阀门可保持打开状态,回流液全部回流到精馏塔内,不至于将不合格产品蒸出,影响塔顶产品的纯度。

（3）节能降耗要求

同样考虑事故发生情况下,尽量保证原材料不无谓损耗的原则。比如,在加热炉生产中,刚才从安全生产的角度决定选择燃料进料阀为气开式,其实从节能降耗的角度考虑,这种选择也是适宜的。这样,在事故发生时,就不需要添加燃料到炉内产生无谓消耗了。

（4）介质的要求

在工业生产中,有些生产用到的介质具有易结晶,易凝固,易聚合的特性,那么就要考虑到生产事故发生时这些介质的特性。比如,在精馏塔生产中,加热蒸汽用于对釜液加热,提供精馏的热量,从能源节约的角度,加热蒸汽调节阀宜选气开阀。但若精馏塔内介质易结晶,则事故时更希望蒸汽阀打开,以防止介质在釜内结晶、凝固和堵塞,给重新开工带来麻烦,甚至损坏设备。所以加热蒸汽调节阀又该选用气关阀。上述分别从节能和保证设备安全的角度,得出了相反的选型结果。但两项权衡,安全性更为重要,故加热蒸汽调节阀还是应选气关阀为好。

由此看来,调节阀作用方式的选择若非工艺要求,可任意选择;若有多项工艺要求,且不兼容,则宜综合判断利弊,以保生产、设备安全为上。

3.4.3 调节阀的静态特性

由前所述,调节阀实际是一种流通截面积可调的节流元件。不同的调节阀结构不同,管径不同,表现出的静态特性也不同。

1. 流量系数

阀的流通能力通过流量系数体现。以下通过伯努利定理分析之。

参见图 3.17 所示的调节阀示意图。图中 p_1,p_2 分别为阀前、后流体静压力,v_1,v_2 分别为阀前、后流体流速。设流体密度为 ρ,由伯努利定理——流体几方面能量总量不变,得伯努利方程式

$$\frac{p_1}{\rho} + \frac{v_1^2}{2g} = \frac{p_2}{\rho} + \frac{v_2^2}{2g} \tag{3.5}$$

引入平均速度 v 和阻尼系数 ξ,使 $v_1^2 - v_2^2 = \xi v^2$,设调节阀的流通截面积为 A,由流量定义有 $Q_v = Av$,带入式（3.5）得流量方程式

$$Q_v = C\sqrt{\frac{\Delta p}{\rho}} \tag{3.6}$$

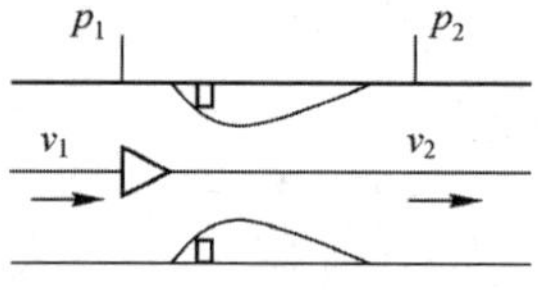

式中 $\Delta p = p_1 - p_2$ 为阀前后两端的压力差,C 为调节阀的流量系数

$$C = n\frac{A}{\sqrt{\xi}} \tag{3.7}$$

图 3.17 调节阀示意图

式中 n 为常数。

C 是调节阀的静态特性参数，由式（3.6）和式（3.7）可得结论：

（1）当 ρ 和 Δp 不变时，阀的可通过流量 Q_v 与 C 成正比，所以说流量系数反映了阀的流通能力（阀的容量）。

（2）C 与 A 成正比，即阀全开时，口径越大，阀的流通能力也越大。

（3）C 与 ξ 的平方根成反比，增大 ξ 会减小阀的流通能力。所以即便阀的口径一致，但若其结构不同，阻尼系数不同，于是相应的阀的流量系数也就不同。

流量系数的定义在世界各国间因单位不同而有所差异：

（1）按照我国法定计量单位，流量系数的定义是：温度为 5～10℃ 的水，在 10^5 Pa 的压降下，每小时流过调节阀水量的立方米数，以符号 K_V 表示。国际上也通用这一定义。

（2）有些国家使用英制单位，流量系数的定义是：温度为 60℉ 的水，在 1 psi[①]（磅/平方英寸）的压降下，每分钟流过调节阀水量的加仑数，以符号 C_V 表示。

$$K_V = 0.8569\, C_V \quad \text{或} \quad C_V = 1.167\, K_V \tag{3.8}$$

2. 可调比

（1）可调比定义

调节阀的可调比（也称可调范围）是反映调节阀特性的一个重要参数，是调节阀选择是否合适的指标之一。

调节阀的可调比 R 是指该阀所能调节的最大流量 Q_{max} 和最小流量 Q_{min} 的比值，即

$$R = Q_{max}/Q_{min} \tag{3.9}$$

式中，Q_{min} 不是阀全关时的泄漏量，而是阀门能够平稳控制的最小流量。

当调节阀两端压差不变时，阀的可调比称为理想可调比，即

$$R = \frac{Q_{max}}{Q_{min}} = \frac{C_{max}\sqrt{\Delta p/\rho}}{C_{min}\sqrt{\Delta p/\rho}} = \frac{C_{max}}{C_{min}} \tag{3.10}$$

由式（3.10）可知，理想可调比是阀的最大和最小流通能力之比。从使用的角度来看，理想可调比越大越好。但是，由于受阀芯结构和加工工艺的限制，C_{min} 不能太小，通常为最大流量的10%左右，最低约为2%～4%。一般阀门的可调比为30。

（2）实际可调比

在实际使用中，调节阀前后的压降是随管道阻力的变化而变化的。有旁路的调节阀，打开旁路阀时调节阀的可调比也会改变。此时，调节阀实际控制的最大和最小流量之比称为实际可调比。

① 串联管道

图 3.18 为串联管道系统示意图。在管道系统的总压降 Δp_T 一定时，随着流量的增加，串联管路的阻力损失相应增大，调节阀上的压降相对减小，从而使调节阀所能流通的最大流量减小。所以串联管道上调节阀的实际可调比会降低。

令串联管道调节阀的实际可调比为 R_S，则

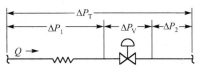

图 3.18　串联管道系统示意图

$$R_S = \frac{Q_{max}}{Q_{min}} = \frac{C_{max}\sqrt{\Delta p_{min}/\rho}}{C_{min}\sqrt{\Delta p_{max}/\rho}} = R\frac{\sqrt{\Delta p_{min}}}{\sqrt{\Delta p_{max}}} \qquad (3.11)$$

式中，R 为理想可调比；Δp_{min} 为调节阀全开时阀上的压降；Δp_{max} 为调节阀最小开度下阀上的压降，它接近于管路系统的总压降 Δp_T。

由此可得
$$R_S \approx R\sqrt{\frac{\Delta p_V}{\Delta p_T}} = R\sqrt{s} \qquad (3.12)$$

式中，$s = \Delta p_{min}/\Delta p_T$，即压降比。

由式（3.12）可见，s 值越小，实际可调比也越小。因此，在实际应用中为了确保调节阀有一定的可调比，阀全开时的压降应在管路系统中占有合适的比例，通常 s 值在 0.3～0.6 范围内。

② 并联管道

并联管道系统示意图如图 3.19 所示。在工业生产中，旁路的加入一方面可以为控制失灵情况下提供备用通路，便于操作和维护；另一方面则可在生产能力提高时，弥补即便调节阀开到最大仍无法满足生产能力要求的不足部分。并联管道中因加入了旁路，相当于通过调节阀的最小流量增大，因而使调节阀的实际可调比降低。设实际可调比为 R_p，则

$$R_p = 总管最大流量/(阀体部件最小流量 + 旁路流量) = \frac{Q_{Tmax}}{(Q_{1min} + Q_2)} \qquad (3.13)$$

令旁路程度 $B = Q_{1max}/Q_{Tmax}$，又 $R = Q_{1max}/Q_{1min}$，由此可得

$$Q_{1min} = Q_{Tmax}B/R \qquad (3.14)$$

$$Q_2 = Q_{Tmax} - Q_{1max} = (1-B)Q_{Tmax} \qquad (3.15)$$

将式（3.14）和式（3.15）代入式（3.13），可得

$$R_p \approx 1\bigg/\left(1 - B\frac{R-1}{R}\right)$$

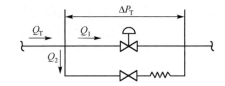

图 3.19 并联管道系统示意图

由于调节阀的理想可调比 $R \gg 1$，所以 $(R-1)/R \approx 1$，则

$$R_p \approx 1/(1-B) = Q_{Tmax}/Q_2 \qquad (3.16)$$

由式（3.16）可见，调节阀在并联管道上的实际可调比近似为总管最大流量与旁路流量的比值，并随 B 值的减小而降低。实际应用时应使 B 值大于 0.8 为好。从保证阀的调节能力角度，B 值也不宜过小。

3.4.4 调节阀的动态特性

调节阀的动态特性通过流量特性表征。

调节阀的流量特性是指流体流过阀门的相对流量 Q_r 和相对开度 L_r 之间的函数关系，即

$$Q_r = f(L_r) \qquad (3.17)$$

Q_r 为阀在某一开度下的流量与全开时流量的比，即 $Q_r = Q/Q_{100}$；L_r 为阀在某一开度的行程与全开时行程的比，即 $L_r = l/l_{100}$。

如前所述，改变调节阀的开度，也就改变了阀的流通截面以及通过阀的流量，从而改变管道的系统阻力以及阀前后的压差。因此，研究调节阀的流量特性对于选用调节阀有重要意

义。为了便于分析，先假设阀前后压差不变，然后再引申到真实情况进行研究，前者称为理想流量特性，后者称为工作流量特性。

1. 理想流量特性

理想流量特性是阀前后压差保持不变的特性，主要有直线、对数、抛物线、快开四种。理想流量特性主要取决于阀芯的形状，如图 3.20 所示，可通过查阅调节阀的产品手册得到。

（1）直线流量特性

直线流量特性是指调节阀单位相对位移的变化所引起的相对流量的变化，是常数。其数学表达式为

$$\frac{\mathrm{d}Q_r}{\mathrm{d}L_r} = K \qquad (3.18)$$

式中，K 为常数，称为调节阀的放大系数。

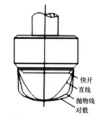

图 3.20 不同流量特性
对应的阀芯形状

将式（3.18）积分，得 $\qquad Q_r = KL_r + C \qquad (3.19)$

当边界条件 $l = 0$ 时，$Q = Q_{min}$；当 $l = l_{100}$ 时，$Q = Q_{max}$，则

$$C = Q_{min} / Q_{max} = 1/R$$

放大系数为 $\qquad\qquad K = 1 - C = l - 1/R \qquad (3.20)$

式（3.20）中的 R 为理想可调比。由此可得

$$Q = \frac{1}{R}\left[1 + (R-1)L_r\right] \qquad (3.21)$$

图 3.21 中 a 为直线。需注意的是，当可调比不同时，特性曲线的纵坐标上的起点是不同的。比如 $R = 30$，$C = 1/30 \approx 0.033$，则 $K = 0.967$。

直线特性的调节阀在开度变化相同的情况下，当流量小时，流量的变化值相对较大，调节作用较强，容易产生超调和引起振荡；当流量大时，流量变化值相对较小，调节作用进行缓慢，不够灵敏。

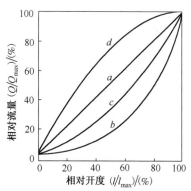

a—直线；b—对数；c—抛物线；d—快开；

图 3.21 调节阀的理想流量特性曲线（$R=30$）

（2）对数流量特性

对数流量特性又称为等百分比特性，是调节阀单位相对开度的变化所引起的相对流量的变化和此点的相对流量成正比关系。其数学表达式为

$$\mathrm{d}Q_r / \mathrm{d}L_r = KQ_r \qquad (3.22)$$

将式（3.22）积分并代入边界条件，得

$$Q_r = R^{(L_r - 1)}$$

或 $\qquad\qquad\qquad L_r = \frac{\ln Q_r}{\ln R} + 1 \qquad (3.23)$

放大系数为 $\qquad\qquad K = \mathrm{d}Q_r / \mathrm{d}L_r = R^{(L_r - 1)} \ln R \qquad (3.24)$

图 3.21 中 b 为对数曲线。从图中可以看出，曲线的放大系数是随开度的增大而递增的。在同样的开度变化值下，流量小时（小开度时），流量的变化也小（调节阀的放大系数小），调节平稳缓和；流量大时（大开度时），流量的变化也大（调节阀的放大系数大），调节灵敏

有效。无论是小开度还是大开度，相对流量的变化率都是相等的，表明流量变化的百分比是相同的。

例3.1 已知阀的最大流量 Q_{max}=100m³/h，可调范围 R=30。试分别计算直线流量特性阀和对数流量特性阀在理想情况下，阀的相对行程为 L_r=0.1、0.2、0.8、0.9 时的流量值 Q，并比较两种理想流量特性的阀在小开度与大开度时的流量变化情况。

解 将已知条件代入直线流量特性式（3.21），有

$$Q_{0.1} = 13m^3/h，\quad Q_{0.2} = 23m^3/h，\quad Q_{0.8} = 80m^3/h，\quad Q_{0.9} = 90m^3/h$$

则阀门开度由10%变化到20%时，流量变化的相对值为 $\frac{23-13}{13} \times 100\% = 74\%$；

阀门开度由80%变化到90%时，流量变化的相对值为 $\frac{90-80}{80} \times 100\% = 12\%$。

由此可见，具有直线流量特性的阀门，同样开度变化下，在小开度时控制作用很强，易引起振荡；在大开度时控制作用较弱，控制不及时、有力。

同样的分析方法，将已知条件代入对数流量特性式（3.23），有

$$Q_{0.1} = 5m^3/h，\quad Q_{0.2} = 7m^3/h，\quad Q_{0.8} = 50m^3/h，\quad Q_{0.9} = 70m^3/h$$

则阀门开度由10%变化到20%时，流量变化的相对值为 $\frac{7-5}{5} \times 100\% = 40\%$；

阀门开度由80%变化到90%时，流量变化的相对值为 $\frac{70-50}{50} \times 100\% = 40\%$。

由此可见，具有对数流量特性的阀门在同样开度变化下，小开度时流量变化小，控制平稳；大开度时流量变化大，控制灵敏，即表现为等百分比的流量特性。

（3）抛物线流量特性

阀的相对流量与相对开度的平方根成正比的特性称为抛物线流量特性。其数学表达式为

$$dQ_r/dL_r = K\sqrt{Q_r} \tag{3.25}$$

将式（3.25）积分，代入边界条件，整理可得

$$Q_r = \frac{1}{R}\left[1 + (\sqrt{R}-1)L_r\right]^2 \tag{3.26}$$

其放大系数为

$$K = \frac{2}{R}\left(\sqrt{R}-1\right)\left[1 + \left(\sqrt{R}-1\right)L_r\right] \tag{3.27}$$

图3.21中 c 为抛物线。从图中可以看出，它介于直线流量特性和对数流量特性之间。

（4）快开流量特性

具有快开流量特性的阀在开度很小时，就已经将流量放大，随着开度的增加，流量很快达到最大（饱和）值，以后再增加开度，流量几乎没有变化。这种流量特性适用于迅速启闭的切断阀或双位控制系统。其特性曲线见图3.21中曲线 d。其数学表达式为

$$dQ_r/dL_r = f(L_r) = K(1-L_r) \tag{3.28}$$

将式（3.28）积分，代入边界条件，整理可得

$$Q_r = 1 - \left(1 - \frac{1}{R}\right)(1-L_r)^2 \tag{3.29}$$

其放大系数为

$$K = 2\left(1 - \frac{1}{R}\right)(1-L_r) \tag{3.30}$$

2. 工作流量特性

在实际生产中，调节阀装在具有阻力的管道中，管道对流体的阻力会随着流量的变化而变化，因此实际工作中，调节阀前后压差总是变化的，这时的流量特性称为工作流量特性。

（1）串联管道的工作流量特性

阀与管道串联时，流量增大，管路阻力也增大，在总的压降一定时阀上的压降减小（参见图3.18），从而引起流量特性的改变，理想流量特性畸变为工作流量特性。求这时的流量，需了解阀上压差 Δp 的变化规律。根据流体的连续性方程式、物质不灭定律以及式（3.6）、式（3.17）等，可以得到

$$\Delta p = \frac{\Delta p_T}{\left[\left(\dfrac{1}{s}-1\right)f(L_r)+1\right]} \tag{3.31}$$

式中，Δp 为调节阀上的压降（阀前后的压差）；Δp_T 为管道总压降（阀上的压降和管道系统的压降之和）；s 为阀全开时阀上的压降与系统总压降的比值；L_r 为阀的相对开度（l/l_{100}）。

由式（3.31）可知，当阀全关时，$f(L_r)=0$，$\Delta p_0 = \Delta p_T$；当阀全开时，$f(L_r)=1$，$\Delta p_m = s\Delta p_T$。式（3.31）说明存在管道系统阻力时阀上压降的变化，代入式（3.6）可求得工作状况下的流量。

以 Q_{max} 表示无管道阻力存在（除阀外的管路系统阻力等于零）时调节阀全开流量，以 Q_{100} 表示有管道阻力时调节阀全开流量，则有以下方程：

$$\frac{Q}{Q_{max}} = f(L_r)\sqrt{\frac{\Delta p}{\Delta p_T}} = f(L_r)\sqrt{\frac{1}{\left(\dfrac{1}{s}-1\right)f^2(L_r)+1}} \tag{3.32}$$

$$\frac{Q}{Q_{100}} = f(L_r)\sqrt{\frac{\Delta p}{\Delta p_m}} = f(L_r)\sqrt{\frac{1}{(1-s)f^2(L_r)+s}} \tag{3.33}$$

串联管道时的工作流量特性曲线如图3.22所示。由计算公式和图3.22可知：

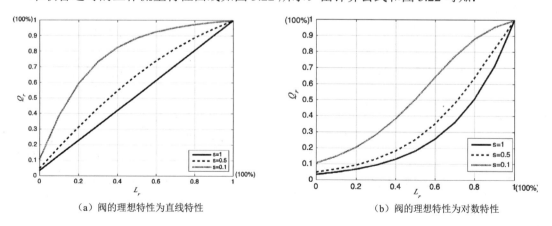

（a）阀的理想特性为直线特性　　　　（b）阀的理想特性为对数特性

图3.22　串联管道时的工作流量特性曲线

① 当管道阻力损失为零时，$s=1$，系统的总压降全部落在调节阀上，则实际工作流量特性与理想特性一致；

② 随着管道阻力损失所占比重增加，s 值将减小，调节阀全开时的流量比管道阻力损失为零时相应减小，因而实际可调比也减小；

③ 随着 s 值减小，流量特性曲线发生畸变，直线特性趋向于快开特性，对数特性趋向于直线特性。因此在实际使用中，为了避免调节阀工作特性的畸变，一般希望 s 值不低于 0.3～0.5。

（2）并联管道的工作流量特性

由图 3.19 所示可知调节阀与旁路管道并联管道系统的总流量是通过调节阀和旁路二者流量之和，即

$$Q_\mathrm{T} = Q_1 + Q_2$$

式中，$Q_1 = C_\mathrm{f} f(L_\mathrm{r})\sqrt{\Delta p}$，$C_\mathrm{f}$ 为调节阀全开时的流量系数；$Q_2 = C_\mathrm{p}\sqrt{\Delta p}$，$C_\mathrm{p}$ 为旁路阀全开时的流量系数。所以

$$Q_\mathrm{T} = C_\mathrm{f} f(L_\mathrm{r})\sqrt{\Delta p} + C_\mathrm{p}\sqrt{\Delta p} \tag{3.34}$$

设

$$B = \frac{C_\mathrm{f}}{C_\mathrm{f} + C_\mathrm{p}} = \frac{Q_{1\max}}{Q_{1\max} + Q_2} = \frac{Q_{1\max}}{Q_{\mathrm{T}\max}} \tag{3.35}$$

式中，B 为旁路程度，为阀全开时通过的流量与总管最大流量之比值。

以 $Q_{\max}$ 为参比数的并联管道系统的工作流量特性为

$$\frac{Q}{Q_{\max}} = Bf(L_\mathrm{r}) + (1 - B) \tag{3.36}$$

并联管道时的工作流量特性曲线如图 3.23 所示。由式（3.36）和图 3.23 可以看出：

① 当旁路阀全关时，$B = 1$，实际工作特性与理想特性一致；

② 旁路阀逐渐开启，旁路流量增加，则 B 值减小，虽然调节阀的流量特性变化不大，但可调比下降了。

③ 实际生产中，为了使调节阀有足够的调节能力，希望 B 值不低于 0.5，最好不低于 0.8。

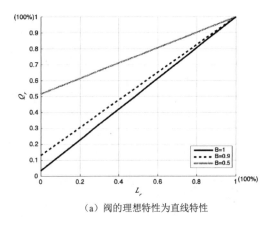
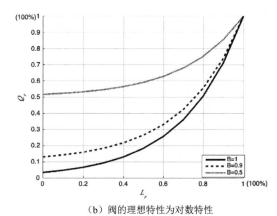

（a）阀的理想特性为直线特性　　　　　　　　（b）阀的理想特性为对数特性

图 3.23　并联管道时的工作流量特性曲线

3.4.5　调节阀的选型

在一个过程控制系统中，再好的控制算法也需要调节阀的配合，只有调节阀的动作准确

才能保证物料流量能按照控制的要求精确变化。调节阀安装在工艺管道上，直接与操作介质接触，长期受到高温、高压、腐蚀和摩擦等恶劣工作环境的影响，若调节阀的质量不过关，流量特性差，泄漏大，动作不可靠，就会使自动控制失去高品质调节，给生产带来重大经济损失。所以，调节阀的选型至关重要。

调节阀的选型包括类型和作用方式的选择、口径的选择和流量特性的选择等。

1．调节阀类型和作用方式的选择

前已描述，调节阀按执行机构分有气动阀、电动阀和液动阀三类；按调节机构分有直通单座阀、直通双座阀、角形阀、隔膜阀、三通阀、凸轮挠曲阀、蝶阀、套筒阀、球阀等多种类型。调节阀类型和作用方式的选择要综合考虑生产工艺需求、生产条件、经济性等。相关选择方法在调节阀结构部分已做了简要描述。

2．调节阀口径的选择

调节阀的口径可依据工作时最大流量而定。由最大流量 Q_{max} 算出相应的流量系数 C_{max}，然后从产品系列中选取稍大于 C_{max} 的 C 值及相应的阀门口径。选取时应留有必要的余地，但裕量不可过大。阀的口径选择过大，正常工作时阀在小开度下工作，控制易出现振荡，阀动作频繁，产生噪声，而且长期小开度下的工作，会造成流体对阀芯、阀座的严重冲蚀，影响阀的寿命。阀的口径也不能选择过小，否则调节能力有限，无法应对大的负荷或干扰变化。一般选择合适口径的阀使阀工作时的开度在 15%～85% 之间。

3．调节阀流量特性的选择

由 3.4.4 节对调节阀流量特性的介绍，调节阀的流量特性有线性的，也有非线性的，图3.14 关于阀的工作原理的说明也呼应了这一点。调节阀流量特性的选择，首先是满足过程控制系统需要的工作流量特性的选择，然后再依据工作管路的压降比 s 分析工作流量特性的畸变情况，反推出调节阀应该具备的理想流量特性，作为向生产厂家订货的内容。

将阀应用于图 1.2 所示过程控制系统中，为了使系统能保持预定的品质指标（控制器参数不变情况下），要求系统开环总增益基本恒定。所以调节阀工作流量特性的选择应依据被控过程的特性而定。如果被控过程为线性的，则调节阀的流量特性选直线型的；如果被控过程为非线性的，则调节阀的流量特性选对数型的。

3.5 过程控制系统设计实例

本节以一套精馏塔过程控制系统为例，通过对该过程控制系统的任务、控制系统的组成、主要控制仪表及开停车注意事项等的介绍，使读者对过程控制系统的设计有一个较为全面的感性认识。

精馏是化工生产中分离互溶液体混合物的典型单元操作。其实质是多级蒸馏，即在一定压力下，利用互溶液体混合物各组分的沸点不同，使轻组分（沸点较低的组分）汽化，经多次部分液相汽化和部分气相冷凝，使气相中的轻组分和液相中的重组分浓度逐渐升高，从而实现分离。参见图 3.3，精馏过程的主要设备有：精馏塔、再沸器、冷凝器、回流罐和输送设备等。精馏塔以进料板为界，上部为精馏段，下部为提馏段。一定温度和压力的料液进入精馏塔后，轻组分在精馏段逐渐汽化，离开塔顶后全部冷凝进入回流罐，一部分作为塔顶产品

（馏出液），另一部分被送回塔内作为回流液。回流液一方面提供塔板上的冷回流，维持塔内的热量平衡；另一方面通过反复的冷凝汽化，进一步增加产品分离的精度。而重组分在提馏段中浓缩后，一部分作为塔釜产品（也叫残液），一部分则经再沸器加热后送回塔中，为精馏操作提供一定量连续上升的蒸汽气流。精馏塔的整个生产过程体现了优质高效经济的过程控制目标。

现有一精馏塔单元完成加压精馏操作，其原料液为脱丙烷塔塔釜的混合液，分离后馏出液为高纯度的 C_4 产品，残液要求是 C_5 以上组分。

1. 控制方案

为保证精馏塔的安全、稳定、经济生产，该单元采用了图 3.24 所示的工艺流程，图中仪表标注含义可参阅附录 A。整个过程控制系统被分解为若干控制单元，具体控制方案为：

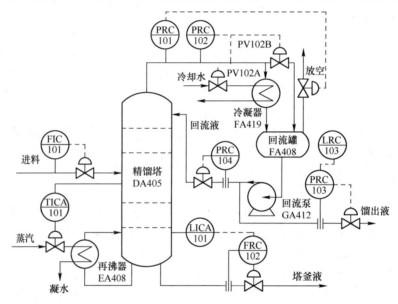

图 3.24　某加压精馏塔生产工艺流程图

（1）进料流量控制

原料液（67.8℃）经流量调节器 FIC101 控制流量（14056kg/h）后，从精馏塔 DA405 的第 16 块塔板（全塔共 32 块塔板）进料。

（2）塔内温度控制

如同 3.2.1 节控制变量选择中所介绍，精馏塔温度在塔压稳定情况下，可较好地控制和表征产品成分，所以塔内温度必须精确、及时地得到控制。本例中主要通过温度调节器 TICA101 控制再沸器 EA408 的输入蒸汽量来实现。当然，塔顶的冷回流也是改变塔内温度的重要因素，本例中通过回流量的闭环控制来保证回流量的稳定。

（3）塔顶回流量控制

回流液一部分由调节器 FRC104 控制流量（9664kg/h）送回精馏塔 DA405 的第 32 层塔板，参与调节热平衡和再次精馏。

（4）馏出液流量控制

回流液的另一部分作为塔顶采出产品，其流量（6707kg/h）由回流罐 FA408 的液位调节器 LRC103 和馏出液流量调节器 FRC103 构成的串级控制来调节。

（5）塔顶压力控制

由温度来控制成分稳定的前提是塔内压力稳定。本例中塔顶压力（5.0kg/m²）的稳定由压力调节器 PRC102 分程控制冷凝器 EA419 的冷却水调节阀 PV102A，以及轻组分排出阀 PV102B 来实现。

（6）塔釜液流量控制

塔釜液除一部分经再沸器送回塔内作为热源，并再次精馏外，另一部分塔釜液（7349kg/h）作为塔底采出产品，其流量由塔底液位调节器 LICA101 和塔釜液流量调节器 FRC102 构成的串级控制来调节。

需要注意的是，不同生产企业，产品要求不同，原材料和生产条件、运维成本及安全、环保要求等也不同，即便类似的精馏塔生产，其控制方案也有可能不同。这里给出的控制方案只作为教学讲解的个例，不代表标准配置。

某厂采用了图 3.24 所示精馏塔单元生产工艺及其控制方案，具体实施中增加了塔釜蒸汽缓冲罐（设备编号 FA414），此外再沸器（设备编号 EA408）和回流泵（设备编号 GA414）增设了双备配置（A 和 B）。这些措施是过程控制系统中应对极端情况、保证生产持续安全稳定运行的常用做法。该厂的主要生产设备和工艺流程参见图 3.25 的组态画面。

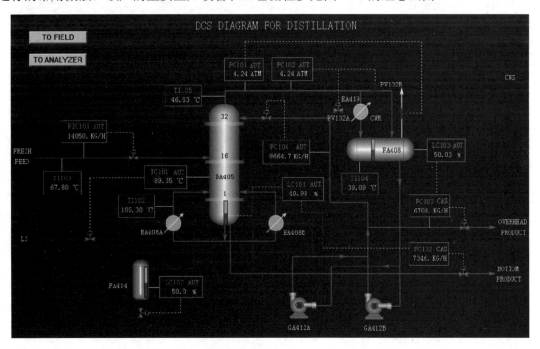

图 3.25　某精馏塔生产单元监控画面

2. 主要控制和监测仪表

图 3.25 的监控画面除了显示该精馏塔生产单元的主要设备和工艺流程，还标注了整个生产单元中所用到的控制和监测仪表，以及这些仪表的实际运行状态。表 3.6 对这些控制和监测仪表的功能和工艺参数进行了说明。对比表 3.6 中仪表要求的正常值和图 3.25 所示的仪表实际运行值，可见该厂的生产运行是满足工艺要求的。

表 3.6　某加压精馏塔生产单元主要控制和检测仪表功能和工艺参数

位号	说明	工艺参数正常值	位号	说明	工艺参数正常值
FIC101	塔进料量控制	14056.0 kg/h	LICA101	塔釜液位控制	50.0%
FRC102	塔釜采出量控制	7349.0 kg/h	LRC102	塔釜蒸汽缓冲罐液位控制	50.0%
FRC103	塔顶采出量控制	6797.0 kg/h	LRC103	塔顶回流罐液位	50.0%
FRC104	塔顶回流量控制	9664.0 kg/h	TI102	塔釜温度	109.3 ℃
PRC101	塔顶压力控制	4.25 atm	TI103	进料温度	67.8 ℃
PRC102	塔顶压力控制	4.25 atm	TI104	回流温度	39.1 ℃
TICA101	灵敏板温度控制	89.3℃	TI105	塔顶气温度	46.5 ℃

　　总结表 3.6 中用到的检测仪表，涵盖了温度、压力、流量和液位等主要的过程控制参量。由前述检测变送装置和执行机构选型原则，结合工艺要求和厂家成本、运维要求，该厂的部分仪表选型如表 3.7 所示。

表 3.7　某加压精馏塔生产单元部分控制和检测仪表的选型

设备	设备名称	测量范围	温度环境	价格	厂家
测温元件	热电阻温度计	−25～150℃	—	X00	杭州 XX 机电
温度变送器	SBW-644	−200～600℃	−25～75 ℃	X00	杭州 XX 机电
温控仪表	CHB402 智能温控仪	0～400℃	0～50 ℃	1X00	杭州 XX 机电
流量检测计	LY_LUGB 流量计	—	−30～80 ℃	1X00	杭州 XX 机电
流量控制仪表	XSJDL 定量控制仪	—	—	X00	杭州 XX 机电
执行器	气动调节阀	—	−30～60 ℃	X000	上海 XX 阀门

　　其中执行器除了恰当选型，还要注意作用方式的选择。比如，工艺要求塔顶冷凝器中冷却水不能中断，否则未冷凝的易燃气体溢出可能引起爆炸，所以冷凝气调节阀应选气关式的。

3. 精馏塔的操作

　　控制系统设计完成后，整个系统在投入运行前，还需要制定开停车操作步骤。合理的开停车操作是生产安全、平稳运行的重要保证。在事故处理或维修时，必须严格遵守并执行开停车操作规程。

　　对于精馏塔，可执行如下的开停车操作。

　　（1）开车前的准备工作

　　① 检查所有阀门是否操作灵活，是否处于合适的开关位置；

　　② 检测压力表、温度表、液位计是否能正常使用；

　　③ 检测冷却水的供给是否正常；

　　④ 启动进料泵，打开进料阀，待液位高度达到要求后，关闭进料阀，停泵。

　　⑤ 检查加热蒸汽是否达到要求。

　　（2）开车操作步骤

　　① 蒸汽加热时，缓慢打开加热阀门，同时打开通向塔顶冷凝器的上水阀门。

　　② 建立回流。在全回流情况下继续加热，直到塔温、塔压均达到规定的指标，产品质量符合要求。

　　③ 进料与出产产品。打开进料阀，同时从塔顶和塔釜采出产品，调节到指定的回流比。

④ 控制调节。对塔的操作条件和参数逐步进行调整，使塔的负荷、产品质量逐步且尽快达到正常操作值，转入正常操作。

（3）停车操作步骤（停车检修）

① 停止进料，关进料阀，停进料泵。

② 稍后停蒸汽，关闭蒸汽阀。

③ 待釜温降到规定温度时，关闭塔顶冷凝器的上水阀。

④ 关闭塔顶出料阀。

⑤ 打开塔釜排液阀门，排净釜残液（仅限停车检修时执行此步）。

⑥ 检查各阀门、仪表等各控制点是否处于停车状态。

本 章 小 结

1. 介绍了过程控制系统设计的任务和步骤，以炼钢生产中氧枪自动控制系统为例，说明过程控制系统设计是一个复杂的工程设计问题。

2. 介绍了过程控制系统设计中控制变量的确定方法、控制方案设计的主要内容，以及安全保护措施设计的重要性。

3. 介绍了过程控制系统的检测和变送装置，包括各种常用温度、流量、压力、物位检测仪表的原理、特点及选型原则。

4. 介绍了过程控制系统主要执行机构——调节阀，包括调节阀的结构、作用方式、静动态特性及选型原则。

5. 介绍了一个精馏塔控制系统实例，包括各控制子系统的控制方案，所用控制和检测仪表及开停车操作步骤。

习 题

3.1 简述过程控制系统设计的步骤。

3.2 简述过程控制系统中被控变量和控制变量的选择依据。

3.3 在锅炉汽包水位双冲量控制中，针对蒸汽流量波动采用的是前馈控制还是反馈控制？能否针对蒸汽流量的波动单独设置闭环控制？

3.4 列举实例说明过程控制系统中的安全保护措施。

3.5 为什么说温度、流量和物位都可以通过压力来间接测量？

3.6 变送器的作用是什么？

3.7 若用测量范围为 0～200℃的温度计测温，在正常工况下进行多次测量实验，测量误差为：-0.3℃、-0.2℃、-0.1℃、0℃、0.1℃、0.2℃，试问该仪表的准确度是多少？

3.8 已知某圆盘式温度计的测量范围是 0～600℃，对应的指针最大角位移为 300°，试问该仪表的灵敏度是多少？

3.9 某温度控制系统的最高温度为 800℃，要求测量的绝对误差不超过±10℃，现有量程分别为 0～1600℃和 0～1000℃的 1.0 级温度计，试问选择哪台温度计更合适？如果有两台量程均为 0～1200℃，准确度分别为 1.0 级和 0.5 级的温度计，又该如何选择？

3.10 利用弹簧式压力表测量某压力容器中的压力，工艺要求的压力为（1.5±0.01）MPa，现可供选择压力表的量程有 0～1.6MPa、0～2.5MPa 及 0～4.0MPa，准确度有 1.0、1.5、2.0、2.5 及 4.0 级，请合理选择压力表量程和准确度等级。

3.11 节流式流量计的测量原理是什么？在节流式流量计后加开方器是出于什么考虑？

3.12 常说的炉膛负压中的"负"是什么意思？为什么要求炉膛负压而不是正压？查阅资料了解炉膛负压一般为多少？工艺上如何做到让炉膛为负压？

3.13 什么是调节阀的正反作用？选择调节阀正反作用的原则有哪些？

3.14 题 3.14 图所示的管式加热炉中，燃料调节阀的正反作用如何选择？

3.15 调节阀的口径选择过大或过小，分别有什么问题？

3.16 调节阀为什么有理想可调比和实际可调比之分？二者有何差异？

3.17 调节阀的流量特性是什么？都有哪些理想流量特性？

3.18 在串联管道中，怎样才能使调节阀的工作流量特性接近理想流量特性？

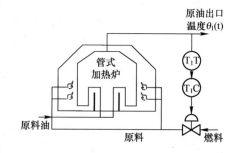

题 3.14 图

3.19 为什么串联管路中阀的压降比 s 会减小？s 值的减小为什么会使理想流量特性发生畸变？

3.20 如果并联管路中的旁路流量较大，将会出现怎样的情况？

3.21 哪些调节阀的放大倍数是常数，哪些调节阀的放大倍数不是常数？从控制的角度解释，是否一定要选择线性阀才能保证在整个工作范围内保持一致的控制品质？

3.22 在工程设计中如何选择调节阀的流量特性？

3.23 如果某过热器进料负荷波动大，试问该被控过程是否为线性的？相应的调节阀的工作流量特性和理想流量特性分别如何选？

第 4 章　PID 调节原理

控制系统的设计归根到底就是调节器的设计，而调节器的设计就是调节规律的确定和调节器参数的整定。在当今工程实际中，PID 调节器由于结构简单、稳定性好、工作可靠、调整方便而得到最为广泛的应用。

本章概述 PID 控制的概念及其优点；介绍 PID 调节的基本原理，着重分析 P（比例）、I（积分）和 D（微分）三者及其组合的调节作用；介绍数字 PID 的实现方法和各种改进算法；就 PID 参数的工程整定予以说明；简要介绍几种智能 PID 控制方法；最后通过几个 MATLAB 仿真实例说明 PID 调节的特点和参数整定方法。本章重点在于对 PID 调节规律的掌握，这是运用 PID 调节进行控制系统设计的基础。

4.1　PID 控制概述

PID（Proportional Integral Differential）控制是比例积分微分控制的简称。在生产过程自动控制的发展历程中，PID 控制是历史最久、生命力最强的基本控制方式。在 20 世纪 40 年代以前，除在最简单的情况下可采用开关控制外，它是唯一的控制方式。此后，随着科学技术的发展特别是计算机的诞生和发展，涌现出了许多先进的控制方法，然而直到现在，PID 控制由于它自身的优点仍然是应用最广泛的基本控制方式，占整个工业过程控制算法的 85%～90%。

PID 控制器根据系统的误差，利用误差的比例、积分、微分三个环节的不同组合计算出控制量。图 4.1 是常规 PID 控制系统原理框图。

其中，广义被控对象包括执行机构、被控对象和检测变送单元；PID 控制器的输入为设定值 $r(t)$ 与被控量实测值 $y_m(t)$ 构成的控制偏差信号：

$$e(t) = r(t) - y_m(t) \qquad (4.1)$$

输出为该偏差信号的比例、积分和微分的线性组合，也即 PID 控制律为

$$u(t) = K_P\left(e(t) + \frac{1}{T_I}\int_0^t e(t)\mathrm{d}t + T_D \frac{\mathrm{d}e(t)}{\mathrm{d}t} \right) \qquad (4.2)$$

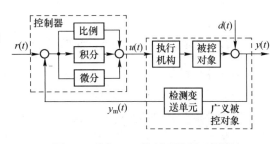

图 4.1　常规 PID 控制系统原理框图

式中，K_P 为比例系数；T_I 为积分时间常数；T_D 为微分时间常数。

对于 PID 控制，有以下解释：

（1）根据 PID 控制器的输入可知，PID 控制实际是一种反馈控制——需要被控量的检测值作为输入，而且是负反馈。很容易通过理论证明，负反馈具有输出跟随给定以及抑制干扰的性质。所以 PID 控制也具有输出跟随给定以及抑制干扰的性质。

（2）由于有负反馈的要求，PID 控制器设有正反作用形式的选择。所谓正作用，是指控制器的输出随检测信号的增大而增大；反作用则指控制器的输出随检测信号的增大而减小。

控制器正反作用的选择原则是使整个闭环系统构成负反馈。

比如，在管式炉出口物料温度控制系统中，从安全考虑，燃料油进料阀选择气开式的（相当于正作用单元），被控对象随加热量增加出口物料温度升高（相当于正作用单元）。所以，为了构成闭环系统的负反馈，控制器要选择反作用。这样，当检测到出口物料温度升高时，控制器输出减小，燃料油在气开阀作用下开度减小，进入管式炉内的燃料油流量减小，提供的热量减少，使得出口物料温度降低，实现了负反馈。

（3）对于式（4.2）所示的 P、I、D 三个成分的线性组合形式，根据被控对象动态特性和控制要求的不同，除了 P+I+D 的 PID 调节，还可以是纯 P 调节、PI 调节或 PD 调节等不同的形式。不论采用哪一种组合形式，PID 控制的基本组成原理都比较简单，学过控制理论的读者很容易理解它，参数的物理意义也比较明确。

除此之外，PID 控制还具有其他诸多优点。

（1）适应性强。它广泛适用于石油、化工、电力、冶金、造纸、食品等行业的生产过程对象。即便在各种先进控制和智能控制算法日益涌现的今天，PID 仍占据自动控制领域的绝对主流。

（2）鲁棒性强，即它能经受过程参数和工况在很大范围内的变化而仍然工作得很好。

（3）对模型依赖少。当我们不完全了解一个系统和被控对象，或不能通过有效的测量手段来获得系统参数时，控制理论的其他技术难以采用，这时应用 PID 控制技术最为方便。

由于具有这些优点，在过程控制中，人们首先想到的总是 PID 控制。一个大型的现代化生产装置的控制回路可能多达一二百个甚至更多，其中绝大部分都采用 PID 控制。例外的情况有两种。一种是被控对象易于控制而控制要求又不高的情况，可以采用更简单的开关控制方式。另一种是被控对象特别难以控制而控制要求又特别高的情况，这时如果 PID 控制难以达到生产要求就要考虑采用更先进的控制方法。

由此可见，在过程控制中 PID 控制的重要性是明显的。本章将比较详细地讨论 PID 控制，目的在于帮助读者从工程应用的角度理解 PID 调节的原理和特点，而不是仅仅停留在抽象的数学关系上的理解。从这一点来讲，学习过程控制的方法不同于以前学习控制理论课程，其着眼点不同。

4.2　比例调节（P 调节）

4.2.1　比例调节的动作规律和比例带

考虑水阀的调节，若出水量较期望值小，即有调节偏差，则阀门开度（调节器输出）加大。偏差越大，阀门开度也越大；反之亦然。这是再自然不过的调节律了，在工业控制中称为 P 调节，因为其调节器输出信号 u 与偏差信号 e 成比例，即

$$u = K_{\mathrm{p}}e \qquad (4.3)$$

或

$$U(s) = K_{\mathrm{p}}E(s) \qquad (4.4)$$

式中，K_{p} 为比例增益（视情况可设置为正或负）。

图4.2是 P 调节器的阶跃响应曲线。从图中可以看出，P 调节对偏差信号能做出及时反应，没有丝毫的滞后。

需要注意的是，式（4.3）中的调节器输出 u 实际上是对其起始值 u_0 的增量。因此，偏差 e 为零，即 $u=0$ 时，并不意

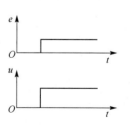

图 4.2　P 调节器的阶跃响应曲线

味着调节器没有输出，它只说明此时有 $u = u_0$。u_0 的大小是可以通过调整调节器的工作点加以改变的。

另外，在实际应用中，由于执行机构的运动（如阀门开度）有限，调节器的输出 u 也就被限制在一定的范围之内，换句话说，在 K_p 较大时，偏差 e 仅在一定的范围内与调节器的输出保持线性关系。

为表示调节器输入和输出之间的比例关系，在过程控制中习惯用比例带（比例度）δ 来代替比例增益 K_p。比例带 δ 的定义为

$$\delta = \frac{e/(e_{max} - e_{min})}{u/(u_{max} - u_{min})} \times 100\% = \frac{1}{K_p} \cdot \frac{u_{max} - u_{min}}{e_{max} - e_{min}} \times 100\% \qquad (4.5)$$

式中，$e_{max} - e_{min}$ 为偏差信号范围，即仪表的量程；$u_{max} - u_{min}$ 为调节器输出信号范围，即控制器输出的工作范围。

δ 具有重要的物理意义。从式（4.5）可以看出，如果 u 直接代表调节阀开度的变化量，那么 δ 就代表使调节阀开度改变100%，即从全关到全开时所需要的被调量的变化范围。只有当被调量处在这个范围以内，调节阀的开度（变化）才与偏差成比例。超出这个"比例带"，调节阀已处于全关或全开的状态，此时调节器的输入与输出已不再保持比例关系，而调节器至少也暂时失去其控制作用了。

如果采用的是单元组合仪表，调节器的输入和输出都是统一的标准信号，即

$$e_{max} - e_{min} = u_{max} - u_{min}$$

则有

$$\delta = \frac{e}{u} \times 100\% = \frac{1}{K_p} \times 100\% \qquad (4.6)$$

此时比例带（比例度）与比例增益成反比。比例带小，意味着较小的偏差就能激励调节器产生 100%的开度变化。也就是说，比例带反映的是对误差的敏感程度。比例带越小（相应的比例增益越大），对误差越敏感，越容易引起振荡。

例如，若测量仪表的量程为100℃，则 $\delta = 50\%$ 就表示当被调量改变50℃时能使调节阀从全关到全开；$\delta = 40\%$ 则表示被调量只需改变 40℃就能使调节阀从全关到全开。

4.2.2 比例调节的特点——有差调节

比例调节的显著特点就是有差调节。

工业过程在运行中经常会发生负荷变化。负荷是外界所需物料流或能量流的大小。一旦负荷变化，原有的流入流出量之间的平衡被打破，要重新恢复平衡，只有靠控制量的增（减）量来补偿这种失衡关系，所以控制一定有增（减）量，由 $u = K_p e$，则余差一定存在。这在比例调节下是不可避免的，所以说比例调节是有差调节。

下面举例说明。图 4.3 是一个简单的液位比例控制系统示意图，水槽中的液位是被控变量，它依靠杠杆进行控制，具体地，杠杆右端固接的阀杆控制水槽进水量 Q_1，杠杆左端固接的浮球检测液位变化。这里的杠杆就是一个典型的比例调节器，液位变化 e 是其输入，阀杆位移 Δu 是

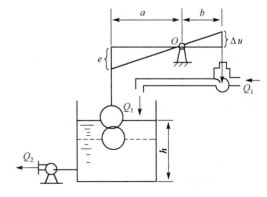

图 4.3 液位比例控制系统示意图

其输出。由相似三角形关系容易得到该调节器的比例增益为

$$K_P = \Delta u / e = b / a \tag{4.7}$$

在负荷未变化之前，Q_1 和 Q_2 相等，液位稳定在初始高度（图 4.3 中的实线液面），杠杆保持水平，进水阀则固定在初始开度。当出水量有一跃变增大时，水槽液位下降，浮球随之下降，带动杠杆左端下降而右端上升，阀杆上移，进水阀开度增大，进水量加大。当进、出水量重新相等时，新的平衡建立，此时水槽液位再次稳定在某固定位置，如图 4.3 中虚线所示，该液位只能较初始稳定值低（为获得较大的进水量以平衡增大的出水量），两者之差就是比例控制的余差。

余差的大小受 K_P 或比例带 δ 的影响，在同样负荷变化或同样设定值变化下，K_P 越大（δ 越小），控制作用越强，则余差越小。在本例中，要使调节后的液位余差 e 变小，而与此同时，为满足进、出水流量平衡的需要，进水阀开度增大量 Δu 不变（同样的负荷变化），杠杆的支点应该左移，相应的 $K_P = b/a$ 增大，δ 变小。

以上结论可以很容易地根据控制理论加以验证。

设图 4.1 中广义被控对象的传递函数 $G_P(s) = \dfrac{K}{Ts+1}$，采用纯比例调节，比例增益为 K_P，则系统闭环传递函数为 $G_B(s) = \dfrac{Y(s)}{R(s)} = \dfrac{K_P G_P(s)}{1 + K_P G_P(s)}$，当给定为单位阶跃跳变，即 $r(t) = 1(t)$ 时，系统输出 $Y(s) = G_B(s)R(s) = \dfrac{K_P G_P(s)}{1 + K_P G_P(s)} \cdot \dfrac{1}{s}$，由终值定理有

$$y(\infty) = \lim_{s \to 0} s \cdot \frac{K_P G_P(s)}{1 + K_P G_P(s)} \cdot \frac{1}{s} = \frac{K_P K}{1 + K_P K} \xrightarrow{K_P \to \infty} 1 \tag{4.8}$$

由式（4.8）可知，比例调节的确是有差调节，$y(\infty)$ 始终不能达到给定所要求的 1；但可以通过增大 K_P，使 $y(\infty)$ 逐渐接近于 1，即余差随着比例增益 K_P 的增大而减小。

4.2.3　比例带对调节过程的影响

上面已经说明，比例调节的余差随着比例带的加大而加大。从这一方面考虑，人们希望尽量减小比例带。然而，减小比例带就等于加大调节系统的开环增益，其后果是导致系统激烈振荡甚至不稳定。稳定性是任何闭环控制系统的首要要求，比例带的设置必须保证系统具有一定的稳定裕度。此时，如果余差过大，则需通过其他的途径解决。对于典型的工业过程，δ 对于调节过程的影响如图 4.4 所示。δ 很大意味着调节阀的动作幅度很小，因此被调量的变化比较平稳，甚至可以没有超调，但余差很大，调节时间也很长 [参见图 4.4（a）]。减小 δ 就加大了调节阀的动作幅度，引起被调量来回波动，但系统仍可能是稳定的，余差相应减小 [参见图 4.4（b）和（c）]。δ 具有一个临界值，此时系统处于稳定边界的情况 [参见图 4.4（d）]，进一步减小 δ 系统就不稳定了 [参见图 4.4（e）]。δ 的临界值 δ_{pr} 可以通过实验测定出来；如果被调对象的数

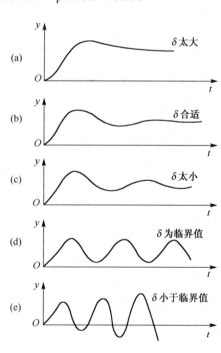

图 4.4　δ 对于比例调节过程的影响

学模型已知，则不难根据控制理论计算出来。

4.3 积分调节（Ⅰ调节）

4.3.1 积分调节规律和积分速度

P 调节是有差调节，这在许多工业控制系统中是不允许的，为此有必要在 P 调节的基础上引入积分调节（I 调节）。

在 I 调节中，调节器输出信号 u 与偏差信号 e 的积分成正比，即

$$u = S_0 \int_0^t e \mathrm{d}t \qquad (4.9)$$

或

$$U(s) = \frac{S_0}{s} E(s) \qquad (4.10)$$

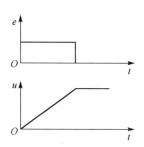

图 4.5　I 调节器的阶跃响应曲线

式中，S_0 为积分速度，可视情况取正值或负值。式（4.9）的另一种说法是，调节器输出信号的变化速度 $\mathrm{d}u/\mathrm{d}t$ 与偏差信号 e 成正比，即 $\mathrm{d}u/\mathrm{d}t = S_0 e$。

图 4.5 是 I 调节器的阶跃响应曲线。从图中可以看出，I 调节器的输出不仅与偏差信号的大小有关，还与偏差存在的时间长短有关。只要偏差存在，调节器的输出就会不断变化，直到偏差为零，调节器的输出才稳定下来不再变化（注意，此时的输出不像 P 调节那样随偏差为零而变到零）。

如图 4.6 所示的自力式气压调节阀就是一个简单的积分调节器。管道压力 P 是被调量，它通过针形阀 R 与调节阀膜头的上部空腔相通，而膜头的下部空腔则与大气相通。重锤 w 的重力使上部空腔产生一个恒定的压力 P_0，P_0 就是被调量的设定值，它可以通过改变杠杆比 l_1/l_2 或重锤 w 的重力加以调整。

当管道压力 P 等于 P_0 时，没有气流通过 R，因此膜片以及与它连接在一起的阀杆静止不动。只要 P 不等于 P_0，就会有气流以正向或反向流过 R，使膜片带动阀杆上下移动。假定 R 是线性气阻，那么流过它的

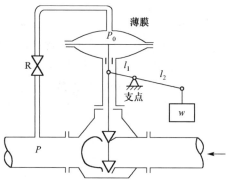

图 4.6　自力式气压调节阀

气量就与被调量偏差成比例，因此阀杆的移动速度与被调量偏差成正比，如式（4.9）所示。改变 R 的开度就可改变积分速度 S_0 的大小。

4.3.2 积分调节的特点——无差调节

I 调节的特点是无差调节，与 P 调节的有差调节形成鲜明的对比。式（4.9）表明，只有当被调量偏差 e 为零时，I 调节器的输出才会保持不变。反过来说，当调节器输出稳定不动时，输入偏差一定为零，而调节器的输出却可以停在任何数值上。这意味着被控对象在负荷扰动下的调节过程结束后，被调量没有余差，而调节阀则可以停在新的负荷所要求的开度上。

I 调节的无差特点可以很容易地根据控制理论加以验证。

仍设图 4.1 中广义被控对象的传递函数 $G_P(s) = \dfrac{K}{Ts+1}$，采用纯积分调节，积分时间常数为 T_I，则调节器的传递函数为 $\dfrac{1}{T_I s}$，于是系统闭环传递函数为

$$G_B(s) = \frac{Y(s)}{R(s)} = \frac{\dfrac{1}{T_I s} G_P(s)}{1 + \dfrac{1}{T_I s} G_P(s)}$$

当给定为单位阶跃跳变，即 $r(t) = 1(t)$ 时，系统输出

$$Y(s) = G_B(s)R(s) = \frac{G_P(s)}{T_I s + G_P(s)} \cdot \frac{1}{s}$$

由终值定理有
$$y(\infty) = \lim_{s \to 0} s \cdot \frac{G_P(s)}{T_I s + G_P(s)} \cdot \frac{1}{s} = 1 \qquad (4.11)$$

由式（4.11）可知，积分调节的确是无差调节，$y(\infty)$ 达到了给定所要求的 1。

I 调节的另一特点是它的稳定作用比 P 调节差。例如，根据奈氏稳定判据可知，对于非自衡的被控对象采用 P 调节时，只要加大比例带总可以使系统稳定（除非被控对象含有一个以上的积分环节）；如果采用 I 调节则不可能得到稳定的系统。

对于同一个被控对象，采用 I 调节时其调节过程总是比采用 P 调节时缓慢，除非积分速度无穷大，否则 I 调节就不可能像 P 调节那样及时对偏差加以响应，而是滞后于偏差的变化，从而难以对干扰进行及时的控制，图4.5充分地说明了 I 调节的这一特点。因此，一般在工业上很少单独使用 I 调节，而通常采用 PI 调节来代替单纯的 I 调节。

4.3.3　积分速度对于调节过程的影响

采用 I 调节时，控制系统的开环增益与积分速度 S_0 成正比。因此，增大积分速度将会降低控制系统的稳定程度，直到最后出现发散的振荡过程，如图4.7所示。这从直观上也是不难理解的，因为 S_0 越大，则调节阀的动作越快，就越容易引起和加剧振荡。但与此同时，振荡频率将越来越高，而最大动态偏差则越来越小。被调量最后都没有余差，这是 I 调节的特点。

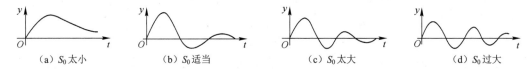

（a）S_0 太小　　　　（b）S_0 适当　　　　（c）S_0 太大　　　　（d）S_0 过大

图 4.7　积分速度对调节过程的影响

对于同一被控对象，若分别采用 P 调节和 I 调节，并采用相同的衰减率，则它们在负荷扰动下的调节过程如图4.8中曲线 P 和 I 所示。它们清楚地显示出两种调节规律的不同特点：P 调节有余差；I 调节没有余差，但超调大，不如 P 调节稳定。

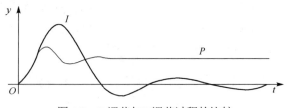

图 4.8　P 调节与 I 调节过程的比较

4.4　微分调节（D 调节）

以上讨论的 P 调节和 I 调节都是根据当时偏差的方向和大小进行调节的，不管那时被控

对象中流入量与流出量之间有多大的不平衡，这个不平衡都决定着此后被调量将如何变化的趋势。由于被调量的变化速度（包括其大小和方向）可以反映当时或稍前一些时间流入量和流出量之间的不平衡情况，因此，如果调节器能够根据被调量的变化速度来移动调节阀，而不要等到被调量已经出现较大偏差后才开始动作，那么调节的效果将会更好，相当于赋予了调节器以某种程度的预见性。这种调节动作称为微分调节（D 调节）。此时调节器的输出与被调量或其偏差对于时间的导数成正比，即

$$u = S_2 \frac{\mathrm{d}e}{\mathrm{d}t} \tag{4.12}$$

或
$$U(s) = S_2 s E(s) \tag{4.13}$$

式中，S_2 为微分时间。

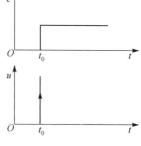

图 4.9 是理想 D 调节器的阶跃响应曲线。在 $t = t_0$ 时，D 调节器输入端发生跃变，变化速度无穷大，所以此刻 D 调节器的输出变化量也为无穷大；之后，偏差不再变化，即变化速度为零，于是 D 调节器的输出变化量也成比例地为零。可见，微分调节只对偏差的变化做出反应。偏差变化越剧烈，由 D 调节器给出的控制作用越大，从而及时地抑制偏差的增长，提高系统的稳定性。

图 4.9　理想 D 调节器的阶跃响应曲线

注意，因为微分调节只与偏差的变化成比例，而与偏差的大小无关，所以微分调节不能消除余差，且控制效果较纯比例控制更差。

同时，单纯的微分调节器也是不能工作的。这是因为实际的微分调节器都有一定的失灵区，如果被控对象的流入量与流出量只相差很少，以致被调量只以调节器不能察觉的速度缓慢变化时，微分调节器并不会动作。但是经过相当长的时间以后，被调量偏差却可以积累到相当大的数值而得不到校正。这种情况当然是不能容许的。因此，微分调节只能起辅助的调节作用，它可以与其他调节动作结合成 PD 和 PID 调节。

4.5　比例积分微分调节（PID 调节）

比例积分微分调节（PID 调节）是 P, I, D 组合调节形式的总称，包括 PI 调节、PD 调节以及 PID 调节等形式。

4.5.1　比例积分（PI）调节

1. 比例积分（PI）调节规律和积分时间

PI 调节就是综合 P 和 I 两种调节的优点，即利用 P 调节快速抵消干扰的影响，同时利用 I 调节消除余差。它的调节规律为

$$u = K_\mathrm{P} e + S_0 \int_0^t e \mathrm{d}t \tag{4.14}$$

或
$$u = \frac{1}{\delta} \left(e + \frac{1}{T_\mathrm{I}} \int_0^t e \mathrm{d}t \right) \tag{4.15}$$

式中，δ 为比例带，可视情况取正值或负值；T_I 为积分时间。δ 和 T_I 是 PI 调节器的两个重要参数。

图 4.10 是 PI 调节器的阶跃响应曲线，它是由比例动作和积分动作两部分组成的。在施加阶跃输入的瞬间，调节器立即输出一个幅值为 $\Delta e/\delta$ 的阶跃，然后以固定速度 $\Delta e/\delta T_\mathrm{I}$ 变化。当 $t = T_\mathrm{I}$ 时，调节器的总输出为 $2\Delta e/\delta$。这样，就可以根据图 4.10 确定 δ 和 T_I 的数值。还可以注

意到，当 $t = T_1$ 时，输出的积分部分正好等于比例部分。由此可见，T_1 可以衡量积分部分在总输出中所占的比重：T_1 越小，积分部分所占的比重越大。

比例部分的阀位输出 u_p 在调节过程的初始阶段起较大作用，但调节过程结束后又返回到扰动发生前的数值。

2. 比例积分调节的过程和特点

现在分析系统受扰时 PI 调节过程。图 4.11 所示为 PI 调节器对过程负荷变化的响应。

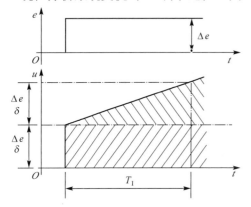

图 4.10　PI 调节器的阶跃响应曲线　　　　图 4.11　PI 调节器对过程负荷变化的响应

负荷变化前，也即 $t < t_0$ 前，被控系统稳定，控制偏差为零，调节器输出保持某恒定值。$t = t_0$ 时刻，系统负荷突然发生阶跃变化，假设控制偏差为负（如图4.11中曲线 a 所示），P 调节立即响应偏差变化，产生正的跃变，I 调节则从零开始累计偏差（如图4.11中曲线 b 所示）。

在二者的共同作用下，PI 调节的总输出持续增加。在 $t = t_1$ 时刻迫使系统开始响应，控制偏差开始减小，P 调节的偏差紧跟着也减小，但由于偏差仍存在且方向不变，所以 I 调节继续增加，PI 调节的综合结果也仍持续增大，使得控制偏差进一步减小。

$t = t_2$ 时刻，偏差减小至零，P 调节作用彻底消失，I 调节也停止增长。如果积分时间足够小，则此时调节器的输出将大于所要求的值，致使系统产生反向偏差，也即超调。

$t_2 \sim t_3$ 阶段，在反向偏差存在的情况下，P 调节作用反向，I 调节作用也由增加变为减小，于是 PI 调节的整体作用表现为减小，直至从超调位置下降到系统要求的作用点，即图 4.11 中的 $t = t_3$ 点处，此时偏差也从超调处回落到零，系统达到新的平衡。

需要注意的是，调节过程中的超调趋势随比例增益的增大和积分时间的减小而增大，因此 PI 调节的比例增益要设置得比纯 P 调节小，对积分时间 T_1 的设置也应有一定的限制。

在比例带不变的情况下，减小 T_1 将使控制系统稳定性降低，振荡加剧，调节过程加快，振荡频率升高。图 4.12 所示为在比例增益不变而积分时间变化的情况下 PI 控制系统的响应过程。

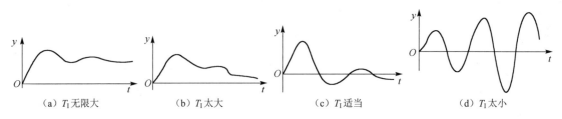

（a）T_1 无限大　　　　（b）T_1 太大　　　　（c）T_1 适当　　　　（d）T_1 太小

图 4.12　PI 控制系统的响应过程

3．积分饱和现象及克服积分饱和的方法

具有积分作用的调节器，只要被调量与设定值之间有偏差，其输出就会不停地变化。当偏差始终保持一个方向时，调节器的输出 u 将因积分作用的不断累加而增大，从而使执行机构达到极限位置 $X_{\max}$（如阀门开度达到最大）；之后尽管 u 还在增大，但执行机构已不再动作，如图 4.13 所示。这种现象称为积分饱和。

进入深度积分饱和的调节器，要等被调量偏差反向以后才慢慢地从饱和状态中退出来，重新恢复控制作用。进入饱和区越深，退出饱和区所需的时间就越长，在此阶段，执行机构始终停留在极限位置而不随偏差反向立即做出相应变化，就好像系统失控了一样，造成控制性能恶化。

考虑如图 4.14 所示的加热器出口水温控制系统。其中热水温度 θ 由传感器 θT 获取并送到调节器 θC，调节器控制加热蒸汽的调节阀开度 x 以保持出口水温恒定。假设为消除静差采用 PI 调节器，调节阀采用气开式，调节器为反作用方式。

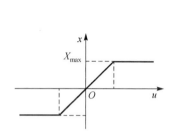

图 4.13　执行机构的饱和特性

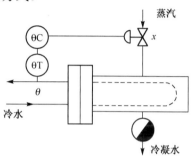

图 4.14　加热器出口水温控制系统

设 t_0 时刻加热器投入使用，此时水温尚低，θ 离设定值 θ_c 较远，正偏差较大，调节器输出逐渐增大。如果采用气动调节器，其输出最后可达 0.14 MPa（气源压力），称为进入深度饱和，参见图 4.15 中的 $t_0 \sim t_1$ 部分。在 $t_1 \sim t_2$ 阶段，水温上升但仍低于设定值，调节器输出不会下降。从 t_2 时刻以后，偏差反向，调节器输出减小，但因为输出气压大于 0.10 MPa，调节阀仍处于全开状态。直到 t_3 时刻以后，调节阀才开始关小。这就是积分饱和现象。其结果可使水温大大超出设定值，控制品质变坏，甚至引起危险。

积分饱和现象常出现在自动启动间歇过程的控制系统、串级系统中的主调节器以及像选择性控制这样的复杂控制系统中，后者积分饱和的危害性也许更为严重。

防止积分饱和的方法有很多：① 限制 PI 调节器的输出在规定范围，但这样有可能在正常操作中不能消除系统的余差。② 积分分离法，即人为设定一个限值，在 PI 调节器的控制偏差超过该限值时，改用纯 P 调节进行控制，这样既不会出现积分饱和又能在偏差较小时有效利用积分作用消除余差。③ 遇限削弱积分法，这种方法同样人为设定一个限值，当控制输出大于该限值时，只累加负偏差，反之亦然，这样的做法可避免控制量长时间停留在饱和区。

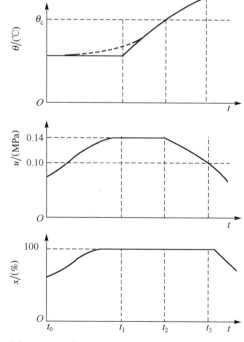

图 4.15　温度比例积分控制系统积分饱和过程

4.5.2 比例微分调节

1. 比例微分（PD）调节规律

PD 调节器的动作规律是

$$u = K_P e + S_2 \frac{\mathrm{d}e}{\mathrm{d}t} \tag{4.16}$$

或

$$u = \frac{1}{\delta}\left(e + T_D \frac{\mathrm{d}e}{\mathrm{d}t}\right) \tag{4.17}$$

式中，δ 为比例带，可视情况取正值或负值；T_D 为微分时间。则 PD 调节器的传递函数应为

$$G_c(s) = \frac{1}{\delta}(1 + T_D s) \tag{4.18}$$

但严格按式（4.18）动作的调节器在物理上是不能实现的。工业上实际采用的 PD 调节器的传递函数是

$$G_c(s) = \frac{1}{\delta} \cdot \frac{T_D s + 1}{\dfrac{T_D}{K_D} s + 1} \tag{4.19}$$

式中，K_D 为微分增益。相比之下，式（4.19）相当于在式（4.18）的基础上乘以一个一阶惯性环节 $\dfrac{1}{\dfrac{T_D}{K_d} s + 1}$，或者说在纯微分后串联了一个低通滤波器。很明显，当 $K_D \rightarrow \infty$ 或足够大时，式（4.19）等同于（或近似于）式（4.18）。

与式（4.19）相对应的单位阶跃响应为

$$u = \frac{1}{\delta} + \frac{1}{\delta}(K_D - 1)\exp\left(-\frac{t}{T_D / K_D}\right) \tag{4.20}$$

图 4.16 给出了 PD 控制器的单位阶跃响应。式（4.20）中有 δ、K_D 和 T_D 三个参数，它们都可以根据图 4.16 的阶跃响应来确定。

根据 PD 调节器的斜坡响应也可以单独测定它的微分时间 T_D，如图 4.17 所示，如果 $T_D = 0$，即没有微分动作，那么输出 u 将按虚线变化。可见，微分动作的引入使输出的变化提前一段时间发生，而这段时间就等于 T_D。因此也可以说，T_D 调节器有导前作用，其导前时间即是微分时间 T_D。

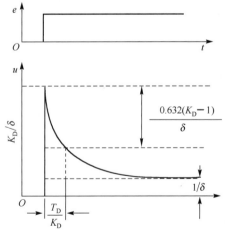

图 4.16　PD 调节器的单位阶跃响应

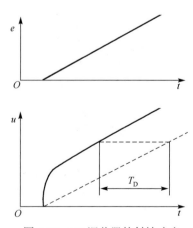

图 4.17　PD 调节器的斜坡响应

2. 比例微分调节的特点与微分常数的确定

在稳态下，$de/dt=0$，PD 调节器的微分部分输出为零，因此 PD 调节也是有差调节，与 P 调节相同。

式（4.20）表明，微分调节动作总是力图抑制被调量的振荡，它有提高控制系统稳定性的作用。适度引入微分动作可以允许稍微减小比例带，同时保持衰减率不变。图 4.18 所示为同一被控对象分别采用 P 调节器和 PD 调节器并整定到相同的衰减率时，两者阶跃响应的比较。从图 4.18 中可以看到，适度引入微分动作后，由于可以采用较小的比例带，结果不但减小了余差，而且也减小了短期最大偏差和提高了振荡频率。

微分调节动作也有一些不利之处。首先，微分动作太强容易导致调节阀开度向两端饱和，因此在 PD 调节中总是以比例动作为主，微分动作只能起辅助调节作用。其次，PD 调节器的抗干扰能力很差，只能应用于被调量的变化非常平稳的过程，一般不用于流量和液位控制系统。最后，微分调节动作对于纯延迟过程是无效的。

应当特别指出，引入微分动作要适度。这是因为大多数 PD 控制系统随着微分时间增大，其稳定性提高。但某些特殊系统也有例外，当超出某一上限值后，系统反而变得不稳定了。图 4.19 所示为 PD 控制系统在不同微分时间下的响应过程。

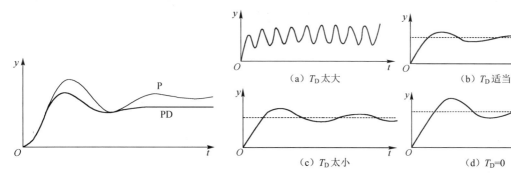

图 4.18　P 调节系统和 PD 调节系统
过程的阶跃响应比较

（a）T_D 太大　　（b）T_D 适当
（c）T_D 太小　　（d）T_D=0

图 4.19　PD 控制系统在不同微分时间下的
响应过程

4.5.3　比例积分微分调节规律及其基本特征

由上所述，比例、积分、微分调节各有其独特的作用。比例调节成比例地反映控制偏差，偏差一旦产生，比例调节就立即发挥作用，以减小偏差；积分调节主要用于消除余差；微分调节反映偏差的变化趋势，并能在偏差信号变得太大前，在系统中引入一个有效的早期修正，从而加快系统的动作速度，减少调节时间。将三种调节方式组合在一起，就是比例积分微分（PID）调节。

PID 调节器的动作规律是

$$u = K_P e + S_0 \int_0^t e \, dt + S_2 \frac{de}{dt} \tag{4.21}$$

或

$$u = \frac{1}{\delta} \left(e + \frac{1}{T_I} \int_0^t e \, dt + T_D \frac{de}{dt} \right) \tag{4.22}$$

式中，δ、T_I 和 T_D 参数的意义与 PI 和 PD 调节器的相同。

PID 调节器的传递函数为

$$G(s) = \frac{1}{\delta} \left(1 + \frac{1}{T_I s} + T_D s \right) \tag{4.23}$$

不难看出，由式（4.23）表示的调节器动作规律在物理上是不能实现的。工业上实际采用的 PID 调节器如 DDZ 型调节器，其调节规律为

$$u = K_P \left(e + \frac{1}{T_I} \int_0^t edt + e(K_D - 1)e^{-\frac{K_D}{T_D}t} \right) \tag{4.24}$$

相应的传递函数为

$$G_c(s) = K_P \left[1 + \frac{1}{T_I s} + \frac{1 + T_D s}{1 + \frac{T_D}{K_D}s} \right] \tag{4.25}$$

值得说明的是，由于现代控制系统中的 PID 调节规律都是以数字调节器的形式实现的，所以不存在物理上不能实现的问题。这个概念是在计算机技术发展的基础上变化的。

图4.20给出了工业 PID 调节器的单位阶跃响应，其中阴影部分面积的大小代表微分作用的强弱。

此外，为了对各种动作规律进行比较，图4.21所示为同一对象在相同阶跃扰动下，采用不同调节动作时具有同样衰减率的响应过程。显然，PID 同时作用时的控制效果最佳，但这并不意味着在任何情况下同时采用三作用调节都是合理的。何况三作用调节器有 3 个需要整定的参数，如果这些参数整定得不合适，则不但不能发挥各种调节动作应有的作用，反而会适得其反。

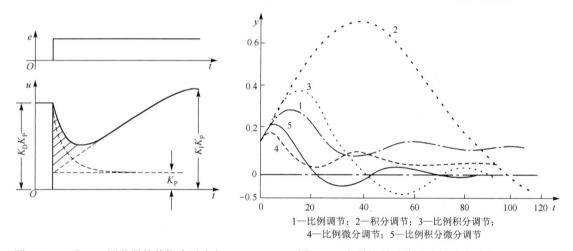

1—比例调节；2—积分调节；3—比例积分调节；
4—比例微分调节；5—比例积分微分调节

图 4.20　工业 PID 调节器的单位阶跃响应　　　　图 4.21　各种调节动作对应的响应过程

事实上，选择什么样动作规律的调节器与具体对象相匹配，这是一个比较复杂的问题，需要综合考虑多种因素方能获得合理解决。

通常，选择调节器动作规律时应根据对象特性、负荷变化、主要扰动和系统控制要求，以及系统的经济性和系统投入方便等综合考虑。

（1）当广义对象控制通道时间常数较大或容积迟延较大时，应引入微分动作。如工艺容许有余差，可选用比例微分动作；工艺要求无余差时，则选用比例积分微分动作，如温度、成分、PH 值控制等。

（2）当广义对象控制通道时间常数较小，负荷变化也不大，而工艺要求无余差时，可选择比例积分动作，如管道压力和流量的控制。

（3）当广义对象控制通道时间常数较小，负荷变化较小，工艺要求不高时，可选择比例

动作，如储罐压力、液位的控制。

（4）当广义对象控制通道时间常数或容积延迟很大，负荷变化也很大时，简单控制系统已不能满足要求，应设计复杂控制系统。

如果被控对象传递函数可用 $G(s) = \dfrac{Ke^{-\tau s}}{Ts+1}$ 近似，则可根据对象的可控比 τ/T 选择调节器的动作规律。当 $\tau/T < 0.2$ 时，选择比例或比例积分动作；当 $0.2 < \tau/T < 1.0$ 时，选择比例微分或比例积分微分动作；当 $\tau/T > 1.0$ 时，采用简单控制系统往往不能满足控制要求，应选用如串级、前馈等复杂控制系统。

4.6 数字 PID 控制

由前所述，PID 控制由于简单好用、对对象模型依赖较少等优点而在工业过程控制领域中得到最为广泛的应用。追溯 PID 控制应用的发展历史，早期的 PID 控制器（也称为调节器）首先是在由气动或液动、电动仪表组成的模拟控制器上实现的。近年来，随着计算机技术的飞速发展，由计算机实现的数字 PID 控制器正逐渐取代由模拟仪表构成的模拟 PID 控制器。

4.6.1 数字 PID 控制算法

由于计算机只能处理数字信号，所以要用计算机实现 PID 控制，首先要将 PID 控制算法离散化，也即设计数字 PID 算法。

考虑如式（4.2）所示的模拟 PID 控制算法，为将其离散化，首先将连续时间 t 离散化为一系列采样时刻点 kT（k 为采样序号，T 为采样周期），然后以求和取代积分，以向前差分取代微分，于是得到离散化的 PID 控制算法：

$$u(k) = K_{\mathrm{P}}\left\{ e(k) + \frac{T}{T_{\mathrm{I}}}\sum_{j=0}^{k} e(j) + \frac{T_{\mathrm{D}}}{T}\left[e(k)-e(k-1)\right] \right\} \tag{4.26}$$

式（4.26）就是基本的数字 PID 算法。不难看出，基本的数字 PID 控制仍包含三个部分，即比例部分 $K_{\mathrm{P}}e(k)$、积分部分 $\dfrac{K_{\mathrm{P}}T}{T_{\mathrm{I}}}\displaystyle\sum_{j=0}^{k} e(j)$ 和微分部分 $K_{\mathrm{P}}T_{\mathrm{D}}\dfrac{e(k)-e(k-1)}{T}$。由于计算机输出 $u(k)$ 是直接控制执行机构（如阀门）动作的，$u(k)$ 的值与执行机构的位置（如阀门开度）一一对应，所以通常称式（4.26）为位置式 PID 控制算法。图 4.22 给出了位置式 PID 控制系统的示意图。

实际应用中，位置式 PID 控制算法会遇到一些问题：由于计算时要对 $e(k)$ 累加，所以过去的所有状态均要保存，这无疑增大了计算机的存储量和运算的工作量；由于 $u(k)$ 直接对应执行机构的实际位置，所以一旦计算机出现故障使 $u(k)$ 大幅度变化，必会引起执行机构的大幅度变化，而这在生产实践中是不允许的，在某些场合甚至会造成重大的生产事故；有些执行机构（如步进电机）要求控制器的输出为增量形式，这些情况下位置式 PID 控制不能使用，应对位置式 PID 控制算法进行改进，引入增量式 PID 控制。

所谓增量，即两个相邻时刻控制输出的绝对量之差。根据式（4.26）不难写出 $u(k-1)$ 的表达式，即

$$u(k-1) = K_{\mathrm{P}}\left\{ e(k-1) + \frac{T}{T_{\mathrm{I}}}\sum_{i=0}^{k-1} e(i) + \frac{T_{\mathrm{D}}}{T}\left[e(k-1)-e(k-2)\right] \right\} \tag{4.27}$$

用式（4.26）减去式（4.27）即得增量式 PID 控制算法：

$$\Delta u(k) = u(k) - u(k-1)$$
$$= K_{\mathrm{P}}\left[e(k) - e(k-1)\right] + K_{\mathrm{I}}e(k) + K_{\mathrm{D}}\left[e(k) - 2e(k-1) + e(k-2)\right] \tag{4.28}$$

式中，K_{P} 为比例增益；$K_{\mathrm{I}} = K_{\mathrm{P}}T/T_{\mathrm{I}}$ 为积分系数；$K_{\mathrm{D}} = K_{\mathrm{P}}T_{\mathrm{D}}/T$ 为微分常数。为编程方便，可将式（4.28）整理成如下形式：

$$\Delta u(k) = q_0 e(k) + q_1 e(k-1) + q_2 e(k-2) \tag{4.29}$$

式中

$$q_0 = K_{\mathrm{P}}\left(1 + \frac{T}{T_{\mathrm{I}}} + \frac{T_{\mathrm{D}}}{T}\right), q_1 = -K_{\mathrm{P}}\left(1 + \frac{2T_{\mathrm{D}}}{T}\right), q_2 = K_{\mathrm{P}}\frac{T_{\mathrm{D}}}{T} \tag{4.30}$$

图 4.23 所示为增量式 PID 控制系统的示意图。

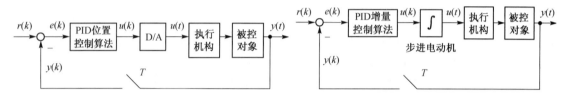

图 4.22　位置式 PID 控制系统的示意图　　　　图 4.23　增量式 PID 控制系统的示意图

增量式控制在本质上与位置式控制并无多大差别，但却具有不少优点。

（1）增量型算法不需要做累加，增量的确定仅与最近几次的偏差采样值有关，计算精度对控制量的影响较小。而位置型算法要用到过去偏差的累加值，容易产生大的累加误差。

（2）得出的是控制量的增量，例如阀门控制中，只输出阀门开度的变化部分，误动作影响小，必要时通过逻辑判断限制或禁止本次输出，不会严重影响系统的工作。

（3）增量型算法不对偏差做累加，因而也不会引起积分饱和。

（4）易于实现手动到自动的无冲击切换。在实现手动到自动切换时，增量型算法不需要知道切换时刻前的执行机构的位置，只要输出控制增量就可以切换。而位置型算法要实现手动到自动切换，必须知道切换时刻前的执行机构的位置，无疑增加了系统设计的复杂性。

正是因为增量式算法具有上述的优点，所以在实际应用中多采用这种算法进行数字 PID 控制。

4.6.2　改进的数字 PID 算法

前面介绍的数字 PID 控制器，实际上是用软件算法去模仿模拟控制器，其控制效果一般不会比模拟控制器更好。因此，必须发挥计算机运算速度快、逻辑判断功能强、编程灵活等优势，才能在控制性能上超越模拟控制器。对数字 PID 控制器做一些改进一直是控制工程师们研究的课题，下面介绍常用的改进方法。

1．积分项的改进

在 PID 控制中，积分的作用是消除余差，提高控制精度。但在过程的启动、结束或大幅度增减设定时，短时间内系统输出有很大的偏差，从而造成 PID 运算的积分积累，使系统产生大的超调或长时间振荡，这在生产中是绝对不允许的。为了提高控制性能，有必要对 PID 控制中的积分项进行改进。

（1）积分分离 PID 算法

鉴于积分作用的不良影响多发生在系统控制偏差较大的时候，所以积分分离的基本思路是：当控制偏差较大时，如大于人为设定的某阈值 ε 时，取消积分作用，以减小超调；而当控制偏差较小时，再引入积分控制，以消除余差，提高控制精度。

以位置式 PID 算式（4.26）为例，积分分离 PID 算法可表示为

$$u(k)=K_{\mathrm{P}}\left\{e(k)+\beta\frac{T}{T_{\mathrm{I}}}\sum_{j=0}^{k}e(j)+\frac{T_{\mathrm{D}}}{T}[e(k)-e(k-1)]\right\} \quad (4.31)$$

式中，β 为积分项的开关系数，有

$$\beta=\begin{cases}1 & |e(k)|\leqslant\varepsilon \\ 0 & |e(k)|>\varepsilon\end{cases} \quad (4.32)$$

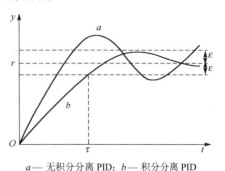

a — 无积分分离 PID；b — 积分分离 PID

图 4.24 有无积分分离的 PID
控制效果的比较

采用积分分离 PID 控制算法后，控制效果如图4.24所示。由图可见，在给定位突变时，无积分分离算法的输出曲线 a 出现了比较大的超调量，而积分分离算法的输出曲线 b 的超调量很小。这是因为在 $t<\tau$ 时，控制器工作在积分分离区，积分不累计。

积分分离阈值 ε 应根据具体对象及控制要求来确定，若 ε 值过大，达不到积分分离的目的；若 ε 值过小，则一旦被控量 $y(t)$ 无法跳入各积分分离区，只进行 PD 控制，将会出现余差。

（2）抗积分饱和 PID 算法

前面对 PID 算法的积分饱和现象进行了介绍。在数字 PID 控制中，若被控系统长时间出现偏差或偏差较大，则 PID 算法计算出的控制量可能会溢出，即计算机运算得出的控制量 $u(k)$ 会超出 D/A 转换器所能表示的数值范围[$u_{\min}$，$u_{\max}$]。而 D/A 转换器的数值范围与执行机构是匹配的，如 $u(k)=u_{\max}$ 对应阀门全开，$u(k)=u_{\min}$ 对应阀门全关。所以，一旦溢出，执行机构将处于极限位置而不再跟随响应计算机的控制输出，即出现了积分饱和。

前面介绍了防止积分饱和的若干方法，此处仅就遇限削弱积分法的计算机实现予以说明。遇限削弱积分 PID 算法的基本思路是：在计算控制量 $u(k)$ 时，先判断上一时刻的控制量 $u(k-1)$ 是否已超过限制范围，若 $u(k-1)>u_{\max}$，则只累加负偏差，若 $u(k-1)<u_{\min}$，则只累加正偏差，这样就可以避免控制量长时间停留在饱和区。

2. 微分项的改进

在 PID 控制中，微分（D）项根据偏差变化的趋势及时施加作用，从而有效地抑制偏差增长，减小系统输出的超调，克服或减弱振荡，加快动态过程。但是微分作用对高频干扰非常灵敏，容易引起控制过程振荡，降低调节品质。为此有必要对 PID 算法中的微分项进行改进。下面给出两种微分项改进算法：一种是不完全微分算法，一种是微分先行算法。

（1）不完全微分算法

由4.4节可知，微分控制的特点之一是在偏差发生陡然变化的瞬间给出很大的输出，但在实际的控制系统，尤其是计算机控制系统中，计算机对每个控制回路输出时间是短暂的，而驱动执行器动作又需要一定时间，如果输出较大，在短暂时间内执行器达不到应有的开度，会使输出失真。为了克服这一缺点，同时又要使微分作用有效，可以在 PID 控制器的输出端串联一个惯性环节，这就形成了不完全微分 PID 控制器。

不完全微分算法是在普通 PID 算法中加入一个一阶惯性环节（低通滤波器）$G(s)=1/(1+T_{\mathrm{f}}s)$，如图 4.25 所示。

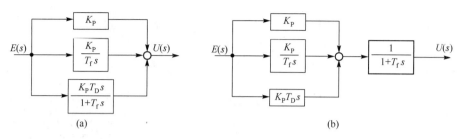

图 4.25　不完全微分 PID 控制算法结构图

图 4.25（a）是将低通滤波器直接加在微分环节上，图 4.25（b）则是将低通滤波器加在整个 PID 控制器之后。

可以证明，在单位阶跃误差下，若采用如图 4.25（a）所示的不完全微分 PID 算法，控制输出在冲激 $u(0)$ 后将按 $\alpha^k u(0)$ 规律逐渐衰减（ $\alpha = T_f /(T_f + T) < 1$ ）。图 4.26（b）显示了这一过程。图 4.26（a）则显示了在单位阶跃误差下，采用普通 PID 算法所得的控制器输出情况。在普通 PID 算法中，微分作用只在第一个采样周期内起作用，而且作用很强；而不完全微分 PID 控制算法中在较长时间内仍有微分输出，且第一次输出也没有标准 PID 控制强，因此可获得比较柔和的微分控制，带来较好的控制效果。

（2）微分先行算法

当系统输入给定做阶跃升降时，会引起偏差突变。微分控制对偏差突变的反应是使控制量大幅度变化，给控制系统带来冲击，如超调量过大、调节阀动作剧烈，严重影响系统运行的平稳性。

考虑到通常情况下被控变量的变化总是比较和缓的，微分先行PID只对测量值 $y(t)$ 微分，而不对偏差 $e(t)$ 微分，也就是说对给定值 $r(t)$ 无微分作用。这样在调整设定值时，控制器的输出不会产生剧烈的跳变，避免了给定值升降给系统造成的冲击。图4.27为微分先行 PID 控制器结构图，图中 γ 为微分增益系数，PID 算法中的微分环节则被移到了测量值与设定值的比较点之前。

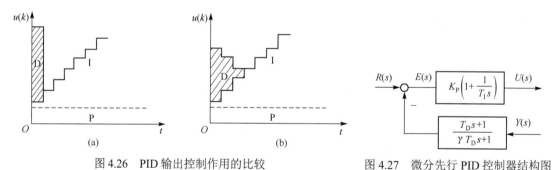

图 4.26　PID 输出控制作用的比较　　　　图 4.27　微分先行 PID 控制器结构图

4.7　PID 调节器参数的工程整定

PID 调节器参数的整定是指在控制系统中对比例参数 K_p （或者是比例带 δ ）、积分时间常数 T_I 和微分时间常数 T_D 这三个参数的调整。而数字 PID 调节器参数的整定除了对 K （或者 δ ）、 T_I 和 T_D 这三个参数的调整，还需要决定控制系统的采样周期 T_s 。PID 参数的整定直接关系到控制系统的控制品质，是控制系统设计的重要环节之一。

4.7.1　PID 参数整定的基本原则

如图 4.1 所示，简单控制系统是由广义对象和调节器构成的。当系统安装好以后，系统能否在最佳状态下工作，主要取决于调节器各参数的设置是否得当。

但并不能由此就认为调节器参数的整定是"万能"的，因为它也只能在一定范围内起作用。如果设计方案不合理、仪表选择不当、安装质量不高、被控对象特性不好等，要想通过调节器参数的整定来满足工艺生产要求也是不可能的。所以，如果通过对参数反复整定还无法改变控制系统性能时，就要考虑是不是因为设计方案不合理、仪表选择不当、安装质量不高、被控对象特性不好等问题导致的。所以说，控制系统设计是一个综合性的问题。

衡量调节器参数是否最佳，需要规定一个明确的统一反映控制系统质量的性能指标。工程上提出的性能指标可以是各式各样的，如要求最大动态偏差尽可能小、调节时间最短、调节过程系统输出的误差积分值最小等。然而这些指标往往又是矛盾的，比如不可能同时要求最大动态偏差小且调节时间短。所以，在 PID 参数整定时，必须根据实际生产系统的需要，有权衡、有侧重，兼顾系统偏差和调节时间等性能指标。

在工程整定单项性能指标中，应用最广的是衰减率 $\psi=0.75$（即 4∶1 衰减比）。它既反映了系统的稳定裕度，同时也是对系统偏差和调节时间的一个合理折中。这样的过渡过程稍带振荡，不但具有适宜的稳定性和快速性，也便于人工操作管理。因此衰减率 $\psi=0.75$ 也称 "最佳工程整定参数"。

当然，$\psi=0.75$ 的衰减率也不是绝对的，其值大小还需结合具体生产过程的特点。例如，锅炉燃烧过程的燃料量和送风量的控制不宜有过大幅度的波动，衰减率应取较大的数值，如 $\psi\approx1$（或略小于1）；对于惯性较大的恒温控制系统，如果它要求温度控制精度高、温度动态偏差小而调节量又允许有较大幅度的波动，则衰减率可取较小值，如 $\psi=0.6$ 或更小。

很多调节器具有两个以上的整定参数，它们可以有各种不同的搭配，比如一个 PI 调节器，有多组 P、I 值都能满足给定的衰减率。这时，还应采用其他性能指标，以便从中选择最佳的一组整定参数。可调参数越多，调整的难度也就越大。

4.7.2　PID 参数的工程整定方法

系统整定方法很多，可分为两大类。一类是理论计算整定法，如根轨迹法、频率特性法；另一类是工程整定法。相比之下，理论计算整定法以被控对象数学模型（如传递函数、频率特性）为基础，通过计算直接求得调节器整定参数，计算工作量很大，计算的结果还需通过现场实验加以修正，所以在工程上大多不直接采用。而工程整定法是在理论基础上通过实践总结出来的，这些方法无需确切知道对象的数学模型，只需要通过并不复杂的实验，便能迅速获得调节器的近似最佳整定参数，因而在工程实践中得到了广泛应用。下面介绍几种常用的工程整定方法。

1．动态特性参数法

这是一种以被控对象控制通道的阶跃响应为依据，通过一些经验公式求取调节器最佳参数整定值的开环整定方法。这种方法是由齐格勒（Ziegler）和尼科耳斯（Nichols）于 1942 年首先提出的。使用该方法的前提是，广义被控对象的阶跃响应可用一阶惯性环节加纯延迟来近似，即

$$G(s) = \frac{K}{Ts+1} e^{-\tau s} \tag{4.33}$$

否则按该方法计算得到的整定参数只能作为初步估计值。式（4.33）中的三个参数 K、T、τ 由对象的阶跃响应曲线获取，如图 2.12 所示。

有了数据 K、T、τ，就可以用表 4.1 中的整定公式计算 PID 调节器［式（4.22）］的参数了。

2. 稳定边界法

这是一种闭环的整定方法。它基于纯比例控制系统临界振荡实验所得数据，即临界比例带 δ_{pr} 和临界振荡周期 T_{pr}，利用一些经验公式，求取调节器最佳参数值。其整定计算公式如表 4.2 所示。

表 4.1　Z-N 调节器参数整定公式

控制规律	比例带 $\delta /(\%)$	积分时间 $T_I /$ min	微分时间 $T_D /$ min
P	$K(\tau/T)$		
PI	$1.1K(\tau/T)$	3.3τ	
PID	$0.85K(\tau/T)$	2.0τ	0.5τ

表 4.2　稳定边界法参数整定计算公式

调节规律 整定参数	$\delta /(\%)$	$T_I /$ min	$T_D /$ min
P	$2\delta_{pr}$		
PI	$2.2\delta_{pr}$	$0.85T_{pr}$	
PID	$1.67\delta_{pr}$	$0.50T_{pr}$	$0.125T_{pr}$

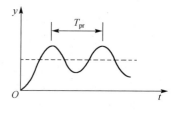

图 4.28　系统的临界振荡过程

稳定边界法整定 PID 参数的具体步骤如下。

（1）置调节器积分时间 T_I 到最大值（$T_I = \infty$），微分时间 $T_D = 0$，比例带 δ 置较大值，使控制系统投入运行。

（2）待系统运行稳定后，逐渐减小比例带，直到系统出现如图 4.28 所示的等幅振荡，即所谓临界振荡过程。记下此时的比例带 δ_{pr}（临界比例带），并计算两个波峰间的时间 T_{pr}（临界振荡周期）。

（3）利用 δ_{pr} 和 T_{pr} 值，按表 4.2 给出的相应计算公式，求调节器整定参数 δ、T_I 和 T_D 的数值。

注意，在采用这种方法时，控制系统应工作在线性区，否则得到的持续振荡曲线可能是极限环，不能依据此时的数据来计算整定参数。

应当指出，由于被控对象特性的不同，按上述经验公式求得的调节器整定参数不一定都能获得满意的结果。实践证明，对于无自平衡特性的对象，用稳定边界法求得的调节器参数往往使系统响应的衰减率偏大（$\psi > 0.75$）；而对于有自平衡特性的高阶等容对象，用此法整定调节器参数，系统响应的衰减率大多偏小（$\psi < 0.75$）。为此，在实际应用时，需要针对具体系统对上述求得的调节器参数进行在线校正。

稳定边界法适用于许多过程控制系统。但对于如锅炉水位控制系统那样的不允许出现等幅振荡的系统，或者对于某些时间常数较大的单容对象，如液位对象或压力对象，采用纯比例控制时是不会出现等幅振荡的，因此不能获取临界振荡数据，也就无法用稳定边界法来进行参数的整定。

3. 衰减曲线法

衰减曲线法与稳定边界法类似，也是一种闭环整定方法，整定的依据也是纯比例调节下的实验数据，不同的只是这里的实验数据来自系统的衰减振荡，且衰减比特定（通常为 4∶1 或 10∶1），之后就与稳定边界法一样，也是利用一些经验公式，求取调节器相应的整定参数。衰减比为 4∶1 的衰减曲线法的具体步骤如下。

（1）置调节器积分时间 T_I 到最大值（$T_I = \infty$），微分时间 $T_D = 0$，比例带 δ 为较大值，并将系统投入运行。

（2）待系统稳定后，做设定值阶跃扰动，并观察系统的响应。若系统响应衰减太快，则减小比例带；反之，系统响应衰减过慢，应增大比例带。如此反复，直到系统出现如图 4.29 所示的 4:1 衰减振荡过程。记下此时的比例带 δ_s 和振荡周期 T_s 的数值。

（3）利用 δ_s 和 T_s 值，按表 4.3 给出的经验公式，求调节器整定参数 δ、T_I 和 T_D 的数值。

对于扰动频繁、过程进行较快的控制系统，要准确地确定系统响应的衰减程度比较困难，往往只能根据调节器输出摆动次数加以判断。对于 4:1 衰减振荡过程，调节器输出应来回摆动两次后稳定。摆动一次所需时间即为 T_s。显然，这样测得的 T_s 和 δ_s 值会给调节器参数整定带来误差。

对于有些希望衰减得越快越好的过程，衰减曲线法也可以在衰减比为 $n=10:1$ 的情况下进行，但此时第二个波峰常不易分辨（如图4.30所示），从而难以测取 T_s。在这种情况下，可以测取扰动开始直到第一个波峰的上升时间 T_r 以及满足10:1衰减过程的比例带 δ_s'，然后按照表 4.3 给出的公式计算。

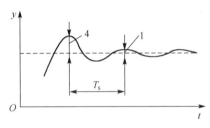
图 4.29　4:1 衰减振荡曲线

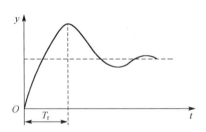
图 4.30　10:1 衰减振荡曲线

以上介绍的几种系统参数工程整定法有各自的优缺点和适用范围，要善于针对具体系统的特点和生产要求，选择适当的整定方法。不管用哪种方法，所得调节器整定参数都需要通过现场实验，反复调整，直到取得满意的效果为止。

表 4.3　衰减曲线法整定计算公式

衰减比	整定参数 / 调节规律	δ/(%)	T_I/min	T_D/min
4:1	P	δ_s		
	PI	$1.2\,\delta_s$	$0.5\,T_s$	
	PID	$0.8\,\delta_s$	$0.3\,T_s$	$0.1\,T_s$
10:1	P	δ_s'		
	PI	$1.2\,\delta_s'$	$2\,T_r$	
	PID	$0.8\,\delta_s'$	$1.2\,T_r$	$0.4\,T_r$

表 4.4

调节器	K_P	T_I	T_D
P	3.5		
PI	3.2	13.2	
PID	4.4	8.0	2

表 4.5

调节器	K_P	T_I	T_D
P	6.31		
PI	5.74	13.00	
PID	7.56	7.65	1.91

例 4.1　用动态特性参数法和稳定边界法整定调节器。已知被控对象为二阶惯性环节，其传递函数为 $G(s) = \dfrac{1}{(5s+1)(2s+1)}$；测量装置和调节阀的特性为 $G_m(s) = \dfrac{1}{10s+1}$，$G_v(s) = 1.0$。

解　方法一（动态特性参数法）

广义对象的传递函数为

$$G_p(s) = G_v(s)G(s)G_m(s) = \frac{1}{(5s+1)(2s+1)(10s+1)}$$

这是一个三阶系统。图 4.31 所示为其阶跃响应曲线。

由阶跃响应曲线可以得到近似的带纯延迟的一阶环节特性为

$$G_P(s) = \frac{1}{14s+1}e^{-4s}$$

利用表 4.1 所示 Z-N 参数整定公式，求得结果见表 4.4。

方法二（稳定边界法）

下面用稳定边界法整定调节器参数。

首先令调节器为比例作用，比例增益 K_P 从小到大改变，直到系统呈现等幅振荡，如图 4.32 所示。此时的比例增益 $K_{pr} = 12.62$，同时由曲线测得临界振荡周期 $T_{pr} = 15.3$。

按表 4.2 给出的整定参数计算公式，计算得到调节器整定参数值见表 4.5。

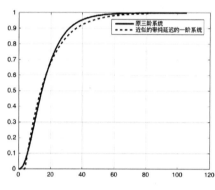

图 4.31　一阶环节的阶跃响应曲线

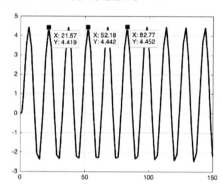

图 4.32　系统等幅振荡曲线

其实，在对象传递函数已知的情况下，可以直接计算出 δ_{pr} 和 T_{pr}。例如对上述对象，在纯比例调节器作用的情况下，由式

$$\text{arctan}(-5\omega_{pr}) + \text{arctan}(-2\omega_{pr}) + \text{arctan}(-10\omega_{pr}) = -\pi$$

可直接求得临界振荡频率 $\omega_{pr} = 0.415$，且临界振荡周期 $T_{pr} = 2\pi/\omega_{pr} = 15.14$。

另外，由式

$$\frac{K_{pr}}{\sqrt{(5\omega_{pr})^2 + 1} \cdot \sqrt{(2\omega_{pr})^2 + 1} \cdot \sqrt{(10\omega_{pr})^2 + 1}} = 1$$

可求得临界比例增益 $K_{pr} = 12.6$。

对这两种工程整定法得出的整定参数进行比较，可发现用稳定边界法整定的比例增益普遍偏大，积分时间常数和微分时间常数相差则不大。图 4.33 和图 4.34 是分别将这两种工程整定法整定的参数应用于原广义被控对象上得到的 PID 控制效果。由图可见，运用稳定边界法整定的参数进行 PID 控制，相应的系统超调大、振荡剧烈、稳定性差。同时，即便是图 4.33 的整定效果，其中 PID 控制下的超调仍高达 40%左右，可见，PID 参数仍有可优化的空间。而且，采用动态特性参数法整定的结果与被控对象近似模型的精度密切相关。读者可以尝试自己动手用作图法得到另一组被控对象的动态特性参数，看看自己采用动态特性参数法得到的整定效果如何。

通过本例可见，用工程整定得到的 PID 参数在实际应用中还需进一步优化，以综合满足各项控制性能指标。

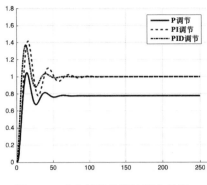

图 4.33 动态特性参数法整定效果

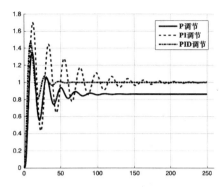

图 4.34 稳定边界法整定效果

4. 经验试凑法

在现场控制系统整定工作中，经验丰富的运行人员常常采用经验整定法。这种方法实质上是一种经验试凑法，它不需要进行上述方法所要求的实验和计算，而是根据运行经验，先确定一组调节器参数（比如表 4.6 所示的经验数据），并将系统投入运行，然后人为加入阶跃扰动（通常为调节器的设定值扰动），观察被调量或调节器输出的阶跃响应曲线，并依照调节器各参数对调节过程的影响（参照表 4.7），改变相应的整定参数值。

表 4.6 经验法调节器参数的经验数据

整定参数 被控对象	$\delta \times 100$	$T_I \times 100$	$T_D \times 100$
温　　度	20~60	3~10	0.5~3
压　　力	30~70	0.4~3	
流　　量	40~100	0.1~1	
液　　位	20~80		

表 4.7 设定值扰动下调节器各参数对调节过程的影响

整定参数 性能指标	$\delta \downarrow$	$T_I \downarrow$	$T_D \uparrow$
最大动态偏差	↑	↑	↓
余差	↓	—	—
衰减率	↓	↓	↑
振荡频率	↑	↑	↑

经验法的 PID 参数整定有一个广为流传的口诀：

（1）参数整定找最佳，从大到小顺次查；

（2）先是比例后积分，最后再把微分加；

（3）曲线振荡很频繁，比例度盘要放大；

（4）曲线漂浮绕大弯，比例度盘往小扳；

（5）曲线偏离回复慢，积分时间往下降；

（6）曲线波动周期长，积分时间再加长；

（7）理想曲线两个波，前高后低四比一。

这个口诀第一条中所指的"最佳参数"以衰减比 4:1 来衡量。需要注意的是，按照 4:1 衰减比来整定时，可以有多组比例和积分参数满足，每一组比例和积分参数是成对出现的，即改变其中的比例参数，积分参数也需随之变化。另外，在实际应用中，只有增加附加条件，才能从这多组满足 4:1 衰减比的 PID 参数中，选出一组"最"合适的值。

这个口诀的第二条说明 PID 参数整定的顺序依次是先比例，再积分，最后微分。具体操作时，首先将积分时间常数 T_I 设置为无穷大，微分时间常数 T_D 设置为零，即在纯比例作用下（可以凭经验设置比例度 δ 的初始值）。之后逐渐增大 δ，使系统出现 4:1 的衰减振荡。若需 PI 调节，则再加积分。由于积分的引入会降低系统的稳定性，为保持系统的稳定，在加入积分的同时要适度增大比例度 δ，一般将 δ 增大 10%～20%。积分时间 T_I 则由大到小调整，直到系统再次出现 4:1 的衰减振荡。此过程可通过不断交替调整 δ 和 T_I 来试凑。若系统有较大惯性，还需加入微分。此时可按照 1/3～1/4 倍 T_I 作为微分时间常数 T_D 的初值。由于微分作用的引入可以提高系统的稳定性，所以应用微分后 δ 可以调到纯比例下的 δ 值或者更小些。之后逐渐增大 T_D，直至满意为止。一般调整 T_I 和 T_D 时，保持 T_I / T_D 不变。

这个口诀的第三条所述"曲线振荡很频繁"意味着比例度过小，系统出现周期较短的激烈振荡，且衰减较慢，严重时甚至会发散振荡，这时就要调大比例度，使曲线平缓下来。

这个口诀的第四条所述"曲线漂浮绕大弯"是指被调参数变化缓慢，且偏离设定值幅度较大，时间较长，波动较大，形状像大弯式变化，这时就要调小比例度，使余差尽量减小。

这个口诀的第五条和第六条是针对积分时间整定的。"曲线偏离回复慢"是积分时间过长导致的，这时曲线非周期地慢慢回复到给定值；而当积分时间过短时，曲线振荡周期较长，且衰减缓慢，即"曲线波动周期长"。

这个口诀的第七条明显是指 4:1 的最佳工程整定衰减比。由于实际生产中，从过程曲线上精细读出衰减过程是很困难的，只能靠经验观察，一般观察到过程曲线波动两次即达到稳定状态，就认为是 4:1 的衰减过渡过程了。

经验试凑法若使用得当，同样可以获得满意的调节器参数，取得最佳的控制效果。而且此方法省时，对生产影响小。

4.7.3 PID 参数的自整定方法

以上介绍的几种 PID 参数工程整定方法均属人工离线的方法，这些方法对 PID 参数的选择给出了很好的指导，但真正应用到实际过程中，根据每个生产过程的具体特点，所需的 PID 参数还有必要进行在线的修正，更何况有些生产过程的特性还经常变动。所以，多年来广大工程技术人员一直关注着 PID 参数自整定的研究和开发。

现有的 PID 参数自整定方法有很多。考虑到无论是工程整定还是理论计算，都需要知道过程的特性参数，因此许多 PID 参数的自整定技术采用了同一种思路，即首先设法辨识出过程的特性，然后按某种规律对控制参数进行整定。依据这一思路实现的 PID 参数自整定方法又称为自适应 PID 参数整定方法。

继电器型自整定法就是一种简单可靠的自适应 PID 参数整定方法。它是由著名的瑞典自动控制学者 Astrom 于 1984 年首先提出的。

继电器型自整定法的基本思想是，在控制系统中设置测试和控制两种模式，在测试模式下利用继电器的时滞环使系统处于等幅振荡，从而测取系统的振荡周期和振幅，然后利用稳定边界法的经验公式（表4.2）计算出 PID 控制参数；在控制模式下，控制器使用整定后的参数对系统的动态过程进行调节。如果对象特性发生变化，可重新进入测试模式，再进行测试，以求得新的整定参数。继电器型自整定方法的系统结构如图 4.35 所示。

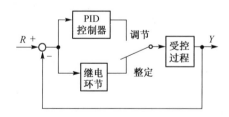
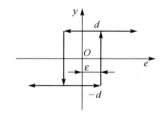

图 4.35　继电器型自整定法的系统结构　　　　图 4.36　继电器的时滞特性

在测试模式下，根据继电器的时滞特性（图 4.36），表 4.3 中所需要的临界比例带 δ_{pr} 可以按下式求出：

$$\delta_{pr} = \frac{\pi A}{4d} \qquad (4.34)$$

式中，A 为系统等幅振荡的幅值；d 为继电器环的幅值。

不难看出，继电器型自整定法实际上还是在使用稳定边界法，只不过稳定边界法所需的与控制过程有关的参数（临界振荡周期和比例带）可根据过程的变化方便地在线获取，这在很大程度上提高了控制参数的自适应性，改善了控制器的控制性能。

但继电器型自整定法也有一定的局限性。与普通稳定边界法相同，因为被控过程需要在继电环节的作用下产生等幅振荡，这在有些生产环节中是不允许的。另外，对于时间常数较大的被控对象，整定过程将很费时；对一些干扰因素较多且较频繁的系统，则要求振荡幅度足够大，严重时将影响稳定等幅振荡的形成，从而无法加以整定。

4.7.4　数字 PID 参数的整定

一般来说，连续生产过程控制回路的时间常数都比较大，控制器的采样周期选择得都比这些时间常数小得多。因此数字 PID 控制器的参数可以参照模拟 PID 控制器参数的整定方法进行。但相比模拟 PID 控制器，数字 PID 控制器参数整定中多了一个采样周期 T 的确定。以下就采样周期的确定予以说明。

理论上讲，数字控制系统的采样周期 T 越小，其控制的性能越接近模拟控制器的控制性能，但 T 太小会加重计算机的计算负担，同时对数字 PID 控制而言，其中的积分项和微分项都与 T 有关，T 太小，两次采样偏差就会太小，这样会使积分和微分作用不明显。所以在数字 PID 控制中，T 的选择应综合考虑。

首先，根据香农采样定理，采样频率 ω_s 必须大于或等于系统的最高频率 ω_{max} 的两倍，才能保证信号的正常恢复。但 ω_{max} 往往难以确定，所以香农定理只有理论上的指导意义。实际确定采样周期（频率）时主要考虑以下几个方面的因素：

（1）给定值的变化频率。系统的给定值变化频率越高，采样频率应越高。这样，给定值的改变可以迅速通过采样得到反映。

（2）被控对象的特性。若被控对象是慢速的热工或化工对象时，采样周期一般取得较大；若被控对象是较快速的系统如机电系统时，采样周期应取得较小。通常要求 $\omega_s \geqslant 10\omega_b$，$\omega_b$ 是系统闭环带宽。

（3）执行机构的类型。若执行机构动作惯性大，采样周期也应大一些，否则执行机构来不及反应数字控制器输出值的变化。如用步进电动机时，采样周期较小；用气动、液压机构时，采样周期较大。

（4）控制的回路数 n。n 与采样周期 T 有下列关系：

$$T \geqslant \sum_{j=1}^{n} T_j \qquad (4.35)$$

式中，T_j 是指第 j 个回路控制程序执行时间和输入、输出时间之和。

以上的考虑因素有些是相互矛盾的，必须根据具体情况和系统要求做出折中的选择。工程实践中，人们总结了常用被调量的采样周期经验取值，参见表 4.8。

表 4.8　常见被控量采样周期经验取值

被调量	采样周期 T/s	备　注
流　量	1～5	优先选用 1～2 s
压　力	3～10	优先选用 6～8 s
液　位	6～8	
温　度	15～20	取纯滞后时间常数
成　分	15～20	

4.8　智能 PID 控制方法

前面介绍的工程整定方法大多通过一些简单的实验获取系统模型参数或性能参数，再用代数规则给出适当的 PID 整定值，方法简单，便于工程应用，但参数的整定效果不理想。在实际的应用中，许多被控过程机理复杂，具有高度非线性、时变不确定性和纯滞后等特点。在噪声、负载扰动等因素的影响下，过程参数甚至模型结构均会随时间和工作环境的变化而变化。这就要求在 PID 控制中，不仅 PID 参数的整定不依赖于系统数学模型，并且 PID 参数能够在线调整，以满足实时控制的要求。

智能控制（Intelligent Control）是一门新兴的理论和技术，它是传统控制发展的高级阶段，旨在应用计算机模拟人类智能实现自动控制。

近年来，智能控制无论是在理论上还是在应用技术上均得到了长足的发展，随之不断涌现出将智能控制方法和常规 PID 控制方法融合在一起的新方法，形成了多种形式的智能 PID 控制器。它吸收了智能控制与常规 PID 控制两者的优点。首先，它具备自学习、自适应、自组织的能力，能够自动辨识被控过程参数、自动整定控制参数，能够适应被控过程参数的变化；其次，它又具有常规 PID 控制器结构简单、鲁棒性强、可靠性高、为现场工程设计人员所熟悉等特点。正是这两大优势，使得智能 PID 控制成为众多过程控制的较理想的控制装置。

鉴于模糊控制、神经网络控制和专家控制是目前智能控制研究中最为活跃的几个领域，以下主要就这几种智能方法与 PID 控制结合所形成的智能 PID 控制器的形式进行介绍，并分析各自的特点。

4.8.1　模糊 PID 控制

自适应 PID 控制通过在线辨识被控过程参数来实时整定控制参数，其控制效果的好坏取决于辨识模型的精确度，这对于复杂系统是非常困难的。而实际上，尽管有些系统非常复杂，操作人员仍有许多成功的经验对其进行控制，自然人们就想到将这些经验存入计算机，由计算机根据现场实际情况自动调整 PID 参数进而实时控制，于是就出现了模糊 PID 控制。

在实际生产中，操作者的经验常用"水温过高就大幅减小阀门开度""系统超调过大就减小比例增益"等不精确语言，或者说用模糊语言来表示，而需要定量信号和定量评价指标的控制过程却无法利用这些成功经验，模糊理论则为解决这一问题提供了有效的途径。在模糊控制中，这里说的经验被称为模糊规则，从现场采集的传感器数据经模糊化成为这些模糊规则的条件，根据条件运用模糊规则进行模糊推理，得到的是模糊决策，将模糊决策去模糊化，就得到实际控制所需的定量控制输出或控制参数了。

模糊控制和 PID 控制的结合形式有很多。图 4.37 给出了利用模糊推理自整定 PID 参数的一种实现方法。它首先需找出 PID 三个参数与控制偏差 e 和偏差导数 ec 之间的模糊关系，在运行中通过不断检测 e 和 ec，根据模糊控制原理来对三个参数进行在线修改，以满足不同 e 和 ec 对控制参数的不同要求，从而使被控对象有良好的动态和静态性能。

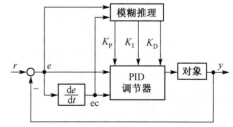

图 4.37　模糊 PID 参数自整定控制系统结构

4.8.2 神经网络 PID 控制

神经网络（Neural Network）模仿了人脑神经系统的信息处理、存储和检索机制，是一种以简单计算处理单元（即神经元）为节点，采用某种网络拓扑结构构成的活性网络，可以用来描述几乎任意的非线性系统。不仅如此，神经网络还具有学习能力、记忆能力、计算能力以及各种智能处理能力。

在神经网络中，每个神经元都是一个能接收信息并加以处理的节点，对于第 i 个神经元，其模型结构如图4.38所示。

图4.38中，$x_1, x_2, \cdots, x_N$ 是神经元接收的 N 个信息；$w_{i1}, w_{i2}, \cdots, w_{iN}$ 是各条输入信息的连接强度，称为权；θ_i 为阈值，当各输入信号的加权和大于这个阈值时，该神经元被激活。激活后神经元的响应由某种激活函数 $g(\cdot)$（如线性函数）决定，由此给出所有输入信号在此神经元上的总效果 y_i。上述模型的数学表达式为

$$y_i = g\left(\sum_{j=1}^{N} w_{ij} x_j - \theta_i\right) \tag{4.36}$$

将若干神经元按某种网络结构进行连接就形成了各种不同的神经网络，如前馈型神经网络、反馈型神经网络等。通过各种神经网络学习算法，这些网络的连接权值可以根据需要进行修整，从而使神经网络具有了强大的非线性逼近能力。

将神经网络与 PID 控制相结合，将 PID 控制算法用神经网络的结构来表达，就可以利用神经网络的学习机制对 PID 控制参数进行调整，从而使 PID 控制能适应生产过程的变化，保证甚至优化控制性能。图4.39所示的单神经元自适应 PID 控制系统结构即体现了这一思想。

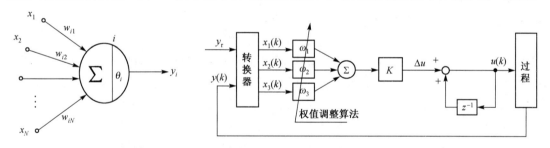

图 4.38　神经元模型结构　　　　图 4.39　单神经元自适应 PID 控制系统结构

图4.39中，转换器的输入为设定值 y_r 和过程输出 $y(k)$，转换器的输出为神经元学习控制所需的状态量 $x_1(k), x_2(k), x_3(k)$，单神经元 PID 的输出为

$$u(k) = u(k-1) + K\sum_{i=1}^{3} w_i(k) x_i(k) \tag{4.37}$$

式中，$x_1 = y_r - y(k)$，即控制偏差 $e(k)$；$x_2 = e(k) - e(k-1)$，即控制偏差的变化或控制偏差的一阶差分；$x_3 = \Delta^2 e(k) = e(k) - 2e(k-1) + e(k-2)$，即控制偏差的二阶差分；$K$ 为神经元比例系数。

将式（4.37）与式（4.28）表示的增量型PID控制相比较，不难发现此处的单神经元控制和 PID 控制在本质上是相同的。

除了从结构上将神经网络和 PID 控制相结合，神经网络的学习和记忆能力还可以直接用来

对 PID 参数进行自整定。图 4.40 所示为采用这种思路设计的一种基于神经网络的 PID 控制系统的结构。

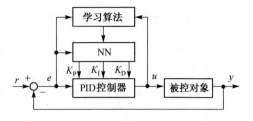

图 4.40　基于神经网络的 PID 控制系统结构

其中神经网络（NN）的输入是控制偏差 e，输出是PID参数的在线整定值，也就是说，在这里神经网络的作用是学习并记忆控制偏差与 PID 参数间的复杂关系，只要用足够的学习样本，经过足够的训练，这个神经网络就可以根据当前的控制偏差给出适合目前过程状况的 PID 控制参数，从而及时有效地对过程进行实时控制。

4.8.3　专家智能自整定 PID 控制

随着微机技术和人工智能技术的发展，出现了多种形式的专家控制器。人们自然也想到用专家经验来整定 PID 参数，其中最典型的是 1984 年美国 FOXBORO 公司推出的 EXACT 专家式自整定控制器，它将专家系统技术应用于 PID 控制器。

构建一个专家系统需要两个要素：

（1）知识库：存储有某个专门领域中经过事先总结的按某种格式表示的专家水平的知识条目。

（2）推理机制：按照类似专家水平的问题求解方法，调用知识库中的条目进行推理、判断和决策。

典型的专家智能自整定 PID 控制系统的结构如图4.41所示。专家系统包含了专家知识库、数据库和逻辑推理机三个部分。此处的专家系统可视为广义调节器，专家知识库中已经把熟练操作工或专家的经验和知识构成 PID 参数选择手册，这部手

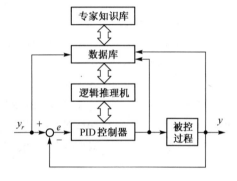

图 4.41　专家智能自整定 PID 控制系统结构

册记载了各种工况下被控对象特性所对应的 P、I、D 参数，数据库将被控对象的输入与输出信号及给定信号提供给知识库和推理机。推理机能进行启发式推理，决定控制策略。优秀的专家系统可对已有知识和规则进行学习和修正，这样对被控过程对象的知识了解可大大降低，仅根据输入信息和输出信息，就能实现智能自整定控制。

除了上述的模糊 PID、神经网络 PID 和专家智能 PID 控制，许多其他新兴的智能算法也在纷纷尝试与 PID 控制相结合，如基于遗传算法的 PID 控制、基于蚁群算法的 PID 控制、基于免疫算法的 PID 控制等。此外，各种智能控制算法的相互结合、取长补短，如模糊神经网络、模糊免疫算法等，也不断为智能 PID 技术的发展增添新的活力。感兴趣的读者可以参看相关文献。

4.9　基于 MATLAB 的 PID 控制仿真

4.9.1　P、I、D 及其组合控制的仿真

对图 1.2 所示的典型过程控制系统，记其中的控制器为 $G_c(s)$，执行机构和被控过程的串联环节为 $G_p(s)$，检测及变送仪表为 $H(s)$，则该过程控制系统的结构可重绘为如图 4.42 所示。

现假设其中 $G_p(s) = \dfrac{4}{(2s+1)(0.5s+1)}$，$H(s) = \dfrac{1}{0.05s+1}$，以下编写 MATLAB 程序，就 $G_c(s)$ 分别为 P、PI、PD 和 PID 等形式下系统的阶跃响应进行仿真。

以式（4.2）描述的常规 PID 调节规律为基础，在不同的 PID 线性组合下，可得 P、PI、PD 和 PID 形式调节器的传递函数分别为

$$G_{cP}(s) = K_p \qquad\qquad (4.38)$$

$$G_{cPI}(s) = K_p + \frac{1}{T_I s} = \frac{K_p T_I s + 1}{T_I s} \qquad (4.39)$$

$$G_{cPD}(s) = K_p + T_D s \qquad\qquad (4.40)$$

$$G_{cPID}(s) = K_p + \frac{1}{T_I s} + T_D s = \frac{T_D T_I s^2 + K_p T_I s + 1}{T_I s} \qquad (4.41)$$

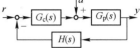

图 4.42　过程控制系统结构图

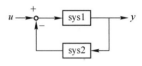

图 4.43　feedback 连接的系统

本节程序将用到 MATLAB 控制工具箱中的三个函数：tf、feedback 和 step。其中，传递函数 tf 和阶跃响应 step 已经在第 2 章中做过介绍，此处仅对 feedback 函数的用法做简要介绍。

feedback 函数将图 4.43 所示的两个系统 sys1 和 sys2 连接起来构成负反馈系统。其基本语法是 sys=feedback(sys1,sys2)。函数的返回参数 sys 是输入 u 和输出 y 之间构成的闭环系统模型。

1．P 调节仿真

以下根据式（4.38）对纯 P 调节下图 4.42 所示过程控制系统的阶跃响应进行 MATLAB 仿真。为分析比例系数 K_p 对系统动态响应的影响，程序中设定 K_p 分别为 0.7、1.7 和 2.7 三种情况。仿真程序如下。

```
%chap4_1.m 纯 P 调节 Kp=0.7, 1.7, 2.7 时系统的单位阶跃响应
Gp=tf(4,conv([2 1],[0.5 1]));          %被控过程
H=tf(1,[0.05 1]);                       %反馈环节
t=0:0.1:10;                             %仿真时长
plot(t,ones(1,length(t)),':','LineWidth',2)   %绘制单位阶跃输入
hold on
linestyle={'-','--','-.'};              %线型
kp=[0.7 1.7 2.7];
for i=1:length(kp)
    Gloop=feedback(kp(i)*Gp,H);
    [y,t]=step(Gloop,t);
    plot(t,y,linestyle{i});
end
legend('单位阶跃输入', 'kp=0.7', 'kp=1.7', 'kp=2.7',4)
xlabel('t')
ylabel('y')
```

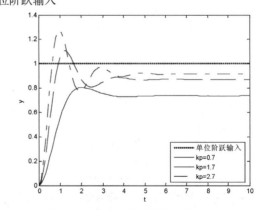

图 4.44　纯 P 作用下系统的阶跃响应

程序运行结果如图 4.44 所示。

由图 4.44 可知：（1）纯 P 调节是有差调节；（2）随着比例作用的增大（比例系数 K_p 的增大），系统的稳态误差减小，响应速度加快，但超调变大。

利用式（4.39）和式（4.40），采用类似上述 P 调节仿真的方法，可编写相应的 PI 和 PD

调节仿真程序。图 4.45 是保持 $K_p=0.7$，T_I 分别为 1、2 和 4 时的 PI 调节结果。图 4.46 是保持 $K_p=1.7$，T_D 分别为 0.3 和 0.6 的 PD 调节结果。

由图 4.45 可知：（1）在纯 P 作用下引入积分，消除了余差，即积分调节是无差调节；（2）随着积分作用的增强（积分时间常数 T_I 减小），系统响应速度加快，超调大，振荡加剧。

由图 4.46 可知：（1）在纯 P 作用下引入微分不能消除系统余差；（2）微分作用越强（微分时间 T_D 越大），系统响应速度越快，系统越稳定。

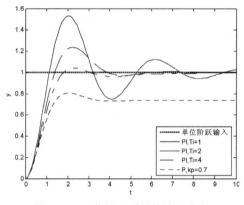

图 4.45　PI 作用下系统的阶跃响应

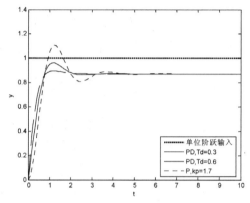

图 4.46　PD 作用下系统的阶跃响应

2．PID 调节仿真

以下根据式（4.41）对 PID 调节下图 4.42 所示过程控制系统的阶跃响应进行 MATLAB 仿真。程序中设定 $K_p=1.5$，$T_I=2$，$T_D=0.4$。仿真程序如下：

```
%4_2.m    PID 调节 kp=1.5 Ti=2 Td=0.4 时系统的单位阶跃响应
Gp=tf(4,conv([2 1],[0.5 1]));        %被控过程
H=tf(1,[0.05 1]);                    %反馈环节
t=0:0.1:10;                          %仿真时长
plot(t,ones(1,length(t)),':','LineWidth',2) %绘制单位阶跃输入
hold on
kp=1.5;
Ti=2;
Td=0.4;
G_p=kp;
G_pi=tf([kp*Ti 1],[Ti 0]);
G_pd=tf([Td kp],1);
G_pid=tf([Td*Ti kp*Ti 1],[Ti 0]);
Gc=[G_pid, G_p, G_pi, G_pd];
for i=1:length(Gc)
    Gloop=feedback(Gc(i)*Gp,H);
% 若分析系统对干扰的响应，则替换为下一句
%    Gloop=feedback(Gp,Gc(i)*H);
    [y,t]=step(Gloop,t);
    plot(t,y);       %绘制 PID 调节下系统阶跃响应
end
```

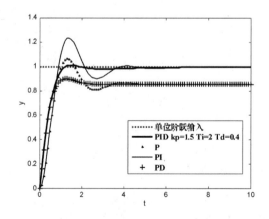

图 4.47　PID、P、PI、PD 作用下系统的阶跃响应

程序运行结果如图 4.47 所示。

由图 4.47 可知，较纯 P、PD 调节，PID 调节由于引入了积分，因而消除了余差；与 PI 调节相比，PID 调节由于引入了微分，因而具有更为稳定的控制效果。所以，PID 调节在参数整定合适的情况下能综合达到超调量、上升时间、调节时间、余差等多项性能指标的要求，是非常理想的调节器。

除了输出跟随给定，以 PID 调节为代表的反馈控制在抑制干扰方面也十分有效。针对图 4.42 所示的系统，若考虑从干扰 d 到输出 y 的闭环系统，即将程序中的闭环系统 Gloop=feedback(Gc(i)*Gp,H) 替换为 Gloop=feedback(Gp,Gc(i)*H)，则该闭环系统抗干扰能力可参见图 4.48。

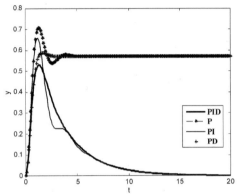

图 4.48　PID、P、PI、PD 作用下系统的干扰响应

由图 4.48 可见，对于单位阶跃干扰 d，无论 P、PI、PD 还是 PID 均有削弱或抑制的作用，其中含积分的 PI 和 PID 能最终完全抑制干扰,这是积分的无差调节在起作用。但综合来看，PID 调节能综合做到对干扰的稳、准、快抑制。

4.9.2　抗积分饱和控制方法的仿真

本节对 4.6.2 节介绍的积分分离抗积分饱和方法进行 MATLAB 仿真。

仿真选用的被控过程为一阶惯性加纯延迟环节：

$$G(s) = \frac{e^{-80s}}{60s + 1} \qquad (4.42)$$

为应用式（4.31）所述的积分分离法控制该对象，对象模型需首先离散化。设离散化所用采样时间 T_s=20s，则对象的延迟时间为 4 个采样周期。

采用 MATLAB 控制工具箱中的连续系统离散化函数 c2d，可得离散化后的对象模型为

$$y(k) = -den(2)y(k-1) + num(2)u(k-5)$$

设仿真中输入幅值为 40 的阶跃信号，控制器采用 PID 形式，且要求控制器输出限幅在[100, 100]区间，仿真时长 200s，积分分离法的算法实现可由下述 MATLAB 程序给出。

```
%chap4_3.m 积分分离法
ts=20;                          %采样时间
% 被控对象及其离散化模型
sys=tf(1,[60 1],'inputdelay',80);
dsys=c2d(sys,ts,'zoh');
[num,den]=tfdata(dsys,'v');

Ttotal=200;                     %仿真时间
rin=40*ones(1,Ttotal);          %阶跃输入
u=zeros(1,Ttotal);              %调节器输出
yout=zeros(1,Ttotal);           %系统输出
e=zeros(1,Ttotal);              %控制误差
ei=0;                           %误差的累积
```

```
    for k=6:Ttotal
        time(k)=k*ts;
        %系统输出
        yout(k)=-den(2)*yout(k-1)+num(2)*u(k-5);
        %误差及误差累积
        e(k)=rin(k)-yout(k);
        ei=ei+e(k)*ts;
        %积分分离
        if abs(e(k))<=10
            beta=1.0;
        elseif abs(e(k))>10 & abs(e(k))<=20
            beta=0.9;
        elseif abs(e(k))>20 & abs(e(k))<=30
            beta=0.6;
        elseif abs(e(k))>30 & abs(e(k))<=40
            beta=0.3;
        else
            beta=0;
        end

%%如果用积分分离法，则注释下面一句
% beta=1.0;                        %常规 PID 控制

        kp=0.8;
        ki=0.005;
        kd=3.0;
        u(k)=kp*e(k)+kd*(e(k)-e(k-1))/ts+beta*ki*ei;

        if u(k)>=100
            u(k)=100;
        end
        if u(k)<=-100
            u(k)=-100;
        end

    end

figure(1)
plot(1:Ttotal, rin,':',1:Ttotal, yout,'-')
xlabel('t')
ylabel('rin,yout')

figure(2)
plot(1:Ttotal,u)
xlabel('t')
ylabel('u')
```

需要注意的是，程序中对式（4.32）所述积分分离判据做了调整，由分离系数 β 的非 0 即 1，变为分段式：

$$\beta = \begin{cases} 1 & \sum_i |e(i)| \leqslant 10 \\ 0.9 & 10 < \sum_i |e(i)| \leqslant 20 \\ 0.6 & 20 < \sum_i |e(i)| \leqslant 30 \\ 0.3 & 30 < \sum_i |e(i)| \leqslant 40 \\ 0 & \sum_i |e(i)| > 40 \end{cases} \qquad (4.43)$$

程序的运行结果如图 4.49 所示。为对比积分分离法与常规 PID 调节的优劣，图 4.50 给出了常规 PID 调节器的控制效果。由两图对比可知，积分分离法的控制效果要优于常规 PID 调节器的控制效果，且调节器的输出幅值及其波动也较常规 PID 的小。

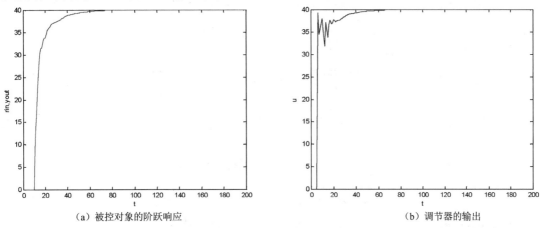

（a）被控对象的阶跃响应　　　　　　　　　　（b）调节器的输出

图 4.49　积分分离法的控制效果

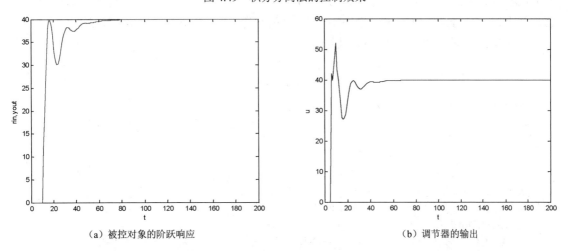

（a）被控对象的阶跃响应　　　　　　　　　　（b）调节器的输出

图 4.50　常规 PID 的控制效果

4.9.3　改进的微分控制方法的仿真

本节对 4.6.2 节介绍的不完全微分算法进行 MATLAB 仿真，验证其对微分作用的改善效

果。采用的是图 4.25（a）所示微分项后串联低通滤波器的不完全微分算法，控制器输出为

$$U(s) = \left(k_\mathrm{P} + \frac{k_\mathrm{P}}{T_\mathrm{I}s} + \frac{k_\mathrm{P}T_\mathrm{D}s}{T_\mathrm{f}s+1} \right)E(s) = U_\mathrm{P}(s) + U_\mathrm{I}(s) + U_\mathrm{D}(s) \tag{4.44}$$

其中，k_P、T_I 和 T_D 分别为常规 PID 调节中的比例系数、积分时间常数和微分时间常数，T_f 为低通滤波器的滤波系数。

式（4.44）的离散化形式为

$$u(k) = u_\mathrm{P}(k) + u_\mathrm{I}(k) + u_\mathrm{D}(k) \tag{4.45}$$

其中

$$u_\mathrm{P}(k) = k_\mathrm{P}e(k) \tag{4.46}$$

$$u_\mathrm{I}(k) = \frac{k_\mathrm{P}}{T_\mathrm{I}} \sum_{i=1}^{k} e(i) \tag{4.47}$$

$u_\mathrm{D}(k)$ 相对复杂，以下推导其计算公式。

由 $U_\mathrm{D}(s) = \dfrac{k_\mathrm{P}T_\mathrm{D}s}{T_\mathrm{f}s+1}E(s)$，可得微分方程

$$T_\mathrm{f} \frac{\mathrm{d}u_\mathrm{D}(t)}{\mathrm{d}t} + u_\mathrm{D}(t) = k_\mathrm{P}T_\mathrm{D} \frac{\mathrm{d}e(t)}{\mathrm{d}t} \tag{4.48}$$

将上式离散化，可得

$$T_\mathrm{f} \frac{u_\mathrm{D}(k) - u_\mathrm{D}(k-1)}{T_\mathrm{s}} + u_\mathrm{D}(k) = k_\mathrm{P}T_\mathrm{D} \frac{e(k) - e(k-1)}{T_\mathrm{s}} \tag{4.49}$$

上式经整理，可得

$$u_\mathrm{D}(k) = \frac{T_\mathrm{f}}{T_\mathrm{s}+T_\mathrm{f}} u_\mathrm{D}(k-1) + k_\mathrm{P} \frac{T_\mathrm{D}}{T_\mathrm{s}+T_\mathrm{f}} e(k) - e(k-1) \tag{4.50}$$

令 $\alpha = \dfrac{T_\mathrm{f}}{T_\mathrm{s}+T_\mathrm{f}}$，$K_\mathrm{D} = k_\mathrm{P} \dfrac{T_\mathrm{D}}{T_\mathrm{s}}$，则上式得出的不完全微分离散化算法可重写为

$$u_\mathrm{D}(k) = \alpha u_\mathrm{D}(k-1) + K_\mathrm{D}(1-\alpha)e(k) - e(k-1) \tag{4.51}$$

以下 MATLAB 程序给出采用不完全微分算法（式（4.50））对式（4.42）所述对象的阶跃响应的仿真，并对比了不完全微分和常规 PID 控制的控制效果。为说明微分对频繁扰动的敏感性及不完全微分的改进效果，程序中在对象输出端加入了幅值为 0.01 的随机噪声。仿真中设采样时间为 20ms，采用的低通滤波器为

$$G_\mathrm{f}(s) = \frac{1}{180s+1} \tag{4.52}$$

```
%chap4_4.m 不完全微分法
ts=20;              %采样时间
% 被控对象及其离散化模型
sys=tf(1,[60 1],'inputdelay',80);
dsys=c2d(sys,ts,'zoh');
[num,den]=tfdata(dsys,'v');
Ttotal=200;                 %仿真时间
rin=ones(1,Ttotal);         %阶跃输入
u=zeros(1,Ttotal);          %调节器输出
ud=zeros(1,Ttotal);         %不完全微分项的输出
yout=zeros(1,Ttotal);       %系统输出
D=0.01*rand(1,Ttotal);      %幅值 0.01 的随机干扰
e=zeros(1,Ttotal);          %控制误差
ei=0;                       %误差的累积
```

```
for k=6:Ttotal
    time(k)=k*ts;
    %系统输出
    yout(k)=-den(2)*yout(k-1)+num(2)*u(k-5);
    yout(k)=yout(k)+D(k);          %加随机干扰后的输出
    %误差及误差累积
    e(k)=rin(k)-yout(k);
    ei=ei+e(k)*ts;
    %不完全微分 PID
    kp=0.3;                        %比例常数
    ti=0.005;                      %积分时间常数
    td=140;                        %微分时间常数
    tf=180;                        %滤波系数
    KD=kp*td/ts;                   %不完全微分中引入的系数
    alpha=tf/(tf+ts);              %不完全微分中引入的系数
    ud(k)=KD*(1-alpha)*(e(k)-e(k-1))+alpha*ud(k-1);
    u(k)=kp*e(k)+ti*ei+ud(k);
% %如果用不完全微分法，则注释下面一句
% u(k)=kp*e(k)+ti*ei+kp*td*(e(k)-e(k-1))/ts;   %常规 PID 控制
    if u(k)>=100
        u(k)=100;
    end
    if u(k)<=-100
        u(k)=-100;
    end
end
figure
plot(1:Ttotal, rin,':',1:Ttotal, yout,'-')
xlabel('t')
ylabel('rin,yout')
axis([0 200 -0.2 1.3])
```

上述不完全微分仿真程序的运行结果如图 4.51 所示。为便于对比，图 4.52 给出同样的 PID 参数下常规 PID 的控制效果。不难看出，在应对高频干扰时，不完全微分 PID 的控制效果要显著优于常规 PID 的控制效果。

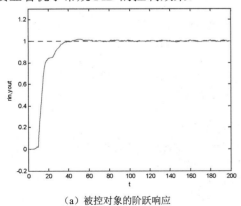

（a）被控对象的阶跃响应

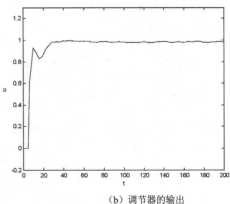

（b）调节器的输出

图 4.51　不完全微分控制系统阶跃响应

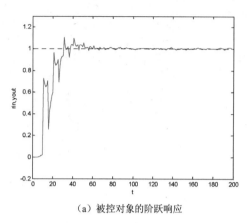

（a）被控对象的阶跃响应

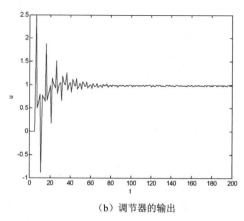

（b）调节器的输出

图 4.52　常规 PID 控制系统阶跃响应

4.9.4　PID 参数工程整定的仿真

本节针对 4.7.2 节例 4.1 所讨论的被控对象，给出动态特性参数法和稳定边界法整定 PID 参数的 MATLAB 仿真代码，并接续该例子，针对同一被控对象，分别采用衰减曲线法和 MATLAB 自带的 PID 参数整定法进行仿真，而后比较各种整定方法所得结果。

1. 动态特性参数法和稳定边界法整定 PID 参数

关键仿真代码如下（其中部分程序行前出现的行号仅用于本教材说明，不出现在实际 MATLAB 仿真程序中）：

```
%% chap4_5.m PID 参数整定
G1=tf(1,[5 1]);G2=tf(1,[2 1]);G3=tf(1,[10 1]);
G=G1*G2*G3;                    % 原广义被控对象
[y,t]=step(G);
%% 动态特性参数法，PID 采用式（4.2）的形式
tau=4;T=14;
Gs=tf(1,[T 1],'inputdelay',tau);   %广义被控对象近似为带纯延迟的一节惯性环节
Kp0=T/tau;    % 动态特性参数法整定的纯 P 参数
Kpi=Kp0/1.1;TIpi=3.3*tau;      % 动态特性参数法整定的 PI 参数
Kpid=Kp0/0.8;TIpid=2.0*tau;TDpid=0.5*tau; % 动态特性参数法整定的 PID 参数
①GcP=Kp0;  % P 调节器
②GcPI=tf(Kpi*[TIpi 1],[TIpi 0]);          % PI 调节器
③GcPID=tf(Kpid*[TIpid*TDpid TIpid 1],[TIpid 0]);    % PID 调节器
④[Yp,Tp]=step(feedback(GcP*G,1),250);      % P 调节结果
⑤[Ypi,Tpi]=step(feedback(GcPI*G,1),250);    % PI 调节结果
⑥[Ypid,Tpid]=step(feedback(GcPID*G,1),250);    % PID 调节结果
% 各调节规律下控制系统阶跃响应的画图代码略
%% 稳定边界法，PID 采用式（4.2）的形式
Kpr=12.62;Tpr=15.3;           % Kpr 和 Tpr=15.3 通过闭环测试得到，参见图 4.32
Kpp=Kpr/2;                 % 稳定边界法整定的纯 P 参数
Kpi=Kpr/2.2;TIpi=0.85*Tpr;      % 稳定边界法整定的 PI 参数
Kpid=Kpr/1.67;TIpid=0.5*Tpr;TDpid=0.125*Tpr;      % 稳定边界法整定的 PID 参数
% P、PI 及 PID 等各调节器及其计算调节结果的相关代码与上述程序①～⑥行相同
% 各调节规律下控制系统阶跃响应的画图代码略
```

2. 衰减曲线法整定 PID 参数

首先用 MATLAB 的 Simulink 搭建图 4.53 所示的闭环系统仿真模型。

图 4.53 中的 Gain 模块代表纯比例调节。由上述稳定边界法的测试结果，当 Kp=12.62，即图 4.53 中 Gain=12.62 时，该闭环系统的阶跃响应为等幅振荡。因此，欲在纯比例作用下得到 4：1 的衰减振荡，Gain 应比 12.62 小。本例从 Gain=12.62/2，即 Gain=6 开始逐渐减小 Gain，而后从示波器 Scope 中观察系统输出曲线。经反复测试，当 Gain=4.9 时，系统输出呈现 4：1 的衰减振荡曲线，如图 4.54 所示。此时，Kp=4.9，曲线振荡周期 Ts=20.66。将这两个参数代入表 4.3，可得衰减曲线法整定的 PID 参数值。相关程序代码如下：

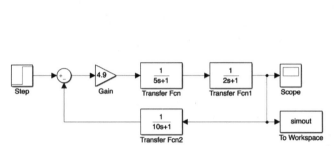

图 4.53　衰减曲线法测试用 Simulink 仿真模型

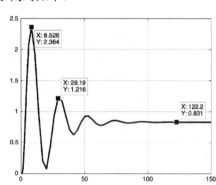

图 4.54　衰减曲线法测试中获得的 4：1 衰减振荡曲线

```
%% chap4_5.m PID 参数整定代码续（一）
%% 衰减曲线法，PID 采用式（4.2）的形式
Kps=4.9;Ts=20.66;
Kpp=Kps;
Kpi=Kps/1.2;TIpi=0.5*Ts;
Kpid=Kps/0.8;TIpid=0.3*Ts;TDpid=0.1*Ts;
% P、PI 及 PID 等各调节器及其计算调节结果的相关代码与前面程序中的①～⑥行相同
% 各调节规律下控制系统阶跃响应的画图代码略
```

3. 用 MATLAB 自带函数整定 PID 参数

首先申明，用 MATLAB 自带函数进行 PID 参数整定显然采用的是理论计算法，而非工程整定法。算法首先是基于已知对象模型的，其次对于 PID 参数整定任务，整定目标有三个：

（1）稳定性。针对有界输入，闭环系统的输出必须有界。

（2）合适的性能。闭环系统输出跟随给定和抑制扰动均要尽可能地快。

（3）鲁棒性。考虑到系统的模型误差和变化，闭环系统要有足够的增益裕度和相位裕度。

用 MATLAB 整定 PID 参数有脚本形式的 pidtune 函数和交互形式的 pidTuner 工具两种。二者仅操作方式不同，算法是相同的。交互式的 pidTuner 工具主要用在 Simulink 模型中 PID 模块的参数整定。出于篇幅考虑，此处仅简要介绍 pidtune 函数的用法。

pidtune 函数的基本语法是 C = pidtune(sys,type)。输入参数 sys 是线性系统模型，输入参数 type 决定控制器类型。若采用 1-DOF（1 自由度）PID 控制器（有关 2-DOF PID 控制器的解释读者可参考 MATLAB 相关帮助文档），控制系统结构如图 4.55 所示。

type 参数可以是 P、I、PI、PD、PID 以及在微分中带一阶滤波器的 PDF 和 PIDF。必须注意的是，针对这些"type"参数，pidtune 函数所整定的 PID 参数是如下"并列型"的 PID 控制器：

$$k_p + k_i \frac{1}{s} + k_d \frac{s}{T_f s + 1} \tag{4.53}$$

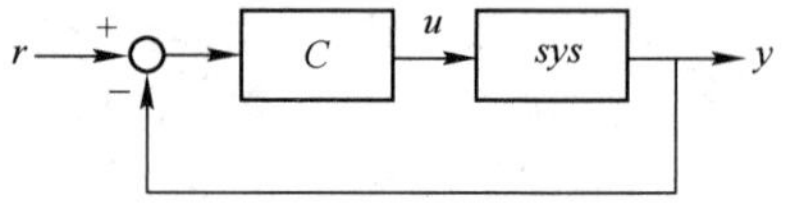

图 4.55 1-DOF 型 PID 控制系统结构

在 Simulink 的 PID 模块中，默认的也是"并列型"的，只是形式与式（4.53）略有不同：

$$P + I \frac{1}{s} + D \frac{N}{1 + \frac{1}{N} s} \tag{4.54}$$

对比式（4.53）和式（4.54），很容易推算出 $T_f = 1/N$。

若想采用式（4.2），即带有比例增益 K_P、积分时间常数 T_I 和微分时间常数 T_D 的"标准" PID 控制器，可事先用 C0=pidstd(Kp,Ti,Td,N)命令规定 PID 控制器为标准型，然后将 C0 作为 type 参数的值。比如代码

C0 = pidstd(1,1,1);
C = pidtune(sys,C0)

就是先规定控制器 C0 为"标准型"PID 控制器

$$K_p \left(1 + \frac{1}{T_i} \cdot \frac{1}{s} + \frac{T_d s}{\frac{T_d}{N} s + 1} \right) \tag{4.55}$$

并且其中的参数 kp=1,Ti=1,Td=1,N 没有定义表示微分项不加滤波器，即式（4.2）形式的 PID 控制器。然后用 pidtune 对相应 PID 参数进行求解。

在 Simulink 模型中 PID 模块则通过设置"Form"为"Ideal"来规定"标准型"：

$$P \left(1 + I \frac{1}{s} + D \frac{N}{1 + N \frac{1}{s}} \right) \tag{4.56}$$

总结式（4.53）～式（4.56）：在运用 MATLAB 进行 PID 参数的自整定时，需要明确所采用的 PID 控制器类型和其中 PID 参数的含义，避免相互混淆。

接续前面 PID 参数工程整定的实例，用 pidtune 功能求解 PID 参数的程序代码为：

```
%% chap4_5.m PID 参数整定代码续（二）
%% MATLAB 自带的 pidtune，PID 采用标准型（式（4.2）的形式）
C0 = pidstd(1,1,1);
[C,info] = pidtune(G,C0,0.3)        %经调试，设交接频率为 0.3
[Ypid,Tpid]=step(feedback(C*G,1),150);
```

上述程序段中 pidtune 函数若采用默认用法[C,info] = pidtune(G,C0)，得到的交接频率为 0.13，这是 pidtune 函数默认情况下兼顾跟随给定和抑制干扰两项目标的结果。此处为获得更快的跟随给定性能，经测试后，将交接设置为 0.3。

图 4.56 对比了三种工程整定法以及 MATLAB 理论计算法所得 PID 参数的应用情况。

表 4.9 记录了上述程序中的三种 PID 参数工程整定结果以及 MATLAB 理论计算（pidtune 函数）结果。

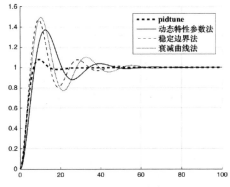

表 4.9　三种工程整定法及 MATLAB 的自整定结果对比

整定方法＼PID 参数	Kp	Ti	Td
动态特性参数法	4.38	8.00	2.00
稳定边界法	7.56	7.65	1.91
衰减曲线法	6.13	6.20	2.07
pidtune 函数	5.18	16.50	3.36

图 4.56　各种 PID 参数整定结果对比

由上述 PID 参数工程整定和 MATLAB 理论计算整定仿真过程及结果可见,无论是工程整定还是理论计算整定 PID 参数,都难以做到"一步到位",都需要综合考虑多项性能指标,权衡相对优劣,是一个反复试凑、测试的过程。

本 章 小 结

通过本章的学习,要求学生能够掌握以下内容。

1．正确理解 PID 调节器的一般概念。通过学习,能够从理论和实践的角度分析 PID 调节的性质和特征,正确地利用 PID 的性质分析和设计控制系统。

2．掌握 P, I, D 三种调节规律的基本特征,以及每种调节规律对控制系统性能的影响和不同的作用效果,从而能够正确地根据实际控制对象和对控制系统性能的要求,利用这三种调节规律的不同组合,实现控制系统的设计。

3．掌握数字 PID 控制的实现方法及增量式 PID 控制算法优于位置式 PID 控制算法的原因,正确理解 PID 调节器由于积分作用的引入而出现的积分饱和现象,了解数字 PID 控制的各种改进算法。

4．掌握 PID 参数工程整定的基本方法以及数字 PID 控制中采样周期的选择方法。

5．了解各种智能控制技术的基本思想及其与 PID 控制相结合的实现方法,明确 PID 控制技术虽然出现较早,应用最广,但仍然在不断发展的事实。

6. 掌握 PID 控制器的 MATLAB 建模方法,会构建包含 PID 控制器的反馈控制系统并进行仿真分析,能运用 MATLAB 实现 PID 参数的工程整定和理论计算整定。

习 　 题

4.1　P, I, D 控制规律各有何特点?其中,哪些是有差调节,哪些是无差调节?为了提高控制系统的稳定性,消除控制系统的误差,应该选用哪些调节规律?

4.2　试总结调节器 P、PI、PD 动作规律对系统控制质量的影响。

4.3　什么是积分饱和?引起积分饱和的原因是什么?如何消除?

4.4　一个自动控制系统,在比例控制的基础上分别增加:① 适当的积分作用;② 适当的微分作用。试问:

(1)这两种情况对系统的稳定性、最大动态偏差和余差分别有何影响?

(2)为了得到相同的系统稳定性,应如何调整调节器的比例带 δ?说明理由。

4.5 微分动作规律克服被控对象的纯延迟和容积延迟的效果如何？克服外扰的效果又如何？

4.6 增大积分时间对控制系统的控制品质有什么影响？增大微分时间对控制系统的控制品质有什么影响？

4.7 某电动比例调节器的测量范围为 $100\sim200\,℃$，其输出为 $0\sim100\,mA$。当温度从 $140\,℃$ 变化到 $160\,℃$ 时，测得调节器的输出从 $3\,mA$ 变化到 $7\,mA$。试求该调节器比例带。

4.8 某混合气出口温度控制系统如题 4.8 图（a）所示，系统方框图如题 4.8 图（b）所示。其中 $K_1 = 5.4$，$K_2 = 1$，$K_d = 0.8/5.4$，$T_1 = 5\,min$，$T_2 = 2.5\,min$，调节器比例增益为 K_P。

（1）确定调节阀的气开、气关形式，以及控制器的正、反作用形式。

（2）编写 MATLAB 仿真程序，求解当出现 $\Delta D = 10$ 的阶跃扰动，K_P 分别为 2.4 和 0.48 时的系统输出响应 $\theta(t)$。

（3）编写 MATLAB 仿真程序，求解当设定值出现 $\Delta r = 2$ 的阶跃跳变，K_P 分别为 2.4 和 0.48 时的系统输出响应 $\theta(t)$。

（4）通过（2）和（3）的结果分析调节器比例增益对设定值阶跃响应、扰动阶跃响应的影响。

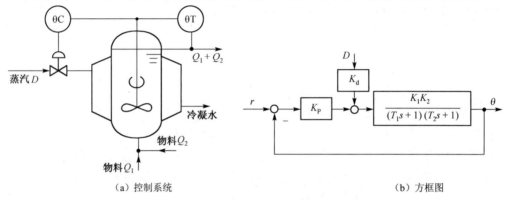

（a）控制系统　　　　　　　　　　　　　　　　（b）方框图

题 4.8 图　混合器温度控制系统及方框图

4.9 某水槽液位控制系统如题 4.9 图所示。已知 $F = 1000\,cm^2$，调节阀静态增益 $|K_v| = 28\,cm^2/(s \cdot mA)$，液位变送器静态增益 $|K_m| = 1\,mA/cm$。

（1）画出该控制系统的结构图。

（2）调节器为比例调节器，其比例带 $\delta = 40\%$，试分别求出扰动 $\Delta Q_d = 56\,cm^3/s$ 以及给定值变动 $\Delta r = 0.5\,mA$ 时被调量 h 的余差。

（3）若 δ 改为 120%，其他条件不变，h 的余差又为多少？比较（2）和（3）的计算结果，总结 δ 值对系统余差的影响。

（4）液位调节器改用 PI 调节器后，h 的余差又是多少？

4.10 某温度控制系统方框图如题 4.10 图所示，其中 $K_1 = 5.4$，$K_d = 0.8/5.4$，$T_1 = 5\,min$。

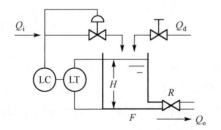

题 4.9 图　水槽液位控制系统

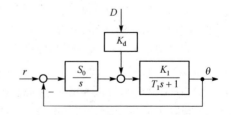

题 4.10 图　温度控制系统方框图

（1）编写 MATLAB 仿真程序，求解积分速度 S_0 分别为 0.21 和 0.92，$\Delta D = 10$ 时的系统阶跃响应 $\theta(t)$；

（2）编写 MATLAB 仿真程序，求解 $\Delta r = 2$ 的设定值阶跃响应；

（3）分析调节器积分速度 S_0 对设定值阶跃响应和扰动阶跃响应的影响；

（4）比较比例控制系统和积分控制系统各自的特点。

4.11 被控对象传递函数为 $G(s) = \dfrac{K}{s(Ts+1)}$，如采用积分调节器，证明积分速度 S_0 无论为何值，系统均不能稳定。

4.12 某液位控制系统，在控制阀开度增加 10% 后，液位的响应数据如下：

t/s	0	10	20	30	40	50	60	70	80	90	100
H/mm	0	0.8	2.8	4.5	5.4	5.9	6.1	6.2	6.3	6.3	6.3

如果用具有延迟的一阶惯性环节近似该控制系统，确定其参数 K、T 和 τ，并根据这些参数整定 PI 控制器的参数，用仿真结果验证之。

4.13 某控制系统的广义被控对象经测试后，可用传递函数 $G_0(s) = \dfrac{1.5}{10s+1} e^{-2s}$ 近似，分别用动态特性参数法和理论计算法确定采用 P 及 PI 控制器的比例带和积分时间，并进行仿真比较。

4.14 已知被控对象的传递函数为 $G(s) = \dfrac{1}{(3s+1)^5}$，分别用动态特性参数法、稳定边界法、衰减曲线法以及 MATLAB 的 pidtune 函数确定 PID 控制器参数，并用单位阶跃响应比较整定结果。

4.15 什么是数字 PID 位置型控制算法和增量式控制算法？

4.16 为什么在计算机控制装置中通常采用增量式 PID 控制算法？

4.17 简述积分分离 PID 算法，它与基本 PID 算法的区别在哪里？

4.18 数字 PID 控制中采样周期的选择要考虑哪些因素？

第 5 章 串 级 控 制

本章主要介绍串级控制系统基本原理、结构及工作过程，从理论上分析串级控制系统的特点，说明串级控制系统的系统设计方法，包括串级控制系统的主、副变量的选择，以及控制器的参数整定方法，通过工程实例说明串级控制系统的实际应用。

5.1 串级控制系统的基本原理

随着工业技术的发展，系统越来越复杂，产品的工艺要求越来越高，简单的单回路控制系统已不能满足系统要求。在常规控制系统中，串级控制是改善过程控制系统品质的一种有效方式，已经在实际中得到了广泛应用。所谓的串级控制系统是由两个控制器串联起来的，其中一个控制器的输出作为另一个控制器的给定值。与简单的单回路控制系统相比，串级控制系统可完成一些复杂或者特殊的控制任务，主要应用于对象的滞后和时间常数很大、干扰作用强而频繁、负荷变化大、对控制质量要求较高的场合。

5.1.1 串级控制系统的基本概念

下面以加热炉温度控制系统为例说明串级控制系统的工作原理。

管式加热炉是工业生产中常用的设备之一，它是一种直接受热式加热设备，主要用于加热液体或气体化工原料，所用燃料通常有燃料油和燃料气，其工艺示意图如图 5.1 所示。要加热的冷原料从左端的管口流入管式加热炉，经加热的原料从右上端的管口流出，燃料从底端的管口流入管式加热炉的燃烧部分，提供原料加热所需的热能。

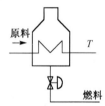

图 5.1 管式加热炉工艺示意图

在加热炉工作的过程中，原料出口温度 T 受进入管式加热炉原料的初始温度和进入流量、燃料的流量和燃烧值的影响。其中，原料的流量和燃料的流量是影响原料出口温度的主要干扰因素。管式加热炉的控制目标是保证原料的出口温度达到设定值并维持在工艺要求范围之内。对于管式加热炉出口温度控制系统而言，可以设计如下所述的三种控制方案。

（1）控制方案一

假定进入管式加热炉的原料流量维持在某一恒定值，在燃料的入口处安装一个调节阀，控制进入管式加热炉的燃料流量，调节阀开度由原料出口温度控制，构成管式加热炉出口温度单回路控制系统，其工艺示意图如图 5.2 所示，控制系统方框图如图 5.3 所示。图 5.3 中，影响加热炉出口温度 T 的各种扰动因素均包含在控制回路中，当系统出现扰动时，T 偏离设定值 T_0，控制器 TC 根据温度偏差给出相应的调节量，通过控制阀调节燃料的流量，从而调节出口温度，使其重新回到设定值。

该控制方案结构简单、实现方便，但是在实际应用过程中，控制效果很差，远远达不到生产工艺的要求。主要原因是加热炉内管有数百米长，离出口较远，且热容很大，因此加热炉进料温度对象的滞后和惯性较大，是一个典型的一阶加纯滞后过程。若采用单回路控制系统控制加热炉的原料出口温度，当燃料气阀上游压力波动时，由于内管较长，需要一定的时间出口温度才能有变化，且变化缓慢，这样，尽管燃料的控制阀开度不变，但是原料的出口温度必将发生变化，只有当出现温度偏差的时候，控制器才会发现扰动量的存在，从而输出控制量调节控制阀的开度，因此单回路温度控制系统控制不及时，使得原料的出口温度超调量大，稳定性差。

（2）控制方案二

针对上述问题，为了及时检测到燃料流量的变化，采用间接控制管式加热炉出口温度的控制方案，即在该方案中，加热炉的出口温度将不再是被控量，而是选择燃料的流量作为被控量，通过流量控制器 FC 操纵燃料气流量，从而控制进料的出口温度 T。其工艺示意图如图 5.4 所示。一旦燃料的流量发生变化，系统及时检测并进行控制，就可将干扰对原料出口温度的影响及时消除。

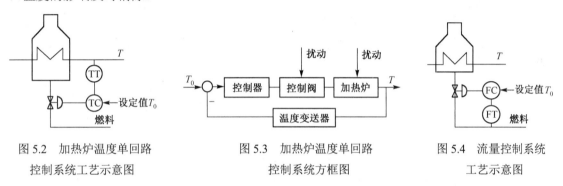

图 5.2　加热炉温度单回路　　　　图 5.3　加热炉温度单回路　　　　图 5.4　流量控制系统
　　控制系统工艺示意图　　　　　　　控制系统方框图　　　　　　　　　工艺示意图

这种间接控制系统可以保证燃料气的流量恒定，克服了阀前压力扰动的影响。但是，控制系统对出口温度不能控制，当负荷发生自扰时，原料出口温度将产生变化，流量单回路控制系统无法保证温度恒定。

（3）控制方案三

通过以上分析可知，上述两种单回路控制方案均存在一定的局限性，很难得到满意的控制效果。因此，将这两种单回路控制系统结合起来，使温度控制器 TC 和流量控制器 FC 串联起来一起工作，即取流量信号为导前信号，原料的出口温度由 TC 输出作为 FC 的给定值，使得 FC 的设定值随出口温度控制器的变化而变化，从而维持出口温度恒定。由此，加热炉温度-流量串级控制系统的工艺示意图如图 5.5 所示。

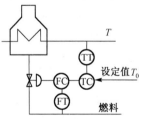

图 5.5　温度-流量串级控制
　　系统工艺示意图

在图 5.5 中，主控制器 TC 和副控制器 FC 各自完成不同的控制任务，FC 用于克服燃料流量对出口温度的影响；TC 的输出作为 FC 的设定值，当除燃料流量波动外的其他扰动致使出口温度 T 偏离设定值 T_0 时，TC 根据 T 和的 T_0 的偏差自动改变 FC 的设定值，从而通过 FC 使燃料阀动作，调整燃料量，使出口温度基本不受干扰的影响。加热炉温度-流量控制系统方框图如图 5.6 所示。

从图 5.6 中可以看出，该系统在结构上具有以下特点：

（1）系统中有两个闭环负反馈控制回路：以原料出口温度为主变量的主回路和以燃料流

量为副变量的副回路，主、副两个变量均有各自的检测变送单元，每个回路均有一个控制器、检测变送单元和对象，但只有一个控制阀。

（2）两个控制器采用串联的方式连接：主控制器的输出值作为副回路的设定值，副控制器的输出作为控制阀的输入，主、副控制器共同工作，从而保证被控变量取得更好控制效果。

如图 5.6 所示的控制系统称为串级控制系统。

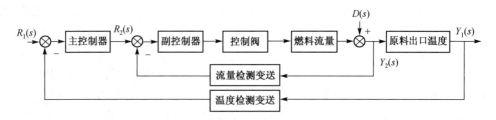

图 5.6　加热炉温度-流量控制系统方框图

5.1.2　串级控制系统的组成

串级控制系统是一种常用的复杂控制系统，常见的串级控制系统原理方框图如图 5.7 所示。

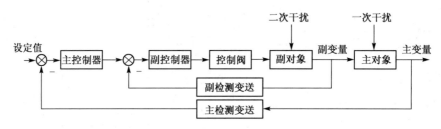

图 5.7　串级控制系统原理方框图

串级控制系统的相关术语如下：

（1）主回路、副回路：一般串级控制系统由两个回路组成，在外面的闭合回路称为主回路，里面的闭合回路称为副回路。

（2）主、副控制器：在主回路中的控制器称为主控制器，在副回路中的控制器称为副控制器。

（3）主、副被控变量：主回路的被控变量称为主被控变量（主变量或主参数），即工艺控制指标；副回路的被控变量称为副被控变量（副变量或副参数），是为了稳定主变量而引入的辅助变量。

（4）主、副对象：主回路所包括的对象称为主对象，副回路所包括的对象称为副对象。

（5）主、副检测变送器：主回路中，主检测变送器负责检测和变送主变量，副检测变送器负责检测和变送副变量。

（6）一、二次干扰：作用于主对象而不包括在副回路的干扰称为一次干扰，进入副回路范围内的干扰称为二次干扰。

5.1.3　串级控制系统的工作过程

在串级控制系统中，主控制器的输出改变副控制器的设定值，当负荷发生变化时，主控制器的输出值发生改变，此时，副控制器能及时跟踪并控制副参数。因此副回路是一个随动系统，其允许存在一定的余差，具有"粗调"的作用；主回路是定值系统，具有"细调"的作用。在主、副回路的共同作用下，系统的控制品质得到进一步提高。

当扰动发生时，系统的稳定状态被破坏了，串级控制系统的主、副控制器开始工作。根据扰动作用点的不同，分为一次扰动和二次扰动：一次扰动是作用在主被控过程上的，不包括在副回路范围内的扰动；二次扰动是作用在副被控过程上的，即包括在副回路范围内的扰动。与单回路控制系统相比，串级控制系统增加的仪表不多，只是在结构上增加了一个包含二次干扰的内回路，使控制系统取得了明显的控制效果。

5.2 串级控制系统的特点

下面以图 5.8 所示的一般串级控制系统为例，说明串级过程控制系统的控制本质。

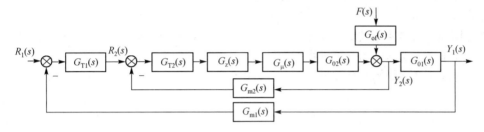

图 5.8 一般串级控制系统原理框图

在图 5.8 所示的串级控制系统中：$G_{T1}(s)$、$G_{T2}(s)$ 为主、副控制器的传递函数；$G_{01}(s)$、$G_{02}(s)$ 为主、副对象的传递函数；$G_{m1}(s)$、$G_{m2}(s)$ 为主、副变送器的传递函数；$G_\mu(s)$ 为控制阀的传递函数；$G_z(s)$ 为执行器的传递函数。

串级控制系统具有以下四个方面的特点。

（1）对进入副回路的二次扰动有很强的克服能力

当二次干扰经干扰通道 $G_{0f}(s)$ 进入副回路后，首先副参数 y_2 受到影响，于是副控制器 $G_{T2}(s)$ 立即动作，力图消弱二次干扰对 y_2 的影响。二次干扰经过副回路的抑制后再进入主回路，此时二次干扰对 y_1 的影响将有较大的减弱。可以写出二次干扰至主参数 y_1 的传递函数为

$$
\begin{aligned}
\frac{Y_1(s)}{F(s)} &= \frac{\dfrac{G_{0f}(s)G_{01}(s)}{1+G_{T2}(s)G_z(s)G_\mu(s)G_{02}(s)G_{m2}(s)}}{1+G_{T1}(s)\dfrac{G_{T2}(s)G_z(s)G_\mu(s)G_{02}(s)}{1+G_{T2}(s)G_z(s)G_\mu(s)G_{02}(s)G_{m2}(s)}G_{01}(s)G_{m1}(s)} \\
&= \frac{G_{0f}(s)G_{01}(s)}{1+G_{T2}(s)G_z(s)G_\mu(s)G_{02}(s)G_{m2}(s)+G_{T1}(s)G_{T2}(s)G_z(s)G_\mu(s)G_{02}(s)G_{01}(s)G_{m1}(s)}
\end{aligned} \tag{5.1}
$$

在图 5.9 所示的单回路控制系统中，单回路控制下干扰 f 至 y_1 的传递函数为

$$
\frac{Y_1(s)}{F(s)_{单}} = \frac{G_{0f}(s)G_{01}(s)}{1+G_T(s)G_\mu(s)G_z(s)G_{02}(s)G_{01}s)G_m(s)} \tag{5.2}
$$

其中，$G_T(s)$ 为控制器的传递函数。

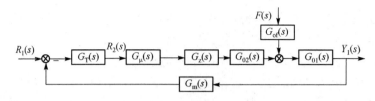

图 5.9　单回路控制系统原理框图

假定 $G_T(s) = G_{T1}(s)$，在单回路系统中的 $G_m(s)$ 就是串级系统中的 $G_{m1}(s)$，比较式（5.1）和式（5.2）可以看到，串级系统中 $Y_1(s)/F(s)$ 的分母中多了一项，即 $G_{T2}(s)G_z(s)G_\mu(s)G_{02}(s)G_{m2}(s)$。在主回路工作频率下，这项乘积的数值一般是比较大的，而且随着副控制器比例增益的增大而增大；在式（5.1）的分母中，第三项比式（5.2）的分母中第二项多了一个 $G_{T2}(s)$。一般情况下，副控制器的比例增益是大于1的。因此可以说，串级控制系统的结构使进入副回路的扰动 f 对包含主参数 y_1 的通道的动态增益明显减小。当二次干扰 f 出现时，很快就被副控制器所克服。

综上所述，与单回路控制系统相比，串级控制系统对已进入回路的二次干扰具有很强的抑制作用。对于进入主回路的一次干扰而言，系统的抗干扰能力也有一定的提高。这是因为副回路的存在，减小了副回路对象的时间常数，对于主回路而言，其控制通道缩短了，因此克服一次干扰比同等条件下的单回路控制系统更为及时。串级控制系统的被调量受进入副回路的二次扰动的影响可以减小 10～100 倍，受到进入主回路的一次干扰的影响可以减小 3～5 倍，具体情况视主回路与副回路中容积分布情况而定。

（2）减少了对象的时间常数，提高了系统响应速度

在串级控制系统中，由于副回路的作用，改善了对象的动态特性，因此可以加大主控制器的增益，提高系统的工作频率。比较图 5.8 和图 5.9 所示的串级控制系统和单回路控制系统，串级系统中的副回路基本上可以替代单回路中的一部分对象，因此可以将整个副回路等效为一个对象记为

$$G_{02}^*(s) = Y_2(s)/R_2(s) \tag{5.3}$$

假设副回路中各环节的传递函数如下

$$G_{02}(s) = \frac{K_{02}}{T_{02}s+1}; \quad G_{T2}(s) = K_{T2}; \quad G_z(s) = K_z; \quad G_\mu(s) = K_\mu; \quad G_{m2}(s) = K_{m2}$$

将上述各式代入式（5.3）中，可得

$$G_{02}^*(s) = \frac{Y_2(s)}{R_2(s)} = \frac{K_{T2}K_zK_\mu \dfrac{K_{02}}{T_{02}s+1}}{1 + K_{T2}K_zK_\mu \dfrac{K_{02}}{T_{02}s+1}K_{m2}} = \frac{\dfrac{K_{T2}K_zK_\mu K_{02}}{1 + K_{T2}K_zK_\mu K_{02}K_{m2}}}{1 + \dfrac{T_{02}s}{1 + K_{T2}K_zK_\mu K_{02}K_{m2}}} \tag{5.4}$$

令

$$K_{02}^* = \frac{K_{T2}K_zK_\mu K_{02}}{1 + K_{T2}K_zK_\mu K_{02}K_{m2}}, \quad T_{02}^* = \frac{T_{02}}{1 + K_{T2}K_zK_\mu K_{02}K_{m2}}$$

则式（5.4）改写为

$$G_{02}^*(s) = \frac{K_{02}^*}{T_{02}^*s+1} \tag{5.5}$$

式（5.5）中，K_{02}^* 和 T_{02}^* 分别为等效对象的增益和时间常数。

比较 $G_{02}(s)$ 和 $G_{02}^*(s)$，由于 $1+K_{T2}K_zK_{\mu}K_{02}K_{m2}>1$ 在任何条件下都是成立的，因此有

$$T_{02}^* < T_{02} \tag{5.6}$$

式（5.6）表明，副回路具有改善控制系统对象动态特性的作用，等效对象的时间常数减小到 T_{02} 的 $1/(1+K_{T2}K_zK_{\mu}K_{02}K_{m2})$，而且随着副控制器比例增益的增大而减小。通常情况下，副对象是单容或双容对象，因此副控制器的比例增益 K_{T2} 可以取得很大，这样，等效时间常数 T_{02}^* 减小得更加明显。等效对象的时间常数减小，意味着控制通道缩短，从而使控制作用更加及时，响应速度更快，从而使控制系统的控制质量得到提高。

（3）提高了系统的工作频率，改善了系统的控制质量

系统的工作频率可以通过系统的闭环特征方程求解。如图 5.8 所示的串级控制系统，其闭环特征方程式为

$$1+G_{T2}(s)G_z(s)G_{\mu}(s)G_{02}(s)G_{m2}(s)+G_{T1}(s)G_{T2}(s)G_z(s)G_{\mu}(s)G_{02}(s)G_{01}(s)G_{m1}(s)=0 \tag{5.7}$$

设主、副回路各环节的传递函数分别为

$$G_{T1}(s)=K_{T1}, \qquad G_{m1}(s)=K_{m1}, \qquad G_{01}(s)=\frac{K_{01}}{T_{01}s+1}, \qquad G_z(s)=K_z$$

$$G_{T2}(s)=K_{T2}, \qquad G_{m2}(s)=K_{m2}, \qquad G_{02}(s)=\frac{K_{02}}{T_{02}s+1}, \qquad G_{\mu}(s)=K_{\mu}$$

将上述传递函数代入式（5.7），经整理后可得

$$s^2+\frac{T_{01}+T_{02}+T_{01}K_{T2}K_zK_{\mu}K_{02}K_{m2}}{T_{01}T_{02}}s+\frac{1+K_{T2}K_zK_{\mu}K_{02}K_{m2}+K_{T1}K_{T2}K_{m1}K_{01}K_{02}K_zK_{\mu}}{T_{01}T_{02}}=0 \tag{5.8}$$

因为特征方程式的标准形式为

$$s^2+2\xi\omega_n s+\omega_n^2=0 \tag{5.9}$$

所以

$$2\xi\omega_n=\frac{T_{01}+T_{02}+T_{01}K_{T2}K_zK_{\mu}K_{02}K_{m2}}{T_{01}T_{02}} \tag{5.10}$$

$$\omega_n^2=\frac{1+K_{T2}K_zK_{\mu}K_{02}K_{m2}+K_{T1}K_{T2}K_{m1}K_{01}K_{02}K_zK_{\mu}}{T_{01}T_{02}} \tag{5.11}$$

式中，ξ 为串级控制系统的衰减系数，ω_n 为串级控制系统的自然频率。

对式（5.11）进行求解可得特征根为

$$s_{1,2}=\frac{-2\xi\omega_0\pm\sqrt{4\xi^2\omega_n^2-4\omega_n^2}}{2}$$

当系统处于衰减振荡时，由于 $0<\xi<1$，因此

$$s_{1,2}=-\xi\omega_n\pm j\omega_n\sqrt{1-\xi^2}=-\xi\omega_0\pm j\omega_{串}$$

式中，$\omega_{串}$ 为串级控制系统的工作频率。于是可得，串级控制系统的工作频率为

$$\omega_{串}=\omega_n\sqrt{1-\xi^2}=\frac{T_{01}+T_{02}+T_{01}K_{T2}K_zK_{\mu}K_{02}K_{m2}}{T_{01}T_{02}}\frac{\sqrt{1-\xi^2}}{2\xi} \tag{5.12}$$

与单回路控制系统进行比较，在相同的条件下用相同的方法求取图 5.9 所示的单回路控

制系统的工作频率。

设 $G_T = K_T$ ，其他环节的传递函数与串级控制系统相同，单回路系统的闭环特征方程式为

$$1 + G_T(s)G_z(s)G_\mu(s)G_{02}(s)G_{01}(s)G_{m1}(s) = 0 \tag{5.13}$$

将各环节传递函数代入式（5.13），整理后可得

$$s^2 + \frac{T_{01} + T_{02}}{T_{01}T_{02}}s + \frac{1 + K_T K_{01} K_{02} K_{m1} K_z K_\mu}{T_{01}T_{02}} = 0$$

令 $2\xi'\omega_n' = \dfrac{T_{01} + T_{02}}{T_{01}T_{02}}$ ，可得 $\qquad \omega_{\text{单}} = \omega_n'\sqrt{1 - \xi'^2} = \dfrac{T_{01} + T_{02}}{T_{01}T_{02}}\dfrac{\sqrt{1 - \xi'^2}}{2\xi'}$ $\tag{5.14}$

假定通过控制器的参数整定，使得串级控制系统与单回路控制系统具有相同的衰减系数，即 $\xi' = \xi$ ，比较可得

$$\omega_{\text{串}}/\omega_{\text{单}} = \frac{T_{01} + T_{02} + T_{01}K_{T2}K_z K_\mu K_{02} K_{m2}}{T_{01} + T_{02}} = \frac{1 + (1 + K_{T2}K_z K_\mu K_{02} K_{m2})T_{01}/T_{02}}{1 + T_{01}/T_{02}} \tag{5.15}$$

由于 $(1 + K_{T2}K_z K_\mu K_{02} K_{m2}) > 1$ ，所以 $\omega_{\text{串}} > \omega_{\text{单}}$ 。

由此可得，整个串级回路的工作频率高于单回路的工作频率。当主、副对象特性一定时，副控制器放大倍数越大，串级控制系统的工作频率提高得越明显。当副控制器放大倍数不变时，随着 T_{01}/T_{02} 的增大，串级控制系统的工作频率也越高。

在相同衰减系数的条件下，串级控制系统的工作频率要高于单回路控制系统；另外，随着串级控制系统工作频率的提高，操作周期就可以缩短，过渡过程的时间相对也缩短，因而控制质量获得了改善。当主、副对象的特性一定时，副控制器的放大系数整定得越大，串级控制系统的快速性提高得越快。

（4）对负荷或操作条件的变化具有较强的适应性

在生产过程中，大多数被控对象具有不同程度的非线性，随着操作条件和负荷的变化，对象的增益随之变化。对于简单的控制系统而言，在一定的负荷条件下，根据系统性能指标对控制器的参数进行整定。整定好的控制器参数，只适应于工作点附近的一个小范围，如果负荷变化过大而超出这个范围，则系统的控制质量就会下降，按一定控制品质指标整定的控制器参数在单回路控制中若不采取其他措施是难以解决的。虽然可以通过控制阀的不同流量特性加以补偿，但是由于控制阀各种条件的限制，使得这种补偿作用十分有限。

对于串级控制系统而言，将具有较大非线性特性的部分对象包含在副回路中，副回路是一个随动控制系统，其设定值随主控制器的输出而变化。对象负荷变化引起副回路内各环节参数的变化，相应地也调整了副控制器的设定值，副控制器能快速跟踪，及时而又精确地控制副参数，这样可以较少影响或不影响系统的控制质量。

此外，由式（5.4）所示的等效副对象的增益为

$$K_{02}^* = \frac{K_{T2}K_z K_\mu K_{02}}{1 + K_{T2}K_z K_\mu K_{02} K_{m2}}$$

一般情况下，总有 $K_{T2}K_z K_\mu K_{02} K_{m2} \gg 1$ ，则

$$K_{02}^* \approx 1/K_{m2} \tag{5.16}$$

由式（5.16）可以看出，串级控制系统的等效副对象的增益只与负反馈回路中的检测变送环节的放大倍数有关，而与控制阀和副对象的增益无关。如果副对象增益或控制阀的特性随负荷变化，则对 K_{02}^* 的影响不大。因此，在不改变控制器整定参数的情况下，只要对检测变送环节进行线性化处理，系统的副回路就能自动地克服非线性因素的影响，保持或接近原有的控制质量，即串级控制系统对负荷变化具有一定的自适应能力。

例 5.1 某串级控制系统方框图如图 5.10 所示，图中：

$$G_{01} = \frac{1}{(30s+1)(3s+1)}, \quad G_{02} = \frac{1}{(10s+1)(s+1)^2},$$

$$G_{c1}(s) = K_{c1}\left(1 + \frac{1}{T_1 s}\right), \quad G_{c2} = K_{c2}$$

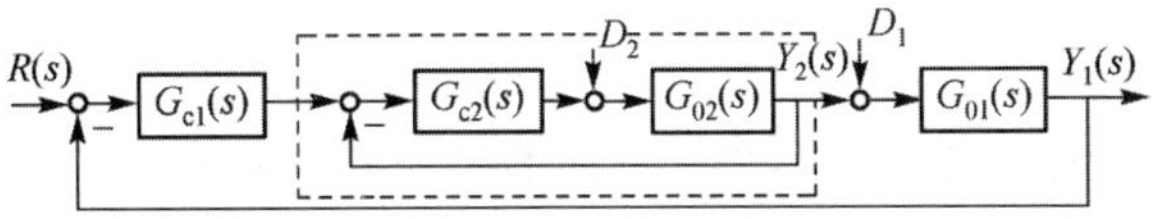

表 5.1　简单控制系统与串级控制控制系统的控制效果比较表

控制品质指标	简单控制系统 $K_{c2}=3.7$, $T_1=38$	串级控制系统 $K_{c1}=8.4$, $K_{c2}=10$, $T_1=12.8$
衰减率	0.75	0.75
余差	0	0
系统工作频率	0.087	0.23
二次干扰作用下的短期最大偏差	0.24	0.011
一次干扰作用下的短期最大偏差	0.3	0.11

图 5.10　串级控制系统方框图

系统仿真结果如表 5.1 所示。

由表 5.1 可知，当控制系统采用串级控制后，系统的控制品质得到了很大的改善，尤其是系统的快速性和抗干扰能力。

5.3　串级控制系统的设计

由串级控制系统的性能分析可知：在串级控制系统中，由于引入了一个副回路，不仅能及早克服进入副回路的扰动，而且能改善过程特性，提高系统的控制质量。但是，并不是对于所有的被控对象都需要采用串级控制系统结构，这是由于串级控制系统包括两个控制回路：主回路和副回路，系统结构复杂。另外，主、副回路中包含众多仪表，如副回路由副变量检测变送、副控制器、调节阀和副过程构成，主回路由主变量检测变送、主控制器、副控制器、调节阀、副过程和主过程构成，导致串级控制系统所用仪表较多、费用较高，且控制参数整定比较麻烦。因此，如果单回路控制系统能满足系统的工艺要求，就不需要采用串级控制方案。一般而言，串级控制系统主要用于容量滞后较大、纯延迟较大、扰动变化激烈而且幅度大、参数互相关联等复杂过程。

5.3.1　主、副回路的设计方法

1．主、副变量的选择

主变量（操纵量）是直接或者间接与生产过程运行性能密切相关，并且可以直接测量的工艺参数，因而它必须具有足够的灵敏度且符合工艺过程的合理性。在条件允许的情况下，由于质量指标最直接也最有效，因此可以选择质量指标作为主变量；或者选择一个与产品质量有单值函数关系的变量作为主变量。

副变量是维持主变量平稳而引出的中间变量，其选择应使得副回路的时间常数小，滞后不能太大，控制通道短，以保证副回路的快速性，加快系统的工作频率，提高响应速度，改善系统的控制品质。总之，必须选择一个可测的、响应灵敏的变量作为副变量，当扰动影响主变量之前就加以克服，这样可以充分发挥副回路的超前、快速作用。

以管式加热炉温度串级控制系统为例，说明系统副变量的选择过程。管式加热炉利用燃料在炉膛内燃烧时产生的高温火焰与烟气作为热源，来加热管路中流动的油品，使其达到工艺规定的温度，以供给原油或油品进行分馏、裂解和反应等加工过程中所需要的热量，保证生产正常进行。其控制的基本要求包括：

（1）将原料加热到规定的温度；

（2）不能出现局部过热或死角的现象，防止原料油在炉管内结焦，以延长管式加热炉的运转周期；

（3）在完成任务的前提下，尽量节省传热面积，降低金属消耗量；

（4）提高炉子传热效率，减少燃料消耗量；

（5）长期连续运转，不间断操作。

根据以上控制要求，为了延长加热炉的使用寿命，保持热原料油的出口温度稳定是加热炉操作中重要的控制指标，因此，选择原料油的出口温度作为主变量。可供选择的副变量有燃料油的阀前压力、燃料油的流量以及炉膛温度。控制方案如下。

方案一：如果燃料油的压力波动为生产过程中的主要干扰，选择燃料油的阀前压力作为副变量，构成温度-压力串级控制系统如图 5.11 所示。

方案二：如果燃料流量是生产过程中的主要干扰，则选择燃料油的流量作为副变量，构成温度-流量串级控制系统，如图 5.12 所示。

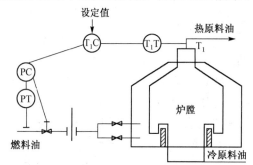

图 5.11　管式加热炉温度-压力串级控制系统（一）

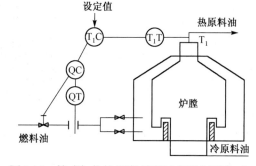

图 5.12　管式加热炉温度-流量串级控制系统（二）

如果燃料的压力和流量都比较稳定，而生产过程中原料油的流量频繁波动，或者原料油的入口温度受外界影响波动较大，则上述两种方案均不可行，因为没有将主要干扰包含在副回路中。此时，将炉膛温度作为副变量，构成如图 5.13 所示的温度-温度串级控制系统更为合理。该副回路中包含了更多的二次干扰，如燃料油热值的变化、原料油组分的变化、助燃风的流量波动、烟囱抽力的变化等。

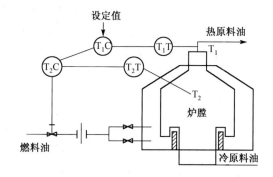

图 5.13　管式加热炉温度-温度串级控制系统

2．主、副回路的设计

串级控制系统的主回路是定值控制系统，设计过程可以按照简单控制系统设计原则进行。

副回路是随动系统，对包含在其中的二次扰动具有很强的抑制能力和自适应能力，副回路的设计原则如下：

（1）副回路应包含生产过程中变化剧烈、频繁而且幅度大的主要干扰，即将尽可能多的扰动包括在副回路中。

（2）参数的选择应保证副回路的时间常数小，使得副回路控制通道短，反应灵敏，避免出现副回路的滞后太大的现象。

需要注意的是：（1）和（2）存在明显的矛盾，若将更多的扰动包括在副回路中，其通道就越长，时间常数就越大，有可能导致副回路的滞后过大，从而影响到副回路快速控制作用的发挥，副回路控制作用就不明显了，其快速控制的效果就会降低。另外，如果所有的扰动都包括在副回路中，主控制器也就失去了控制作用。因此，在实际系统的设计中需要综合考虑（1）和（2）。

（3）将具有明显非线性或时变特性的对象作为副对象。

（4）对于需要实现精确跟踪控制的流量对象，可将流量作为副对象。

（5）副回路的设计需要考虑经济性和可实现性。

3．主、副回路工作频率的选择

设计副回路时，不仅需要考虑二次回路中尽可能包含较多的扰动，同时也需要注意主、副回路工作频率匹配的问题。副回路中包含的扰动越多，其通道就越长，等效时间常数就越大，这样会导致副回路的响应速度降低，直接影响其快速性作用的控制效果。

当副回路的等效时间常数远小于主回路等效时间常数时，串级控制系统的快速性加强；当副回路的等效时间常数与主回路等效时间常数接近时，若串级控制系统受到某种干扰的作用，主变量的变化进入副回路后会引起副对象的变化幅度增加，而副变量的变化又会传送到主回路中引起主变量的变化幅度增加，如此循环往复，使得主、副回路长时间处于波动状态，即产生共振现象。当串级控制系统发生共振时，易使系统控制品质恶化，甚至可能导致系统失控，从而产生严重的生产事故。因此，主、副回路的时间常数匹配是串级控制系统设计的关键问题之一。

二阶环节的传递函数的标准形式为

$$G_0(s) = \frac{\omega_n^2}{s^2 + 2\xi\omega_n s + \omega_n^2} \tag{5.17}$$

式中，ξ 为阻尼系数，ω_n 为自然振荡频率。

根据二阶环节的幅频特性可知，其谐振频率为

$$\omega_r = \omega_n \sqrt{1 - 2\xi^2} \tag{5.18}$$

当输入信号的频率 $\omega = \omega_r$ 时，二阶环节发生谐振且增幅最严重；当 ω 远离 ω_r 时，二阶环节的增幅现象减弱。一般而言，二阶环节的谐振区范围为

$$1/3 < \omega/\omega_r < \sqrt{2} \tag{5.19}$$

当输入信号为阶跃信号时，二阶环节的工作频率为

$$\omega_0 = \omega_n \sqrt{1 - \xi^2} \tag{5.20}$$

假设如图 5.8 所示的串级控制系统的主、副回路均为二阶振荡环节。将主、副回路单独

考虑，为了避免系统进入谐振区，由式（5.19）可知

$$\frac{\omega_{01}}{\omega_{r2}}, \frac{\omega_{02}}{\omega_{r1}} > \sqrt{2} \quad \text{或者} \quad 0 < \frac{\omega_{01}}{\omega_{r2}}, \frac{\omega_{02}}{\omega_{r1}} < \frac{1}{3} \tag{5.21}$$

式中，ω_{01}、ω_{02} 分别为主、副回路的工作频率；ω_{r1}、ω_{r2} 分别为主、副回路的谐振频率。

根据二阶环节的幅频特性可知，当阻尼系数 $\xi = 0.216$ 时，系统处于稳定状态，对于主、副回路而言，分别有 $\omega_{01} = \omega_{r1}$，$\omega_{02} = \omega_{r2}$。

对于串级控制系统而言，副回路的工作频率大于主回路的工作频率，当副回路的时间常数接近主回路的时间常数，甚至大于主回路的时间常数时，副回路虽然对改善被控过程的动态特性有益，但是副回路的控制作用缺乏快速性，不能及时有效地克服扰动对被控量的影响，严重时会出现主、副回路"共振"现象，系统不能正常工作。为了避免系统进入谐振区，由式（5.21）可知，$\omega_{02} > 3\omega_{01}$；同时，为了保证串级控制系统能有效地提高系统的动态特性，在工程上一般取 $\omega_{02} < 10\omega_{01}$。由此可得：在进行副回路设计时，为确保串级系统不受共振现象的威胁，必须注意主、副回路时间常数的匹配问题，这是保证串级控制系统正常运行的主要条件。原则上，在保证主、副回路扰动数量的前提下，它们之间的时间常数关系一般取

$$T_{01} = (3 \sim 10)T_{02} \tag{5.22}$$

式中，T_{01} 为主回路的振荡周期；T_{02} 为副回路的振荡周期。要满足式（5.22），除了在副回路的设计中加以考虑，还与主、副控制器的整定参数有关。

在实际应用中，T_{01}/T_{02} 的取值应根据对象的情况和控制系统的控制目的进行设计。如果串级控制系统的目的是为了克服对象的主要干扰，则副回路的时间常数小一点为好，只需将主要干扰包含进副回路中；如果串级控制系统的目的是为了克服对象时间常数过大和滞后，以便改善对象特性，则副回路的时间常数可适当大一些；如果想利用串级控制系统克服对象的非线性，则主、副对象的时间常数应相差得大一些。

4．主、副控制器控制规律的选择

在串级控制系统中，主回路是定值控制系统，一般要求无差；副回路是随动控制系统，允许系统有波动和静差，但是要求控制的快速性。副控制器具有"粗调"的作用，主控制器具有"细调"的作用，从而使其控制品质得到进一步提高。由于主、副回路的控制任务不同，主、副控制器的控制规律选择也有所不同。

对于主控制器，根据被控对象的特点，与单回路系统控制器的设计相同。主回路的任务是满足主变量的定值控制要求，主控制器必须加入较强的积分作用。当主变量的滞后较大，且主变量变化较为平缓时，可加入微分作用。一般情况下，选用 P 或 PI 控制；若被控对象的滞后较大，可采用 PID 控制。

对于副控制器的设计而言，由于副回路是随动系统，其设定值变化频繁，要求控制的快速性，一般不宜加 D 控制，这是因为 D 作用会使调节阀的动作过大，不利于整个系统的控制。另外，副回路的主要目的是快速克服副回路中的各种扰动，为了加大副回路的调节能力，理论上不采用 I 控制，因为若加入 I 作用，会使得副对象响应速度变慢，延长了控制过程。在实际运行中，串级控制系统有时会断开主回路，因此有时需要加入 I 作用，但是 I 作用要求较弱以保证副回路较强的抗干扰能力。这样，副控制器可采用 P 控制或者 PI 控制。

5.3.2　主、副控制器正、反作用方式的确定

保证过程控制系统正常工作应采用负反馈方式。对于串级控制系统而言，确定主、副控制器作用方式的原则是保证主、副回路均为负反馈。确定方法是：首先，根据工艺要求决定控制阀的气开、气关形式；然后，根据先副控制器、再主控制器的原则，将副回路按照单回路独立考虑，即从稳定性考虑，开环放大系数必须为"负"要求，知道副对象的符号，以及控制阀的符号，从而判定副控制器，保证副回路是负反馈的正、反作用方式；最后，根据主、副被控过程的正、反形式确定主控制器的正、反作用方式。

主、副控制器正、反作用方式主要有两种方法：逻辑推理法和判别式法。

控制器正、反作用选择的推理过程如图 5.14 所示。

判别式法中：

副回路：（副控制器±）（控制阀±）（副对象±）=（−）

主回路：（主控制器±）（副对象±）（主对象±）=（−）

符号的判定方法如下：

● 控制阀：气开型为"+"，气关型为"−"。
● 控制器：由于有比较环节，则正作用为"−"，反作用为"+"。
● 被控对象：根据工艺条件确定主、副控制对象的特性。

主、副控制器正、反作用方式选择如表 5.2 所示。

图 5.14　控制器正、反作用选择的推理过程

表 5.2　主、副控制器正、反作用方式选择

主对象	副对象	调节阀	主控制器	副控制器
+	+	+	+	+
+	+	−	+	−
−	−	+	−	−
−	−	−	−	+
	+	+		−
	+	−		+
+	−	+	+	−
+	−	−	+	+

氨氧化法是工业生产中制取硝酸的主要途径，其主要流程是将氨和空气的混合气体通入氧化炉，氨被氧化成一氧化氮。生成的一氧化氮利用反应后残余的氧气继续氧化为二氧化氮，随后将二氧化氮通入水中制取硝酸。现场经验表明，在诸多影响硝酸产率的因素中，氧化炉中的反应温度、氧化炉压力、氧化炉入口温度、氨流量是影响工艺操作和全过程经济效益的主要因素。现在选择氧化炉炉温作为主变量、氨流量作为副变量组成温度-流量串级控制系统，如图 5.15 所示。

（1）副回路控制器的选择

首先，确定调节阀。出于生产安全的考虑，当系统出现故障时，调节阀应选择气开阀。这样保证故障状态下，调节阀处于全关的状态，防止氨气继续进入氧化炉中，确保设备安全，即调节阀的放大系数为（+）。

然后，确定副对象氨流量的符号。假设存在某种干扰，调节阀的开度增大，氨流量增大，使得氧化炉内温

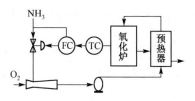

图 5.15　合成氨的硝酸生产温度-流量串级控制系统

度上升，所以副对象放大系数为（+）。

最后，确定副控制器。为了保证系统的副反馈作用，各环节的放大系数乘积必须为负，副控制器的输出必须减小，才能使调节阀开度减小，最终使流经调节阀的氨气流量减小，恢复到给定值。根据以上分析可知，为了满足调节系统的负反馈作用，副控制器的测量值增大，而输出值减小，与测量值成反比，因此副控制器为反作用。

（2）主回路控制器的选择

调节阀的开关形式保持副回路选择形式，即选为气开阀。副控制器的正反作用保持不变。设主回路测量值——氧化炉温度增加，即主控制器测量值大于给定值，先假设主控制器为正作用，控制器输出必然增大，则副控制器的给定值也增大。由于副控制器已选定为反作用，因此副控制器的输出增大，使调节阀开度增大，最终使流经调节阀的氨气流量增大，从而使氧化炉的温度更高，整个系统成为正反馈，主参数偏离给定值，由此说明主控制器的作用选择错误，应采用反方向，即主控制器是反作用。

例 5.2 图 5.16 为聚合釜温度-温度串级控制系统工艺图，副变量为夹套内水温，主变量为聚合釜的温度。系统方框图如图 5.17 所示。

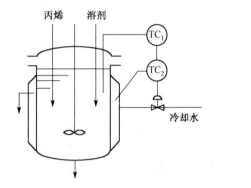

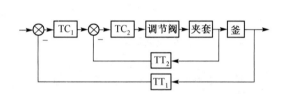

图 5.16　聚合釜温度-温度串级控制系统工艺图　　　图 5.17　聚合釜温度-温度串级控制系统方框图

由于聚合釜的温度不宜过高，因此，从安全的角度出发，一旦控制器出现故障，调节阀就应处于全开的状态，以便冷却水进入夹套中，使得聚合釜的温度降低。因此调节阀应为气关型的，即调节阀为" − "。当调节阀开度加大时，冷却水流量加大，夹套内水温降低，则副对象的放大系数为" − "。由于检测变送环节的放大系数一般为" + "，为了保证副回路为负反馈，副回路控制器的放大系数应为" + "，则副控制器为反作用控制器。随着冷却水的流量增大，夹套内水温降低，导致聚合釜内温度降低，因此主对象的放大系数为" − "。为了保证整个回路为负反馈，则主控制器的放大系数为" − "，即为正作用控制器。综上所述，主控制器为正作用，副控制器为反作用。

5.3.3　防止控制器积分饱和的措施

当控制器中存在积分作用，由于误差长时间的累积而不能消除时，系统将出现积分饱和现象，导致系统的控制品质下降甚至失控。在串级控制系统中，若主、副控制器中具有积分作用，在一定条件下可能会出现积分饱和现象，且比单回路系统的积分饱和的情况更为严重。

图 5.18 所示为管式加热炉出口温度和燃料油流量串级控制系统的运行曲线图。该串级控制系统中，主、副控制器均有积分作用。在系统运行初期或者因某一特大干扰使得原料油出

口温度的测量值在 $t=0$ 时远远低于设定值，如图 5.18（a）所示，并且即使燃料油的流量调至最大也难以很快消除偏差，此时反作用的温度控制器的输出 u_1 因积分作用而不断增大，以至于进入深度饱和，见图 5.18（b）中的 $t<t_1$ 段。流量控制器的输出 u_2 也因其设定值超过极限值，并在自身积分控制作用下进入深度饱和，导致控制阀全开，见图 5.18（c）中的 $t<t_1$ 段。随着出口温度 T 的升高，到达 t_2 时刻，主控制器输出才退出饱和。但是副控制器因主控制器输出超过极限值并依旧处于饱和状态，阀门仍然全开，因此出口温度继续上升，见图 5.18 中的 $t_2<t<t_3$ 段。到达 t_3 时刻，副控制器才退出饱和状态，进而对阀门实施控制。由图 5.18 所示的曲线可以看出，串级控制系统因积分饱和而造成的失控时间段（$\Delta t_{串}=t_3-t_1$）要比单回路控制系统因积分饱和而造成的失控时间段（$\Delta t_{串}=t_2-t_1$）长，因此必须有效地防止。

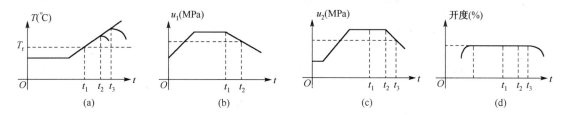

图 5.18　串级系统积分饱和现象图

1. 主控制器中有积分作用

当主控制器中存在积分作用，而副控制器只是比例作用时，出现积分饱和的条件与单回路控制系统相同，只要在主控制器的反馈回路中加一个间歇单元即可有效防止积分饱和现象，如图 5.19 所示。

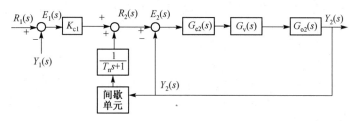

图 5.19　主控制器防积分饱和原理图

系统正常工作时，副回路输出 Y_2 应该不断地跟踪副回路输入 R_2，即有 $Y_2(s)=R_2(s)$，此时主控制器的输出为

$$R_2(s)=K_{c1}E_1(s)+\frac{1}{(T_n s+1)}Y_2(s)$$

主控制器具有 PI 控制作用，与通常采用主控制器输出 R_2 作为正反馈信号时一致，即

$$R_2(s)=K_{c1}\left(1+\frac{1}{T_n s}\right)E_1(s)$$

当副回路由于某种原因而出现长期偏差，即 $R_2\neq Y_2(s)$ 时，有

$$R_2(s)=K_{c1}E_1(s)+\frac{1}{T_n s+1}Y_2(s)$$

主控制器的输出 R_2 与输入信号之间为比例关系，此时 Y_2 只是主控制器输出的一个偏差

值。在稳态时有，$r_2 = K_{c1}e_1 + y_2$，即 r_2 不会因副回路偏差的长期存在而产生积分饱和。

2．副控制器中有积分作用

当副控制器中有积分作用，主控制器仅为比例控制时，副控制器防止积分饱和的方法和单回路控制系统一样，采用外部积分反馈法，其原理框图如图5.20所示。

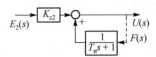

图 5.20　副控制器防积分饱和原理框图

3．主、副控制器中有积分作用

当主、副控制器中均有积分作用时，串级控制系统的积分饱和现象比单回路控制系统要严重得多，失控范围也更大。串级控制系统的抗积分饱和可以采用如图5.21所示的方框图。

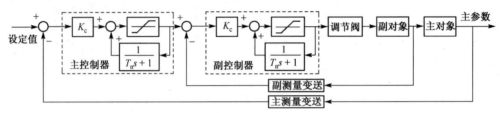

图 5.21　防积分饱和方框图

5.4　串级控制系统的控制器参数整定

串级控制系统的参数整定原则是：先副回路，后主回路。一般而言，副回路的控制要求不高，因此可以参照经验法一次整定；主回路控制器参数整定与单回路整定的方法类似。控制器参数整定主要有以下三种方法。

1．逐次逼近法

该方法的理论依据是，由于主、副对象的时间常数相差很大，则主、副回路的工作频率差别很大，当副回路整定好以后，将副回路视作主回路的一个环节来整定主回路时，可以认为对副回路的影响很小，甚至可以忽略。当副控制器整定好以后，再去整定主控制器时，虽然多少会影响副变量的控制品质，但只要保证主变量的控制品质，副变量的控制品质差一点也是允许的。串级控制系统如图5.3所示，逐次逼近法的步骤如下。

（1）先整定副控制器 $G_{T2}(s)$。在第一次整定副控制器时，断开主环，即按副回路单独工作时的单回路系统来整定 $G_{T2}(s)$ 的参数，记作 $[G_{T2}(s)]_1$。

（2）在主控制器为"手动"、副回路为闭环的情况下，根据 $[G_{T2}(s)]_1$ 来整定主控制器 $G_{T1}(s)$。由图5.7可写出串级控制系统的特征方程式

$$1 + G_{T1}(s)\frac{G_{T2}(s)G_{02}(s)}{1 + G_{T2}(s)G_{02}(s)G_{m2}(s)}G_{01}(s)G_{m1}(s) = 0 \tag{5.23}$$

此时等效控制对象的传递函数为

$$G_{01}^*(s) = \frac{G_{T2}(s)G_{02}(s)G_{01}(s)G_{m1}(s)}{1 + G_{T2}(s)G_{02}(s)G_{m2}(s)} \tag{5.24}$$

按单回路系统整定方法求出主控制器的参数，记作 $[G_{T1}(s)]_1$。

（3）根据步骤（2）得到的 $[G_{T1}(s)]_1$，采用单回路整定参数的工程整定方法（如动态响应法），来整定副控制器 $G_{T2}(s)$。

由图 5.8 写出串级控制系统的特征方程式为

$$1+G_{T2}(s)[G_{02}(s)G_{m2}(s)+G_{T1}(s)G_{02}(s)G_{01}(s)G_{m1}(s)]=0 \qquad （5.25）$$

可得此时等效控制对象为 $\qquad G_{02}^*(s)=G_{02}(s)G_{m2}(s)+G_{T1}(s)G_{02}(s)G_{01}(s)G_{m1}(s) \qquad （5.26）$

然后，根据单回路系统的整定方法求出副控制器的参数，记为 $[G_{T2}(s)]_2$。

（4）如果 $[G_{T2}(s)]_2$ 的参数值与步骤（1）得到的 $[G_{T2}(s)]_1$ 的参数值基本相同，那么整定就告完成。两个控制器的整定参数分别为步骤（1）和（2）中求得的参数。否则应根据 $[G_{T2}(s)]_2$ 重复步骤（2）、（3），直到出现两次整定结果基本相同时为止。

由于该整定方法烦琐，在工程实践中很少采用。

2．两步整定法

两步整定法的理论依据是，主、副对象的时间常数相差很大，导致主、副回路的工作频率差别很大，当串级系统中副回路的控制过程比主回路快得多时，可按先副控制器、再主控制器的整定过程分别独立整定主、副控制器参数。当副回路整定好以后，将副回路视作主回路的一个环节来整定主回路时，可认定对副回路的影响很小，甚至可以忽略。当副控制器整定好以后，再去整定主控制器时，虽然会影响副变量的控制品质，但只要保证主变量的控制品质，副变量的控制品质就允许有一定的偏差。两步整定法的具体步骤如下：

（1）在生产工艺稳定，主、副回路都处于闭合的情况下，主、副控制器均采用纯比例控制，且将主控制器的比例度 δ_1 置为100%。采用衰减曲线法整定副回路控制器参数。例如，采用 4∶1 衰减曲线法，求得副控制器在 4∶1 衰减过程下的比例度 δ_2 和振荡周期 T_{2s}。

（2）在副控制器的比例度为 δ_2 的情况下，将副回路等效为主回路的一个环节，采用同样的方法整定主回路，求得副控制器的比例度 δ_{1s} 和振荡周期 T_{1s}。

（3）根据求得的 δ_2、T_{2s} 和 δ_{1s}、T_{1s}，结合主、副控制器的选型，按照单回路控制系统的参数整定的经验公式，计算出主、副控制器的最佳比例度、积分时间和微分时间。

（4）按照"先副后主""先比例再积分后微分"的顺序，将整定后的系统投入运行，观察过渡过程曲线，对系统再次做适当的调整，直至控制系统性能满足要求。

3．一步法

两步整定法虽然比逐次逼近法简便得多，但是仍然要分两步进行整定，两次寻求 4∶1 的衰减振荡过程，因此仍然比较麻烦。一步法是在工程实践中发现的，是根据经验先确定副控制器的比例度，然后按照单回路控制系统的整定方法整定主控制器的参数。其理论依据在于，如果将串级控制系统中的副回路等效为一个完成"粗调"任务的控制器，则可将整个串级控制系统看作两个控制器串联的单回路控制系统。具体步骤如下：

（1）根据副对象的特性或经验整定副控制器的比例带，使副回路按纯比例控制运行。常见副控制器比例带的取值如表 5.3 所示。

表 5.3　常见副控制器比例带的取值

副对象	放大增益 K_{c2}	比例度 δ_2(%)
温度	1.7 ~ 5	20 ~ 60
压力	1.4 ~ 3	30 ~ 70
流量	1.25 ~ 2.5	40 ~ 80
液位	1.25 ~ 5	20 ~ 80

（2）将系统投入串级控制状态运行，按照单回路控制系统的参数整定方法对主控制器进行参数整定，使主变量的控制品质最佳。

5.5 串级控制系统的应用实例

根据前面对串级控制系统的分析，其特点主要有：

（1）在系统结构上，它是由两个串联工作的控制器构成的双闭环控制系统，其中主回路是定值控制，副回路是随动控制。

（2）串级控制系统中引入副回路，提高了系统抗干扰能力，尤其是大大克服了二次扰动对系统被调量的影响。

（3）引入副回路，提高了整个系统的响应速度，同时，由于副回路改善了对象的动态特性，因此，加大了主控制器的增益，由此提高了系统的工作频率。

（4）串级控制系统对负荷或者操作条件的变化具有一定的自适应能力，其原因在于：由于副回路的作用，使得等效对象的增益接近常数，因此提高了系统的自适应能力。

基于以上特点，串级控制系统主要应用于对象滞后和时间常数很大、干扰作用强而频繁、负荷变化大、对控制质量要求较高的场合。尽管串级控制系统应用广泛，但是必须根据具体情况，充分利用其优点进行系统设计，才能具有良好的控制效果。不能因为串级控制系统比单回路控制系统的优点多，而对所有的被控对象采用串级控制，而摒弃单回路控制。由于在实际应用过程中，串级控制涉及仪表众多、费用高、参数整定复杂等问题，因此能用单回路控制解决的问题，尽量不用串级控制。下面列举了一些串级控制系统实例，来说明其特点。

1. 用于克服被控过程纯滞后

对于一般的工业对象而言，均具有容量纯滞后，控制器的微分作用无能为力。特别是，当被控量是温度等变量时，若控制要求较高，则采用单回路控制系统不能满足生产工艺的要求。此时可以采用串级控制系统，在一定的程度上，可以利用副回路的作用，提高系统的工作频率，改善由于纯滞后对系统控制品质的影响，由此加快系统的响应速度。此时，可以在控制阀附近且滞后较小的地方，选择相应的副变量，将干扰包括在副回路中。这样，可以利用副回路通道短、响应速度快的特点，缩短控制系统的过渡时间，克服被控过程的容量滞后，提高系统的控制品质。

图 5.22 为纺丝胶液压力系统，纺丝胶液由计量泵（执行器）输送至板式热交换器中进行冷却，再送往过滤器滤去杂质后送至喷丝头喷丝。工艺要求过滤前的胶液压力稳定在 0.25 MPa，由于胶液粘度大，由计量泵到过滤器前的距离较长，纯滞后大，因此单回路控制系统不能满足工艺要求。因此，在离调节阀较近、纯滞后较小的地方，选择计量泵后压力为副变量，构成压力-压力串级控制系统。

2. 用于抑制变化剧烈且幅度较大的扰动

串级控制系统对进入副回路的二次干扰具有很强的克服能力，因此，将变化剧烈、幅度较大的干扰包含在副回路中，并将副控制器的比例增益系统整定得较大，这样将使得干扰在影响主变量之间经过副回路的超前、快速的抑制，将这类干扰对主变量的影响降至最小。

如图 5.23 所示是快装锅炉三冲量液位系统。汽包锅炉给水自动控制的任务是，使锅炉的给水量适应锅炉的蒸发量，以维持汽包水位在规定的范围内。汽包水位过高，会影响汽包内汽水分离装置的正常工作，造成出口蒸汽水分过多而使过热器管壁结垢，容易烧坏过热器，同时也会使过热汽温产生急剧变化，直接影响机组运行的安全性和经济性。汽包水位过低，则可能破坏锅炉水循环，造成水冷壁管烧坏而破裂。该系统的工艺要求是控制汽包液位。由于快装锅炉容量小，蒸汽流量与水压变化频繁且剧烈，因此将蒸汽流量作为副变量，构成快装锅炉三冲量液位-流量串级控制系统。串级系统的主、副控制器的任务不同，主控制器保证水位无静差，输出信号和给水流量、蒸汽流量信号都作用到副控制器。副控制器的任务是消除给水压力波动等因素引起的给水流量的自发性扰动，以及当蒸汽负荷改变时迅速控制给水流量，以保证给水流量和蒸汽流量平衡。

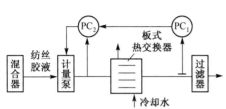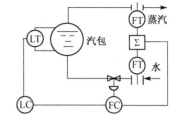

图 5.22　纺丝胶液压力-压力串级控制系统　　　图 5.23　快装锅炉三冲量液位-流量串级控制系统

3. 用于自校正设定值

串级控制系统中，副回路的输入由主控制器的输出提供，而主控制器的输出是随着主变量的变化而变化的。因此，对于一类被控量的设定值需要跟随另一变量变化时，可以利用串级控制系统副回路是随动系统的特点，将需要跟随的变量作为副变量，工艺操作条件作为主变量，设计串级控制系统用于被控变量的自校正设定值。

图 5.24 所示为炼油厂催化裂化装置。为了防止催化剂从进料器顶上吹出，并防止催化剂落至加料器底部阻塞管道和容器，造成事故，一次风量必须随着一次风压的变化不断校正，因此以一次风压为主变量，一次风量为副变量，构成风压-风量串级控制系统，满足被控风量的给定值需要根据工艺情况经常改变的工艺要求。

4. 用于克服被控过程的非线性

非线性是一般工业对象的主要特点，当负荷发生变化时，会引起工作点的移动，使被控对象的特性发生改变。由于副回路的作用，串级控制系统对于操作条件和负荷变化具有一定的自适应能力，在运行过程中，一旦负荷发生变化引起副对象的特性发生改变，这种非线性所引起的系统控制品质的变化将会抑制在副回路中。只要主对象是线性的，整个系统的控制品质就基本不变。

图 5.25 所示的合成反应器系统中，换热器是一个非线性系统。负荷或者操作条件改变导致过程特性发生改变，若实施单回路控制，需要随时改变控制器的整定参数以保证系统的衰减率不变。因此，设计温度-温度串级控制系统，将非线性环节——换热器包含在副回路中，负荷的变化所引起的对象非线性影响就被副回路本身所克服，可自动调整副控制器的给定值，这样对主变量的影响很小。

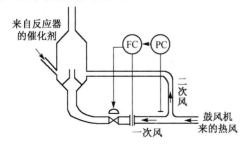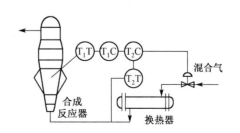

图 5.24　炼油厂催化裂化装置　　　　　图 5.25　合成反应器温度-温度串级控制系统

5.6 串级控制的 MATLAB 仿真

相比单回路控制，串级控制在主回路内增加了一个副回路，从而对包含在副回路中的二次干扰有很强的抑制作用，同时可显著缩短副回路的时间常数，提高系统的工作频率。

本节给出串级控制系统的 Simulink 仿真实例，以此说明串级控制的结构形式及其较单回路控制的优势所在。

设某工业过程由如下主副被控对象串联而成：

$$G_{p1}(s) = \frac{1}{(30s+1)(3s+1)}, \quad G_{p2}(s) = \frac{1}{(10s+1)(s+1)^2} \tag{5.27}$$

以下利用 MATLAB 中的 Simulink 工具分别建立对该被控对象进行单回路控制和串级控制的模型，并通过模型仿真说明串级控制在抑制二次干扰和一次干扰上较单回路控制的优势。

1．单回路控制

首先建立的是单回路控制系统，其 Simulink 仿真模型如图 5.26 所示。

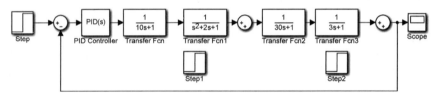

图 5.26　单回路 PID 控制系统仿真模型

仿真模型中 PID 控制器采用 Ideal 型，即

$$P\left(1 + I\frac{1}{s} + D\frac{N}{1 + N\frac{1}{s}}\right) \tag{5.28}$$

通过 PID 模型设置窗中的"Tune…"按钮，可调用 MATLAB 中 PID 参数自整定功能，整定结果为 $P=1.9493$，$I=0.0311$，$D=4.7343$，$N=5.6465$。此种 PID 参数配置下，系统对输入的单位阶跃响应性能为：上升时间 28.1 s，调节时间 101 s，超调 4.15%，增益裕度 21.6 dB，相位裕度 69°。完成 PID 参数整定后，分别在 100 s 时对系统施加单位阶跃的二次扰动（图 5.26 中的 Step1）或一次扰动（图 5.26 中的 Step2），系统跟随给定和抗二次及一次干扰的能力如图 5.27 所示。

由图 5.27 可见，在 PID 控制作用下，单回路系统具有良好的输出跟随给定能力。对一次和二次干扰也有一定的抑制作用。但扰动对系统的影响大，系统恢复时间长。

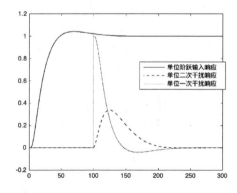

图 5.27　单回路系统的跟随和抗扰能力

2．串级控制

对式（5.27）所示被控对象采用串级控制的 Simulink 仿真模型如图 5.28 所示。

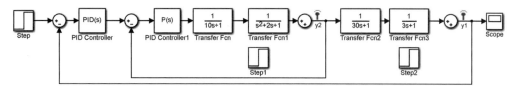

图 5.28　串级控制系统仿真模型

鉴于串级控制中对副回路的控制品质要求不高，仅出于加快调节，尽快抑制二次干扰的目的才引入副回路，所以本例中副回路控制器（图 5.28 中的 PID Controller1 模块）选用纯 P 形式；主回路控制器（图 5.28 中的 PID Controller 模块）仍采用式（5.28）的 Ideal 型 PID 形式。

分析该被控系统主副对象的动态特性（见图 5.29），若以一阶惯性环节来近似主副对象，二者的近似惯性时间常数约为 34.35 s 和 12.78 s，相差不大（2.5 倍左右）。对于这样的串级控制系统的参数整定，严格说应采用逐步逼近法。本例出于仅验证串级控制的抗扰能力的目的，为简单起见，采用两步法整定主副控制器的参数。首先单独调整副回路，然后将副回路投入主回路中，再调整主回路。

仍用 PID 模块中的 Tune 功能，副回路的参数整定结果为 $P=4.8$。在此基础上，经微调后，选定 $P=4.3$，此时副对象输出的单位阶跃响应衰减比可达 $10:1$。

主回路的 PID 参数整定经 Tune 功能计算，结果为：$P=2.75$，$I=0.04$，$D=4.12$，$N=6.63$。此种 PID 参数配置下，系统对输入的单位阶跃响应性能为：上升时间 24.2 s，调节时间 95.4 s，超调 6.23%，增益裕度 18.3 dB，相位裕度 69°。

仍采用单回路仿真中的干扰，即分别在 100 s 时对系统施加单位阶跃的二次扰动或一次扰动，则系统跟随给定和抗二次和一次干扰的能力如图 5.30 所示。为与单回路控制效果相比较，图 5.30 中叠加了图 5.27 所示单回路控制的效果。观察图 5.30 可发现，在串级控制下，系统跟随响应较单回路稍快（副回路的引入减小了对象的时间常数），对一次干扰的抑制也稍快，最为明显的是对二次干扰的抑制作用：串级控制下，对于同样幅度的二次干扰，系统受影响的幅度小（由单回路的峰值 0.33 下降到串级控制的 0.13，接近 60%的降幅），且抑制干扰的速度快。

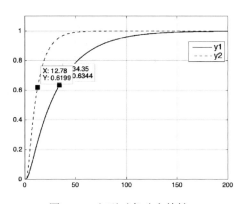

图 5.29　主副对象动态特性

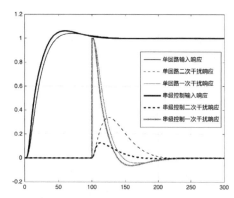

图 5.30　串级控制系统的跟随和抗扰能力

本 章 小 结

1．掌握串级控制系统的基本概念、结构及工作原理。

2．从理论上分析串级控制系统的特点。

（1）串级控制系统对进入副回路的扰动有很强的克服能力。

（2）由于副回路的存在，减小了对象的时间常数，提高了系统响应速度。

（3）提高系统的工作频率，改善了系统控制质量。

（4）串级系统有一定的自适应能力。

3．掌握串级控制系统的设计方法，包括：

（1）主、副回路的设计原则

① 主变量的选择和主回路的设计，与单回路控制系统设计原则是一致的。

② 副回路设计时，应包含被控对象所受到的主要干扰；参数的选择应使副回路的时间常数小，控制通道短，反应灵敏；主、副回路工作频率应适当匹配。

（2）主、副控制器的选型

（3）主、副控制器正反作用的选择

4．掌握串级控制系统的整定方法：逐步逼近法、两步整定法和一步整定法。

5．掌握串级控制系统的实际应用设计。

习　　题

5.1　如题 5.1 图所示的管式加热炉出口温度控制系统，主要扰动来自燃料流量的波动。试分析：

（1）该系统是一个什么类型的控制系统？画出系统实施方案图和方框图。

（2）确定调节阀的气开、气关形式，并说明原因。

5.2　题 5.2 图所示为某轧钢加热炉燃烧温度串级控制系统，如何设计一个过程控制系统来保持加热炉温度控制的稳定，画出系统实施方案图和方框图，并说明工作过程。

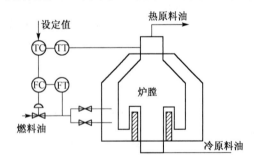

题 5.1 图　管式加热炉温度-流量串级控制系统

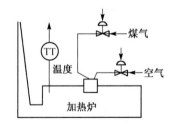

题 5.2 图　轧钢加热炉燃烧温度系统

5.3　题 5.3 图所示的氨冷器控制系统中，用液氨冷却铜液，要求出口铜液温度恒定。为保证氨冷器内有一定的汽化空间，避免液氨带入冰机造成事故，采用温度-液位串级控制。试问：

（1）该串级控制系统的主、副被控变量是什么？

（2）试设计一个温度-液位串级控制系统，画出系统实施方案图和方框图；

（3）确定气动调节阀的气开、气关形式，并说明原因；

（4）确定主、副控制器的正、反作用。

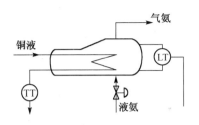

题 5.3 图　氨冷器控制系统

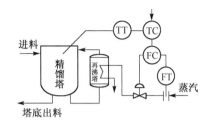

题 5.4 图　串级控制系统

5.4　题 5.4 图所示为精馏塔塔釜温度与蒸汽温度的串级控制系统。生产工艺要求一旦发生重大事故，就立即停止蒸汽的供应。要求：

（1）画出控制系统的方框图；

（2）确定调节阀的气开、气关形式，以及主、副控制器的正、反作用方式。

（3）若主控制器采用 PID 控制，副控制器采用 P 控制，按 4 : 1 衰减曲线法测得 $\delta_{1s} = 80\%$ ，$T_{1s} = 10\ \text{min}$ ，$\delta_{2s} = 44\%$ ，$T_{2s} = 20\ \text{s}$ ，请采用两步整定法求主、副控制器的参数。

（4）当蒸汽压力突然增加时，简述控制系统的控制过程。

第6章 特殊控制方法

现代工业生产中，对有些过程复杂、控制要求高、控制任务特殊的生产过程，需要开发和应用专门的过程控制系统。其中常用的有比值控制系统、均匀控制系统、分程控制系统、选择性控制系统和阀位控制系统等。

本章详细介绍这些控制系统的基本原理、结构、设计以及工程应用。

6.1 比值控制系统

6.1.1 比值控制系统的基本概念

在化工、炼油等许多工业生产过程中，工艺操作中常常要求两种或两种以上的物料保持一定的比例关系，一旦比例失调，就会影响产品的质量以及生产的正常进行，甚至会造成生产事故。例如，在锅炉燃烧过程中，要保持送进炉膛的空气量和燃料量成一定的比例，以保证燃烧的经济性，若空气过量，大量的热量会随烟气而损失；若空气不足，燃料不能充分燃烧而造成浪费，还会产生环境污染。又如，在重油气化的造气生产过程中，进入气化炉的氧气和重油流量应保持一定的比例，若氧油比过高，会因炉温过高而使喷嘴和耐火砖烧坏，严重时甚至会引起炉子爆炸；若氧量过低，则因生成的炭黑增多，会发生堵塞现象。

凡实现两个或两个以上参数维持一定比例关系的控制系统，称为比值控制系统。由于过程工业中大部分物料都是以气态、液态或混合的流体状态在密闭管道、容器中进行能量传递与物质交换的，所以保持两种或几种物料的比例实际上是保持两种或几种物料的流量比例关系，因此比值控制系统一般是指流量比值控制系统。

在需要保持比值关系的两种物料中，必有一种物料处于主导地位，这种物料称为主物料，表征这种物料的参数称为主动量，也常称为主流量，用 Q_1 表示；而另一种物料按主物料进行配比，在控制过程中随主物料而变化，因此称为从物料，表征其特性的参数称为从动量或副流量，用 Q_2 表示。比值控制系统就是要实现 Q_2 与 Q_1 成一定比值关系：

$$K = Q_2 / Q_1 \tag{6.1}$$

在实际的生产过程控制中，比值控制系统除了实现一定的物料比例关系外，还能起到在扰动量影响到被控过程质量指标之前及时控制的作用，具有前馈控制的实质。

6.1.2 比值控制系统的分析

比值控制系统按比值的特点可分为定比值和变比值控制系统。两个或两个以上参数之间的比值是通过改变比值器的比值系数来实现的，一旦比值系数确定，系统投入运行后，此比值系数将保持不变（为常数），具有这种特点的系统称为定比值控制系统。如果生产上因某种需要对参数间的比值进行修正时，需要人工重新设置新的比值系数，这种系统的结构一般比较简单。两个或两个以上参数之间的比值不是一个常数，而是根据另一个参数的变化而不断地修正，具有这种特点的系统称为变比值控制系统。这种系统的结构一般比较复杂。

1. 定比值控制系统

定比值控制系统可分为开环比值控制系统、单闭环比值控制系统和双闭环比值控制系统三类。

（1）开环比值控制系统

这是一种结构最简单的比值控制系统，其工艺流程图和原理方框图如图 6.1 所示。其中FT 为测量变送器，FC 为比值控制器。

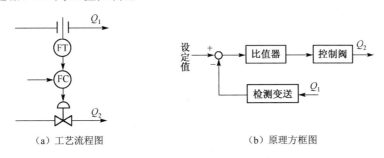

（a）工艺流程图　　　　　　　　　（b）原理方框图

图 6.1　开环比值控制系统

系统在稳定状态时，两物料的流量满足 $Q_2 = KQ_1$ 的关系。当主流量 Q_1 由于受到干扰而发生变化时，比值控制器根据 Q_1 对设定值的偏差情况，按比例去改变控制阀的开度，使副流量 Q_2 与变化后的 Q_1 仍保持原有的比例关系。但当 Q_2 因管线压力波动等原因而发生变化时，由于系统中 Q_2 无反馈校正，Q_1 与 Q_2 的比值关系将遭到破坏，也就是说 Q_2 本身无抗干扰能力，因此开环比值控制系统仅适用于副流量较平稳且流量比值要求不高的场合。而实际生产过程中，Q_2 的干扰常常是无法避免的，因此该方案虽然结构简单，但一般很少应用。

（2）单闭环比值控制系统

为了克服开环比值控制系统的不足，在上述系统的基础上，增加了一个副流量的闭环控制回路，从而组成了单闭环比值控制系统。其工艺流程图和原理方框图如图 6.2 所示，

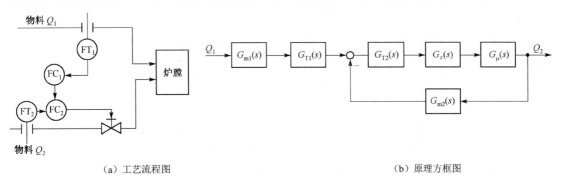

（a）工艺流程图　　　　　　　　　（b）原理方框图

图 6.2　单闭环比值控制系统

由图 6.2 可见，在稳定状态下两种物料能满足工艺要求的比值，即 $Q_2 / Q_1 = K$（K 为常数）。当 Q_1 不变，而 Q_2 受到扰动时，则可通过副流量的闭合回路进行定值控制。主流量控制器 $G_{T1}(s)$ 的输出作为副流量的给定值 。当 Q_1 受到扰动时，$G_{T1}(s)$ 则按预先设置好的比值使其输出成比

例变化，即改变 Q_2 的给定值，副控制器 $G_{T2}(s)$ 根据给定值的变化，发出控制命令以改变控制阀的开度，使 Q_2 跟随 Q_1 而变化，从而保证原设定的比值不变。当主、副流量同时受到扰动时，$G_{T2}(s)$ 在克服副流量扰动的同时，又根据新的给定值改变控制阀的开度，使主、副流量在新的流量数值基础上保持其原设定值的比值关系。

可见，单闭环比值控制系统不但可以实现副流量跟随主流量的变化而变化，而且还可以克服副流量本身干扰对比值的影响，能够确保主、副两个流量的比值不变。同时，系统的结构比较简单，方案实现起来方便，仅用一只比值器或比例控制器即可，因而在工程上得到了广泛的应用。

当然，单闭环比值控制系统仍然存在一些缺点。方案中主流量是可变的，因此使得总的物料量不固定，这在有些生产过程中是不允许的。另外，当主流量受到干扰出现大幅度波动时，副流量难以跟踪，控制过程中主、副流量的比值会较大地偏离工艺要求的流量比。因此，单闭环比值控制系统适用于负荷变化不大，主流量不可控，两种物料间的比值要求较精确的生产过程。

（3）双闭环比值控制系统

为了克服单闭环比值控制系统中主流量不受控制而引起的不足，在单闭环控制的基础上增设一个主流量控制回路，从而构成了双闭环比值控制系统，如图 6.3 所示。

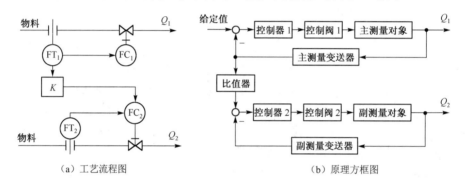

（a）工艺流程图　　　　　　　　　　　　（b）原理方框图

图 6.3　双闭环比值控制系统

由于主流量控制回路的存在，双闭环比值控制系统能克服主流量扰动，实现其定值控制。副流量控制回路能抑制作用于副回路中的扰动，使副流量与主流量成比值关系。当扰动消除后，主、副流量都恢复到原设定值上，其比值不变，并且主、副流量变化平稳。当系统需要升降负荷时，只要改变主流量的设定值，主、副流量就会按比例同时增加或减小，从而克服上述单闭环比值控制系统的缺点。

基于以上优点，双闭环比值控制系统常用于主、副流量扰动频繁，工艺上经常需要升降负荷，同时要求主、副物料总量恒定的生产过程。

在采用双闭环比值控制方案时，需要防止共振的产生。因主、副流量控制回路通过比值计算装置相互联系着，当主流量进行定值调节后，其幅值的变化肯定大大减小，但变化的频率往往会加快，使副流量的给定值经常处于变化之中。当它的频率和副流量回路的工作频率接近时，有可能引起共振，使副回路失控以致系统无法投入运行。在这种情况下，对主流量控制器的参数整定应尽量保证其输出为非周期变化，以防止产生共振。

2．变比值控制系统

在生产上，维持两种流量比值恒定往往不是控制的最终目的，仅仅是保证产品质量的一种手段。前面提到的各种定比值控制方案只能克服流量干扰对比值的影响，当系统中存在着除流量干扰外的其他干扰，如温度、压力、成分以及反应器中触媒活性变化等干扰时，为了保证产品质量，必须适当修正两物料的比值，即重新设置比值系数。这些干扰往往是随机的，干扰幅值又各不相同，显然无法用人工方法经常去修正比值系数，定比值控制系统也就无能为力了。因此，出现了按照一定工艺指标自行修正比值系数的变比值控制系统。它的一般结构如图 6.4 所示。

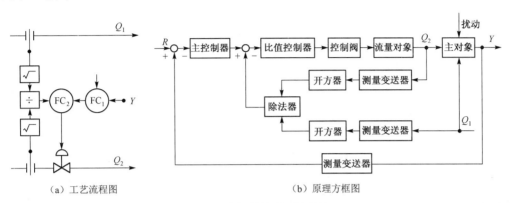

（a）工艺流程图　　　　　　　　　（b）原理方框图

图 6.4　变比值控制系统结构

图 6.4 中流量检测应用的是差压变送器，为得到线性的流量信号而在差压变送器后加上了开方器。

在稳定状态下，主、副流量 Q_1、Q_2 恒定（即 $Q_2/Q_1 = K$ 为某一定值），它们分别经测量变送器、开方器运算后，送除法器相除，其输出表征了它们的比值，同时又作为比值控制器 FC_2 的测量值。此时表征最终质量指标的主参数 Y 是稳定的，主控制器 FC_1 的输出信号也稳定不变，且和比值测量信号相等，比值控制器输出也稳定，副流量阀门稳定于某一开度，产品质量合格。

当系统中出现除流量扰动外的其他扰动引起主参数 Y 变化时，通过主反馈回路使主控制器输出发生变化，修改两流量的比值，以保持主参数稳定。对于进入系统的主流量 Q_1 扰动，由于比值控制回路的快速随动跟踪，使副流量按 $Q_2 = KQ_1$ 的关系变化，以保持主参数 Y 稳定，它起了静态前馈作用。对于副流量本身的扰动，同样可以通过自身的控制回路克服，它相当于串级控制系统的副回路。因此，这种变比值控制系统实质上是一个以某种质量指标 Y 为主参数，两物料比值为副参数的串级控制系统，所以也称串级比值控制系统。

在变比值控制方案中，选取的第三参数主要是衡量质量的最终指标，而流量间的比值只是参考指标和控制手段。因此在选用这种方案时，必须考虑到作为衡量质量指标的第三参数是否可能连续地测量变送，否则系统将无法实施。由于变比值控制具有第三参数自动校正比值的优点，伴随着质量检测仪表的发展，这种方案可能会在生产上越来越多地得到应用。

需要注意到一点：上面提到的变比值控制方案中是用除法器来实现的，实际上还可采用其他运算单元如乘法器来实现。同时从系统的结构看，上例是单闭环变比值控制系统，如果工艺控制需要，也可构成双闭环变比值控制系统。

6.1.3　比值控制系统设计

在设计比值控制系统时，主要做以下工作。

1．主、副流量的确定

确定主、副流量的原则是：

（1）在工业生产过程中起主导作用的物料流量一般选为主流量，其他的物料流量选为副流量，其副流量跟随主流量变化。

（2）在工业生产过程中不可控的或者工艺上不允许控制的物料流量一般选为主流量，而可控的物料流量选为副流量。

（3）在生产过程中较昂贵的物料流量可选为主流量，这样不会造成浪费且可以提高产量。

（4）按生产工艺的特殊要求确定主、副物料流量。

2．控制方案的选择

比值控制有多种控制方案。在具体选用控制方案时，应分析各种方案的特点，根据不同生产工艺情况、负荷变化、扰动特性、控制要求和经济性等进行具体分析，选择合适的比值控制方案。

如果工艺上仅要求两物料流量之比值一定、负荷变化不大、主流量不可控，则可选单闭环比值控制方案。又如，在生产过程中，主、副流量扰动频繁，负荷变化较大，同时要保证主、副物料流量恒定，则可选用双闭环比值控制方案。再如，当生产要求两种物料流量的比值能灵活地随第三个参数的需要进行调节时，可选用串级比值控制方案。

3．控制器控制规律的确定

比值控制系统控制器的控制规律是根据不同的控制方案和控制要求确定的。

（1）单闭环比值控制系统中，闭合回路外的控制器 $G_{T1}(s)$ 接收主流量的测量信号，仅起比值计算作用，故可选 P 控制规律或采用一个比值器；从动回路控制器 $G_{T2}(s)$ 起比值控制和稳定副流量的作用，故选 PI 控制规律。

（2）双闭环比值控制系统中，两流量不仅要保持恒定的比值，而且主流量要实现定值控制，其结果副流量的设定值也是恒定的，所以两个调节器均应选 PI 控制规律。

（3）串级（变）比值控制系统具有串级控制系统的一些特点，其控制器控制规律可以根据串级控制系统的选择原则确定，主控制器选 PI 或 PID 控制规律，副控制器选用 P 控制规律。

4．流量计或变送器的选择

流量测量是比值控制的基础，各种流量计都有一定的适用范围（一般正常流量选择在满量程的70%左右），必须正确选择使用。变送器的零点及量程的调整都是十分重要的，具体选用时可参考有关设计资料手册。

6.1.4　比值控制系统的实施

1．比值系数的折算

比值控制系统的任务是将两个物料进行工艺上的配比，维持两物料质量或体积流量比 K 为一定比例关系，而通常所用的组成比值控制系统的单元组合式仪表使用的是统一的标准信号。显然，要实现流量比值控制，必须把工艺上的比值 K 折算成仪表上的比值系数 K'，并正确地设置在相应的仪表上。如何在系统中实现这个比值，与系统中采用哪种类型的检测、控制仪表有关。下面以国际标准信号制即传输信号 4～20 mA DC 为例，说明比值系数的折算方法。

（1）流量与测量信号成线性关系

当选用线性流量计，如转子流量计、涡轮流量计或椭圆齿轮流量计等来测量流量时，变送器输出信号与被测流量成线性关系。当流量从 $0 \sim Q_{max}$ 变化时，其对应于流量变送器的输出信号为 $4 \sim 20$ mA DC，则流量的任一中间值 Q 所对应的电流为

$$I = \frac{Q}{Q_{max}} \times 16 + 4 \tag{6.2}$$

则有

$$Q = (I - 4)Q_{max} / 16 \tag{6.3}$$

由上式可得工艺要求的流量比值：

$$K = \frac{Q_2}{Q_1} = \frac{I_2 - 4}{I_1 - 4} \cdot \frac{Q_{2max}}{Q_{1max}} \tag{6.4}$$

式中，Q_{1max}、Q_{2max} 分别为主、副流量变送器的最大量程。

折算成仪表的比值系数为 $\quad K' = \dfrac{I_2 - 4}{I_1 - 4} = K \dfrac{Q_{1max}}{Q_{2max}} \tag{6.5}$

若采用比值器来实现比值控制时，由式（6.5）计算出的 K' 即为比值器的比值系数，即 $G(s) = K'$。

（2）流量与其测量信号成非线性关系

利用差压式流量计测量，流量与压差的关系为

$$Q = C\sqrt{\Delta P} \tag{6.6}$$

式中，C 为差压式流量计的比例系数。

当流量从 $0 \sim Q_{max}$ 变化，即压差从 $0 \sim \Delta P_{max}$ 变化时，流量变送器的输出为 $4 \sim 20$ mA DC，则任一中间流量值 Q（即相应差压 ΔP）所对应的流量变送器的输出为

$$I = \frac{Q^2}{Q_{max}^2} \times 16 + 4 \tag{6.7}$$

由式（6.7）可得工艺要求的流量比值：

$$K^2 = \frac{Q_2^2}{Q_1^2} = \frac{I_2 - 4}{I_1 - 4} \cdot \frac{Q_{2max}^2}{Q_{1max}^2} \tag{6.8}$$

折算成仪表的比值系数为 $\quad K' = \dfrac{I_2 - 4}{I_1 - 4} = K^2 \dfrac{Q_{1max}^2}{Q_{2max}^2} \tag{6.9}$

可以证明比值系数的折算方法与仪表的结构型号无关，只和测量的方法有关。

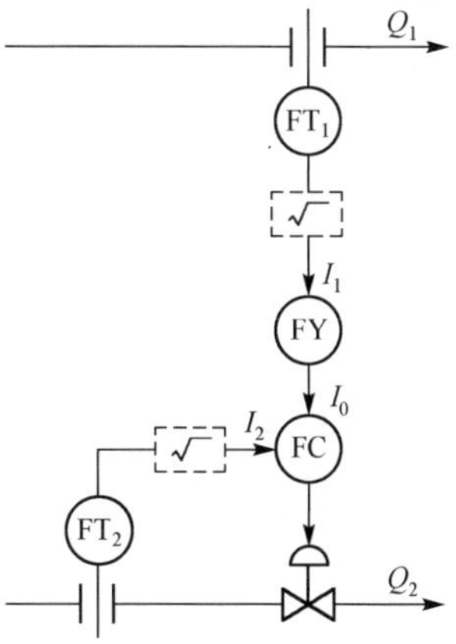

2. 比值控制的实施方案

比值控制系统的实施方案有以下几种。

（1）应用比值器方案

比值器是比值控制中最常用的一种比值计算装置，用以实现一个输入信号乘上一个常系数的运算。图 6.5 为应用比值器实现的单闭环比值控制系统。图中的虚线框表示对流量检测信

图 6.5　应用比值器实现的
单闭环比值控制系统

号是否进行线性化处理。以国际标准信号制即传输信号 4～20 mA DC 为例，比值器的输入、输出信号关系式为

$$I_0 = (I_1 - 4) \cdot K' + 4 \quad (\text{mA}) \tag{6.10}$$

在流量比值稳定操作时，控制器的测量值应等于设定值，即

$$I_2 = I_0 = (I_1 - 4) \cdot K' + 4 \quad (\text{mA}) \tag{6.11}$$

所以

$$K' = \frac{I_2 - 4}{I_1 - 4} \tag{6.12}$$

由式（6.12）可知，只要将比值器的比值系数 K' 按前面讲的换算公式求得后设置，就可实现比值控制。

（2）应用乘法器方案

应用乘法器实现两个信号相乘，或对一个信号乘以一个常系数的运算。图 6.6 为一应用乘法器实现的单闭环比值控制系统。在此设计的主要任务就是按照工艺要求的流量比值 K，正确设置乘法器的设定值 I_s。

乘法器的运算信号为

$$I_0 = \frac{(I_1 - 4)(I_s - 4)}{16} + 4 \quad (\text{mA}) \tag{6.13}$$

式中，I_1、I_s 为乘法器的输入信号；I_0 为乘法器的输出信号。

因为系统在稳态时，控制器的设定值 I_0 和测量值 I_2 相等，所以式（6.13）可写成

$$I_s = \frac{I_2 - 4}{I_1 - 4} \times 16 + 4 = K' \times 16 + 4 \quad (\text{mA}) \tag{6.14}$$

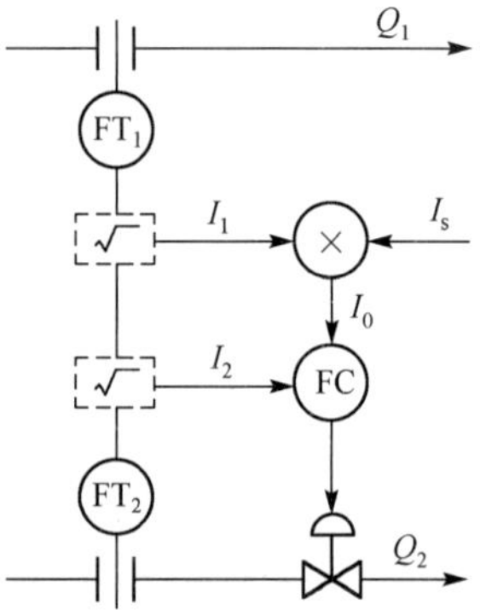

如果采用开方器，流量为线性变送时，将式（6.5）代入式（6.14），得

$$I_s = K \frac{Q_{1\max}}{Q_{2\max}} \times 16 + 4 \quad (\text{mA}) \tag{6.15}$$

图 6.6　应用乘法器实现的单闭环比值控制系统

如果没有使用开方器，流量为非线性变送时，将式（6.9）代入式（6.14），得

$$I_s = K^2 \frac{Q_{1\max}^2}{Q_{2\max}^2} \times 16 + 4 \quad (\text{mA}) \tag{6.16}$$

考虑各装置传输信号均为 4～20 mA DC，由式（6.15）和式（6.16）可知，要保证 I_s 在标准信号范围内，则要求

$$K' = K \frac{Q_{1\max}}{Q_{2\max}} \leqslant 1 \quad \text{或} \quad K' = K^2 \frac{Q_{1\max}^2}{Q_{2\max}^2} \leqslant 1 \tag{6.17}$$

所以在选择流量检测仪表的量程时，应满足

$$Q_{2\max} \geqslant K_{\max} Q_{1\max} \tag{6.18}$$

式中，$K_{\max}$ 为工艺要求的可能最大比值。

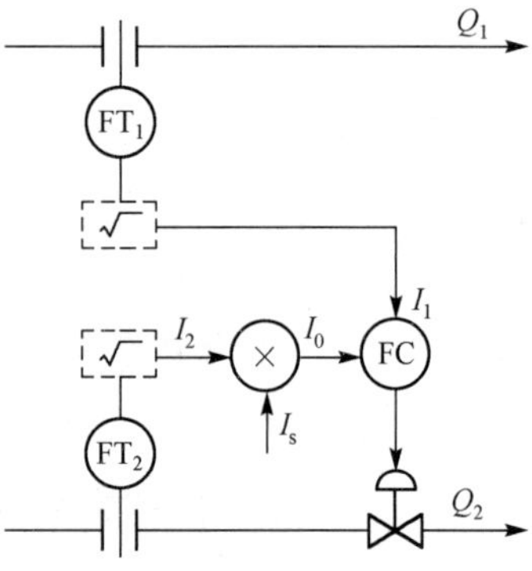

假定由于仪表量程选择的限制和工艺比值 K 的条件造成

图 6.7　乘法器接从动量一侧

$K' > 1$，为了使乘法器的设定电流 I_s 在标准信号范围内，可将乘法器由主流量一侧改接在副流量一侧，如图 6.7 所示，不失原来的比值控制作用。根据乘法器的信号关系，有

$$I_0 = \frac{(I_2 - 4)(I_s - 4)}{16} + 4 \quad (\text{mA}) \tag{6.19}$$

系统稳态时，$I_1 = I_0$，代入式（6.19）得

$$I_s = \frac{I_1 - 4}{I_2 - 4} \times 16 + 4 = \frac{1}{K'} \times 16 + 4 \quad (\text{mA}) \tag{6.20}$$

从而解决了设定值电流的设置问题。

使用乘法器的比值方案，具有 K' 调整方便，且可由外设给定单元来进行远距离设定的特点。另外，只要把比值给定信号 I_0 换成第三参数，就可方便地组成变比值控制系统。

（3）应用除法器方案

除法器用以实现两个信号相除的运算，图 6.8 为应用除法器实现的单闭环比值控制系统。仍以 4~20 mA DC 国际标准信号为例加以分析。图 6.8 中，除法器的信号关系为

$$I_0 = \frac{I_2 - 4}{I_1 - 4} \times 16 + 4 \quad (\text{mA}) \tag{6.21}$$

由于稳态时 $I_s = I_0$，所以

$$I_s = K' \times 16 + 4 \quad (\text{mA}) \tag{6.22}$$

与式（6.14）完全一样，可见应用乘法器和应用除法器时计算设定值的公式相同。

因为除法器的输出就是两流量的比值，所以这种方案可以直接显示读出比值，且设定操作方便，若将比值控制器的给定值改成第三参数，即能组成变比值控制系统。因此，很受操作人员欢迎。但其也存在以下不足，使用时应加以注意。

① 应用除法器构成比值控制系统时，比值系数不能设置在1附近。因为除法器多采用小信号除以大信号，例如 Q_2/Q_1。设置在1附近，系统稳态时除法器的输出就已最大，如果出现某种干扰使 Q_1 减小或使 Q_2 增大时，除法器进入饱和状态，输出不再随比值的变化而变化，造成对比值的失控。

② 对于副流量控制回路而言，除法器被包括在回路当中，除法器的非线性对控制系统品质将会造成影响。在图 6.8 所示的比值控制系统中，根据式（6.21）可知除法器的静态放大系数为

$$K_0 = \frac{\mathrm{d}I_0}{\mathrm{d}I_2}\bigg|_{I_2 = I_{20}} = \frac{16}{I_{10} - 4} \tag{6.23}$$

式中，I_{10}、I_{20} 分别为 I_1、I_2 的静态工作点。

根据流量 Q 和检测仪表输出电流 I 的关系，当采用开方器时

$$K_0 = \frac{16}{I_{10} - 4} = \frac{Q_{1\max}}{Q_{10}} \tag{6.24}$$

式中，Q_{10} 为主动量的静态工作点。

当没有采用开方器时

$$K_0 = \frac{16}{I_{10} - 4} = \frac{Q_{1\max}^2}{Q_{10}^2} \tag{6.25}$$

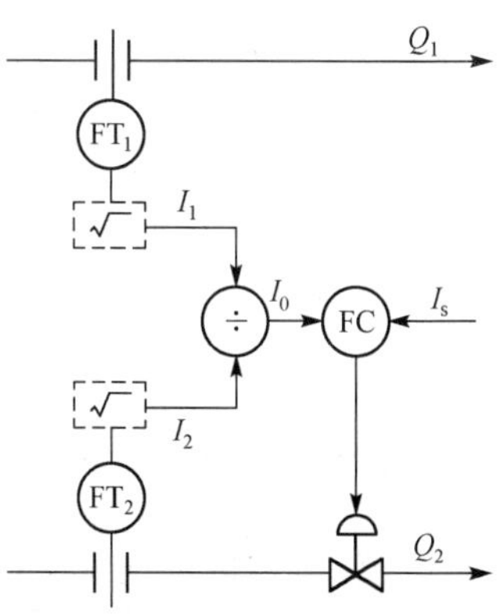

图 6.8 应用除法器实现的单闭环比值控制系统

又因为在稳定状态时，$Q_2/Q_1 = $ 常数，所以 K_0 与 Q_{10} 成反比，与 Q_{20} 也成反比。也就是说，除法器的静态放大系数 K_0 将随着负荷的增大而减小。从而使从动量的控制回路，在参数整定好以后的运行中，随着负荷的减小，系统的稳定性将下降，而随着负荷的增大，系统的控制作用又显得呆滞，

造成误差偏大。

对于这种缺点，虽然可以选择具有相应流量特性的控制阀加以补偿，但很难做到完全补偿。因此，应用除法器的控制方案除了在变比值控制系统中采用外，在其他比值控制方案中已很少使用。

6.1.5　比值控制系统的整定

同其他控制系统一样，选择适当的控制器参数是保证和提高控制品质的一个重要途径，对比值控制系统中的控制器，根据其作用不同，整定参数的方法也有所不同。

（1）变比值控制系统，因其结构上是串级控制系统，因此，其主控制器的参数整定可按串级控制系统进行。

（2）单闭环比值控制系统、双闭环比值控制系统中的从动量回路和变比值控制系统中的变比值回路的整定方法和要求基本相同。它们都是一个随动控制系统，对它们的要求是，从动量能准确、快速地跟随主动量而变化，并且不宜有过调。因此，不能按一般定值控制系统 4∶1 衰减过程的要求进行整定，而应当将从动量回路的过渡过程整定成非周期临界情况，这时的过渡过程不振荡而且反应又快。所以，对从动量回路控制器参数的整定步骤可归纳为：

① 根据工艺要求的流量比值 K，换算出仪表信号比值 K'，按照 K' 进行投运。

② 将积分时间置于最大值，由大到小逐步改变比例度 δ，直到在阶跃干扰下过渡过程处于振荡与不振荡的临界过程为止。

③ 如果有积分作用，则在适当放宽比例带（一般为20%）的情况下，逐步缓慢地减小积分时间，直到出现振荡与不振荡的临界过程或稍有一点过调的情况为止。

（3）双闭环比值控制系统中的主动量回路控制器是定值控制系统，原则上按单回路定值控制系统进行整定。但是，对主动量回路的过渡过程，则希望进行得慢一些，以便从动量能跟得上，所以主动量回路的过渡过程一般应整定成非周期过程。

6.1.6　比值控制系统中的若干问题

1．开方器的采用

在用差压法测量流量时，测量信号与流量的关系为

$$I = \frac{Q^2}{Q_{max}^2} \times 16 + 4 \quad (\text{mA}) \qquad (6.26)$$

它的静态放大系数为

$$K_0 = \frac{\mathrm{d}I}{\mathrm{d}Q}\bigg|_{Q=Q_0} = \frac{16}{Q_{max}^2} 2Q_0 \qquad (6.27)$$

式中，Q_0 为 Q 的静态工作点。

由式（6.27）可知，采用差压法测量流量时，K_0 正比于流量，即随负荷的增大而增大。这样的环节将影响系统的动态品质，即小负荷时系统稳定，随着负荷的增大，系统的稳定性下降。若将测量信号经过开方运算后，其输出信号与流量则成线性关系，从而使包括开方器在内的测量变送环节成为线性环节，它的静态放大系数与负荷大小无关，系统的动态性能不再受负荷变化的影响。

就一个采用差压法测量流量的比值控制系统来说，是否采用开方器，要根据对被控变量的控制精度要求及负荷变化的情况来决定。当控制精度要求不高，负荷变化又不大时，可忽略非线性的影响而不使用开方器。反之，就必须使用开方器，使检测变送环节线性化，以保证系统有较好的控制品质。

2. 动态跟踪问题

随着生产的发展，对比值控制提出了更高的要求，除了要求静态比值恒定外，还要求动态比值一定，即要求在外界干扰作用下，系统从一个稳态过渡到另一个稳态的整个变化过程中，主、副物料流量接近同步变化。为此，必须引入"动态补偿环节"。例如对于图 6.3 所示的双闭环比值控制系统，在比值器 $G_K(s)$ 的前面，引入一个动态补偿环节 $G_b(s)$，其方框图如图 6.9 所示。

由图 6.9 可知该系统的传递函数为

$$\frac{Q_2(s)}{Q_1(s)} = \frac{G_{m1}(s)G_b(s)G_K(s)G_{T2}(s)G_{\mu2}(s)G_{02}(s)}{1 + G_{T2}(s)G_{\mu2}(s)G_{02}(s)G_{m2}(s)} \quad (6.28)$$

若能使 $Q_2(s)/Q_1(s) = K$，就能实现副流量对主流量的动态跟踪，做到主、副流量变化在时间和相位上同步。

$$\frac{G_{m1}(s)G_b(s)G_K(s)G_{T2}(s)G_{\mu2}(s)G_{02}(s)}{1 + G_{T2}(s)G_{\mu2}(s)G_{02}(s)G_{m2}(s)} = K \quad (6.29)$$

又 $G_K(s) = K' = KQ_{1max}/Q_{2max}$，可求得补偿环节的传递函数为

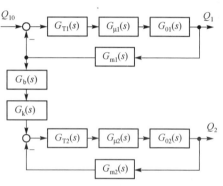

图 6.9 具有动态补偿环节的双闭环比值控制系统方框图

$$G_b(s) = \frac{1 + G_{T2}(s)G_{\mu2}(s)G_{02}(s)G_{m2}(s)}{G_{m1}(s)G_{T2}(s)G_{\mu2}(s)G_{02}(s)} \cdot \frac{Q_{2max}}{Q_{1max}} \quad (6.30)$$

若已知式（6.30）各环节的传递函数，即可得到动态补偿环节的传递函数 $G_b(s)$。在实际生产过程中，为使补偿环节容易实现，可以用近似关系去逼近。由于副流量滞后于主流量，所以动态补偿环节应具有超前特性，即需要加微分特性环节。

应该指出，对于其他比值控制方案，同样可求得相应的动态补偿环节。

在工程上，对于动态补偿环节的形式还可以通过闭环动态特性测试求得。即在稳定好副流量控制器参数的基础上，将比值控制系统投入运行。然后对主流量加阶跃扰动，得到副流量的控制过程曲线，再对曲线进行近似处理，即可得到补偿环节的形式。因一般副流量回路的控制器参数整定在振荡与不振荡的边界，则在主流量的阶跃扰动作用下，副流量的控制曲线变为非振荡过程。当曲线无变凹点时，可以处理成一阶滞后环节，这时补偿环节为

$$G_b(s) = T_1 s + 1 \quad (6.31)$$

它可以用一个微分器来实现，如图6.10所示。当曲线有变凹点时，可处理成二阶滞后环节，得到 T_1、T_2 两个时间常数，则补偿环节为 $G_b(s) = (T_1 s + 1)(T_2 s + 1)$，它可以用两个微分器来实现。

3. 有逻辑规律的比值控制系统

在生产过程中，有时工艺上不仅要求物料量成一定的比例，而且要求在负荷变化时，它

们的提、降量有一定的先后次序。实现相应功能的比值控制系统称为有逻辑规律的比值控制系统。所谓逻辑规律，就是指工艺上对主、副流量提、降时的先后要求，所以具有逻辑规律的比值控制也称为逻辑提量。例如在锅炉燃烧系统中，希望燃料量与空气量成一定的比例，而燃料量取决于蒸汽量（负荷）的需要，通常用蒸汽压力来反映。当蒸汽量增加（提量）时，即蒸汽压力降低，燃料量也要增加，为了保证燃烧完全，应先加大空气量，后加大燃料量。反之在降量时，应先减少燃料量，后减少空气量，以保证燃料的完全燃烧。图 6.11 为具有上述逻辑规律的比值控制系统。

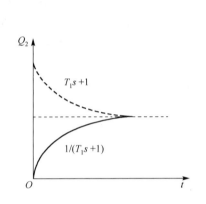

图 6.10　对一阶滞后环节的动态补偿　　图 6.11　锅炉燃烧过程的逻辑规律比值控制系统

由图 6.11 可见，这实际上是一个串级和比值控制组合的系统，其完成逻辑提量功能主要是由系统中设置的高值选择器 HS 和低值选择器 LS 实现的。在正常工况下，即系统处于稳定状态时，蒸汽压力控制器的输出 I_P 等于燃料流量变送器的输出 I_1，也等于空气流量变送器的输出乘上空气过剩系数 K 后的值 I_2，即高、低值选择器的两个输入端信号相等，系统等同于不加选择器时的串级和比值控制组合系统。当系统进行提量时，随着蒸汽量的增加，蒸汽压力减小，I_P 增加（即压力控制器选用负特性控制器），高值选择器 HS 选中增加的 I_P 信号，从而增加空气流量控制器的给定值，控制空气量增加。随着空气量的增加，其变送器输出增加，使 I_2 随之增加；在 $I_2 < I_P$ 时，I_2 仍被低选器选中，实现燃料量在空气量先提升的前提下随之成比例提量，从而保证了燃烧的充分性。整个提量过程直至 $I_P = I_1 = I_2$ 时，系统又恢复到正常工况时的稳定状态。在系统降量时，蒸汽压力增加，I_P 降低，低值选择器 LS 选中减小的 I_P 信号而控制燃料降量。燃料量降低，经变送器的测量信号被高值选择器选中，作为空气流量控制器的给定值命令空气随之降量。降量过程直至 $I_P = I_1 = I_2$ 时，系统又恢复到稳定状态。这样就实现了提量时先提空气量后提燃料量，降量时先降燃料量再降空气量的逻辑要求。

6.2　均匀控制系统

6.2.1　均匀控制的概念

在过程工业中，其生产过程往往有一个"流程"。按物料流经各生产环节的先后，分成前工序和后工序。前工序的出料即是后工序的进料，而后者的出料又源源不断地输送给其他后续设备作为进料，环节间的联系较为紧密。均匀控制就是针对"流程"工业中协调前后工序的物料流量而提出来的。

例如，在石油裂解气深冷分离的乙烯装置中，前后串联了八个塔进行生产。为了保证精馏塔生产过程稳定地进行，总是要求每个塔的塔底液位稳定，不要超过允许范围。对此设置了液位定值控制系统，以塔底出料量为控制变量；同时为了保证精馏塔的运行正常，每个塔也都要求它的进料量保持平稳，对此设置了流量定值控制系统，如图 6.12 中所示。单独对每一个塔来说，这种设置是可以的，但对于相邻的、前后有物料联系的两个塔整体来看，两个控制系统将会发生矛盾：对于前塔来说，当它

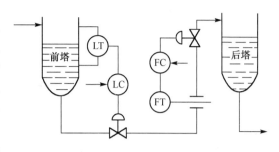

图 6.12　前后精馏塔的供求控制关系

受到扰动而使液位偏离稳定值时，将通过出料量的调整来克服，也就是说出料量的波动是适应前塔操作所必需的；而以前塔的出料量作为进料量的后塔来说，其流量控制系统要保证其进料量的稳定，将势必造成前塔液位不稳定。也就是说，前塔的液位和后塔的进料量不可能同时都稳定不变。

对于前、后两塔供求之间的矛盾，人们曾在前、后塔之间增设了具有一定容量的缓冲罐来克服。但这会增加设备投资和扩大装置占地面积。并且有些化工中间产品，增加停留时间后可能会产生副反应，从而限制了这种方法的使用。

从自动化方案的设计上寻求解决方法，均匀控制系统能够有效地解决这一矛盾。条件是工艺上应该允许前塔的液位和后塔的进料量在一定范围内可以缓慢变化。控制系统主要着眼于物料平衡，使前、后两塔物料供求矛盾限制在一定范围内缓慢变化，从而满足前、后两塔的控制要求。例如，当前塔的液位受到干扰偏离设定值时，并不是采取很强的控制作用立即改变阀门开度，以出料量的大幅波动，换取液位的稳定；而是采取比较弱的控制作用，缓慢地调节控制阀的开度，以出料量的缓慢变化来克服液位所受到的干扰。在这个调节过程中，允许液位适当偏离设定值，从而使前塔的液位和后塔的进料量都被控制在允许的范围内。所以，均匀控制系统可定义为使两个有关联的被控变量在规定范围内缓慢地、均匀地变化，使前后设备在物料的供求上相互兼顾、均匀协调的系统，有时也称之为均流控制。

根据以上讨论，均匀控制系统有以下特点：

（1）两被控变量都应该是变化的。均匀控制指的是前后设备物料供求上的均匀，因此，表征前后设备物料的被控变量都不应该稳定在某一固定数值上。图 6.13 为均匀控制中可能出现的控制过程曲线。图 6.13（a）表示把液位控制成比较稳定的直线，下一设备的进料量必然波动很大。图 6.13（b）表示把后面设备的进料量控制成比较稳定的直线，则前一设备的液位必然波动很大。所以这两种过程都不应是均匀控制。只有图 6.13（c）所示的液位和流量的控制过程曲线才符合均匀控制的含义，两者都有波动，但波动比较缓慢。

（2）两个被控变量的控制过程应该是缓慢的，这与定值控制希望控制过程要短的要求是不同的。

（3）两个被控变量的变化应在工艺允许的操作范围内。

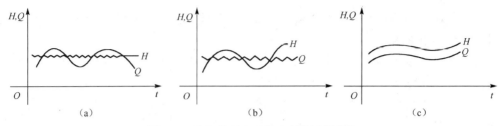

图 6.13　均匀控制中可能出现的过程曲线

6.2.2　均匀控制系统的结构形式

均匀控制系统经常采用如下三种结构形式。

1．简单均匀控制系统

简单均匀控制系统如图 6.14 所示。从图中可以看出，在系统的结构形式上，它与纯液位定值控制系统没有什么区别，但两者所要达到的目的却不同，两者在控制器的控制规律选择和参数整定上也有所不同。

在均匀控制系统中，一般都以比例作用作为基本控制。但纯比例控制在系统出现连续的同向干扰时，容易造成被控变量的波动越过允许范围，因此，可适当引入积分作用，选择 PI 控制。而微分作用因对控制过程的影响与均匀控制的要求背道而驰而不被采用，有时还可能需要选择反微分作用。整定控制器的参数时，应整定在较大的比例度和积分时间，以较弱的控制作用达到均匀控制的目的。一般比例度 δ 在 100%～200% 之间，积分时间为几分钟到十几分钟。

简单均匀控制系统结构简单、投运方便、成本低廉。但是，当前塔的液位对象本身具有自平衡作用时，或者前后设备的压力变化较大时，尽管控制阀开度不变，其输出流量仍会发生相应变化。所以，简单均匀控制系统只适用于干扰不大、对流量的均匀程度要求较低的场合。

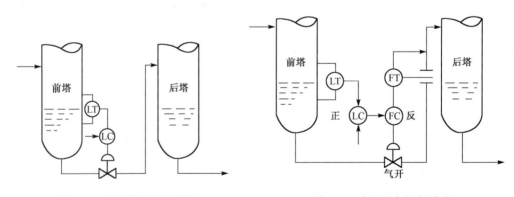

图 6.14　简单均匀控制系统　　　　图 6.15　串级均匀控制系统

2．串级均匀控制系统

图 6.15 为前后两个精馏塔液位与流量的串级均匀控制系统。由图可见，液位控制器的输出作为流量控制器的设定值，两者串联工作。因此，从结构上看就是典型的串级控制系统。但是，这里的控制目的却是使液位与流量均匀协调，流量副回路的引入主要是克服控制阀压

力波动及自衡作用对流量的影响。假如干扰使前塔的液位上升，正作用的液位控制器输出信号随之增大，通过反作用的流量控制器使控制阀门缓慢开大，反映在工艺参数上，液位不是立即快速下降，而是继续缓慢上升。同时，后塔的进料量也在缓慢增加，当液位上升到某一数值时，前塔的出料量等于干扰造成进料量的增加量，液位就不再上升而暂时达到最高液位。这样液位和流量均处于缓慢变化中，完成了均匀协调的控制目的。如果后塔内压力受到干扰而发生变化时，后塔的进料量将发生变化，这时，首先通过流量控制器进行控制。当这一控制作用使前塔的液位受到影响时，通过液位控制器改变流量控制器的设定值，对流量控制器做进一步的控制，缓慢改变控制阀的开度。两个控制器互相配合，使液位和流量都在规定的范围内缓慢地均匀变化。

要达到均匀控制的目的，与简单均匀控制系统一样，主、副控制器中都不应有微分作用。液位控制器宜选择 PI 控制作用；流量控制器主要用来克服后塔压力波动对流量的影响，一般选比例控制就可以了。但如果后塔的压力波动较大，或对流量的稳定要求也比较高时，流量控制器也可采用 PI 控制作用。

串级均匀控制系统中，主控制器的参数整定与简单均匀控制系统相同。副控制器的参数整定一般 $\delta = 100\% \sim 200\%$，积分时间为 $0.1 \sim 1$ min。

串级均匀控制方案能克服较大的干扰，适用于系统前后压力波动较大的场合。但与简单均匀控制相比，使用仪表较多，投运较复杂，因此在方案选定时要根据系统的特点、干扰情况及控制要求来确定。

3．双冲量均匀控制系统

"冲量"的原来含义是作用强度大、作用时间短的信号或参数，这里引申为连续的信号或参数。所谓双冲量均匀控制系统，就是以两个测量信号（液位和流量）之差（或和）作为被控变量的系统。图 6.16 为精馏塔液位与出料量的双冲量均匀控制系统。假定该系统用气动单元组合式仪表来实施，其加法器 Σ 的运算规律为

$$p_0 = p_H - p_Q + p_s + C \qquad (6.32)$$

式中，p_H 和 p_Q 分别为液位和流量测量信号；p_s 为液位的给定值；C 为可调偏置。

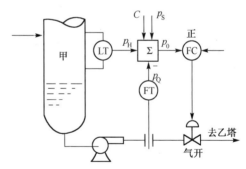

图 6.16　双冲量均匀控制系统

在稳定工况时，调整偏置 C 使 p_0 等于控制器的设定值，一般将它设置在 0.06 MPa，使控制阀门开度处于 50%位置。当流量正常时，假若液位受到干扰引起液位上升，p_H 增大，加法器输出 p_0 增大，流量控制器因为是正作用方式，输出也增大。对于气开式的控制阀，阀门开度缓慢开大，使出料量逐渐加大，p_Q 也随之增大，到某一时刻时，液位开始缓慢下降，当 p_H 与 p_Q 之差逐渐减小到稳态值时，加法器的输出重新恢复到控制器的设定值，系统渐趋稳定，控制阀停留在新的开度上，液位新的稳态值比原来有所升高，流量新的稳态值也比原来有所增加，但都在允许的范围内，从而达到均匀控制的目的。同样道理，当液位正常，出料量受到干扰使 p_Q 增大时，加法器的输出信号减小，流量控制器的输出逐渐减小，控制阀门慢慢关小，使 p_Q 慢慢减小，同时引起液位上升，p_H 逐渐增大，在某一时刻 p_H 与 p_Q 之差恢复到稳态值时，系统又达到了一个新的平衡。

由于流量控制器接收的是由加法器送来的两个变量之差，并且又要使两变量之差保持在

固定值上，所以控制器应该选择 PI 控制规律。

　　双冲量均匀控制系统与串级均匀控制系统相比，用一个加法器取代了其中的主控制器，从结构上相当于一个以两个信号之差为被控变量的单回路系统，从而参数整定可按简单均匀控制考虑。若将双冲量均匀控制系统的原理方框图画成如图 6.17 所示的形式，将液位检测变送器看成一个放大系数等于 1 的比例控制器，则双冲量均匀控制系统也可以看成主控制器是液位控制器、副控制器为流量控制器的串级均匀控制系统。因此，它也具有串级均匀控制系统的优点，且比串级均匀控制系统少用一个控制器。但由于双冲量均匀控制系统的主控制器比例度不可调，所以它只适用于生产负荷比较稳定的场合。

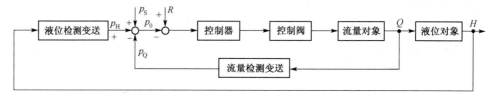

图 6.17　双冲量均匀控制系统的原理方框图

6.2.3　控制器的参数整定

　　串级均匀控制中流量副控制器的参数整定与普通流量控制器的参数整定差不多，而简单均匀控制系统和双冲量均匀控制系统，只有一个需要整定的控制器，可结合均匀控制的要求，按照单回路控制系统的整定方法进行，整定的原则主要是一个"慢"字，即过渡过程不允许出现明显的振荡，所以不再进一步叙述。此处主要讨论液位控制器的参数整定，使用的是"看曲线""整参数"的方法。

1．整定原则

　　（1）以保证液位不超出允许的波动范围来初步设置好控制器参数。

　　（2）修正控制器参数，充分利用储罐的缓冲作用，使液位在最大允许的波动范围内，输出流量尽量平稳。

　　（3）根据工艺对流量和液位两个参数的要求，适当调整控制器的参数。

2．方法步骤

　　（1）纯比例控制时

　　① 先将比例度设置在估计不会引起液位越限的数值，例如 $\delta = 100\%$ 左右。

　　② 观察记录曲线，若液位的最大波动小于允许范围，则可增加 δ 值，δ 的增加必将使液位"质量"降低，而使流量更为平稳。

　　③ 当发现液位的最大波动可能会超出允许范围时，则应减小 δ 值。

　　④ 这样反复调整 δ 值，直到液位曲线满足工艺提出的均匀要求为止。

　　（2）比例积分控制时

　　① 按纯比例控制进行整定，得到液位最大波动接近允许范围时的 δ 值。

　　② 适当增加 δ 值后，加入积分作用。逐渐减小积分时间，使液位在每次扰动过后，都有回复到设定值的趋势。

　　③ 减小积分时间，直到流量记录曲线将要出现缓慢的周期性衰减振荡过程为止。

6.3 分程控制系统

6.3.1 基本概念

在反馈控制系统中，一台控制器的输出通常只控制一个控制阀。但在某些特殊场合，出于某种需要，一台控制器的输出可能同时去控制两个或两个以上的控制阀工作，这些控制阀在控制器的某个信号段内从全关到全开（或从全开到全关），因此需要将控制器输出信号全程分割成若干个信号段，每一个信号段控制一个控制阀，习惯上将这种控制系统称为分程控制系统。

分程控制系统中，每个气动控制阀的输入（驱动）信号都是 0.02～0.1 MPa，控制器输出信号的分段是由附设在控制阀上的阀门定位器来实现的。阀门定位器将不同区间内的信号转换成能使相应的控制阀做全行程动作的信号压力 0.02～0.1 MPa。假定在分程控制系统中采用 A、B 两个阀，每个阀门上都安装一个输入信号为 4～20 mA、输出为可调的气压信号的阀门定位器。要求 A 阀在 4～12 mA 信号范围内做全行程动作，B 阀在 12～20 mA 信号范围内做全行程动作。此时分别对控制阀 A, B 上的阀门定位器进行调整，使 A 的阀门定位器在 4～12 mA 信号下，输出 0.02～0.1 MPa 的控制信号，这样 A 在 4～12 mA 信号范围内走完全行程；B 的阀门定位器在 12～20 mA 信号下，输出 0.02～0.1 MPa 的控制信号，这样 B 在 12～20 mA 信号范围内走完全行程。当控制器输出信号在小于 12 mA 的范围内变化时，就只有 A 随着信号压力的变化改变自己的开度；当控制器输出信号在大于 12 mA 的范围内变化时，A 因为已移动到极限位置而开度不再变化，而 B 却随着信号的变化改变阀门的开度。

根据控制阀的气开和气关作用方式，以及两个控制阀是同向动作还是异向动作，在分程控制的应用中，可以形成四种不同的组合形式，如图 6.18 所示。图 6.18（a）表示两个阀同方向动作，随着控制器输出信号的增大（减小），两个阀都同方向开大（关小）。这种情况多用于扩大控制阀的可调范围，改善系统品质。图 6.18（b）表示两个阀异方向动作，随着控制器输出信号的增大（减小），一个阀逐渐开大

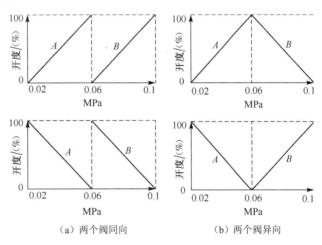

（a）两个阀同向　　　　（b）两个阀异向

图 6.18　两个控制阀的分程组合

（或逐渐关小），另一个阀则逐渐关小（或逐渐开大）。分程阀同向或异向的选择要根据生产工艺的实际需要来确定。

6.3.2 分程控制的应用

1. 扩大控制阀的可调范围，改善控制品质

控制阀有一个重要指标，即阀的可调范围 R。它是一项静态指标，表明控制阀执行规定特性（线性特性或等百分比特性）运行的有效范围。可调范围可用下式表示：

$$R = C_{\max} / C_{\min} \qquad\qquad (6.33)$$

式中，$C_{\max}$ 为阀的最大流量系数，流量单位；$C_{\min}$ 为阀的最小流量系数，流量单位。

在过程控制中，有些场合需要控制阀的可调范围很宽。如果仅用一个大口径的控制阀，当控制阀工作在小开度时，阀门前后的压差很大，流体对阀芯、阀座的冲蚀严重，并会使阀门剧烈振荡，影响阀门寿命，破坏阀门的流量特性，从而影响控制系统的稳定。若将控制阀换小，其可调范围又满足不了生产需要，致使系统不能正常工作。在这种情况下，可将大小两个阀并联分程后看成一个阀来使用，从而扩大了可调比，改善了阀的工作特性，使得在小流量时有更精确的控制。

假定并联的两个阀 A、B 的最大流量系数均为 $C_{\max} = 100$；两阀的可调范围相同，即 $R_A = R_B = 30$。根据可调范围的定义可得

$$C_{\min} = C_{\max} / 30 = 3.33$$

当采用两个控制阀组成分程控制时，最小流量系数不变，而最大流量系数应是两阀都全开时的流量系数，即

$$C'_{\max} = C_{A\max} + C_{B\max} = 200$$

那么两阀构成分程控制时，两阀组合后的可调范围为

$$R_{AB} = \frac{C'_{\max}}{C_{\min}} = \frac{200}{100/30} = 60$$

可见，组合后的可调范围比一个阀的可调范围扩大了一倍。

图 6.19 所示的氨厂蒸汽减压分程控制系统就是扩大可调范围的一个应用。该系统需要把压力为 10 MPa、温度为 482℃的高压蒸汽通过控制阀和节流孔板减至压力为 4 MPa、温度为 362℃的中压蒸汽。如果采用单只控制阀，根据可能出现的最大流量，则需要安装一个口径很大的控制阀。而该阀在正常的生产条件下开度就很小，再加上压差大、温度高，不平衡力使控制阀振荡剧烈，严重影响控制阀的寿命和控制系统品质。为此，改为一个小阀和一个大阀分程控制，在正常的小流量时，只有小阀进行控制，大阀处于关闭状态，如果流量增大到小阀全开还不够时，在分程控制信号的控制下，大阀打开参与控制，从而保证了控制精度和可调范围。

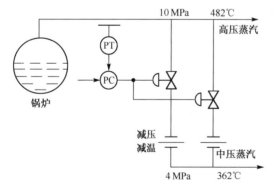

图 6.19　蒸汽减压分程控制系统

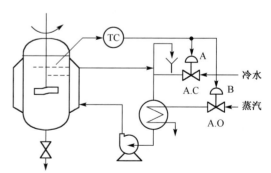

图 6.20　间歇聚合反应器分程控制系统

2. 用于控制两种不同的介质，以满足工艺操作上的特殊要求

图 6.20 所示为间歇聚合反应器分程控制系统。当配置好物料投入设备后，为了达到其反应温度，需先加热升温给它提供一定的热量。当达到反应温度时，随着化学反应的进行不断

释放出热量，这些释放出来的热量若不及时移走，会使反应越来越剧烈，以致会有爆炸的危险。因此，对这种间歇式化学反应器既要考虑反应前的预热问题，又要考虑反应过程中及时移走反应热的问题，需要配置两种传热介质——蒸汽和冷水，并分别安装上控制阀。同时需要设计一套分程控制系统，用温度控制器输出信号的不同区间来控制这两个阀门。

从安全的角度考虑，为了避免气源故障时引起反应器温度过高，要求无气时输入热量处于最小的情况，因而蒸汽阀选择气开式，冷水阀选择气关式，相应的温度控制器选反作用。

根据节能要求，当温度偏高时，总是先关小蒸汽再开大冷水。由于温度控制器为反作用，温度增加时其输出信号下降。两者综合起来就要求在信号下降时先关小蒸汽，再开大冷水。这就意味着蒸汽阀的分程区间在高信号区（12～20 mA），冷水阀的分程区间在低信号区（4～12 mA）。两阀的分程情况如图6.21所示。

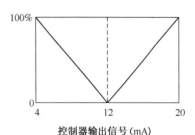

图6.21　间歇聚合反应器A、B分程阀特性图

其工作过程如下：当反应釜备料工作完成后，温度控制系统投入运行；由于起始温度低于设定值，所以具有反作用的温度控制器输出信号将增大，使B阀打开，用蒸汽加热以获得热水，再通过夹套对反应釜加热、升温，引起化学反应。于是就有热量放出，反应物的温度逐渐升高。当反应温度升高并超过设定值后，则控制器输出信号下降，将逐渐关小B阀，乃至完全关闭。而A阀逐渐打开，通入冷水移走反应热，从而达到维持反应温度的目的。

3. 用于生产安全的防护措施

在炼油厂或石油化工厂中，有许多储罐存放着各种油晶或石油化工产品。这些储罐建造在室外，为使这些油晶或产品不与空气中的氧气接触、被氧化变质，或引起爆炸危险，常采用罐顶充氮气（N_2）的办法，使其与外界空气隔绝。实行氮封的技术要求是要始终保持罐内的氮气气压为微正压。储罐内储存的物料量增减时，将引起罐顶压力的升降，应及时进行控制，否则将会造成储罐变形。因此，当储罐内液位上升时，应停止继续补充氮气，并将罐顶压缩的氮气适量排出。反之，当液位下降时，应停止排放氮气而继续补充氮气。只有这样才能做到既隔绝了空气，又保证了储罐不变形的目的。图6.22所示为罐顶氮封分程控制系统。

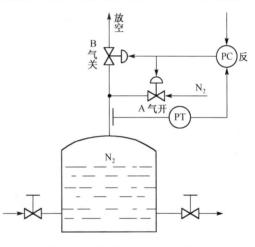

图6.22　罐顶氮封分程控制系统

构成这一氮气压力分程控制方案所用的仪表皆为气动仪表。PC为压力控制器，具有反作用和PI控制规律，充气阀门A具有气开特性，排放氮气的阀门B具有气关特性。两阀的分程动作图见图6.23。

其中，B阀接收控制器的输出信号为4～11.6 mA，而A阀接收的信号为12.4～20 mA。因此，在两个控制阀之间存在着一个间歇区（$\Delta = 0.8$ mA）或称不灵敏区。针

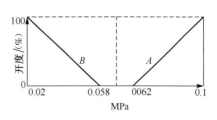

图6.23　氮封分程控制阀动作图

对一般储罐顶部空隙较大、压力对象时间常数大，而氮气的压力控制精度要求不高的实际情况，存在一个间歇区是允许的。设计间歇区的好处是避免两个阀的频繁开闭，以有效地节省氮气，使控制过程变化趋于缓慢，系统更稳定。

6.3.3　分程阀总流量特性的改善

两个同向动作的控制阀并联分程时，实际上就是将两个阀看成一个阀来使用，它可以提高控制阀的可调范围 R。但这时存在由一个阀向另一个阀平滑过渡的问题。例如两个线性阀并联分程使用，A 阀的 $C_1 = 4$，B 阀的 $C_2 = 100$，它们的分程信号范围：A 阀在 4～12 mA、B 阀在 12～20 mA 信号范围内从全闭到全开。两个阀的分程流量特性如图 6.24 所示，它们的组合总流量特性如图 6.25 所示。

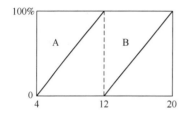

图 6.24　A、B 分程阀特性

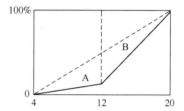

图 6.25　A、B 分程阀组合特性

由于 A 阀和 B 阀流量特性的放大系数不同，原来线性特性很好的两个控制阀，当组合在一起构成分程控制时，其总流量特性就不再呈线性关系，而变成非线性关系了。特别是在分程点，总流量特性出现了一个转折点。由于转折点的存在，导致总流量特性的不平滑。这对系统的平稳运行是不利的。为了使总流量特性达到平稳过渡，可采取如下方法。

1. 两个线性流量特性的阀并联分程使用

该方法是先根据单个分程阀的特性找寻组合后的总流量特性，再根据单个分程阀的特性与组合总流量特性的关系找出相应的分程点，确定各分程阀的分程信号。

例 6.1　某分程控制采用两个线性特性控制阀，其中 $C_{1max} = 195$，$C_{2max} = 450$，可调范围 R 均为 50，为保证总流量特性的平滑过渡，试确定两控制阀的分程信号。

解　线性流量特性的控制阀其相对流量与相对行程之间有如下关系：

$$\frac{\mathrm{d}(F/F_{max})}{\mathrm{d}l} = K \tag{6.34}$$

式中，F 为任意行程下的流量；F_{max} 为最大行程下的流量；l 为相对行程百分数；K 为控制阀的放大倍数。

式（6.34）两边积分，得　　　　　　　$F/F_{max} = Kl + K_1 \tag{6.35}$

式中，K_1 为待定系数，可由初始条件求得。

将式（6.35）表示成流通能力与相对行程的关系为

$$C = C_{max}(Kl + K_1) \tag{6.36}$$

令 $C_{max} = C_{1max} + C_{2max} = 195 + 450 = 645$，将初始条件代入式（6.36）：

当 $l = 0$ 时，$C = C_{min} = 195/50 = 3.9$，则式（6.36）可改写为

$$3.9 = 645K_1 \tag{6.37}$$

当 $l=100\%$ 时， $C=C_{\max}=645$ ，则式（6.36）可改写为
$$645 = 645(K + K_1) \tag{6.38}$$
由式（6.37）可得 $\qquad K_1 = 3.9/645$

将 K_1 代入式（6.38），可得 $\qquad K = 1 - K_1 = 641.1/645$

将 K 和 K_1 代入式（6.36），可得两阀组合后的总流量特性为
$$C = 641.1l + 3.9 \tag{6.39}$$

按式（6.39）画出组合总流量特性曲线如图6.26所示。在组合总流量曲线上找出 $C=195$ 的点 a ，再找出 a 点流通能力所对应的分程点 b 及其对应的信号9 mA。于是就可以确定A阀的分程控制信号为4～9 mA，B阀分程信号为9～20 mA。

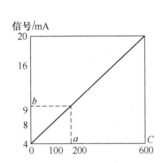

图 6.26　线性阀组合总流量特性曲线

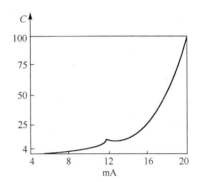

图 6.27　对数阀分程特性曲线

2．两个对数流量特性的阀并联分程使用

如果将两个对数流量特性的阀进行并联分程，效果要比两个线性阀分程好得多。例如小、大阀门的流通能力分别为
$$C_{1\max} = 4 , C_{1\min} = 0.115 ; \quad C_{2\max} = 100 , C_{2\min} = 2$$
它们的分程信号范围仍为小阀 4～12 mA，大阀 12～20 mA，其分程流量特性如图 6.27 所示。

但是，从图6.27上可以看出，在两特性的衔接处仍不平滑，还存在有一定的突变现象。此时可采用部分分程信号重叠的办法加以解决。具体步骤如下：

（1）如图6.28所示，在以控制信号压力为横坐标、以流通能力 C 的对数值为纵坐标组成的半对数坐标上，找出 4 mA 对应小阀的最小流通能力点 D 和 20 mA 对应大阀的最大流通能力点 A ，连接 AD 即为对数阀的分程流量特性。

（2）在纵坐标上找出小阀的最大流通能力（ $C_{1\max}=4$ ）点 B' 和大阀的最小流通能力（ $C_{2\min}=2$ ）点 C' 。

（3）过点 B' 、 C' 作水平线与直线 AD 交于点 B 、 C 。

（4）找出点 B 、 C 在横轴的对应坐标值 13 mA 和 11 mA。

由此可以得到分程信号范围：小阀为 4～13 mA，大阀为 11～20 mA。这样，分程控制时，不等到大阀全关，小阀已开始关小；不等到小阀全开，大阀已开始渐开，从而

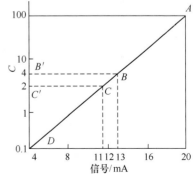

图 6.28　确定重叠分程信号图

使两阀在衔接处平滑过渡。

由于对数阀合成的流量特性比线性阀效果好,一般都采用两个对数阀并联分程。如果系统要求合成阀的流量特性为线性,则可以通过添加其他非线性补偿环节的方法,将合成的对数特性校正为线性特性。

分程控制系统属于单回路控制系统,其参数整定方法与一般单回路定值控制系统相同。

6.4 选择性控制系统

6.4.1 基本概念

选择性控制又称为取代控制,也称为超驰控制。

通常自动控制系统只能在生产工艺处于正常情况下工作,一旦生产出现事故状态,控制器就要改为手动,待事故排除后,控制系统再重新投入工作。对于现代大型生产设备来说,生产控制仅仅做到这一步远远不能满足生产要求。在大型生产过程中,除了要求控制系统在生产处于正常运行情况下能克服外界干扰,维持生产的平稳运行,同时当生产操作达到安全极限时,控制系统也要有一种应变能力,能采取一些相应的保护措施,促使生产操作离开安全极限,返回到正常情况,或使生产暂停下来,以防止事故的发生或进一步扩大。像大型压缩机的防喘振措施、精馏塔的防液泛措施等都属于非正常生产过程的保护性措施。

生产保护性措施分两类:硬保护措施和软保护措施。

硬保护措施是指当生产操作达到安全极限时,有声、光报警。此时,由操作人员将控制器切换到手动,进行手动操作处理,或是通过专门设置的联锁保护线路实现自动停车,达到保护生产的目的。但是,这种硬性保护方法动辄就使设备停车,必然会影响到生产,从而造成经济损失。因此,这种硬保护措施已逐渐不为人们所欢迎,相应地出现了软保护措施。

软保护措施就是通过一个特定设计的选择性控制系统,在生产短期处于不正常情况时,既不使设备停车而又起到对生产进行自动保护的目的。在这种选择性控制系统中,考虑了生产工艺过程中限制条件的逻辑关系。当生产操作趋向极限条件时,用于控制不安全情况的控制方案将取代正常工作情况下的控制方案,直到生产操作回到安全范围,此时,正常情况下工作的控制方案又恢复对生产过程的正常控制。因此,这种选择性控制有时又被称为自动保护性控制。

要构成选择性控制系统,生产操作必须具有一定的选择性逻辑关系。而选择性控制的实现则需要靠具有选择功能的自动选择器(高值选择器和低值选择器)或有关的切换装置(切换器、带接点的控制器或测量装置)来完成。

6.4.2 选择性控制系统的类型及应用

根据选择器在控制回路中的位置可分为两类:一类是选择器接在控制器与执行器之间;另一类是选择器接在变送器与控制器之间。

根据选择性控制系统中被选择的变量性质,也可分为以下三类。

1. 对被控变量的选择性控制系统

对被控变量的选择性控制系统,是选择性控制的基本类型。图 6.29(a)和(b)可用以说明氨蒸发器是如何从一个能够满足正常生产情况下的控制方案，演变成为考虑极限条件下的选择性控制的实例。

液氨蒸发器是一个换热设备，在工业上应用极其广泛。它是利用液氨的汽化需要吸收大量的热量，以此来冷却流经管内的被冷却物料。在生产上，往往要求被冷却物料的出口温度稳定，这样就构成了以被冷却物料出口温度为被控变量，以液氨流量为操纵变量的控制方案，参见图 6.29（a）。这一控制方案用的是改变传热面积来调节传热量的方法。因液位高度会影响热交换器的浸润传热面积，因此，液位高度间接反应了传热面积的变化。由此可见，液氨蒸发器实质上是一个单输入（液氨流量）-两输出（温度和液位）系统。液氨流量既会影响温度，也会影响液位，温度和液位有一种粗略的对应性。通过工艺的合适设计，在正常工况下当温度得到控制后，液位也应该在一定的允许区间内。

超限现象是因为出现了非正常工况的缘故。在这里，不妨假设有杂质油漏入被冷却物料管线，使传热系数猛降，为了取走同样的热量，就要大大增加传热面积。但当液位淹没了换热器的所有列管时，传热面积的增加已达极限；如果继续增加氨蒸发器内的液氨量，并不会提高传热量。但是液位的继续升高，却可能带来生产事故。这是因为汽化的氨是要回收重复使用的，氨气将进入压缩机入口，若氨气带液，液滴会损坏压缩机叶片，因而液氨蒸发器上部必须留有足够的汽化空间，以保证良好的汽化条件。为了保持足够的汽化空间，就要限制氨液位不得高于某一最高限值。为此，需在原有温度控制基础上，增加一个防液位超限的控制系统。

根据以上分析，这两个控制系统工作的逻辑规律如下：在正常工况下，由温度控制器操纵阀门进行温度控制；而当出现非正常工况，引起氨的液位达到高限时，被冷却物料的出口温度即使仍偏高，但此时温度的偏离暂时成为次要因素，而保护氨压缩机不致损坏已上升为主要矛盾，于是液位控制器应取代温度控制器工作（即操纵阀门）。待引起生产不正常的因素消失，液位恢复到正常区域，此时又应恢复温度控制器的闭环运行。

实现上述功能的防超限控制方案，已表示在图 6.29（b）中。该系统的方框图如图 6.30所示。它具有两台控制器，通过选择器对两个输出的信号的选择来实现对控制阀的两种控制方式。在正常工况下，应选温度控制器的输出信号，而当液位到达极限值时，则应选液位控制器的输出信号。这种控制方式称为"选择性控制"。

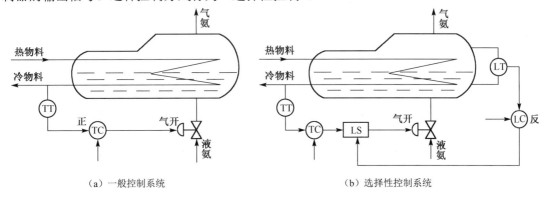

（a）一般控制系统　　　　　　　　　　（b）选择性控制系统

图 6.29　液态氨冷却器控制系统

2. 对操纵变量的选择性控制系统

对操纵变量的选择性控制系统的方框图如图 6.31 所示。其被控变量只有一个，而操纵变量却有两个，选择器对操纵变量加以选择。

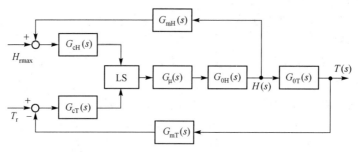

图 6.30　温度与液位选择性控制系统方框图

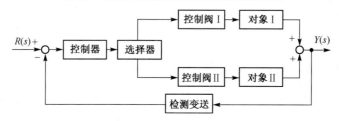

图 6.31　对操纵变量的选择性控制系统方框图

图 6.32 即为一加热炉采用多种燃料燃烧的操纵变量选择性控制系统。当低热值燃料 A 的流量没有超过上限值 A_H 时，尽量用燃料 A。在 $A>A_H$ 时，则用高热值燃料 B 来补充。在正常工况下，温度控制器的输出为 m，而且 $m<A_H$，经低值选择器 LS 后作为燃料 A 流量控制器的设定值，构成主变量为出口温度、副变量为燃料 A 流量的串级控制系统。由于 $A_r=m$，因此，$B_r=m-A_r=0$。故燃料 B 的阀门全关。

在工况变化时，若出现 $m>A_H$ 的情况，LS 选择 A_H 作为输出，使得 $A_r=A_H$，则燃料 A 流量控制器 F_AC 成为定值控制系统，使燃料 A 流量稳定在 A_H 值上。这时，由于 $B_r=m-A_r=m-A_H>0$，则构成了出口温度与燃料 B 流量的串级控制系统，打开燃料 B 的阀门，以补充燃料 A 的不足，从而保证了出口温度的稳定。

3．对测量信号的选择

将选择器接在变送器的输出端，一般用来对测量信号进行选择。图 6.33 为对温度测量值的选择性控制系统。

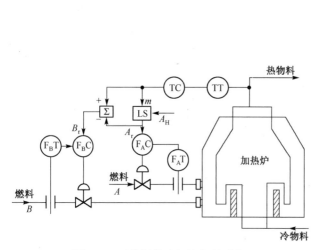

图 6.32　对燃料的选择性控制系统

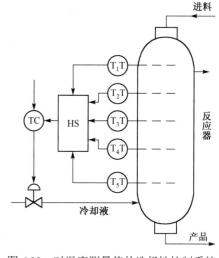

图 6.33　对温度测量值的选择性控制系统

图 6.33 中的反应器内装有固定触媒层，热点温度的位置可能会随着催化剂的老化、变质和流动等原因而有所移动，为防止反应温度过高烧坏触媒，反应器内各处温度都应参加比较，选择其中的最高温度用于控制。

6.4.3　选择性控制系统的设计

选择性控制系统的设计包括控制阀开、闭形式选择，控制器规律及正、反作用选择，以及选择器类型的选择等。

控制阀开、闭形式与控制器正、反作用与单回路系统中的确定方法完全相同。关于控制规律的选择，一般正常情况下工作的控制器起着保证产品质量的作用，因此，应选比例积分形式；如果考虑到对象的容量滞后比较大，还可以选择比例—积分—微分形式的控制器。至于非正常情况下工作的控制器，为了使它能在生产处于不正常情况时迅速而及时地采取措施，以防事故的发生，其控制规律应选窄比例式（比例放大倍数很大）。选择器的类型可以根据生产处于非正常情况下控制器的输出信号的高低来确定。如果在这种情况下它的输出为高信号，则应选高值选择器；如果在这种情况下它的输出为低信号，则应选低值选择器。

下面以图 6.34 所示的氨冷却器出口温度与液氨液位选择控制系统为例具体说明。

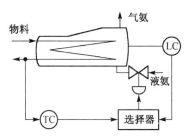

图 6.34　氨冷却器出口温度与液氨液位选择控制系统

通过前面的分析做出如下选择：

（1）为防止液氨带液进入氨压缩机后危及氨压缩机的安全，控制阀应选择气开式。一旦控制阀失去能源（即断气），控制阀处于关闭状态，不致使液位不断上升。

（2）氨冷却器的作用是使物料通过它之后，经过换热使出口温度达到一定的要求，物料出口温度是工艺的操作指标。温度控制器是正常情况下工作的控制器，由于温度对象的容量滞后比较大，所以温度控制器选比例—积分—微分控制规律。系统中的液位控制器为非正常情况下工作的控制器，为了在液位上升到安全限度时，其能迅速地投入工作，应选窄比例式的。

（3）当选择器选中温度控制器的输出时，系统构成一个单回路温度控制系统。在本系统中，当控制变量（液压流量）增大时，物料出口温度将会下降，故温度对象放大倍数的符号为"负"。因为控制阀已选为气开式，变送器放大倍数符号一定也是"正"的，所以温度控制器必须选择"正"作用。

当选择器选中液位控制器的输出时，则构成一个单回路液位控制系统。在该系统中，当液氨流量（控制变量）增大时，液氨液位将上升，故液位对象放大倍数符号为"正"。已知控制阀放大倍数符号为"正"，液位变送器的放大倍数符号也一定为"正"，因此，液位控制器必须取"反"作用。

（4）由于液位控制器是非正常情况下工作的控制器，又由于它是反作用，在正常情况下，液位低于上限值，其输出为高信号。一旦液位上升到大于上限值，液位控制其输出迅速跌为低信号，为保证液位控制器输出信号这时能够被选中，必须选低值选择器，从而可防止事故的发生。

6.4.4　积分饱和及其防止措施

一个具有积分作用的控制器，当其处于开环工作状态时，如果偏差输入信号一直存在，那么，由于积分作用的结果，将使控制器的输出不断增加（当控制器为正作用且偏差为正时）

或不断减小（当偏差为负时），一直达到输出的极限值为止，这种现象称为"积分饱和"。由上述定义可以看出，产生积分饱和的条件有三个：一是控制器具有积分作用；二是控制器处于开环工作状态；三是偏差信号长期存在。

在选择性控制系统中，任何时候选择器只能选中某一个控制器的输出送往控制阀，而未被选中的控制器则处于开环工作状态，这个处于开环工作状态的控制器如果有积分作用，在偏差长期存在的条件下，就会产生积分饱和。处于积分饱和的控制器，当它在某个时刻被选中时，需要进行控制，由于处于积分饱和状态而不能立即发挥作用。因为此时它的输出处于最大值或最小值，要使它发挥作用，必须等它退出饱和区，控制阀才开始动作。就是说，在饱和区里控制器输出的变化并没有实际发挥作用，因而会使控制不及时，控制质量变差。

目前防积分饱和主要有以下三种方法：

（1）限幅法。采用一些专门的技术措施对积分反馈信号加以限制，从而使控制器输出信号限制在控制阀工作信号范围之内。

（2）外反馈法。控制器在开环情况下，不再使用它自身的信号作为积分反馈信号，而是采用合适的外部信号作为积分反馈信号，从而也切断了积分正反馈，防止了进一步的偏差积分作用。

（3）积分切除法。使控制器积分作用在开环情况下暂时自动切除，使之仅具有比例功能。所以，这类控制器称为PI-P控制器。

对于选择性控制系统的防积分饱和，应采用外反馈法。其积分反馈信号取自选择器的输出信号，如图 6.35 所示。

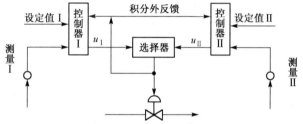

图 6.35　外反馈法抗积分饱和方案

当控制器 I 处于工作状态时，选择器输出信号等于它自身的输出信号，而对控制器 II 来说，该信号就变成外部积分反馈信号了。反之，亦相同。

6.5　阀位控制系统

6.5.1　基本概念

一个控制系统在受到外界干扰时，被控变量将偏离原先的给定值而发生变化。为了克服干扰的影响，将被控变量拉回到给定值，需要对控制变量进行调整。对一个系统来说，可供选择作为控制变量的可能不只一个，而是多个，这就有一个如何选择控制变量的问题。

选择控制变量的核心原则是：所选的控制变量既要考虑到它的经济性和合理性，又要考虑它的快速性和有效性。但在有些情况下，很难做到两者兼顾。阀位控制系统就是在综合考虑控制变量的快速性、有效性、经济性和合理性的基础上发展起来的一种控制系统。

阀位控制系统原理图如图 6.36 所示，在这个系统中选用了两个控制变量 A 和 B。其中控制变量A从经济性和工艺的合理性考虑比较合适，但是对克服干扰的影

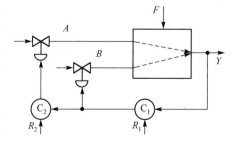

图 6.36　阀位控制系统原理图

响不够及时、有效。控制变量 B 正好相反，其快速性、有效性较好，也就是克服干扰的影响迅速、及时，但经济性、合理性较差。这两个控制变量分别由两个控制器来控制。主控制器 C_1 控制 B，阀位控制器 C_2 控制 A。主控制器的给定值为产品的质量指标，阀位控制器的给定值是控制变量管线上控制阀的阀位，阀位控制系统因此而得名。

6.5.2 阀位控制系统的应用

1. 管式加热炉原油出口温度控制

管式加热炉原油出口温度控制系统如图 6.37 所示。该系统一般选原油出口温度为被控变量，燃料油或气作为控制变量。这样考虑是经济合理的。因为燃料量变化所改变的燃烧热要通过辐射、对流和传导等传热过程将热量传递给管道中的原油以后，原油出口温度才发生变化，这段时间较长，因此，该系统不能及时有效地克服干扰的影响。

为了提高系统的控制质量，在原油的入口和出口之间引一条支管，把它作为控制变量 B，它对控制原油出口温度十分及时、有效。但从工艺角度考虑并不经济，因为它增加了能耗，所以通过它来控制原油出口温度不合理。图 6.38 将控制变量 A 和 B 有机地结合起来能达到提高控制质量的效果。

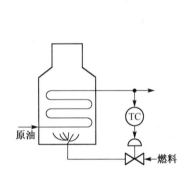

图 6.37 原油出口温度控制系统

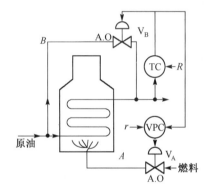

图 6.38 原油出口温度阀位控制系统

我们假定 V_A、V_B 两个控制阀为气开式，主控制器 TC 为正作用，阀位控制器 VPC 为反作用。系统在稳定情况下，被控变量等于主控制器的设定值 R，V_A 处于某一开度，V_B 处于 VPC 所设置的小开度 r。系统受到外界干扰，原油出口温度上升，温度控制器的输出将增大，这一增大信号送往两处：一是去 V_B，二是去 VPC。送往 V_B 的信号将使 V_B 开度增大，这样原油出口温度下降；送往 VPC 的信号是作为后者的测量值，在 r 不变的情况下，测量值增大，VPC 的输出将减小，V_A 的开度将减小，燃料量随之减少，出口温度随之下降。这样 V_A、V_B 的动作都将使温度上升的趋势减低。随着出口温度上升趋势的下降，TC 输出逐渐减小，于是 V_B 的开度逐渐减小，V_A 的开度逐渐加大。这个过程一直进行到 TC 及 VPC 的偏差都等于零为止。TC 偏差等于零，意味着出口温度等于给定值，也就是 VPC 偏差等于零，V_B 的阀压与 VPC 的设定值 r 相等，而 V_B 的开度与阀压有着一一对应的关系，V_B 最后会回到 r 所对应的开度。

可见，本系统利用控制变量 B 的有效性和快速性，在扰动出现时，先通过 B 来克服干扰的影响。随着时间的增长，对 B 的调整逐渐减弱，最终 V_B 停在一个很小的开度上（由设定值 r 决定）。控制出口温度的任务由控制变量 A 承担，维持了控制的合理性和经济性。

2. 反应釜温度控制

图 6.39 是反应釜温度控制系统。冷冻盐水和冷水都能影响温度，两者比较，冷冻盐水的影响滞后很小，有良好的动态性能，但它价格比冷水昂贵。在正常工况下，要求通过阀位控制器的调整使它处于小流量，而当由于扰动使温度突然升高时，又能快速打开盐水阀。

通过以上实例可见，阀位控制系统具有多个操纵变量和单个被控变量，它要求被选作辅助变量的阀位在稳态时处于某个较小（或较大）值上，以满足另外指标优化的要求。

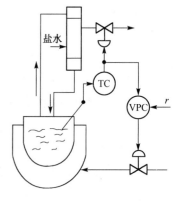

图 6.39　反应釜温度控制系统

6.5.3　阀位控制系统的设计与整定

（1）控制变量的选择

要从经济性、合理性和快速性、有效性两个不同角度考虑 A、B 两个控制变量。A 着重考虑经济性和合理性，B 着重考虑快速性和有效性。

（2）控制阀开闭形式选择

与单回路系统介绍的方法相同。

（3）控制器规律及正反作用选择

主控制器控制产品质量指标，它必须具有积分作用，一般选比例积分控制器。如果对象时间常数较大，则可选用比例积分微分控制器。阀位控制器的作用是最终使控制阀处于一个固定的小开度上，它必须具有积分作用，一般应选比例积分作用。

控制器正反作用选择的原则是：闭合回路的开环总放大倍数的符号必须为负。以管式炉原油出口温度阀位控制系统为例，它的方框图如图 6.40 所示。

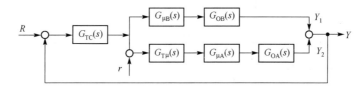

图 6.40　管式炉原油出口温度阀位控制系统方框图

图中，$G_{TC}(s)$ 和 $G_{T\mu}(s)$ 分别为主控制器和阀位控制器的传递函数；$G_{\mu A}(s)$ 和 $G_{\mu B}(s)$ 分别为控制阀 V_A 和 V_B 的传递函数。

系统有两个回路：第一个是从主控制器出发经阀 V_B、对象 B 及反馈回路返回主控制器；第二个是从主控制器出发，经阀位控制器、阀 V_A 和对象 A，再经反馈回路返回主控制器。

从第一个回路可以确定主控制器的正反作用。根据工艺要求，V_B 应选气开式，放大倍数符号为正。当 V_B 开大时，出口温度将下降，对象 B 的放大倍数符号为负，这样主控制器应选正作用。

阀位控制器的正反作用只能从第二个回路的分析中确定。根据工艺要求，V_A 应选气开式，放大倍数符号为正。当 V_A 开大时，燃料量增加，出口温度将上升，温度对象 A 的放大倍数为正。而主控制器的放大倍数符号已确定为正作用。要构成负反馈，阀位控制器必须选反作用。

（4）阀位控制系统的整定

把阀位控制系统看成两个彼此之间有联系的单回路系统来整定。（1）在阀位控制器处于手动情况下，按单回路系统整定方法整定主控制器的参数。（2）将整定好的主控制器参数放好，使主控制器处于自动状态，然后按单回路系统整定方法整定阀位控制器的参数。

6.6 特殊控制的 MATLAB 仿真

6.6.1 比值控制的 MATLAB 仿真

设某热轧厂加热炉采用如图 6.41 所示炉温串级比值控制方案控制加热炉内温度，其中煤气流量-炉膛温度构成串级控制，煤气流量和空气流量间是以煤气为主动量、空气为从动量的比值控制。

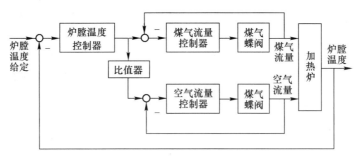

图 6.41 炉温串级比值控制方案方框图

现假设煤气流量和炉膛温度间的传递函数为 $G_p(s) = \dfrac{5}{855s+1}e^{-120s}$，煤气蝶阀的传递函数为 $G_{gv}(s) = \dfrac{2}{13s+1}e^{-3s}$，空气蝶阀的传递函数为 $G_{av}(s) = \dfrac{3}{11s+1}e^{-2s}$，常态工作时，煤气和空气的比值为 $k=1:1.07$。以下通过 MATLAB 的 Simulink 工具箱对该系统的炉温跟随性能、抗扰性能及煤气流量、空气流量在控制中的作用表现进行仿真分析。

仿真步骤如下。

1. 建立 Simulink 仿真模型

建立如图 6.42 所示的 Simulink 仿真模型。

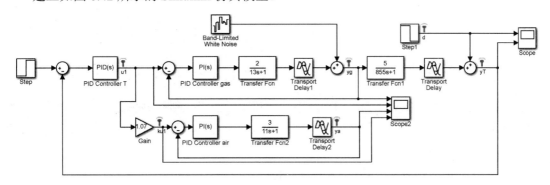

图 6.42 炉温串级比值控制 Simulink 仿真模型

2．确定控制器控制规律

该系统中有炉膛温度控制器（PID Controller T）、煤气流量控制器（PID Controller gas）和空气流量控制器（PID Controller air）。

其中炉膛温度控制器为串级控制中的主控制器，对炉温的控制起到至关重要的作用，本例中选用 PID 调节规律，PID 的形式采用 Ideal 型：$P\left(1+I\dfrac{1}{s}+D\dfrac{N}{1+N\dfrac{1}{s}}\right)$。

煤气流量控制器为串级控制中的副控制器，同时也是双闭环比值控制中的主动量控制器，为控制无差，采用 PI 调节规律，PI 的形式同样采用 Ideal 型：$P\left(1+I\dfrac{1}{s}\right)$。

空气流量控制器为双闭环比值控制中的从动量控制器，为控制无差，采用与煤气流量控制相同的 PI 调节规律。

3．整定控制器参数

首先整定串级控制系统中的主副控制器参数。因该系统中作为副对象的煤气通道与作为主对象的炉温通道惯性时间常数相差很大，所以可以按照串级控制参数整定方法中的两步法来整定煤气流量控制器和炉温控制器。

第一步，按照图 6.43 所示整定煤气流量单回路控制系统。采用 PID Controller 模块中的 Tune 功能整定结果为：P=0.83，I=0.10。此控制参数配置下，系统的单位阶跃响应如图 6.44 所示。该响应性能从对单位阶跃的响应来说是很好的。

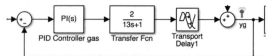

图 6.43　用于煤气流量控制器参数整定的单回路仿真系统

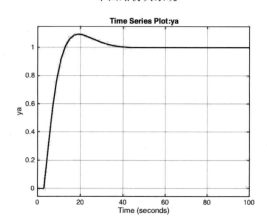

图 6.44　单位阶跃响应

第二步，整定温度流量控制器。按照图 6.45 所示将整定好的煤气流量投运，主副回路同时运行情况下，采用 PID Controller T 模块中的 Tune 功能整定结果为：P=0.3，I=0.02，D=9.6，N=0.002。

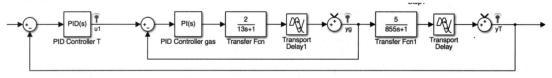

图 6.45　用于炉温控制器参数整定的串级控制仿真系统

空气流量控制器的参数依据比值控制系统中从动量回路控制参数整定方法，以振荡不大的前提下兼顾快速性的原则来整定。采用类似煤气流量单回路的控制参数整定方法，整定结果为 P=0.52，I=0.14。

4．炉温串级-比值控制系统跟随和抗扰性能仿真分析

设置系统给定输入（模块 Step）为幅值 100 的阶跃信号，炉温干扰输入（Step1 模块）为

4500 s（系统稳定运行后）时加入幅值为-10 的阶跃信号，煤气流量干扰输入（Band-Limited White Nosie 模块）是功率谱为 0.01、采样时间为 10 s 的白噪声信号。采用仿真第 2 步设定的控制规律和第 3 步整定的控制参数，图 6.42 所示控制模型的输出结果如图 6.46 和图 6.47 所示。

图 6.46 显示了炉温在给定值发生幅度 100 的跳变、煤气通道受白噪声干扰以及系统平稳运行中炉温发生幅度为 10 的降温时的响应。由图可见，在串级控制下，主回路（炉温）较好地跟随了给定值的变化，几乎不受二次干扰（煤气通道白噪声）的影响；对一次干扰（炉温通道的阶跃降温）能快速、平稳地抑制，恢复到炉温给定值。

图 6.47 显示了煤气流量和空气流量对于给定值发生幅度 100 的跳变、煤气通道受白噪声干扰以及系统平稳运行中炉温发生幅度为 10 的降温时的跟随调节作用。图 6.48 是对图 6.47 的局部放大。由图 6.47 和图 6.48 可知，煤气流量和空气流量在整个运行和调整过程中均较好保持了比值关系。在阶跃给定和阶跃扰动的初期，因担任主控的温度控制器给出了较大的控制信号（参见图 6.48（a）和（c）中的 u1 和 ku1），煤气流量和空气流量回路作为随动系统，做出了及时跟随，但表现了较大的超调。从图 6.48（b）可见，在系统平稳运行期，为应对煤气通道的白噪声，煤气调节阀在做频繁调整，表现为煤气流量的低幅高频振荡。

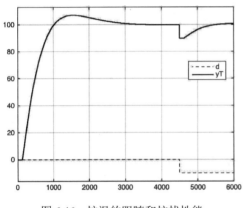

图 6.46　炉温的跟随和抗扰性能

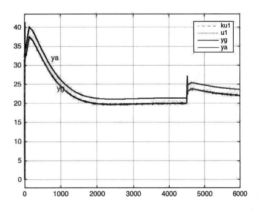

图 6.47　煤气、空气流量的跟随和抗扰性能

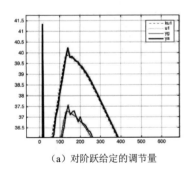

（a）对阶跃给定的调节量

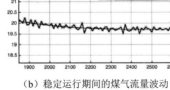

（b）稳定运行期间的煤气流量波动

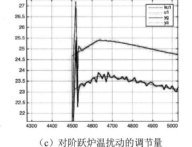

（c）对阶跃炉温扰动的调节量

图 6.48　图 6.47 的局部放大

若预减小煤气控制器和空气控制器为应对阶跃输入引起的超调，以及减缓煤气调节阀为应对白噪声干扰而做的频繁调整，可分别将煤气控制器和空气控制器的控制作用减弱，比如重新设置煤气控制器的 $P=0.23$，$I=0.08$；空气控制器的 $P=0.1$，$I=0.09$，相应的炉温响应以及煤气流量和空气流量响应如图 6.49 和图 6.50 所示。从图 6.49 可知，调小煤气控制器和空气控制器的控制作用，对主被控量的影响不大，仅跟随速度稍稍延后；图 6.50 和图 6.51 则显示出：

尽管煤气流量和空气流量虽稍滞后于各自的给定，但超调减小了，煤气的振荡也减小了，整体表现出更为稳定、适宜的控制效果。

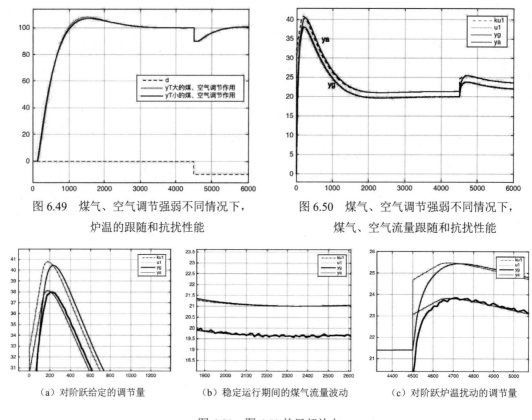

图 6.49　煤气、空气调节强弱不同情况下，
炉温的跟随和抗扰性能

图 6.50　煤气、空气调节强弱不同情况下，
煤气、空气流量跟随和抗扰性能

（a）对阶跃给定的调节量　　　（b）稳定运行期间的煤气流量波动　　　（c）对阶跃炉温扰动的调节量

图 6.51　图 6.50 的局部放大

6.6.2　均匀控制的 MATLAB 仿真

设某化工生产过程中前后精馏塔均要求塔内液位和进料流量平稳，以下分别用单回路均匀控制和串级均匀控制对该过程进行 MATLAB 仿真。为与 5.6 节串级控制仿真实例相对照，这里的仿真采用与其相同的对象模型，即假设前塔出料引起的前塔液位变动，以及调节阀引起的前塔出料（也即后塔入料）的变动分别满足传递函数

$$G_{p1}(s) = \frac{1}{(30s+1)(3s+1)}, \quad G_{p2}(s) = \frac{1}{(10s+1)(s+1)^2}$$

1．单回路均匀控制的 MATLAB 仿真

由已知工艺和被控过程传递函数模型，可得单回路均匀控制 Simulink 仿真模型如图 6.52 所示。显然，该仿真模型与图 5.26 一模一样，即单回路均匀控制和单回路定值控制的结构是一样的。

为与定值控制对比，首先重现 5.6 节单回路仿真中对 PID 控制器的设计，即 PID 形式仍采用 Ideal 型：$P\left(1 + I\frac{1}{s} + D\frac{N}{1+N\frac{1}{s}}\right)$，并设定参数 P=1.9493，I=0.0311，D=4.7343，N=5.6465，

则在单位阶跃给定下，液位 y_1 和流量 y_2 的响应如图 6.53（a）所示。从图中可知，在定值控制中，作为主要控制参量的液位 y_1 被控制得很好，稳、准、快地跟随了给定的阶跃跳变。但付出的代价是后塔入料（前塔出料）流量的大幅波动（超调了 60%左右），这不符合前后精馏塔物料供求关系平稳的要求。因此，以下从均匀控制的角度来重新设计 PID 控制器。

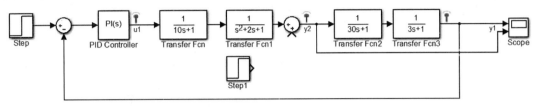

图 6.52　单回路均匀控制系统仿真模型

在均匀控制中力求物流参量的缓慢均匀变化，为此不宜加微分，将图 6.52 中的 PID 控制器设置为 PI 型： $P\left(1+I\dfrac{1}{s}\right)$ ，并按照先减小 P，再调整 I 的步骤调整 P 和 I 参数，以减弱控制作用，保证液位和流量的小幅、缓慢变化。经反复调试，选择 $P=0.85$，$I=0.03$，相应的单位阶跃响应如图 6.53（b）所示。可见均匀控制下液位的变化较定值控制的慢了，但带来的好处是流量的变化幅值显著下降（仅不到 10%的超调），符合均匀控制的要求：两种参量在一定范围内缓慢均匀地变化。

为分析均匀控制下系统抗流量 y_2 上扰动的能力，将图 6.52 中的 Step1 模块以延迟 300s、幅值 0.5 的设置加入，相应的系统响应如图 6.53（c）所示。可见，均匀控制下，系统仍具有一定的抗扰能力，但抗扰期间扰动对系统影响大，系统恢复时间长。所以可以考虑设计串级控制，靠副回路来削弱扰动的影响。

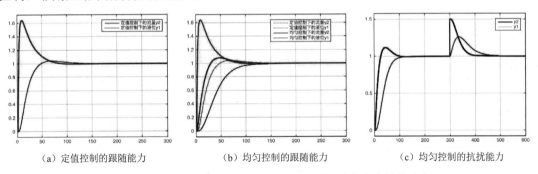

（a）定值控制的跟随能力　　　（b）均匀控制的跟随能力　　　（c）均匀控制的抗扰能力

图 6.53　单回路定值控制和单回路均匀控制下液位和流量的响应

2．串级均匀控制的 MATLAB 仿真

将图 6.52 的单回路均匀控制改造为串级均匀控制，可得仿真模型如图 6.54 所示。

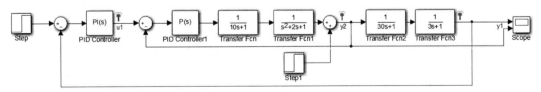

图 6.54　串级均匀控制系统仿真模型

对比 5.6 节的图 5.28 可知，均匀控制和定值控制所用串级控制结构是相同的，本例中为对比起见，先沿用串级控制仿真实例中所用控制器配置：副回路用纯 P 控制器，参数 P=4.3，主回路用 Ideal 型 PID 控制器，参数 P=2.75，I=0.04，D=4.12，N=6.63，相应地对单位阶跃给定的响应如图 6.55 所示。

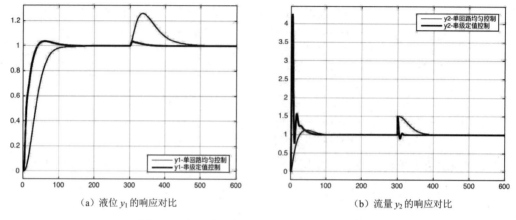

(a) 液位 y_1 的响应对比   (b) 流量 y_2 的响应对比

图 6.55 单回路均匀控制和串级定值控制的比较

由图 6.55（a）可见，相较于单回路均匀控制，串级定值控制下的液位 y_1 无论在跟随给定方面还是抗流量扰动方面，其响应速度都更快，且受扰动的影响幅度要小很多。由图 6.55（b）可见，相较于单回路均匀控制，串级定值控制下的流量受扰后能经过几次快速的衰减振荡就恢复初态，表现出良好的抗二次干扰能力；但对阶跃给定的反应过激，出现了高达 400%的超调，这在均匀控制中是不允许的。故以下从均匀控制的角度重新设计主、副控制器，减缓系统的响应速度，减小系统的变化幅度。

为均匀控制，主控制器去掉微分作用，换成 PI 控制器；副控制器已经是纯 P 调节器，这里不做变动。主控制器的参数尝试从 P 开始调整（P 减小方向），调到系统响应幅值不高后，稍加调整 I 即可。副控制器参数调整原则同主控制器。经多次尝试，在主控制器 P、I 参数和副控制器 P 参数调整中，最能体现调节效果的是主控制器的 P 参数，主控制器 I 参数不宜过大，否则系统振幅加大，有悖于均匀控制的小范围调整要求；I 参数减小则只能稍微减缓系统回复时间，对减小振幅的贡献不大；副回路的 P 参数在串级定值控制中的主要作用是尽快消除二次干扰，在串级均匀控制中则要稍减小，以使系统平稳缓慢运行，但总体贡献不大。调试结果：选择主 P=1.1，主 I=0.04，副 P=2。此控制器配置下，系统的响应如图 6.56 所示。

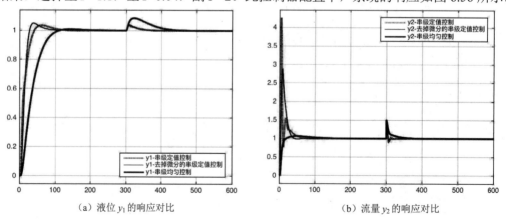

(a) 液位 y_1 的响应对比   (b) 流量 y_2 的响应对比

图 6.56 串级均匀控制和串级定值控制的比较

由图 6.56 可见，串级均匀控制用去掉 PID 控制中的微分和减小比例系数换来了控制的平稳：在液位 y_1 跟随给定时，虽然过程迟缓些，但没有超调，关键是与此同时流量 y_2 没有定值控制中的尖峰振荡了，而是表现为缓慢无振荡调整；在抑制流量扰动时，虽然液位 y_1 在调整过程中的变化幅度较定值串级控制的稍大些，但仍在可以接受的范围内（超调不到 10%），与此同时，流量受扰动的影响也很快被抑制掉，期间无振荡。

本 章 小 结

本章介绍了比值、均匀、分程、选择、阀位控制系统的基本概念、原理、结构及应用。这些系统都是在单回路和串级控制系统的基础上为满足生产要求而发展起来的特殊控制系统。通过本章的学习，应掌握以下内容：

1．比值控制系统的基本类型及其各自的特点。

2．比值控制系统设计时主、从动量的选择，仪表比值系数的换算，具体实施方案，开方器的选用，以及从动量对主动量的跟踪问题。

3．均匀控制系统的概念及特点。

4．简单、串级及双冲量均匀控制系统的构成及工作过程。

5．分程控制系统的概念及应用，分程阀总流量特性的改善。

6．选择性控制系统的概念及其分类。

7．能够分析简单选择性控制系统的工作情况。了解选择性控制系统的控制器选型、正反作用的设置以及选择器的确定。了解积分饱和特性及其防止措施。

8．掌握阀位控制系统的概念及其应用，了解阀位控制系统的控制变量的选择、控制器选型、正反作用的设置等。

习 题

6.1 比值控制系统的结构形式有几种？简述各自的工作过程。

6.2 主、从动量的选择原则是什么？

6.3 有无开方器对比值控制系统有什么影响？试比较各方案的优缺点。

6.4 比值与比值系数有何不同？怎样将比值转换成比值系数？

6.5 用除法器组成比值控制系统与用乘法器组成比值控制系统有何不同之处？

6.6 为什么 4∶1 整定方法不适合比值控制系统的整定？

6.7 一个比值控制系统，Q_1 变送器量程为 0～8000 m^3/h，Q_2 变送器量程为 0～10000 m^3/h，流量经开方后再用气动比值器或用气动乘法器时，若保持 $Q_2 / Q_1 = K = 1.2$，问比值器和乘法器上的比值系数应设定为何值？

6.8 设置均匀控制的目的是什么？均匀控制系统有哪些特点？

6.9 如何对均匀控制系统进行参数整定？

6.10 均匀控制系统与单回路控制系统有何相同点与不同点？

6.11 分程控制有哪些用途？如何使同向动作的控制阀在分程点前后流量特性达到平滑过渡？

6.12 题 6.12 图为某管式加热炉原油出口温度分程控制系统。两个分程阀分别设置在瓦斯气和燃料油管线上。工艺要求优先使用瓦斯气供热，只有当瓦斯气量不足以提供所需热量时，才打开燃料油控制阀作为补充。根据上述要求确定：

（1）A、B两个控制阀的开闭形式及每个阀的工作信号段（假设分程点为12 mA）。

（2）确定控制器的正反作用，并画出该系统的原理方框图，简述系统的工作原理。

6.13 在选择性控制系统中，选择器的类型是如何确定的？

6.14 什么是积分饱和？其危害是什么？

6.15 题6.15图所示高位槽向用户供水，为保证供水流量的平稳，要求对高位槽出口流量进行控制。但为防止高位槽水位过高而造成溢水事故，需对液位采取保护性措施。根据上述要求设计一个选择性控制系统。画出该系统的结构图，选择控制阀的开闭形式，控制器的正反作用及选择器的类型，并简述系统的工作情况。

6.16 阀位控制器必须选择比例积分控制器的理由是什么？

6.17 某反应过程要求反应物入口温度必须预热到所要求的温度，因此在反应物进入反应器之前经蒸汽换热器与蒸汽进行换热，其工艺流程图如题6.17图所示。假定该反应过程对入口温度要求很严，而蒸汽换热由于时间常数比较大，控制很不及时，那么你认为应该设计何种控制方案为好？画出系统的结构图与方框图，选择控制阀的开闭形式及控制器的正反作用，并说明该系统的工作原理。

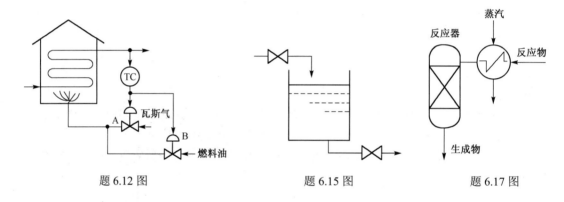

题 6.12 图　　　　　　　　　　题 6.15 图　　　　　　　　　　题 6.17 图

第7章 补 偿 控 制

本章介绍补偿控制的基本概念和常用的补偿控制方法，主要内容包括：补偿控制的基本原理与结构；前馈补偿控制原理与设计；大延迟系统的补偿控制方法，如Smith时间预估器、大林控制算法等。

7.1 补偿控制的基本原理与结构

在控制系统设计中，采用常规的 PID 控制有时很难获得良好的控制质量。但是，若能求出满足性能指标的控制律，就可以采用一种通用的设计方法，即在系统中增加"补偿控制器"。这种补偿控制装置可以改变控制器的响应，从而使整个系统获得期望的性能指标。

补偿控制系统的分类方法很多。按补偿控制结构的不同，补偿控制系统可以分为如下四种。

（1）控制量补偿。它将控制输入量经过处理后，直接向前传递，并与主控制器的输出进行叠加，如图 7.1（a）所示，$G_c(s)$ 为控制量补偿器。

（2）扰动量补偿。它将系统的扰动输入量经过处理后，向前传递，并与主控制器的输出进行叠加，如图7.1（b）所示，$G_c(s)$ 为扰动量补偿器。

上述两种补偿控制方法有时也称为前馈补偿。

（3）反馈补偿。它在主控制器反馈回路中增加一个控制器，如图 7.1（c）所示，$G_c(s)$ 为反馈补偿器。

（4）串联补偿。它将补偿器与主控制器串联连接，如图 7.1（d）所示，$G_c(s)$ 为串联补偿器。

选择何种结构的补偿控制器，一般取决于过程控制系统应满足的性能指标要求。

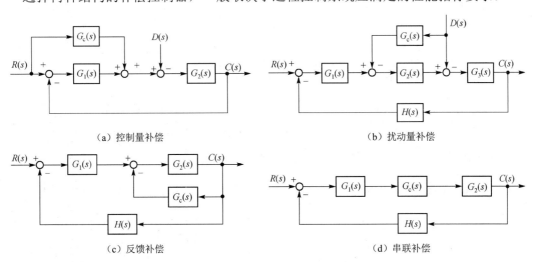

（a）控制量补偿　　　　　　　　　　　　　　　　　　（b）扰动量补偿

（c）反馈补偿　　　　　　　　　　　　　　　　　　（d）串联补偿

图 7.1　补偿控制系统的基本结构

7.2 前馈控制系统

7.2.1 前馈控制系统的概念

众所周知，反馈控制是按被控量的偏差进行控制的。其控制原理是：将被控量的偏差信号反馈到控制器，由控制器去修正控制量，以减小偏差量。因此，反馈控制能产生作用的前提条件是被控量必须偏离设定值。应当注意，在反馈系统把被控量调回到设定值之前，系统一直处于受扰动的状态。而前馈控制是按扰动量的变化进行控制的。其控制原理是：当系统出现扰动时，立即将其测量出来，通过前馈控制器，根据扰动量的大小来改变控制量，以抵消或减小扰动对被控量的影响。由于被控量的偏差并不反馈到控制器，而是将系统的扰动信号前馈到控制器，所以将这种控制系统称为前馈控制系统。

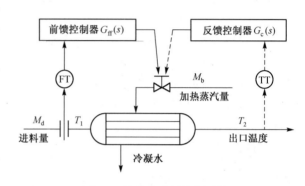

图 7.2 换热器前馈控制系统

前馈控制系统的工作原理可结合图 7.2 所示的换热器前馈控制系统做进一步说明，图中虚线部分表示反馈控制系统。

假设换热器的被控量为出口温度 T_2，主要干扰量为进料量 M_d。当采用前馈控制系统时，先通过流量变送器 FT 测得 M_d，并送至前馈控制器 $G_{ff}(s)$ 对此信号做一定的运算处理后，输出合适的控制信号去操纵蒸汽控制阀，从而改变加热蒸汽量 M_b，以补偿 M_d 对 T_2 的影响。例如，当 M_d 减少时，会使 T_2 上升。前馈控制器的校正作用是：在测取 M_d 减少时，就按照一定的规律减小 M_b，只要蒸汽量改变的幅值和动态过程合适，就可以显著地减小由于 M_d 的波动而引起的 T_2 的波动。从理论上讲，只要前馈控制器设计合理，就可以实现对扰动量 M_d 的完全补偿，从而使 T_2 与 M_d 完全无关。

确定前馈控制器的控制律是实现对系统干扰完全补偿的关键。图 7.3 是换热器前馈控制系统的方框图。图中，M_d 和 T_2 分别为扰动量和被控量的拉氏变换，$G_d(s)$ 为干扰通道的传递函数，$G_p(s)$ 为控制通道的传递函数，$G_{ff}(s)$ 为前馈控制器的传递函数。

由图 7.3 可知，在 $M_d(s)$ 作用下，系统的输出为

$$T_2(s) = M_d(s)G_d(s) + M_d(s)G_{ff}(s)G_p(s) \tag{7.1}$$

式中，$M_d(s)G_d(s)$ 表示扰动量对被控对象的影响；$M_d(s)G_{ff}(s)G_p(s)$ 表示扰动量通过前馈控制器对被控对象的补偿作用。

系统对 M_d 实现完全补偿的条件是

$$M_d(s) \neq 0，而 T_2(s) = 0$$

即

$$G_d(s) + G_{ff}(s)G_p(s) = 0 \tag{7.2}$$

于是可得前馈控制器的传递函数为

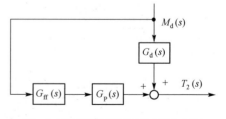

图 7.3 换热器前馈控制系统方框图

$$G_{ff}(s) = -G_d(s)/G_p(s) \tag{7.3}$$

则不论 M_d 为何值，总有 $T_2(s) = 0$。这就是完全补偿。不难看出，要实现对扰动量的完全补偿，必须保证 $G_d(s)$、$G_p(s)$ 和 $G_{ff}(s)$ 等环节的传递函数是精确的。否则，就不能保证 $T_2(s)$ 等于零，于是被控量与设定值之间就会出现偏差。因此，在实际工程中一般不单独采用前馈控制方案。

7.2.2 前馈控制系统的基本结构

1．静态前馈控制

在干扰通道和控制通道的动态特性相同的情况下，有

$$G_{ff}(s) = -G_d(s)/G_p(s) = -K_{ff} \tag{7.4}$$

式（7.4）表明，前馈控制器的输出仅仅是输入信号的函数，而与时间无关，满足这个条件就称为静态前馈控制。式中 K_{ff} 为静态前馈系数，它可以通过实验的方法确定；若能建立有关参数的静态方程，则 K_{ff} 也可通过计算确定。

仍以图7.2所示换热器温度控制系统为例说明静态前馈控制算法。当换热器的进料量 M_d 为主要干扰时，为了实现静态前馈补偿控制，可根据热量平衡关系列写出静态前馈控制方程。在忽略热损失的前提下，其热量平衡关系为

$$Q_{mi}H_i = Q_{md}c_p(T_2 - T_1) \tag{7.5}$$

式中，Q_{mi} 和 H_i 分别为加热蒸汽量和蒸汽汽化潜热；Q_{md} 和 c_p 分别为被加热物料量和定压比热；T_1 和 T_2 为被加热物料入口和出口温度。

由式（7.5）可得静态前馈控制方程为

$$T_2 = T_1 + \frac{Q_{mi}H_i}{Q_{md}c_p} \tag{7.6}$$

扰动通道的放大系数为

$$K_d = \frac{dT_2}{dQ_{md}} = -\frac{T_2 - T_1}{Q_{md}} \tag{7.7}$$

控制通道的放大系数为

$$K_p = \frac{dT_2}{dQ_{mi}} = \frac{H_i}{Q_{md}c_p} \tag{7.8}$$

于是，静态前馈控制器的放大系数为

$$-K_{ff} = -\frac{K_d}{K_p} = -\frac{c_p(T_2 - T_1)}{H_i} \tag{7.9}$$

由于静态前馈控制器与时间无关，一般不需要专用的控制装置，单元组合仪表就能满足实际要求。特别是当 $G_d(s)$ 与 $G_p(s)$ 滞后相差不大时，采用静态前馈控制方法仍然可以获得较好的控制精度。

2．动态前馈控制

在实际的过程控制系统中，被控对象的控制通道和干扰通道的传递函数往往是不同的。因此采用静态前馈控制方案，就不能很好地补偿动态误差，尤其是在对动态误差控制精度要

求很高的场合，必须考虑采用动态前馈控制方式。

动态前馈控制的设计思想是，通过选择适当的前馈控制器，使干扰信号经过前馈控制器至被控量通道的动态特性完全复制对象干扰通道的动态特性，并使它们的符号相反，从而实现对干扰信号进行完全补偿的目标。这种控制方案不仅保证了系统的静态偏差等于零或接近于零，又可以保证系统的动态偏差等于零或接近于零。

仍以图7.2所示换热器前馈控制系统为例说明动态前馈控制算法。在对进料量干扰 M_d 的前馈补偿控制中，假设干扰通道和控制通道的传递函数分别为

$$G_d(s) = K_d e^{-\tau_d s} / (T_d s + 1) \tag{7.10}$$

$$G_p(s) = K_p e^{-\tau_p s} / (T_p s + 1) \tag{7.11}$$

当对 M_d 完全补偿时，有 $G_{ff}(s) = -G_d(s)/G_p(s) = -K_d(T_p s + 1)e^{-(\tau_d - \tau_p)s}/K_p(T_d s + 1)$ (7.12)
若实际系统的 $\tau_d = \tau_p$，则动态前馈控制器为

$$G_{ff}(s) = -K_d(T_p s + 1)/K_p(T_d s + 1) = -K_{ff}(T_p s + 1)/(T_d s + 1) \tag{7.13}$$

如果 $T_p = T_d$，则 $\qquad\qquad\qquad G_{ff}(s) = -K_{ff}$ (7.14)

显然，当被控对象的控制通道和干扰通道的动态特性完全相同时，动态前馈补偿器的补偿作用相当于一个静态放大系数。实际上，静态前馈控制只是动态前馈控制的一种特殊情况。

3. 前馈-反馈控制

实际上，单纯的前馈控制是一种开环控制。在控制过程中完全不测取被控参量的信息，因此，它只能对指定的扰动量进行补偿控制，而对其他的扰动量无任何补偿作用。即使是对指定的扰动量，由于环节或系统数学模型的简化、工况的变化以及对象特性的漂移等，也很难实现完全补偿。此外，在工业生产过程中，系统的干扰因素较多，如果对所有的扰动量都进行测量并采用前馈控制，必然增加系统的复杂程度。而且有些扰动量本身就无法直接测量，也就不可能实现前馈控制。因此，在实际应用中，通常采用前馈控制与反馈控制相结合的复合控制方式。前馈控制器用来消除扰动量对被控参量的影响，而反馈控制器则用来消除前馈控制器不精确和其他不可测干扰所产生的影响。

图 7.4 是一个典型的前馈-反馈控制系统方框图。图中，$R(s)$、$D(s)$ 和 $Y(s)$ 分别为系统的输入量、扰动量和被控量的拉氏变换，$G_d(s)$ 为扰动通道的传递函数，$G_p(s)$ 为控制通道的传递函数，$G_{ff}(s)$ 为前馈控制器的传递函数，$G_c(s)$ 为反馈控制器的传递函数，$H(s)$ 为反馈通道的传递函数。

由图7.4可知，干扰 $D(s)$ 对被控量 $Y(s)$ 的闭环传递函数为

$$\frac{Y(s)}{D(s)} = \frac{G_d(s) + G_{ff}(s)G_p(s)}{1 + H(s)G_c(s)G_p(s)} \tag{7.15}$$

在干扰 $D(s)$ 的作用下，对被控量 $Y(s)$ 完全补偿的条件是 $D(s) \neq 0$，而 $Y(s) = 0$，因此有

$$G_{ff}(s) = -G_d(s)/G_p(s) \tag{7.16}$$

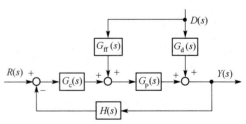

图 7.4　前馈-反馈控制系统方框图

由式（7.16）可知，从实现对系统主要干扰完全补偿的条件看，无论是采用单纯的前馈控制，还是采用前馈-反馈控制，其前馈控制器的特性不会因为增加了反馈回路而改变。

综上所述，前馈-反馈控制系统的优点如下：

（1）在前馈控制中引入反馈控制，有利于对系统中的主要干扰进行前馈补偿，对系统中的其他干扰进行反馈补偿。这样既简化了系统结构，又保证了控制精度。

（2）由于增加了反馈控制回路，所以降低了对前馈控制器精度的要求。这样有利于前馈控制器的设计和实现。

（3）在单纯的反馈控制系统中，提高控制精度与系统的稳定性是一对矛盾。往往为保证系统的稳定性而无法实现高精度的控制。而前馈-反馈控制系统既可实现高精度控制，又能保证系统稳定运行，因而在一定程度上解决了稳定性与控制精度之间的矛盾。

前馈-反馈控制的上述优点，使它在实际工程中获得了广泛的应用。

4. 前馈-串级控制

在实际生产过程中，如果被控对象的主要干扰频繁而又剧烈，而生产过程对被控参量的精度要求又很高，这时可以考虑采用前馈-串级控制方案。图7.5是一个典型的前馈-串级控制系统方框图。

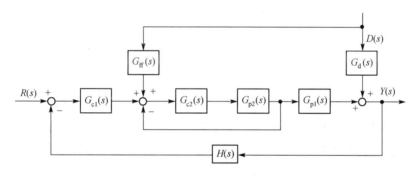

图 7.5　前馈-串级控制系统方框图

由图7.5可知，干扰 $D(s)$ 对系统输出 $Y(s)$ 的闭环传递函数为

$$\frac{Y(s)}{D(s)} = \frac{G_{\mathrm{d}}(s)}{1 + \dfrac{G_{\mathrm{c2}}(s)G_{\mathrm{p2}}(s)}{1 + G_{\mathrm{c2}}(s)G_{\mathrm{p2}}(s)}H(s)G_{\mathrm{c1}}(s)G_{\mathrm{p1}}(s)} + \frac{G_{\mathrm{ff}}(s)\dfrac{G_{\mathrm{c2}}(s)G_{\mathrm{p2}}(s)}{1 + G_{\mathrm{c2}}(s)G_{\mathrm{p2}}(s)}G_{\mathrm{p1}}(s)}{1 + \dfrac{G_{\mathrm{c2}}(s)G_{\mathrm{p2}}(s)}{1 + G_{\mathrm{c2}}(s)G_{\mathrm{p2}}(s)}H(s)G_{\mathrm{c1}}(s)G_{\mathrm{p1}}(s)} \quad (7.17)$$

在串级控制系统中，当副回路的工作频率远大于主回路的工作频率时，如副回路等效时间常数是主回路的时间常数的 9/10，则副回路的传递函数可以近似表示为

$$\frac{G_{\mathrm{c2}}(s)G_{\mathrm{p2}}(s)}{1 + G_{\mathrm{c2}}(s)G_{\mathrm{p2}}(s)} \approx 1 \quad (7.18)$$

又因为扰动 $D(s)$ 对被控量 $Y(s)$ 完全补偿的条件是

$$D(s) \neq 0 \text{，但 } Y(s) = 0$$

因此，可求得前馈控制器的传递函数为

$$G_{\mathrm{ff}}(s) = -G_{\mathrm{d}}(s)/G_{\mathrm{p}}(s) \quad (7.19)$$

必须指出，由于前馈控制的依据是扰动量，前馈控制器的传递函数又是由干扰通道和控制通道的特性所确定的，因此，采用前馈控制的条件必然与干扰及对象特性有关。一般来说，在系统中引入前馈必须遵循以下原则：

（1）系统中的扰动量是可测不可控的。如果前馈控制所需的扰动量不可测，前馈控制也就无法实现。如果扰动量可控，则可设置独立的控制系统予以克服，也就无须设计较为复杂的前馈控制系统。

（2）系统中的扰动量的变化幅值大、频率高。扰动量幅值变化越大，对被控量的影响也越大，偏差也越大，因此，按扰动变化设计的前馈控制要比反馈控制更有利。高频干扰对被控对象的影响十分显著，特别是对滞后时间小的流量控制对象，容易导致系统产生持续振荡。采用前馈控制，可以对扰动量进行同步补偿控制，从而获得较好的控制品质。

（3）控制通道的滞后时间较大或干扰通道的时间常数较小。

7.3 大迟延过程系统

在许多工业生产过程中，诸如传送物料能量、测量成分量、皮带运输、带钢连轧机，以及多容量、多种设备串联等过程，都存在较大的时滞时间。大延迟对象一般是指：广义对象的时滞与时间常数之比大于 0.5。

工程实践表明，当过程控制系统存在大纯延迟环节时，会使系统的闭环特征方程包含纯延迟因子，这就必然导致系统的稳定性降低。特别是，当延迟时间足够长时，还可能造成系统的不稳定。这就是大纯延迟过程难于控制的本质。因此，大延迟对象的控制方法一直是控制理论研究的重要课题。

7.3.1 Smith 预估器

1．Smith 预估器概述

为了改善大纯滞后系统的控制品质，1957 年史密斯（O.J.M.Smith）提出了一种以模型为基础的预估器补偿控制方法。其设计思想是：预先估计出过程在基本扰动作用下的动态响应，然后由预估器进行补偿，试图使被延迟了 τ 的被控量超前反馈到控制器，使控制器提前动作，从而大大降低超调量，并加速调节过程。Smith 预估器控制原理方框图如图 7.6 所示。

如果不采用 Smith 预估器，控制器输出 $U(s)$ 到系统输出 $Y(s)$ 之间的传递函数为

$$\frac{Y(s)}{U(s)} = G_\mathrm{p}(s)\mathrm{e}^{-\tau s} \qquad (7.20)$$

控制器的输出需要经过时间 τ 才起作用。

如果采用 Smith 预估器，反馈信号 $Y'(s)$ 与 $U(s)$ 之间的传递函数为

$$\frac{Y'(s)}{U(s)} = G_\mathrm{p}(s)\mathrm{e}^{-\tau s} + G_\mathrm{p}'(s) \qquad (7.21)$$

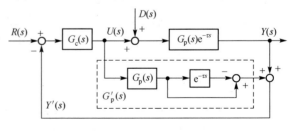

图 7.6 Smith 预估器控制原理方框图

为了使控制器的输出信号与 $Y'(s)$ 之间无延迟，必须要求

$$\frac{Y'(s)}{U(s)} = G_p(s)e^{-\tau s} + G_p'(s) = G_p(s) \tag{7.22}$$

由式（7.22）可求得 Smith 预估器的传递函数为

$$G_p'(s) = G_p(s)(1 - e^{-\tau s}) \tag{7.23}$$

整个系统的闭环传递函数为

$$\frac{Y(s)}{R(s)} = \frac{G_c(s)G_p(s)e^{-\tau s}}{1 + G_c(s)G_p(s)e^{-\tau s} + G_c(s)G_p(s)(1 - e^{-\tau s})} = \frac{G_c(s)G_p(s)e^{-\tau s}}{1 + G_c(s)G_p(s)} \tag{7.24}$$

$$\begin{aligned}\frac{Y(s)}{D(s)} &= \frac{G_p(s)e^{-\tau s}\left[1 + G_c(s)G_p(s)(1 - e^{-\tau s})\right]}{1 + G_c(s)G_p(s)e^{-\tau s} + G_c(s)G_p(s)(1 - e^{-\tau s})}\\ &= \frac{G_p(s)e^{-\tau s} + G_c(s)G_p^2(s)e^{-\tau s} - G_c(s)G_p^2(s)e^{-2\tau s}}{1 + G_c(s)G_p(s)}\end{aligned} \tag{7.25}$$

显然，在系统的闭环特征方程中，已不再包含纯滞后环节 $e^{-\tau s}$。因此，采用Smith预估器补偿控制方法可以消除纯滞后环节对控制系统品质的影响。当然，闭环传递函数分子上的纯滞后环节 $e^{-\tau s}$ 表明被控量的响应比设定值要滞后 τ 时间。

例 7.1 已知某过程控制系统如图 7.7 所示，图中，$K_p = 2$，$T_p = 4\,\mathrm{s}$，$\tau = 4\,\mathrm{s}$。

通过数字仿真，获得过程和预估后的阶跃（阶跃量为 10）响应曲线 $y(t)$ 和 $y'(t)$，分别绘于图 7.8 中，由图可知，预估信号使控制器动作明显提前。此外，当控制器 $G_c(s)$ 采用 PI 规律，且 $K_c = 20$ 及 $T_I = 1\,\mathrm{s}$ 时，系统在给定值（$r = 10$）阶跃变化下的响应曲线如图 7.9 所示（实线），图中超调量仅为 0.32，调节时间为 8 s。与单回路 PID 控制相比（虚线），效果十分显著。

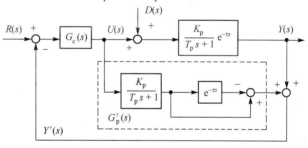

图 7.7 例 7.1 的图

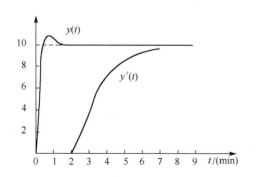

图 7.8 纯滞后加一阶惯性环节的数字仿真曲线

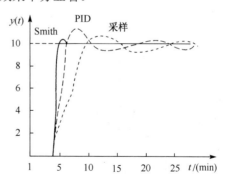

图 7.9 阶跃信号作用下的响应曲线

2. 改进的 Smith 预估器

必须指出，Smith 预估器补偿控制方法主要适用于给定信号变化引起系统输出变化的场合。这种方法最大的弱点是对过程模型的误差十分敏感。如果模型的时滞时间 τ 与实际值相差较大，则系统的品质就会大大降低。对于如何改进 Smith 预估器的性能，研究人员提出了许多改进方案。

（1）增益自适应补偿控制

1977 年贾尔斯（R.F.Giles）和巴特利（T.M.Bartley）提出了增益自适应补偿方案，其补偿系统方框图如图 7.10 所示。

增益自适应补偿方法是在 Smith 预估模型基础上外加了一个除法器、一个比例微分和一个乘法器。除法器是将过程的输出值除以模型的输出值。比例微分环节中

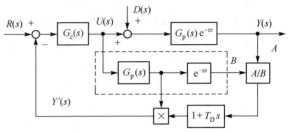

图 7.10　增益自适应补偿系统方框图

的 $T_D = \tau$，它是将过程输出与模型输出之比提前送入乘法器。乘法器是将预估器的输出乘以比例微分环节的输出，然后送到控制器。上述三个环节的作用是，根据模型和过程输出信号之间的比值提供一个自动校正预估器的增益信号。

在理想条件下，预估器模型准确地复现了过程的输出，除法器的输出值为1，其等效方框图如图 7.11 所示。很明显，过程的纯延迟环节已被有效地排除在闭环控制回路之外。

在非理想条件下，模型输出和过程输出一般是不完全相同的。此时，增益自适应补偿系统变成一个较为复杂的控制系统，其等效方框图如图 7.12 所示。图中，增益 K_p' 的大小取决于预估模型和过程的输出值。

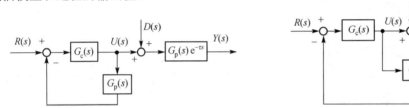

图 7.11　增益自适应补偿系统等效方框图 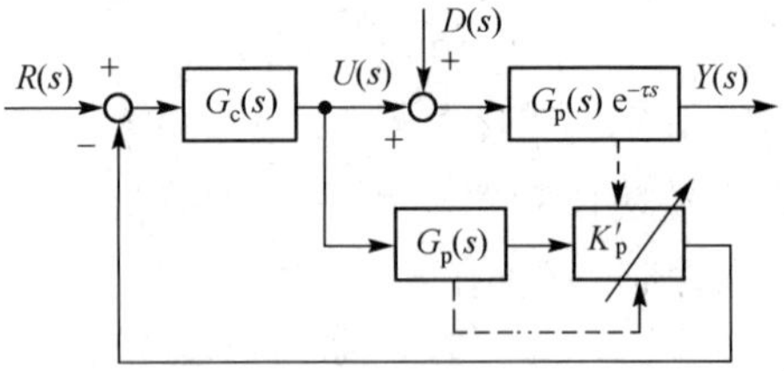　　图 7.12　带可变反馈增益的预估器补偿系统等效方框图

为了与Smith预估器补偿控制方法进行比较，贾尔斯和巴特利对二阶纯滞后环节做了大量的数字仿真和模拟实验。实验结果表明：在负载扰动作用时，增益自适应方案优于史密斯预估方案；而在给定值变化时，史密斯预估方案优于增益自适应方案。

（2）完全抗干扰的 Smith 预估器

抗干扰设计是过程控制系统设计的核心问题之一。所谓完全抗干扰通常是指，要求不但在稳态下系统的输出响应不受外界干扰的影响，而且在动态下系统的输出响应也不受外界干扰的影响。分析表明，若系统的扰动源不包括在Smith预估器补偿回路内时，对纯延迟环节的补偿效果将会明显降低。因此，为了获得优良的补偿效果，在设计系统时，应该尽量让主要干扰源落在纯延迟补偿器输入的前端。如果因客观条件所限，不能实现这一点时，就必须在史密斯预估器的结构设计上想办法。

图 7.13 是一种具有完全抗干扰性能的 Smith 预估器。由图 7.13 可知

$$\frac{Y(s)}{R(s)} = \frac{G_c(s)G_p(s)e^{-\tau s}}{1 + G_p(s)G_f(s) + G_c(s)\left[G_p(s)e^{-\tau s} + G_p(s)(1 - e^{-\tau s})\right]} \tag{7.26}$$

$$\frac{Y(s)}{D_1(s)} = \frac{G_p(s)e^{-\tau s}\left[1 + G_f(s)G_p(s) - G_c(s)G_p(s)(e^{-\tau s} - 1)\right]}{1 + G_p(s)G_f(s) + G_c(s)\left[G_p(s)e^{-\tau s} + G_p(s)(1 - e^{-\tau s})\right]} \tag{7.27}$$

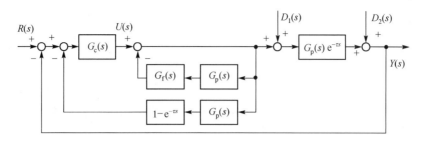

图 7.13 具有完全抗干扰性能的 Smith 预估器

$$\frac{Y(s)}{D_2(s)} = \frac{1 + G_f(s)G_p(s) - G_c(s)G_p(s)(e^{-\tau s} - 1)}{1 + G_p(s)G_f(s) + G_c(s)\left[G_p(s)e^{-\tau s} + G_p(s)(1 - e^{-\tau s})\right]} \qquad (7.28)$$

若仅考虑干扰 $D_1(s)$，则系统的输出响应为

$$Y(s) = \frac{G_c(s)G_p(s)e^{-\tau s}R(s) + G_p(s)e^{-\tau s}\left[1 + G_f(s)G_p(s) - G_c(s)G_p(s)(e^{-\tau s} - 1)\right]D_1(s)}{1 + G_p(s)G_f(s) + G_c(s)\left[G_p(s)e^{-\tau s} + G_p(s)(1 - e^{-\tau s})\right]} \qquad (7.29)$$

要实现对 $D_1(s)$ 的完全抗干扰设计，必须满足条件

$$1 + G_f(s)G_p(s) - G_c(s)G_p(s)(e^{-\tau s} - 1) = 0 \qquad (7.30)$$

可得
$$G_f(s) = \frac{G_c(s)G_p(s)(e^{-\tau s} - 1) - 1}{G_p(s)} \qquad (7.31)$$

此时，系统的输出响应为

$$Y(s) = \frac{G_c(s)G_p(s)e^{-\tau s}}{G_c(s)G_p(s)e^{-\tau s}}R(s) = R(s) \qquad (7.32)$$

由此可见，这样的系统不仅实现了完全抗干扰，而且也实现了完全无偏差。

若仅考虑干扰 $D_2(s)$，则系统的输出响应为

$$Y(s) = \frac{G_c(s)G_p(s)e^{-\tau s}R(s) + \left[1 + G_f(s)G_p(s) - G_c(s)G_p(s)(e^{-\tau s} - 1)\right]D_2(s)}{1 + G_p(s)G_f(s) + G_c(s)\left[G_p(s)e^{-\tau s} + G_p(s)(1 - e^{-\tau s})\right]} \qquad (7.33)$$

要实现对 $D_2(s)$ 的完全抗干扰设计，必须满足条件

$$G_f(s) = \frac{G_c(s)G_p(s)(e^{-\tau s} - 1) - 1}{G_p(s)} \qquad (7.34)$$

由此可见，式（7.31）同时实现了对干扰 $D_1(s)$ 和 $D_2(s)$ 的完全抗干扰设计，与干扰的具体形式无关，也无须测量干扰，而且也保证了系统无偏差。

7.3.2 大林（Dahlin）算法

1．大林算法的基本形式

一个典型的计算机控制系统方框图如图 7.14 所示。图中，$G_c(z)$ 为数字控制器，$H(s)$ 为采样保持器，$G_p(s)$ 为被控对象，T 为采样周期。

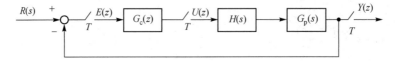

图 7.14　典型的计算机控制系统方框图

假设被控对象为带纯滞后的一阶惯性环节或带纯滞后的二阶惯性环节，其传递函数分别为

$$G_{\mathrm{p}}(s) = \frac{K_{\mathrm{p}} \mathrm{e}^{-\tau s}}{T_{\mathrm{p}} s + 1} \qquad \tau = mT \tag{7.35}$$

$$G_{\mathrm{p}}(s) = \frac{K_{\mathrm{p}} \mathrm{e}^{-\tau s}}{(T_{\mathrm{p1}} s + 1)(T_{\mathrm{p2}} s + 1)} \qquad \tau = mT \tag{7.36}$$

式中，T_{p}，T_{p1}，T_{p2} 为被控对象的时间常数；K_{p} 为被控对象的放大系数；τ 为被控对象的纯滞后时间，并假定 τ 是采样周期 T 的整数倍（m 为正整数）。

由图 7.14 可得系统的闭环 z 传递函数为

$$W_{\mathrm{B}}(z) = \frac{Y(z)}{R(z)} = \frac{G_{\mathrm{c}}(z) H G_{\mathrm{p}}(z)}{1 + G_{\mathrm{c}}(z) H G_{\mathrm{p}}(z)} \tag{7.37}$$

数字控制器的 z 传递函数为

$$G_{\mathrm{c}}(z) = \frac{U(z)}{E(z)} = \frac{1}{H G_{\mathrm{p}}(z)} \cdot \frac{W_{\mathrm{B}}(z)}{\left[1 - W_{\mathrm{B}}(z)\right]} \tag{7.38}$$

大林算法的设计思想是：设计一个合适的数字控制器 $G_{\mathrm{c}}(z)$，使系统的闭环传递函数 $W_{\mathrm{B}}(s)$ 具有带纯滞后的一阶惯性环节，并要求纯延迟时间等于被控对象的纯延迟时间 τ，即

$$W_{\mathrm{B}}(s) = \frac{Y(s)}{R(s)} = \frac{\mathrm{e}^{-\tau s}}{T_{\mathrm{b}} s + 1} \tag{7.39}$$

式中，T_{b} 为闭环系统的时间常数。

采用零阶保持器 $H_0(s)$ 对式（7.39）进行离散化，则系统的闭环 z 传递函数为

$$W_{\mathrm{B}}(z) = \frac{Y(z)}{R(z)} = Z\left[H_0(s) W_{\mathrm{B}}(s)\right] = Z\left[\frac{1 - \mathrm{e}^{-Ts}}{s} \cdot \frac{\mathrm{e}^{-mTs}}{T_{\mathrm{b}} s + 1}\right] = \frac{\left(1 - \mathrm{e}^{-T/T_{\mathrm{b}}}\right) z^{-m-1}}{1 - \mathrm{e}^{-T/T_{\mathrm{b}}} z^{-1}} \tag{7.40}$$

将式（7.40）代入式（7.38），可求出数字控制器的 z 传递函数为

$$G_{\mathrm{c}}(z) = \frac{1}{H G_{\mathrm{p}}(z)} \cdot \frac{W_{\mathrm{B}}(z)}{\left[1 - W_{\mathrm{B}}(z)\right]} = \frac{1}{H_0 G_{\mathrm{p}}(z)} \cdot \frac{\left(1 - \mathrm{e}^{-T/T_{\mathrm{b}}}\right) z^{-m-1}}{\left[1 - \mathrm{e}^{-T/T_{\mathrm{b}}} z^{-1} - \left(1 - \mathrm{e}^{-T/T_{\mathrm{b}}}\right)\right]} \tag{7.41}$$

显然，待求的数字控制器 $G_{\mathrm{c}}(z)$ 取决于广义对象的 z 传递函数 $H_0 G_{\mathrm{p}}(z)$。

若被控对象为具有纯滞后的一阶惯性环节，则广义对象的 z 传递函数为

$$H_0 G_{\mathrm{p}}(z) = Z\left[\frac{1 - \mathrm{e}^{-Ts}}{s} \cdot \frac{K_{\mathrm{p}} \mathrm{e}^{-mTs}}{T_{\mathrm{p}} s + 1}\right] = K_{\mathrm{p}} \frac{1 - \mathrm{e}^{-T/T_{\mathrm{b}}}}{1 - \mathrm{e}^{-T/T_{\mathrm{b}}} z^{-1}} z^{-m-1} \tag{7.42}$$

将式（7.42）代入式（7.41），可求出数字控制器的 z 传递函数为

$$G_{\mathrm{c}}(z) = \frac{\left(1 - \mathrm{e}^{-T/T_{\mathrm{b}}}\right)\left(1 - \mathrm{e}^{-T/T_{\mathrm{p}}} z^{-1}\right)}{K_{\mathrm{p}}\left(1 - \mathrm{e}^{-T/T_{\mathrm{p}}}\right)\left[1 - \mathrm{e}^{-T/T_{\mathrm{b}}} z^{-1} - \left(1 - \mathrm{e}^{-T/T_{\mathrm{b}}}\right) z^{-m-1}\right]} \tag{7.43}$$

若被控对象为具有纯滞后的二阶惯性环节，则广义对象的 z 传递函数为

$$H_0G_p(z) = Z\left[\frac{1-\mathrm{e}^{-Ts}}{s} \cdot \frac{K_p\mathrm{e}^{-mTs}}{\left(T_{p1}s+1\right)\left(T_{p2}s+1\right)}\right] = \frac{K_p\left(k_1+k_2z^{-1}\right)z^{-m-1}}{\left(1-\mathrm{e}^{-T/T_{p1}}z^{-1}\right)\left(1-\mathrm{e}^{-T/T_{p2}}z^{-1}\right)} \quad (7.44)$$

式中，$k_1 = 1 + \dfrac{1}{T_{p2}-T_{p1}}\left(T_{p1}\mathrm{e}^{-T/T_{p1}} - T_{p2}\mathrm{e}^{-T/T_{p2}}\right)$；$k_2 = \dfrac{1}{T_{p2}-T_{p1}}\left(T_{p1}\mathrm{e}^{-T/T_{p1}} - T_{p2}\mathrm{e}^{-T/T_{p2}}\right) + \mathrm{e}^{-T\left(1/T_{p1}+1/T_{p2}\right)}$。

将式（7.44）代入式（7.41），可求出数字控制器的 z 传递函数为

$$G_c(z) = \frac{\left(1-\mathrm{e}^{-T/T_b}\right)\left(1-\mathrm{e}^{-T/T_{p1}}z^{-1}\right)\left(1-\mathrm{e}^{-T/T_{p2}}z^{-1}\right)}{K_p\left(k_1+k_2z^{-1}\right)\left[\left(1-\mathrm{e}^{-T/T_b}z^{-1}\right)-\left(1-\mathrm{e}^{-T/T_b}\right)z^{-m-1}\right]} \quad (7.45)$$

2．大林算法的程序流程

根据式（7.43）和式（7.45），可以进一步编写出大林算法的计算机实现程序。需要注意的是，大林算法中的纯滞后环节是通过在计算机内开辟多个专用存储单元来实现的。

例 7.2 列写式（7.43）大林算法的计算机程序流程。设专用存储单元数为 m，则可产生 $\tau = mT$ 的纯滞后时间。图 7.15 为纯滞后信号形成的示意图。当计算机每次采样读入数据时，自动将当前时刻的数据存入 0 单元，同时将 0 单元原先存放的数据移至 1 单元，1 单元原先存放的数据移至 2 单元，依次类推，最后由 m 单元输出的信号正好是 $y(k)$ 滞后了 m 个采样周期的信号 $y(k-m)$。

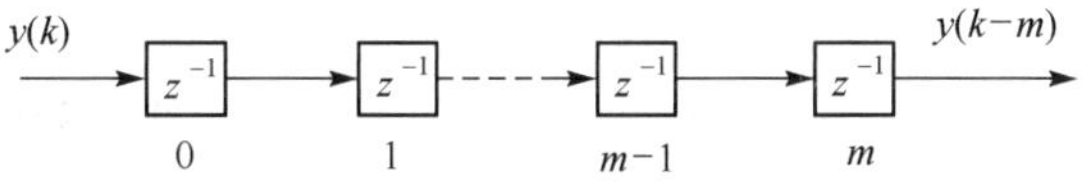

图 7.15　纯滞后信号形成的示意图

由式（7.43）可知

$$G_c(z) = \frac{U(z)}{E(z)} = \frac{b_1-b_2z^{-1}}{1-az^{-1}-(1-a)z^{-m-1}} \quad (7.46)$$

式中，$b_1 = \dfrac{\left(1-\mathrm{e}^{-T/T_b}\right)}{K_p\left(1-\mathrm{e}^{-T/T}\right)}$；$b_2 = b_1\mathrm{e}^{-T/T_b}$；$a = \mathrm{e}^{-T/T_b}$。

于是，数字控制器的大林算法表达式为

$$u(k) = b_1e(k) - b_2e(k-1) + au(k-1) + (1-a)u(k-m-1) \quad (7.47)$$

由此可知，数字控制器当前时刻的输出信号不仅取决于当前时刻的系统误差值，还取决于上一个时刻的系统误差值和控制器的输出值，以及 $k-m-1$ 时刻控制器的输出值。

3．振铃现象及消除方法

值得注意的是，采用大林算法设计具有纯滞后环节的计算机控制系统时，可能会出现振铃现象。所谓振铃（Ringing）现象，是指数字控制器的输出以 1/2 的采样频率大幅度上下摆动。一般来说，振铃现象对控制系统的稳态输出几乎没有影响，但它会使系统的执行机构磨损，甚至使其损坏。特别是在多变量耦合控制系统中，振铃现象还可能影响到整个控制系统的稳定性。因此，在控制系统的设计中，必须设法消除振铃现象。

振铃强度（Ringing Amplitude, RA）是衡量振铃现象强烈程度的一种指标。振铃强度（RA）

的定义是：数字控制器在单位阶跃输入作用下，第零次输出幅度减去第一次输出幅度所得之差值。

由式（7.43）和式（7.45）不难看出，大林算法的数字控制器 $G_c(z)$ 的基本形式为

$$G_c(z) = K_c z^{-m} \cdot \frac{1 + b_1 z^{-1} + b_2 z^{-2} + \cdots}{1 + a_1 z^{-1} + a_2 z^{-2} + \cdots} = K_c z^{-m} Q(z) \qquad (7.48)$$

式中

$$Q(z) = \frac{1 + b_1 z^{-1} + b_2 z^{-2} + \cdots}{1 + a_1 z^{-1} + a_2 z^{-2} + \cdots} \qquad (7.49)$$

由此可见，数字控制器输出幅度的变化仅取决于 $Q(z)$。在单位阶跃输入作用下，数字控制器的输出为

$$
\begin{aligned}
U(z) = G_c(z)R(z) &= Q(z) \cdot \frac{1}{1 - z^{-1}} = \frac{1 + b_1 z^{-1} + b_2 z^{-2} + \cdots}{(1 - z^{-1})(1 + a_1 z^{-1} + a_2 z^{-2} + \cdots)} \\
&= \frac{1 + b_1 z^{-1} + b_2 z^{-2} + \cdots}{1 + (a_1 - 1)z^{-1} + (a_2 - a_1)z^{-2} + \cdots} = 1 + (b_1 - a_1 + 1)z^{-1} + (b_2 - a_2 + a_1)z^{-2} + \cdots
\end{aligned}
\qquad (7.50)
$$

根据振铃强度（RA）的定义，得 $\quad \mathrm{RA} = 1 - (b_1 - a_1 + 1) = a_1 - b_1 \qquad (7.51)$

（1）振铃现象与 T_b 及 T_p 之间的关系。对于具有纯滞后的一阶惯性环节的被控对象，由式（7.43）可导出振铃强度为

$$\mathrm{RA} = e^{-T/T_p} - e^{-T/T_b} \qquad (7.52)$$

显然，当 $T_b \geqslant T_p$ 时，$\mathrm{RA} \leqslant 0$，无振铃现象。当 $T_b < T_p$ 时，$\mathrm{RA} > 0$，有振铃现象。

（2）振铃现象与采样周期 T 之间的关系。将式（7.43）的分母分解，则

$$G_c(z) = \frac{\left(1 - e^{-T/T_b}\right)\left(1 - e^{-T/T_p} z^{-1}\right)}{K_p \left(1 - e^{-T/T_p}\right)\left(1 - z^{-1}\right)\left[1 + \left(1 - e^{-T/T_b}\right)\left(z^{-1} + z^{-2} + \cdots + z^{-m}\right)\right]} \qquad (7.53)$$

由式（7.53）可知，在 $z = 1$ 处的极点不会出现振铃现象，引起振铃现象的可能因子为

$$\left[1 + \left(1 - e^{-T/T_b}\right)\left(z^{-1} + z^{-2} + \cdots + z^{-m}\right)\right]$$

当 $m = 0$ 时，此因子不存在，无振铃现象。

当 $m = 1$ 时，有一个极点：$z = -\left(1 - e^{-T/T_b}\right)$。当 $T_b \gg T$ 时，$z \to -1$，将出现严重的振铃现象。

当 $m = 2$ 时，有一对共轭极点：$z = -\dfrac{1}{2}\left(1 - e^{-T/T_b}\right) \pm \dfrac{1}{2}\mathrm{j}\sqrt{4\left(1 - e^{-T/T_b}\right) - \left(1 - e^{-T/T_b}\right)^2}$，

$|z| = \sqrt{1 - e^{-T/T_b}}$。当 $T_b \leqslant T$ 时，$z \to -\dfrac{1}{2} \pm \mathrm{j}\dfrac{\sqrt{3}}{2}$，$|z| \to 1$，将产生严重的振铃现象。

综上所述，如果满足条件 $T_b \geqslant T_p$ 或 $T_b \gg T$，就可以避免振铃现象。否则，就会引起振铃现象。此时要防止产生振铃现象，必须设法消除振铃因子。具体方法是，先找出振铃因子，并令 $z = 1$，这样就可以消去振铃因子。

对于具有纯滞后的一阶惯性环节的被控对象，数字控制器的 z 传递函数为

$$G_c(z) = \frac{\left(1 - e^{-T/T_b}\right)\left(1 - e^{-T/T_p} z^{-1}\right)}{K_p \left(1 - e^{-T/T_p}\right)\left[1 - m\left(1 - e^{-T/T_b}\right)z^{-1}\right]}$$

对于具有纯滞后的二阶惯性环节的被控对象，数字传递函数的 z 传递函数为

$$G_c(z) = \frac{\left(1 - e^{-T/T_b}\right)\left(1 - e^{-T/T_{p1}}z^{-1}\right)\left(1 - e^{-T/T_{p2}}z^{-1}\right)}{K_p\left(1 - e^{-T/T_{p1}}\right)\left(1 - e^{-T/T_{p2}}\right)\left[\left(1 + me^{-T/T_b}z^{-1}\right)\left(1 - z^{-1}\right)\right]}$$

进一步分析可知，振铃现象对系统的稳态输出无影响，取消了振铃现象后，却导致了系统调节时间的加大。

例 7.3 设被控对象的传递函数为

$$G_p(s) = \frac{e^{-1.46s}}{3.34s + 1}$$

用零阶保持器离散化（采样周期 $T = 1\text{s}$）后，广义被控对象的 z 传递函数为

$$H_0 G_p(z) = \frac{0.1493z^{-2}(1 + 0.733z^{-1})}{1 - 0.7423z^{-1}}$$

假设期望的闭环传递函数为

$$W_B(s) = \frac{e^{-Ts}}{2s + 1}$$

用零阶保持器离散化后，闭环系统的 z 传递函数为

$$W_B(z) = \frac{Y(z)}{R(z)} = Z\left[\frac{1 - e^{-Ts}}{s} \cdot \frac{e^{-s}}{2s + 1}\right] = \frac{\left(1 - e^{-0.5}\right)z^{-2}}{1 - e^{-0.5}z^{-1}} = \frac{0.3935z^{-2}}{1 - 0.6065z^{-1}}$$

由式（7.43）求得数字控制器的 z 传递函数为

$$G_c(z) = \frac{2.6356(1 - 0.7423z^{-1})}{(1 - z^{-1})(1 + 0.733z^{-1})(1 + 0.3935z^{-1})}$$

若输入为单位阶跃信号，则闭环系统输出的 z 变换为

$$Y(z) = W_B(z) \cdot \frac{1}{1 - z^{-1}} = \frac{0.3935z^{-2}}{(1 - z^{-1})(1 - 0.6065z^{-1})}$$

$$= 0.3935z^{-2} + 0.6322z^{-3} + 0.7769z^{-4} + 0.8647z^{-5} + \cdots$$

数字控制器输出的 z 变换为

$$U(z) = \frac{Y(z)}{H_0 G_p(z)} = \frac{1}{H_0 G_p(z)} \cdot \frac{W_B(z)}{1 - z^{-1}} = \frac{2.6356(1 - 0.7413z^{-1})}{(1 - z^{-1})(1 - 0.6065z^{-1})(1 + 0.733z^{-1})}$$

$$= 2.6356 + 0.3484z^{-1} + 1.8096z^{-2} + 0.6078z^{-3} + 1.4093z^{-4} + \cdots$$

$Y(z)$ 和 $U(z)$ 的时域特性曲线分别如图 7.16（a）和（b）所示。

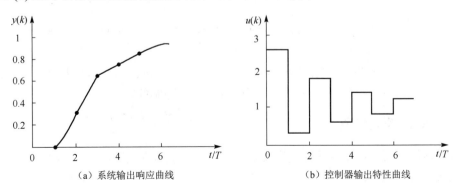

（a）系统输出响应曲线　　　　　　　（b）控制器输出特性曲线

图 7.16 存在振铃现象的控制特性

根据前面的分析可知，在本例中，引起振铃现象的因子是数字控制器 $G_c(z)$ 的极点多项式存在 $(1+0.733z^{-1})$ 项。为了消除振铃，令 $z=1$，因此，$(1+0.733z^{-1})=1.733$，于是得

$$G_c(z) = \frac{1.5208(1-0.7423z^{-1})}{(1-z^{-1})(1+0.3935z^{-1})}$$

闭环传递函数为

$$W_B(z) = \frac{Y(z)}{R(z)} = \frac{0.2271z^{-2}(1+0.733z^{-1})}{1-0.6065z^{-1}-0.1664z^{-2}+0.1664z^{-3}}$$

因此，在单位阶跃信号输入作用下，闭环系统输出的 z 变换为

$$Y(z) = W_B(z) \cdot \frac{1}{1-z^{-1}} = \frac{0.2271z^{-1}(1+0.733z^{-1})}{(1-z^{-1})(1-0.6065z^{-1}-0.1664z^{-2}+0.1664z^{-3})}$$

$$= 0.2271z^{-2} + 0.5312z^{-3} + 0.7534z^{-4} + 0.9009z^{-5} + \cdots$$

数字控制器输出的 z 变换为

$$U(z) = \frac{Y(z)}{H_0 G_p(z)} = \frac{1}{H_0 G_p(z)} \cdot \frac{W_B(z)}{1-z^{-1}} = \frac{1.521(1-0.7413z^{-1})}{(1-z^{-1})(1-0.6065z^{-1}-0.1664z^{-2}+0.1664z^{-3})}$$

$$= 1.521 + 1.3161z^{-1} + 1.4452z^{-2} + 1.2351z^{-3} + 1.1634z^{-4} + 1.063z^{-5} + \cdots$$

$Y(z)$ 和 $U(z)$ 的时域特性曲线分别如图 7.17（a）和（b）所示。

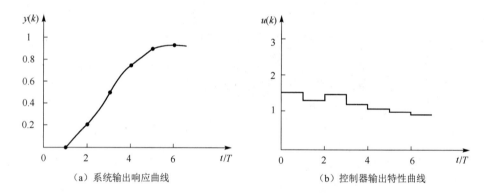

（a）系统输出响应曲线　　　　　　　（b）控制器输出特性曲线

图 7.17　消除了振铃现象的控制特性

比较图7.16与图7.17可知，消除了振铃现象之后，数字控制器的输出波动明显减弱，而系统的过渡过程时间稍有延长。

7.4　补偿控制的 MATLAB 仿真

本节针对 7.2 节介绍的前馈补偿控制和 7.3 节介绍的 Simith 预估补偿控制进行 MALTAB 仿真，以说明这些补偿控制的实现方法及其对常规 PID 控制的改进。

7.4.1　前馈控制仿真

本节就前馈加反馈控制系统的实现及其抗干扰能力进行 MATLAB 仿真。

● Simulink 仿真实例

设某工业过程的过程通道和干扰通道的传递函数分别为

$$G_{\mathrm{p}}(s) = \frac{1}{10s+1} \mathrm{e}^{-s}, \quad G_{\mathrm{d}}(s) = \frac{1}{2s+1} \mathrm{e}^{-2s} \qquad (7.54)$$

现要对该过程进行前馈加反馈控制仿真。依据式（7.16），在已知过程通道和干扰通道数学模型的情况下，要实现对被控量的完全补偿，前馈控制器可设计为

$$G_{\mathrm{ff}}(s) = -G_{\mathrm{d}}(s) / G_{\mathrm{p}}(s) = -\frac{10s+1}{2s+1} \mathrm{e}^{-s} \qquad (7.55)$$

反馈控制器则选用 PI 形式。

前馈加反馈控制系统的 Simulink 仿真模型如图 7.18 所示。其中 PID Controller 模块中的 PID 控制律选用了并行式（parallel）：

$$G_{\mathrm{c}}(s) = P + I / s + Ds \qquad (7.56)$$

即该模块中的积分系数在分子部分，该系数大则积分作用强。

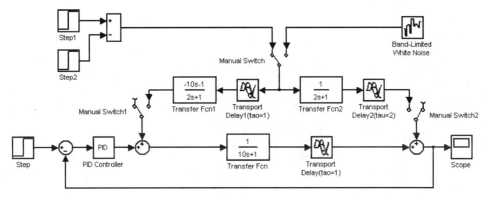

图 7.18　前馈加反馈控制系统的 Simulink 仿真模型

本仿真实例中取 PID Controller 模块中的比例系数 P=1.6，积分系数 I=0.6。

图 7.18 的模型中考虑了两种干扰形式，分别为：仿真时间内 30～35s 期间的方波干扰（幅值为 0.5）和存在于整个仿真时间内的白噪声干扰（幅值为 0.1）。

图 7.19 所示为该被控过程在单回路控制下无干扰、有方波干扰或白噪声干扰等情况下的单位阶跃响应。不难看出，单回路控制对干扰有一定的抑制作用，但抑制效果不甚理想。

图 7.20 给出了在反馈控制基础上加入前馈控制后系统在方波干扰和白噪声干扰影响下的单位阶跃响应。显然，增加前馈控制后，无论是对方波干扰还是白噪声干扰，系统的抗扰能力都有显著改善。

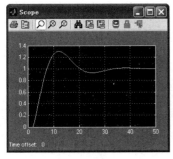
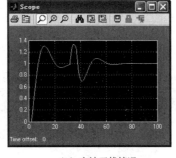
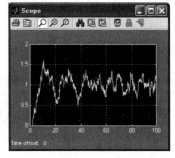

（a）无干扰情况　　　　　　　　（b）方波干扰情况　　　　　　　　（c）白噪声干扰情况

图 7.19　反馈控制的抗干扰能力仿真结果

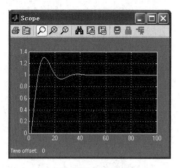
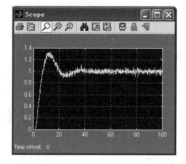

（a）方波干扰情况　　　　　　　　　　　（b）白噪声干扰情况

图 7.20　前馈加反馈控制的抗干扰能力仿真结果

前馈控制能对干扰进行完全补偿的前提是对被控系统的充分了解，一旦模型失配，控制效果将大打折扣。图 7.21 示出了在干扰通道或过程通道有模型失配情况时，前馈加反馈控制系统的单位阶跃响应。由图可知，无论是干扰通道还是过程通道，如果对其中的任何参数估计有误，则前馈加反馈控制系统的抗干扰能力将明显下降。

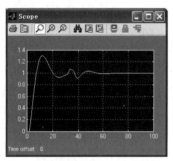
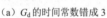
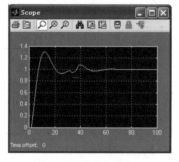
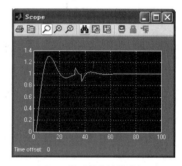

（a）G_d 的时间常数错成 3　　　　　（b）G_c 的时间常数错成 12　　　　　（c）G_{ff} 的延迟估计错成 1.5

图 7.21　前馈加反馈控制在模型失配情况下的抗干扰能力仿真结果

7.4.2　Smith 预估补偿控制仿真

这里通过 2 个 Simulink 仿真实例说明大延迟对控制系统性能的影响，以及 Smith 预估法对大延迟过程进行补偿控制的实现方法及控制效果。

1．大延迟对控制系统性能的影响

设被控过程为一阶惯性加纯延迟环节：

$$G(s) = \frac{2}{4s+1}e^{-\tau s} \qquad (7.57)$$

建立 Simulink 仿真模型，对该过程进行 PID 控制，如图 7.22 所示。图中分别考虑过程纯延迟时间 $\tau=0$、$\tau=2$ 及 $\tau=4$ 三种情况。

对该模型进行仿真，仿真中设置三个回路均采用"并行型"PI 控制器，控制参数均设置为 $P=0.5$，$I=0.2$，仿真结果如图 7.23 所示。由图可知，在控制参数不变化的情况下，随着过程纯延迟时间的加大，控制系统的稳态性能随之恶化，甚至有可能不稳定。

2．Smith 预估补偿控制

根据图 7.7 所示带 Smith 预估器的过程控制系统结构建立相应的 Simulink 仿真模型，如

图 7.24 所示。其中，为比较 Smith 预估补偿控制与常规 PID 控制的优劣，模型中将这两种控制方法均进行建模并仿真。模型中两个控制系统均选用"并行型"PI 控制器。为了突出 Smith 预估补偿控制的优势以及模型失配时的问题，仿真中将相应的 PI 参数选得大些。而常规 PID 控制回路中的控制器参数相比图 7.22 也做了调整，以获得比图 7.23 所示更好的控制性能。仿真结果如图 7.25 所示。图 7.26 给出了 Smith 预估环节中对模型延迟参数估计有误时系统的输出情况，其中将 $\tau=4$ 错估成 $\tau=4.2$。

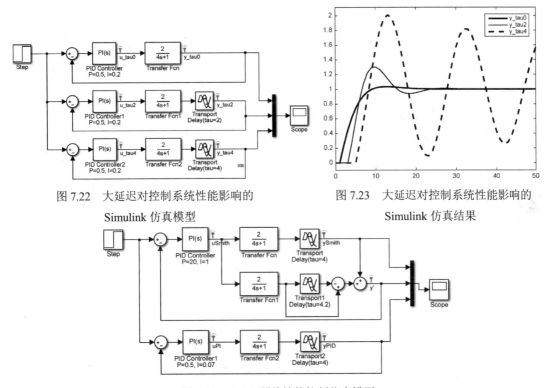

图 7.22 大延迟对控制系统性能影响的
Simulink 仿真模型

图 7.23 大延迟对控制系统性能影响的
Simulink 仿真结果

图 7.24 Smith 预估补偿控制仿真模型

由图 7.25 和图 7.26 可知，在模型估计准确的情况下，Smith 预估补偿控制能获得比常规 PID 控制更好的控制效果，系统也稳定得多。但 Smith 预估补偿控制对预估模型的准确性要求极高，一旦模型适配，Smith 预估补偿控制的效果将恶化，甚至不如常规的 PID 控制。这一点在使用 Smith 预估补偿控制时需格外注意。

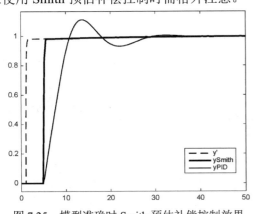

图 7.25 模型准确时 Smith 预估补偿控制效果

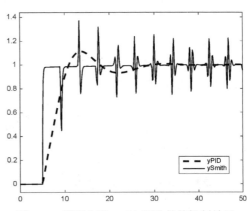

图 7.26 模型失配 Smith 预估补偿控制效果

本 章 小 结

1．补偿控制器可以改变控制器的响应，从而使整个系统获得期望的性能指标。按其结构的不同，补偿控制系统有四种类型：控制量补偿、扰动量补偿、反馈补偿和串联补偿。选择何种结构的补偿控制器，一般取决于过程控制系统应满足的性能指标要求。

2．Smith 预估器补偿控制、大林控制算法用于改善大纯滞后系统的控制品质，提高系统的稳定性。Smith 预估器是一种以模型为基础的预估器补偿控制方法，它使被延迟的被控量超前反馈到控制器，使控制器提前动作。但是，该方法最大的弱点是对过程模型的误差十分敏感。目前，对 Smith 预估器主要有两种改进方法：（1）增益自适应补偿控制；（2）完全抗干扰的 Smith 预估器。

3．用大林控制算法设计一个合适的数字控制器，使系统的闭环传递函数具有带纯滞后的一阶惯性环节，并要求纯延迟时间等于被控对象的纯延迟时间。根据设计的数字控制器的传递函数可进一步编写出大林算法的实现程序，其中纯滞后环节是通过在计算机内开辟多个专用存储单元来实现的。

4．在采用大林控制算法时，控制系统的设计必须消除振铃现象。

习 题

7.1 前馈控制与反馈控制各有什么特点？在前馈控制中，如何达到全补偿？静态前馈与动态前馈有什么联系和区别？

7.2 前馈控制有哪些结构形式？工业控制中为什么很少单独使用前馈控制，而选用前馈-反馈控制系统？

7.3 有一前馈-反馈控制系统，其对象干扰通道的特性为 $W_d(s) = \dfrac{2}{10s+1}$，控制通道的特性为 $W_0(s) = \dfrac{4}{20s+1}$，反馈控制器为 PID 规律。试设计前馈控制器，画出前馈-反馈控制系统的方框图，并画出单位阶跃干扰作用下前馈控制器的输出曲线。

7.4 若原料油入口流量波动较大，试在题 7.4 图所示，如题 7.4 图所示的管式加热炉原料油出口物料温度控制方案，反馈控制方案的基础上加入前馈控制，组成前馈+反馈控制方案，画出控制方案图，说明其控制原理。

7.5 对于图 3.6（b）所示的锅炉汽包水位双冲量控制，其实质是本章所述的哪一种控制结构。试画出相应的控制系统结构图。

7.6 题 7.6 图是一种带 $G_f(s)$ 的 Smith 预估器补偿控制系统。试导出系统对干扰 $D_1(s)$ 和 $D_2(s)$ 实现完全补偿的条件。图中，$G_d(s)$ 为抗干扰反馈控制器，$G_f(s)$ 为测量反馈环节，$G_c(s)$ 为主控制器，$G_p(s)$ 为被控对象线性部分的传递函数。

7.7 已知某过程控制系统的传递函数为 $G_p(s) = \dfrac{e^{-2s}}{3s+1}$，试设计大林算法 $G_c(z)$，使系统的期望闭环传递函数为 $W_B(s) = \dfrac{e^{-2s}}{s+1}$，采样周期 $T = 1\,\text{s}$。

7.8 设被控对象的传递函数为 $G_p(s) = \dfrac{e^{-2.92s}}{6.68s+1}$，如果期望的闭环传递函数为 $W_B(s) = \dfrac{e^{-2.92s}}{4s+1}$，采样周期 $T = 2\,\text{s}$。

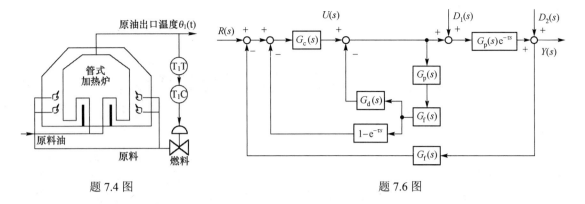

题 7.4 图　　　　　　　　　　　　　　　　题 7.6 图

（1）试问用大林算法设计的控制算法是否会产生振铃现象？为什么？

（2）设计大林控制算法 $G_c(z)$，若有振铃，设法消除它。

第 8 章　关联分析与解耦控制

本章介绍多变量解耦控制系统的基本问题。主要内容包括：多变量系统的耦合结构与关联特性分析；相对增益矩阵的概念与计算方法；减少与消除多变量耦合的基本方法；四种常用的多变量解耦设计方法，即前馈补偿解耦法、反馈解耦法、对角阵解耦法和单位阵解耦法等。

8.1　控制回路间的关联

8.1.1　控制回路间的耦合

随着现代工业的发展，生产过程越来越复杂，对过程控制系统的要求也越来越高。许多生产过程都不可能仅在一个单回路控制系统作用下实现预期的生产目标。换言之，在一个生产过程中，被控量和调节量往往不止一对，只有设置若干个控制回路，才能对生产过程中的多个被控量进行准确、稳定的调节。在这种情况下，多个控制回路之间就有可能产生某种程度的相互关联、相互耦合和相互影响。而且，这些控制回路之间的相互耦合还将直接妨碍各被控量和调节量之间的独立控制作用，有时甚至会破坏各系统的正常工作。

图 8.1 所示是化工生产中的精馏塔温度控制方案。图中，被控量分别为塔顶温度 y_1 和塔底温度 y_2，调节量分别为 u_1 和 u_2，参考输入量分别为 r_1 和 r_2。GC$_1$ 为塔顶温控器，它的输出 u_1 用来控制阀门①，调节塔顶回流量 Q_r，以便控制塔顶温度 y_1。GC$_2$ 为塔釜温控器，它的输出 u_2 用来控制阀门②，调节加热蒸汽量 Q_s，以便控制塔底温度 y_2。显然，u_1 的改变不仅会影响 y_1，同时还会影响 y_2；同样地，u_2 的改变不仅会影响 y_2，同时还会影响 y_1。因此，这两个控制回路之间存在着相互关联、相互耦合联系。精馏塔温度控制系统方框图如图 8.2 所示。

耦合是过程控制系统普遍存在的一种现象。耦合结构的复杂程度主要取决于实际的控制对象以及对控制系统的品质要求。

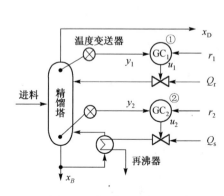

图 8.1　精馏塔温度控制方案

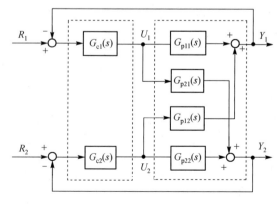

图 8.2　精馏塔温度控制系统方框图

8.1.2 被控对象的典型耦合结构

对于具有相同数目的输入量和输出量的控制对象，典型的耦合结构可分为 P 规范耦合和 V 规范耦合。

图 8.3 为 P 规范耦合对象方框图。它有 n 个输入和 n 个输出，并且每一个输出变量 Y_i (i =1, 2, $\cdots$, n) 都受到所有输入变量 U_i (i =1,2,$\cdots$,n) 的影响。如果用 $p_{ij}(S)$ 表示第 j 个输入量 U_j 与第 i 个输出量 Y_i 之间的传递函数，则P规范耦合对象的数学描述式如下

$$\begin{cases} Y_1 = p_{11}U_1 + p_{12}U_2 + \cdots + p_{1n}U_n \\ Y_2 = p_{21}U_1 + p_{22}U_2 + \cdots + p_{2n}U_n \\ \qquad\qquad \vdots \\ Y_n = p_{n1}U_1 + p_{n2}U_2 + \cdots + p_{nn}U_n \end{cases} \qquad (8.1)$$

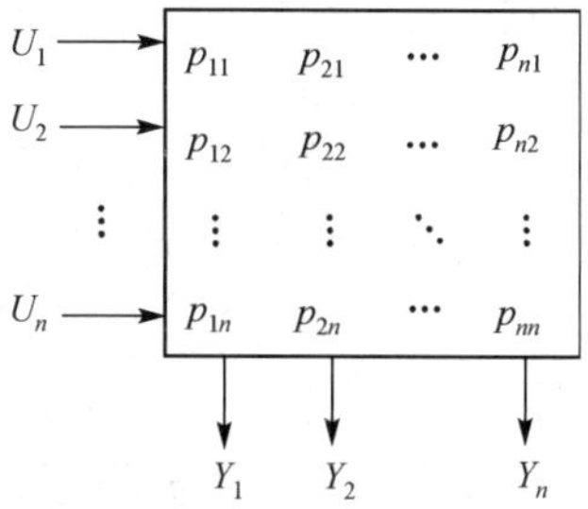

将式（8.1）写成矩阵形式，则

$$\boldsymbol{Y} = \boldsymbol{P}\boldsymbol{U} \qquad (8.2)$$

式中

$$\boldsymbol{P} = \begin{bmatrix} p_{11} & p_{12} & \cdots & p_{1n} \\ p_{21} & p_{22} & \cdots & p_{2n} \\ \vdots & \vdots & \ddots & \vdots \\ p_{n1} & p_{n2} & \cdots & p_{nn} \end{bmatrix}$$

图 8.3　P 规范耦合对象方框图

图 8.4 为 V 规范耦合对象方框图。它有 n 个输入和 n 个输出，并且每一个输出变量 Y_i (i =1, 2,$\cdots$,n) 不仅受其本通道的输入变量 U_i (i =1, 2,$\cdots$,n) 的影响，而且受其他所有输出变量 Y_j ($j \neq i$) 经过第 j 个通道带来的影响。如果用 $\boldsymbol{V}$ 表示耦合矩阵，用 v_{ij} 表示传递函数，则 V 规范耦合对象的数学描述式如下

$$\begin{cases} Y_1 = v_{11}(U_1 + v_{12}Y_2 + \cdots + v_{1n}Y_n) \\ Y_2 = v_{22}(U_2 + v_{21}Y_1 + \cdots + v_{2n}Y_n) \\ \qquad\qquad \vdots \\ Y_n = v_{nn}(U_n + v_{n1}Y_1 + \cdots + v_{n,n-1}Y_{n-1}) \end{cases} \qquad (8.3)$$

一般形式为

$$Y_i = v_{ii}\left(U_i + \sum_{\substack{j=1 \\ j \neq i}}^{n} v_{ij}Y_j \right)$$

$$i = 1, 2, \cdots, n \qquad (8.4)$$

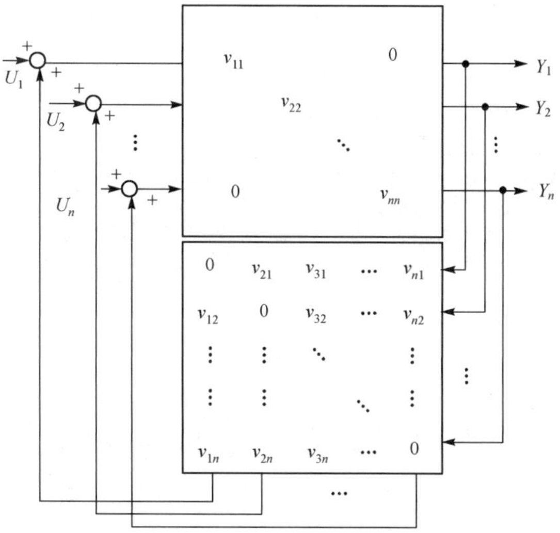

图 8.4　V 规范耦合对象方框图

写成矩阵形式为

$$\boldsymbol{Y} = \boldsymbol{V}_1\boldsymbol{U} + \boldsymbol{V}_1\boldsymbol{V}_2\boldsymbol{Y} \qquad (8.5)$$

式中

$$\boldsymbol{V}_1 = \begin{bmatrix} v_{11} & & & 0 \\ & v_{22} & & \\ & & \ddots & \\ 0 & & & v_{nn} \end{bmatrix}_{n\times n}, \quad \boldsymbol{V}_2 = \begin{bmatrix} 0 & v_{12} & v_{13} & \cdots & v_{1n} \\ v_{21} & 0 & v_{23} & \cdots & v_{2n} \\ \vdots & \vdots & \ddots & \vdots & \vdots \\ \vdots & \vdots & \vdots & \ddots & \vdots \\ v_{n1} & v_{n2} & v_{n3} & \cdots & 0 \end{bmatrix}_{n\times n}$$

应当指出，经过简单的数学变换，上述两种耦合结构可以等效地进行相互转化。此外，与被控对象的耦合结构相对应，解耦系统中采用的解耦器也具有 P 规范和 V 规范两种耦合结构，可参阅下面几节中的相关内容，此处不再赘述。

8.1.3 耦合程度分析方法

确定各变量之间的耦合程度是多变量耦合控制系统设计的关键问题。常用的耦合程度分析方法有两种：直接法和相对增益法。直接法是借助耦合系统的方框图，直接解析地导出各变量之间的函数关系，从而确定过程中每个被控量相对每个调节量的关联程度。该方法具有简单、直观的特点。相对增益分析法是一种通用的耦合特性分析工具，它通过计算相对增益矩阵，不仅可以确定被控量与调节量的响应特性，并以此为依据去设计控制系统，而且还可以指出过程关联的程度和类型，以及对回路控制性能的影响。相对增益分析法将在下一节中详细介绍，下面简要介绍直接法。

例 8.1　试用直接法分析图 8.5 所示双变量耦合系统的耦合程度。

解　用直接法分析耦合程度时，一般采用静态耦合结构。所谓静态耦合结构，是指系统处在稳态时的一种耦合结构。与图 8.5 所示双变量耦合系统对应的静态耦合结构如图 8.6 所示。

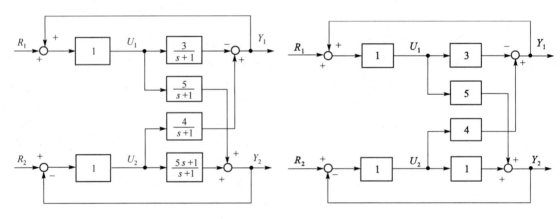

图 8.5　双变量耦合　　　　　　　　　图 8.6　静态耦合结构

由图 8.6 可得
$$U_1 = R_1 + Y_1, \qquad U_2 = R_2 - Y_2$$
$$Y_1 = -3U_1 + 4U_2, \qquad Y_2 = 5U_1 + U_2$$

化简后得
$$Y_1 = -\frac{13}{14}R_1 + \frac{1}{7}R_2 \approx 0.9286R_1 + 0.1429R_2$$

$$Y_2 = \frac{5}{28}R_1 + \frac{6}{7}R_2 \approx 0.1786R_1 + 0.8571R_2$$

由上面两式可知，Y_1 主要取决于 R_1，但也和 R_2 有关；而 Y_2 主要取决于 R_2，但也和 R_1 有关。方程式中的系数则代表每一个被控量与每一个调节量之间的耦合程度。系数越大，则耦合程度越强；反之，系数越小，则耦合程度越弱。必须指出，上述耦合程度分析，虽然是基于系统的静态耦合结构，但其基本结论对系统的动态耦合结构也是适用的。

8.2 相对增益矩阵

8.2.1 相对增益矩阵的定义

相对增益作为衡量多变量系统性能尺度的方法，通常称为 Bristol-Shinskey 方法。相对增益可以评价一个预先选定的调节量 U_j 对一个特定的被控量 Y_i 的影响程度，而且这种影响程度是 U_j 相对于过程中其他调节量对该被控量 Y_i 而言的。对于一个耦合系统，因为每一个调节量不止影响一个被控量，所以只计算在所有其他调节量都固定不变的情况下的开环增益是不够的。因此，特定的被控量 Y_i 对选定的调节量 U_j 的响应还取决于其他调节量处于何种状况。

（1）第一放大系数 p_{ij} 的定义

p_{ij} 是指耦合系统中，除所观察的那个调节量 U_j 改变了一个 ΔU_j 以外，在其他调节量 $U_k(k \neq j)$ 均不变的情况下，U_j 与 Y_i 之间通道的开环增益。显然它就是除 U_j 到 Y_i 通道外，其他通道全部断开时所得到的 U_j 到 Y_i 通道的静态增益。p_{ij} 可表示为

$$p_{ij} = \left. \frac{\partial Y_i}{\partial U_j} \right|_{U_k = \text{const}} \tag{8.6}$$

（2）第二放大系数 q_{ij} 的定义

q_{ij} 是指除所观察的 U_j 到 Y_i 通道之外，其他通道均闭合且保持 $Y_k(k \neq i)$ 不变时，U_j 到 Y_i 通道之间的静态增益。q_{ij} 可表示为

$$q_{ij} = \left. \frac{\partial Y_i}{\partial U_j} \right|_{Y_k = \text{const}} \tag{8.7}$$

（3）相对增益 λ_{ij} 的定义

p_{ij} 与 q_{ij} 之比定义为相对增益或相对放大系数 λ_{ij}。λ_{ij} 可表示为

$$\lambda_{ij} = \frac{p_{ij}}{q_{ij}} = \left. \frac{\partial Y_i}{\partial U_j} \right|_{U_k = \text{const}} \left/ \left. \frac{\partial Y_i}{\partial U_j} \right|_{Y_k = \text{const}} \right. \tag{8.8}$$

由 λ_{ij} 元素构成的矩阵称为相对增益矩阵 $\boldsymbol{\Lambda}$，即

$$\boldsymbol{\Lambda} = \begin{bmatrix} \lambda_{11} & \lambda_{12} & \cdots & \lambda_{1n} \\ \lambda_{21} & \lambda_{22} & \cdots & \lambda_{2n} \\ \vdots & \vdots & \ddots & \vdots \\ \lambda_{n1} & \lambda_{n2} & \cdots & \lambda_{nn} \end{bmatrix} \tag{8.9}$$

8.2.2 相对增益的计算

从相对增益的定义可以看出，确定相对增益，关键是计算第一放大系数和第二放大系数。最基本的方法有两种。一种方法是按相对增益的定义对过程的参数表达式进行微分，分别求出第一放大系数和第二放大系数，最后得到相对增益矩阵。另一种方法是先计算第一放大系数，再由第一放大系数直接计算第二放大系数，从而得到相对增益矩阵，即所谓的第二放大系数直接计算法。

（1）第一放大系数 p_{ij} 的计算。p_{ij} 是在其余通道开路情况下，该通道的静态增益。现以图 8.7 所示的双变量静态耦合系统为例说明 p_{ij} 的计算。当计算 p_{11} 时，可将支路（2）～（4）断开，或令控制器 $G_{c2}(s)$ 的增益 $K_{c2}=0$，改变调节量 U_1，求出被控量 Y_1，这两者的变化量之比即为 p_{11}。不难看出，$p_{11}=K_{11}$。同理可得，$p_{21}=K_{21}$，$p_{12}=K_{12}$，$p_{22}=K_{22}$。

（2）第二放大系数 q_{ij} 的计算。q_{ij} 是在其他通道闭合且保持 Y_k（$k \neq i$）恒定的条件下，该通道的静态增益。仍以图8.7为例说明 q_{ij} 的计算。为了确定 U_1 到 Y_1 通道之间的第二放大系数 q_{11}，必须保持 Y_2 恒定。固定 Y_2 的方法之一是令控制器 $G_{c2}(s)$ 的增益 $K_{c2}=\infty$。假设 $G_{c2}(s)$ 为纯比例环节，可令 $G_{c2}(s)=K_{c2}$。可得计算 q_{11} 的等效方框图如图8.8所示。可得

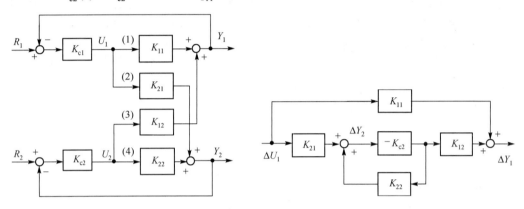

图 8.7　双变量静态耦合系统　　　　图 8.8　计算 q_{11} 的等效方框图

$$\frac{\Delta Y_1}{\Delta U_1} = K_{11} + K_{12}\frac{-K_{c2}}{1+K_{c2}K_{22}}K_{12} = \frac{K_{11}+K_{c2}(K_{11}K_{22}-K_{21}K_{12})}{1+K_{c2}K_{22}} \tag{8.10}$$

根据定义得
$$q_{11} = \lim_{K_{c2}\to\infty}\frac{\Delta Y_1}{\Delta U_1} = \frac{K_{11}K_{22}-K_{21}K_{12}}{K_{22}} \tag{8.11}$$

类似地，可求得 $q_{21} = -\dfrac{K_{11}K_{22}-K_{12}K_{21}}{K_{12}}$，$q_{12} = -\dfrac{K_{11}K_{22}-K_{12}K_{21}}{K_{21}}$，$q_{22} = \dfrac{K_{11}K_{22}-K_{12}K_{21}}{K_{11}}$　(8.12)

相对增益 λ_{ij} 的计算：直接根据定义得

$$\lambda_{11} = \frac{p_{11}}{q_{11}} = \frac{K_{11}K_{22}}{K_{11}K_{22}-K_{12}K_{21}}, \quad \lambda_{12} = \frac{p_{12}}{q_{12}} = \frac{K_{12}K_{21}}{K_{12}K_{21}-K_{11}K_{22}}, \quad \lambda_{21} = \frac{p_{21}}{q_{21}} = \frac{K_{12}K_{21}}{K_{12}K_{21}-K_{11}K_{22}},$$

$$\lambda_{22} = \frac{p_{22}}{q_{22}} = \frac{K_{11}K_{22}}{K_{11}K_{22}-K_{12}K_{21}} \tag{8.13}$$

从上述分析可知，第一放大系数 p_{ij} 是比较容易确定的，但第二放大系数 q_{ij} 的确定则要求其他回路开环增益为无穷大，这不是在任何情况下都能达到的。事实上，由式（8.11）和式（8.12）可以看出，q_{ij} 完全取决于各个 p_{ij}，这说明有可能由第一放大系数直接计算第二放大系数，从而求得耦合系统的相对增益 λ_{ij}。

8.2.3　第二放大系数 q_{ij} 的直接计算法

现以图 8.9 所示的双变量静态耦合系统为例说明如何由第一放大系数直接计算第二放大系数。

由图 8.9 可得
$$\begin{cases} \Delta Y_1 = K_{11}\Delta U_1 + K_{12}\Delta U_2 \\ \Delta Y_2 = K_{21}\Delta U_1 + K_{22}\Delta U_2 \end{cases} \qquad (8.14)$$

引入 $\boldsymbol{P}$ 矩阵，式（8.14）可写成矩阵形式，即
$$\begin{bmatrix} \Delta Y_1 \\ \Delta Y_2 \end{bmatrix} = \begin{bmatrix} p_{11} & p_{12} \\ p_{21} & p_{22} \end{bmatrix} \begin{bmatrix} \Delta U_1 \\ \Delta U_2 \end{bmatrix} = \begin{bmatrix} K_{11} & K_{12} \\ K_{21} & K_{22} \end{bmatrix} \begin{bmatrix} \Delta U_1 \\ \Delta U_2 \end{bmatrix} \qquad (8.15)$$

由式（8.15）可得
$$\begin{cases} \Delta U_1 = \dfrac{K_{22}}{K_{11}K_{22} - K_{12}K_{21}}\Delta Y_1 - \dfrac{K_{12}}{K_{11}K_{22} - K_{12}K_{21}}\Delta Y_2 \\ \Delta U_2 = \dfrac{-K_{21}}{K_{11}K_{22} - K_{12}K_{21}}\Delta Y_1 + \dfrac{K_{11}}{K_{11}K_{22} - K_{12}K_{21}}\Delta Y_2 \end{cases} \qquad (8.16)$$

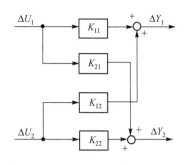

图 8.9 双变量静态耦合系统

引入 $\boldsymbol{H}$ 矩阵，则式（8.16）可写成矩阵形式，即
$$\begin{bmatrix} \Delta U_1(s) \\ \Delta U_1(s) \end{bmatrix} = \begin{bmatrix} h_{11} & h_{12} \\ h_{21} & h_{22} \end{bmatrix} \begin{bmatrix} \Delta Y_1(s) \\ \Delta Y_2(s) \end{bmatrix} \qquad (8.17)$$

式中 $h_{11} = \dfrac{K_{22}}{K_{11}K_{22} - K_{12}K_{21}}$ ， $h_{12} = -\dfrac{K_{12}}{K_{11}K_{22} - K_{12}K_{21}}$ ， $h_{21} = -\dfrac{K_{21}}{K_{11}K_{22} - K_{12}K_{21}}$ ，

$$h_{22} = \frac{K_{11}}{K_{11}K_{22} - K_{12}K_{21}}$$

根据第二放大系数的定义，不难看出 $q_{ij} = 1/h_{ji}$ \qquad (8.18)

由式（8.15）和式（8.17）可知 $\qquad \boldsymbol{PH} = \boldsymbol{I}$ \qquad (8.19)

或表示为 $\qquad \boldsymbol{H} = \boldsymbol{P}^{-1}$ \qquad (8.20)

根据相对增益的定义，得 $\qquad \lambda_{ij} = p_{ij}/q_{ij} = p_{ij}h_{ji}$ \qquad (8.21)

由此可见，相对增益矩阵 $\boldsymbol{\Lambda}$ 可表示为 $\boldsymbol{P}$ 中的每个元素与 $\boldsymbol{H}$ 的转置矩阵中的相应元素的乘积。于是，$\boldsymbol{\Lambda}$ 可表示 $\boldsymbol{P}$ 中每个元素与逆矩阵 $\boldsymbol{P}^{-1}$ 的转置矩阵中相应元素的乘积（点积），即
$$\boldsymbol{\Lambda} = \boldsymbol{P} \cdot (\boldsymbol{P}^{-1})^{\mathrm{T}} \qquad (8.22)$$

或表示成
$$\boldsymbol{\Lambda} = \boldsymbol{H}^{-1} \cdot \boldsymbol{H}^{\mathrm{T}} \qquad (8.23)$$

相对增益的具体计算公式可写为 $\qquad \lambda_{ij} = p_{ij}\dfrac{P_{ij}}{\det \boldsymbol{P}}$ \qquad (8.24)

式中，P_{ij} 为 $\boldsymbol{P}$ 的代数余子式；$\det \boldsymbol{P}$ 为 $\boldsymbol{P}$ 的行列式。这就是由静态增益 p_{ij} 计算相对增益 λ_{ij} 的一般公式。

8.2.4 相对增益矩阵的特性

由式（8.24）可知相对增益矩阵为
$$\boldsymbol{\Lambda} = \begin{bmatrix} p_{11} & p_{12} & \cdots & p_{1n} \\ \vdots & \vdots & \vdots & \vdots \\ p_{n1} & p_{n2} & \cdots & p_{nn} \end{bmatrix} \begin{bmatrix} P_{11} & P_{12} & \cdots & P_{1n} \\ \vdots & \vdots & \vdots & \vdots \\ P_{n1} & P_{n2} & \cdots & P_{nn} \end{bmatrix} \frac{1}{\det \boldsymbol{P}} \qquad (8.25)$$

可以证明，Λ 的第 i 行 λ_{ij} 元素之和为

$$\sum_{j=1}^{n} \lambda_{ij} = \frac{1}{\det \boldsymbol{P}} \sum_{j=1}^{n} p_{ij} P_{ij} = \frac{\det \boldsymbol{P}}{\det \boldsymbol{P}} = 1 \qquad (8.26)$$

类似地，Λ 的第 j 行 λ_{ij} 元素之和为

$$\sum_{i=1}^{n} \lambda_{ij} = \frac{1}{\det \boldsymbol{P}} \sum_{i=1}^{n} p_{ij} P_{ij} = \frac{\det \boldsymbol{P}}{\det \boldsymbol{P}} = 1 \qquad (8.27)$$

式（8.26）和式（8.27）表明相对增益矩阵中每行元素之和为 1，每列元素之和也为 1。此结论也同样适用于多变量耦合系统。

例 8.2　如图 8.10 所示，u_1、u_2 两种液体在管道中均匀混合后，生成一种所需成分的混合液。要求对混合液的成分 y_1 和总流量 y_2 进行控制，设 y_1 控制在液体 y_2 的质量百分数为 0.3，试求被控量与调节量之间的正确配对关系。

解　由前面的分析可知，要得到正确的变量配对关系，必须首先计算相对增益矩阵。由于此系统的传递函数未知，不能直接用静态增益求取相对增益。但此系统的静态关系非常清楚，因此可以利用相对增益的定义直接计算。

依题意知，系统的被控量分别为混合液成分 y_1 和总流量 y_2，调节量分别为液体 u_1 和 u_2。它们满足如下静态关系：

$$y_1 = u_1 + u_2, \qquad y_2 = \frac{u_1}{u_1 + u_2}$$

根据定义，先计算 u_1 到 y_1 通道间的第一和第二放大系数，得

$$p_{11} = \left.\frac{\partial y_1}{\partial u_1}\right|_{u_2} = \frac{1 - y_1}{y_2}, \qquad q_{11} = \left.\frac{\partial y_1}{\partial u_1}\right|_{y_2} = \frac{1}{y_2}$$

相对增益系数　　　$\lambda_{11} = p_{11}/q_{11} = 1 - y_1$

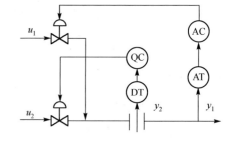

图 8.10　液体混合系统

由相对增益矩阵的特性，可得相对增益矩阵为

$$\Lambda = \begin{bmatrix} \lambda_{11} & \lambda_{12} \\ \lambda_{21} & \lambda_{22} \end{bmatrix} = \begin{matrix} y_1 \\ y_2 \end{matrix} \begin{matrix} \quad u_1 \qquad u_2 \\ \begin{bmatrix} 1 - y_1 & y_1 \\ y_1 & 1 - y_1 \end{bmatrix} \end{matrix}$$

由此可见，系统的相对增益主要取决于混合液成分 y_1。因为要选择较大的相对增益的两个变量进行配对，所以，当 $y_1 = 0.3$ 时，用调节量 u_1 控制 y_1，用调节量 u_2 控制 y_2 是比较合理的。

例 8.3　已知某双变量耦合系统的静态耦合特性为

$$Y_1 = K_{11} U_1 - K_{12} U_2 \qquad Y_2 = K_{21} U_1 - K_{22} U_2$$

其相对增益分别　　$\lambda_{11} = \lambda_{22} = \dfrac{K_{11}^2}{K_{11}^2 - K_{12}} = \dfrac{1}{1 - (K_{12}/K_{11})^2}$

设 $K_{11} > K_{12}$，则有

$$\lambda_{11} = \lambda_{22} > 1, \qquad \lambda_{21} = \lambda_{12} < 0$$

由此可见，相对增益 λ_{ij} 落在 0 到 1 的范围之外。$\lambda_{21} = \lambda_{12} < 0$ 表明，当用 U_1 控制 Y_1 时，U_1 越大，则 Y_1 越小，即负相对增益将引起一个不稳定的控制过程。而 $\lambda_{11} = \lambda_{22} > 1$ 表明，λ_{11} 值越

大，则U_1对Y_1的控制作用越弱，λ_{22}值越大，则U_2对Y_2的控制作用越弱。

分析表明，相对增益可以反映如下耦合特性：

（1）如果λ_{ij}接近于 1 时，例如$0.8 < \lambda < 1.2$，则表明其他通道对该通道的关联作用很小，无须进行解耦系统设计。

（2）如果λ_{ij}小于零或接近于零时，则表明选用本通道调节器不能得到良好的控制效果。

（3）如果$0.3 < \lambda < 0.7$或$\lambda > 1.5$时，它表明系统中存在着非常严重的耦合，必须进行解耦设计。

8.3 减少及消除耦合的方法

1. 高调节器的增益

实验证明，减少系统耦合程度最有效的办法之一就是加大调节器的增益。下面仍以例 8.1 说明这一点。

假设将两个调节器的增益分别从 1 提高到 5，即$K_{c1} = 5$，$K_{c2} = 5$，由图8.6可得

$$U_1 = 5R_1 + 5Y_1, \qquad U_2 = 5R_2 - 5Y_2$$
$$Y_1 = -3U_1 + 4U_2, \qquad Y_2 = 5U_1 + U_2$$

化简得

$$Y_1 = -\frac{295}{298}R_1 + \frac{5}{149}R_2 \approx -0.9899R_1 + 0.033\,56R_2$$

$$Y_2 = \frac{75}{1788}R_1 + \frac{870}{894}R_2 \approx 0.041\,95R_1 + 0.9973R_2$$

由此可见，在稳态条件下，Y_1基本上取决于R_1，Y_2基本上取决于R_2。Y_1 / R_1与Y_2 / R_2越接近于 1，则表明耦合程度Y_1 / R_1与Y_2 / R_2就越接近于零。但与例 8.1 的分析结果比较，调节器的增益提高之后，尽管变量间的耦合关系仍然存在，但是耦合程度已经大大减弱。

从理论上讲，继续增加调节器的增益将使耦合程度进一步减小，但是调节器的增益并不能无限增大，因为它还要受到系统的控制指标与稳定性的限制。

2. 选用最佳的变量配对

选用适当的变量配对关系，也可以减小系统的耦合程度。下面仍以例 8.1 所示的双变量耦合系统说明如何进行变量配对。如图 8.11 所示，假设将U_1作为控制Y_2的调节量，U_2作为控制Y_1的调节量。于是得到图 8.12 所示的变量重新配对之后的静态耦合结构。

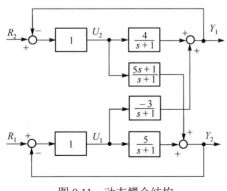

图 8.11 动态耦合结构

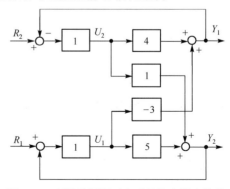

图 8.12 变量重新配对之后的静态耦合结构

由图 8.12 可得　　$U_1 = R_1 - Y_2$，$U_2 = R_2 - Y_1$；$Y_1 = 4U_2 - 3U_1$，$Y_2 = 5U_1 + U_2$

化简后得　$Y_1 = \dfrac{9}{11}R_2 - \dfrac{1}{11}R_1 \approx 0.8182R_2 - 0.09091R_1$，$Y_2 = \dfrac{56}{66}R_1 + \dfrac{1}{33}R_2 \approx 0.8485R_1 + 0.0303R_2$

由此可见，在稳态条件下，Y_1 基本上取决于 R_2，R_1 对 Y_1 的影响可以忽略不计；而 Y_2 基本上取决于 R_1，R_2 对 Y_2 的影响也可以忽略不计。于是图 8.11 所示的系统可以近似地看成两个独立控制的回路。近似完全解耦系统如图 8.13 所示。

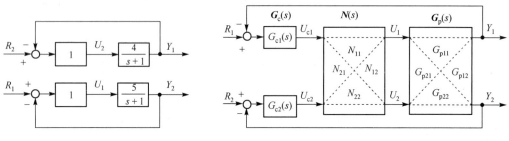

图 8.13　近似完全解耦系统　　　　　　　图 8.14　二输入-二输出解耦系统

3. 采用解耦设计

在耦合非常严重的情况下，即使采用最好的变量匹配关系，有时也得不到满意的控制效果。此时，最有效的方法是采用多变量系统的解耦设计。如图 8.14 所示是一个二输入-二输出解耦系统。其中在调节器与被控对象之间，串接一个解耦器 $N(s)$。由图 8.14 可知

$$\boldsymbol{Y}(s) = \boldsymbol{G}_p(s)\boldsymbol{U}(s) \tag{8.28}$$

$$\boldsymbol{U}(s) = \boldsymbol{N}(s)\boldsymbol{U}_c(s) \tag{8.29}$$

于是得　　　　　　　　$$\boldsymbol{Y}(s) = \boldsymbol{G}_p(s)\boldsymbol{N}(s)\boldsymbol{U}_c(s) \tag{8.30}$$

只要使矩阵 $\boldsymbol{G}_p(s)\boldsymbol{N}(s)$ 成为对角阵，就能解除 R_1 与 Y_2、R_2 与 Y_1 之间的耦合关系，从而使耦合系统形成两个独立的控制回路。解耦设计将在下一节详细介绍。

以上是减少与解除耦合的几种常用方法，其他的解耦方法还包括通过减少控制回路；采用模式控制系统以及采用多变量控制器等途径也能实现减少或消除耦合的目的。因篇幅所限，此处不再赘述。

8.4　解耦控制系统设计

解耦控制系统设计的主要任务是解除控制回路或系统变量之间的耦合。解耦设计可分为完全解耦和部分解耦。完全解耦的要求是，在实现解耦之后，不仅调节量与被控量之间可以进行一对一的独立控制，而且干扰与被控量之间同样产生一对一的影响。目前，多变量解耦控制设计方法很多，本书主要介绍四种常用的方法。

8.4.1　前馈补偿解耦法

前馈补偿解耦法是多变量解耦控制中最早使用的一种解耦方法。该方法结构简单，易于实现，效果显著，因此得到了广泛应用。图 8.15 所示是一个带前馈补偿器的双变量全解耦系统。

要实现对 U_{c1} 与 Y_2、U_{c2} 与 Y_1 之间的解耦，根据前馈补偿原理可得

$$U_{c1}G_{p21}(s) + U_{c1}N_{21}(s)G_{p22}(s) = 0 \tag{8.31}$$

$$U_{c2}G_{p12}(s) + U_{c2}N_{12}(s)G_{p11}(s) = 0 \tag{8.32}$$

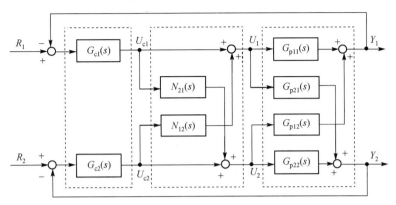

图 8.15　带前馈补偿器的双变量全解耦系统

因此，前馈补偿解耦器的传递函数为

$$N_{21}(s) = -G_{p21}(s) / G_{p22}(s) \tag{8.33}$$

$$N_{12}(s) = -G_{p12}(s) / G_{p11}(s) \tag{8.34}$$

利用前馈补偿解耦法还可以实现对扰动信号的解耦。如图 8.16 所示是带解耦环节结合调节器的前馈补偿全解耦系统。

要实现对扰动量 F_1 和 F_2 的解耦，根据前馈补偿原理，可得

$$F_1G_{p21}(s) - F_1G_{p11}(s)G_{c21}(s)G_{p22}(s) = 0 \tag{8.35}$$

$$F_2G_{p12}(s) - F_2G_{p22}(s)G_{c12}(s)G_{p11}(s) = 0 \tag{8.36}$$

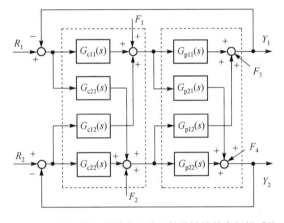

图 8.16　带解耦环节结合调节器的前馈补偿全解耦系统

于是得

$$G_{c21}(s) = \frac{G_{p21}(s)}{G_{p11}(s)G_{p22}(s)} \tag{8.37}$$

$$G_{c12}(s) = \frac{G_{p12}(s)}{G_{p11}(s)G_{p22}(s)} \tag{8.38}$$

要实现对参考输入量 $R_1(s)$、$R_2(s)$ 和输出量 $Y_1(s)$、$Y_2(s)$ 之间的解耦，根据前馈补偿原理可得

$$R_1(s)G_{c21}(s)G_{p22}(s) + R_1(s)G_{c11}(s)G_{p21}(s) = 0 \tag{8.39}$$

$$R_2(s)G_{c22}(s)G_{p12}(s) + R_2(s)G_{c12}(s)G_{p11}(s) = 0 \tag{8.40}$$

故

$$G_{c21}(s) = -\frac{G_{p21}(s)G_{c11}(s)}{G_{p22}(s)} \tag{8.41}$$

$$G_{c12}(s) = -\frac{G_{p12}(s)G_{c22}(s)}{G_{p11}(s)} \tag{8.42}$$

比较以上分析结果，不难看出，若对扰动量能实现前馈补偿全解耦，则参考输入与对象输出之间就不能实现解耦。因此，单独采用前馈补偿解耦一般不能同时实现对扰动量以及参

考输入对输出的解耦。

8.4.2 反馈解耦法

反馈解耦法是多变量系统解耦的有效方法。在反馈解耦系统中，解耦器通常配置在反馈通道上，而不是配置在系统的前向通道上。反馈解耦方式只采用 P 规范解耦结构，但被控对象可以是 P 规范结构或 V 规范结构。图 8.17 所示为双变量 V 规范对象的反馈解耦系统。

如果对输出量 Y_1 和 Y_2 实现解耦，则

$$Y_1 G_{v21}(s) - Y_1 G_{f21}(s) G_{c22}(s) = 0 \quad (8.43)$$

$$Y_2 G_{v12}(s) - Y_2 G_{f12}(s) G_{c11}(s) = 0 \quad (8.44)$$

于是得反馈解耦器的传递函数为

$$G_{f21}(s) = G_{v21}(s) / G_{c22}(s) \quad (8.45)$$

$$G_{f12}(s) = G_{v12}(s) / G_{c11}(s) \quad (8.46)$$

系统的输出分别为

$$Y_1 = \frac{G_{v11}(s)F_1 + R_1(s)G_{v11}(s)G_{c11}(s)}{1 + G_{v11}(s)G_{c11}(s)} \quad (8.47)$$

$$Y_2 = \frac{G_{v22}(s)F_2 + R_2(s)G_{v22}(s)G_{c22}(s)}{1 + G_{v22}(s)G_{c22}(s)} \quad (8.48)$$

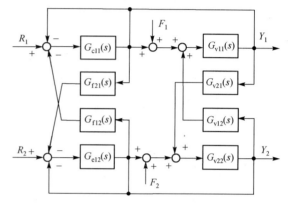

图 8.17 双变量 V 规范对象的反馈解耦系统

由此可见，反馈解耦可以实现完全解耦。
解耦以后的系统完全相当于断开一切耦合关系，即断开 $G_{v12}(s)$，$G_{v21}(s)$，$G_{f12}(s)$ 和 $G_{f21}(s)$ 以后，原耦合系统等效成为具有两个独立控制通道的系统。

8.4.3 对角阵解耦法

对角阵解耦法是一种常见的解耦方法。它要求被控对象特性矩阵与解耦环节矩阵的乘积等于对角阵。现以图 8.18 所示的双变量解耦系统为例，说明对角阵解耦的设计过程。

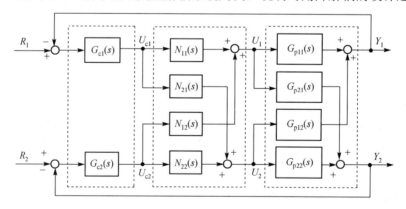

图 8.18 双变量解耦系统方框图

根据对角阵解耦设计要求，即

$$\begin{bmatrix} G_{p11}(s) & G_{p12}(s) \\ G_{p21}(s) & G_{p22}(s) \end{bmatrix} \begin{bmatrix} N_{11}(s) & N_{12}(s) \\ N_{21}(s) & N_{22}(s) \end{bmatrix} = \begin{bmatrix} G_{p11}(s) & 0 \\ 0 & G_{p22}(s) \end{bmatrix} \quad (8.49)$$

因此，被控对象的输出与输入变量之间应满足如下矩阵方程：

$$\begin{bmatrix} Y_1(s) \\ Y_2(s) \end{bmatrix} = \begin{bmatrix} G_{p11}(s) & 0 \\ 0 & G_{p22}(s) \end{bmatrix} \begin{bmatrix} U_{c1}(s) \\ U_{c2}(s) \end{bmatrix} \tag{8.50}$$

假设对象传递矩阵 $\boldsymbol{G}_p(s)$ 为非奇异阵，即

$$\begin{vmatrix} G_{p11}(s) & G_{p12}(s) \\ G_{p21}(s) & G_{p22}(s) \end{vmatrix} \neq 0$$

于是得到解耦器数学模型为

$$\begin{bmatrix} N_{11}(s) & N_{12}(s) \\ N_{21}(s) & N_{22}(s) \end{bmatrix} = \begin{bmatrix} G_{p11}(s) & G_{p12}(s) \\ G_{p21}(s) & G_{p22}(s) \end{bmatrix}^{-1} \begin{bmatrix} G_{p11}(s) & 0 \\ 0 & G_{p22}(s) \end{bmatrix}$$

$$= \frac{1}{G_{p11}(s)G_{p22}(s) - G_{p12}(s)G_{p21}(s)} \begin{bmatrix} G_{p22}(s) & -G_{p12}(s) \\ -G_{p21}(s) & G_{p11}(s) \end{bmatrix} \begin{bmatrix} G_{p11}(s) & 0 \\ 0 & G_{p22}(s) \end{bmatrix}$$

$$= \begin{bmatrix} \dfrac{G_{p11}(s)G_{p22}(s)}{G_{p11}(s)G_{p22}(s) - G_{p12}(s)G_{p21}(s)} & \dfrac{-G_{p22}(s)G_{p12}(s)}{G_{p11}(s)G_{p22}(s) - G_{p12}(s)G_{p21}(s)} \\ \dfrac{-G_{p11}(s)G_{p21}(s)}{G_{p11}(s)G_{p22}(s) - G_{p12}(s)G_{p21}(s)} & \dfrac{G_{p11}(s)G_{p22}(s)}{G_{p11}(s)G_{p22}(s) - G_{p12}(s)G_{p21}(s)} \end{bmatrix} \tag{8.51}$$

下面验证 $U_{c1}(s)$ 与 $Y_2(s)$ 之间已经实现解耦，即调节量 $U_{c1}(s)$ 对被控量 $Y_2(s)$ 没有影响。由图 8.18 可知，在 $U_{c1}(s)$ 作用下，被控量 $Y_2(s)$ 为

$$Y_2(s) = \left[N_{11}(s)G_{p21}(s) + N_{21}(s)G_{p22}(s) \right] U_{c1}(s) \tag{8.52}$$

将式（8.51）中的 $N_{11}(s)$ 和 $N_{21}(s)$ 代入式（8.52），则有 $Y_2(s) = 0$。

同理可证，$U_{c2}(s)$ 与 $Y_1(s)$ 之间也已解除耦合，即调节量 $U_{c2}(s)$ 对被控量 $Y_1(s)$ 没有影响。图 8.19 是利用对角阵解耦得到的两个彼此独立的等效控制系统。

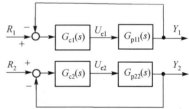

图 8.19 对角阵解耦后的等效系统

例 8.4 已知双变量非全耦合系统如图 8.20 所示。要求解耦后的闭环传递矩阵为

$$\boldsymbol{G}(s) = \begin{bmatrix} \dfrac{1}{s+1} & 0 \\ 0 & \dfrac{1}{5s+1} \end{bmatrix}$$

试求调节器结合解耦环节的参数。

解 由图 8.20 可知，系统的闭环传递矩阵为

$$\boldsymbol{G}(s) = \left[\boldsymbol{I} + \boldsymbol{G}_p(s)\boldsymbol{G}_{cN}(s)\boldsymbol{H}(s) \right]^{-1} \boldsymbol{G}_p(s)\boldsymbol{G}_{cN}(s)$$

考虑反馈矩阵 $\boldsymbol{H}(s)$ 为单位矩阵的情况，则有

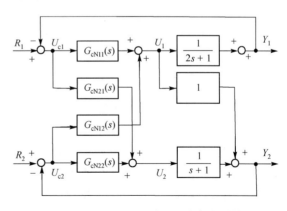

图 8.20 例 8.4 的双变量非全耦合系统

$$\boldsymbol{G}(s) = \left[\boldsymbol{I} + \boldsymbol{G}_p(s)\boldsymbol{G}_{cN}(s) \right]^{-1} \boldsymbol{G}_p(s)\boldsymbol{G}_{cN}(s)$$

因此得调节器结合解耦环节的传递矩阵为

$$G_{cN}(s) = \left[G_p(s)\right]^{-1} G(s)\left[I - G(s)\right]^{-1}$$

故 $G_{cN}(s) = \begin{bmatrix} G_{cN11}(s) & G_{cN12}(s) \\ G_{cN21}(s) & G_{cN22}(s) \end{bmatrix}$

$$= \begin{bmatrix} \dfrac{1}{2s+1} & 0 \\ 1 & \dfrac{1}{s-1} \end{bmatrix}^{-1} \begin{bmatrix} \dfrac{1}{s+1} & 0 \\ 0 & \dfrac{1}{5s+1} \end{bmatrix} \begin{bmatrix} \dfrac{s}{s+1} & 0 \\ 0 & \dfrac{5s}{5s+1} \end{bmatrix}^{-1} = \begin{bmatrix} \dfrac{2s+1}{s} & 0 \\ -\dfrac{(2s+1)(s+1)}{s} & \dfrac{s+1}{5s} \end{bmatrix}$$

由 $G_{cN}(s)$ 可知，$G_{cN11}(s)$ 和 $G_{cN22}(s)$ 是比例积分控制器，$G_{cN21}(s)$ 是比例微分控制器。解耦后，系统等效成为两个一阶单回路系统，从而实现了被控对象的输出与输入变量之间的解耦。

必须指出的是，对于两变量以上的耦合系统，经过类似的矩阵运算就能求出解耦器的数学模型，但变量越多，解耦器的模型越复杂，解耦器实现的难度就越大。

8.4.4　单位阵解耦法

单位阵解耦法是对角阵解耦设计的一种特殊情况。它要求被控对象特性矩阵与解耦环节矩阵的乘积等于单位阵，即

$$\begin{bmatrix} G_{p11}(s) & G_{p12}(s) \\ G_{p21}(s) & G_{p22}(s) \end{bmatrix} \begin{bmatrix} N_{11}(s) & N_{12}(s) \\ N_{21}(s) & N_{22}(s) \end{bmatrix} = \begin{bmatrix} 1 & 0 \\ 0 & 1 \end{bmatrix} \tag{8.53}$$

因此，系统的输入-输出方程满足如下关系：

$$\begin{bmatrix} Y_1(s) \\ Y_2(s) \end{bmatrix} = \begin{bmatrix} 1 & 0 \\ 0 & 1 \end{bmatrix} \begin{bmatrix} U_{c1}(s) \\ U_{c2}(s) \end{bmatrix} \tag{8.54}$$

于是得解耦器的数学模型为

$$\begin{bmatrix} N_{11}(s) & N_{12}(s) \\ N_{21}(s) & N_{22}(s) \end{bmatrix} = \begin{bmatrix} G_{p11}(s) & G_{p12}(s) \\ G_{p21}(s) & G_{p22}(s) \end{bmatrix}^{-1}$$

$$= \frac{1}{G_{p11}(s)G_{p22}(s) - G_{p12}(s)G_{p21}(s)} \begin{bmatrix} G_{p22}(s) & -G_{p12}(s) \\ -G_{p21}(s) & G_{p11}(s) \end{bmatrix}$$

$$= \begin{bmatrix} \dfrac{G_{p22}(s)}{G_{p11}(s)G_{p22}(s) - G_{p12}(s)G_{p21}(s)} & \dfrac{-G_{p12}(s)}{G_{p11}(s)G_{p22}(s) - G_{p12}(s)G_{p21}(s)} \\ \dfrac{-G_{p21}(s)}{G_{p11}(s)G_{p22}(s) - G_{p12}(s)G_{p21}(s)} & \dfrac{G_{p11}(s)}{G_{p11}(s)G_{p22}(s) - G_{p12}(s)G_{p21}(s)} \end{bmatrix} \tag{8.55}$$

同理可以证明，$U_{c1}(s)$ 对 $Y_2(s)$ 的影响等于零，$U_{c2}(s)$ 对 $Y_1(s)$ 的影响等于零，即 $U_{c1}(s)$ 与 $Y_2(s)$ 之间、$U_{c2}(s)$ 与 $Y_1(s)$ 之间的耦合关系已被解除。图 8.21 是利用单位阵解耦得到的两个彼此独立的等效控制系统。

综上所述，采用不同的解耦方法都能达到解耦的目的，但是采用单位阵解耦法的优点更突出。对角阵解耦法和前馈补偿解耦法得到的解耦效果和系统的控制质量是相同的，这两种方法都是设法解除交叉通道，并使其等效成两个独立的

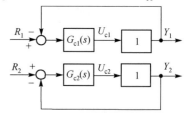

图 8.21　单位阵解耦后的等效系统

单回路系统。而单位阵解耦法，除了能获得优良的解耦效果，还能提高控制质量，减少动态偏差，加快响应速度，缩短调节时间。值得注意的是，本节介绍的几种解耦设计方法，一般都要涉及解耦器或控制器与被控对象之间零点-极点抵消问题，这在某些情况下可能会引起系统不稳定，或是解耦环节是物理不可实现的。因此，如果遇到这类问题比较严重，建议采用其他解耦方法，如非零点-极点抵消解耦法等。

必须指出，多变量解耦有动态解耦和静态解耦之分。动态解耦的补偿是时间补偿，而静态解耦的补偿是幅值补偿。由于动态解耦要比静态解耦复杂得多，因此，一般只在要求比较高、解耦器又能实现的条件下使用。当被控对象各通道的时间常数非常接近时，采用静态解耦一般都能满足要求。由于静态解耦结构简单、易于实现、解耦效果较佳，故静态解耦在很多场合得到了广泛的应用。

此外，在多变量系统的解耦设计过程中，还要考虑解耦系统的实现问题。事实上，求出了解耦器的数学模型并不等于实现了解耦。解耦系统的实现问题主要包括：解耦系统的稳定性、部分解耦以及解耦器的简化等。有关解耦系统的实现问题可查阅其他文献。

8.4　关联分析与解耦控制的 MATLAB 仿真

本节通过一个 2 输入 2 输出系统的仿真实例，说明相对增益法在多回路关联分析中的应用，并介绍前馈补偿方法在解耦控制中的应用。

1. 多回路的关联分析

设某 2 输入 2 输出系统可用如下传递函数矩阵建模

$$\begin{bmatrix} Y_1(s) \\ Y_2(s) \end{bmatrix} = \begin{bmatrix} \dfrac{1}{3s+1} & \dfrac{0.5}{2s+1} \\ \dfrac{5}{12s+1} & \dfrac{0.1}{9s+1} \end{bmatrix} \begin{bmatrix} U_1(s) \\ U_2(s) \end{bmatrix} \tag{8.56}$$

则系统的静态放大系数矩阵 $\boldsymbol{K}$，也即第一放大系数矩阵 $\boldsymbol{P}$ 为

$$\boldsymbol{P} = \boldsymbol{K} = \begin{bmatrix} k_{11} & k_{12} \\ k_{21} & k_{22} \end{bmatrix} = \begin{bmatrix} 1 & 0.5 \\ 5 & 0.1 \end{bmatrix} \tag{8.57}$$

该系统的相对增益矩阵为 $\quad \boldsymbol{\varLambda} = \boldsymbol{P} \cdot (\boldsymbol{P}^{-1})^{\mathrm{T}} = \begin{bmatrix} -0.04 & 1.04 \\ 1.04 & -0.04 \end{bmatrix} \tag{8.58}$

由相对增益矩阵可以看出，原系统中 U_1 控制 Y_1、U_2 控制 Y_2 的配置是错误的；正确的变量配对应该是 U_2 控制 Y_1，U_1 控制 Y_2。即变量配对调换后，系统的输入和输出关系由式（8.56）变为

$$\begin{bmatrix} Y_1(s) \\ Y_2(s) \end{bmatrix} = \begin{bmatrix} \dfrac{0.5}{2s+1} & \dfrac{1}{3s+1} \\ \dfrac{0.1}{9s+1} & \dfrac{5}{12s+1} \end{bmatrix} \begin{bmatrix} U_1(s) \\ U_2(s) \end{bmatrix} \tag{8.59}$$

需要说明的是，式（8.59）中的 U_1 和 U_2 分别是式（8.56）中的 U_2 和 U_1。

由式（8.59），在进行变量配对调换后，新系统的相对增益矩阵为

$$\mathbf{\Lambda} = \mathbf{P} \cdot (\mathbf{P}^{-1})^{\mathrm{T}} = \begin{bmatrix} 1.04 & -0.04 \\ -0.04 & 1.04 \end{bmatrix} \tag{8.60}$$

由式（8.58）的相对增益矩阵可知：在进行正确的变量配对后，U_1 对 Y_1、U_2 对 Y_2 的控制能力接近于 1（相对增益为 1.04），而 U_1 对 Y_2、U_2 对 Y_1 的控制能力则接近于 0（相对增益为 −0.04）。所以，若只考虑静态特性，系统的两回路间是几乎无耦合的。但若还考虑系统的动态特性，则由于负耦合的存在，系统易于出现正反馈，所以应对系统进行解耦设计。

以下对上述系统变量配对前后的关联情况进行仿真分析，验证通过相对增益矩阵选出的变量配对关系更为合理。

首先针对式（8.56）描述的被控对象建立控制系统的 Simulink 仿真模型，如图 8.22 所示。

其中控制器 Gc1 和 Gc2 均采用 Ideal 型 PI 控制器：$P\left(1 + I\dfrac{1}{s}\right)$。控制器参数的整定在无关联情况（图 8.22 当前配置下）通过 PID Controller 模块中的 Tune 功能计算得到：Gc1 的参数为 P1=1.04，I1=1；Gc2 的参数为 P2=10.42，I2=0.33。

接下来进行关联分析，仿真实验项目有：

（1）全耦合下，回路 1 与回路 2 之间的相互影响。连接耦合通道 u2-->y1 以及 u1-->y2，设置 Step1 为单位阶跃信号，Step2 为 0；或者 Step2 为单位阶跃信号，Step1 为 0。仿真结果如图 8.23 所示。由图可见，此系统已发散，证明全耦合下两回路间相互影响过于严重，以至于均发散。

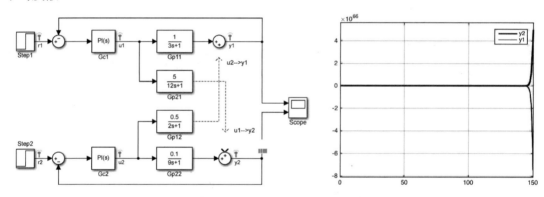

图 8.22　原配对关系下控制系统仿真模型　　　　图 8.23　原配对下全耦合系统响应

（2）半耦合下回路 1 对回路 2 的影响。仅连接耦合通道 u1->y2，设置 Step1 为 80 s 时加入的幅度为 0.5 的阶跃信号；Step2 为 1 s 时加入的单位阶跃，仿真总时长 150 s。仿真结果如图 8.24（a）所示。图中仿真初期，回路 2（y2）在给定值的阶跃跳变下做跟随调整，因半耦合，回路 2 对回路 1 无影响，故回路 1 保持原 0 状态不变。当回路 2（y2）经调整在新稳态下稳定运行后，回路 1 在 80 s 时的给定值突变导致回路 1（u1）的调整，由此不仅影响自身回路的 y1，还关联影响到回路 2(y2)，且 y2 受影响的幅度非常大，而回路 1 自身的调整因仅有 u1->y2 的半耦合，所以不受 y2 大幅波动的影响。

（3）半耦合下回路 2 对回路 1 的影响。仅连接耦合通道 u2-->y1，设置 Step2 为 80 s 时加入的幅度 0.5 的阶跃信号；Step1 为 1 s 时加入的单位阶跃，仿真总时长 150 s。仿真结果如图 8.24（b）所示，可知，回路 2（u2）的调整对回路 1（y1）的影响也非常大，但因仅有 u2-->y1 的半耦合，所以，回路 2（y2）不受回路 1 的影响。

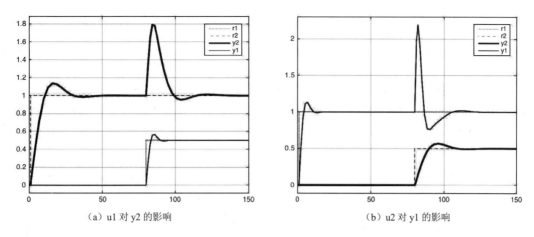

（a）u1 对 y2 的影响　　　　　　　　　　　　（b）u2 对 y1 的影响

图 8.24　原配对关系下控制系统的相互影响

为减弱回路间相互耦合影响，现按照式（8.59）的配对关系重新建立 Simulink 仿真模型，如图 8.25 所示。需要注意的是，实际工程中图 8.25 中的控制器 Gc1 和 Gc2，其实是图 8.22 中的 Gc2 和 Gc1。此处交换控制器编号只是为了习惯表述，即习惯中控制 y1 的是 Gc1，控制 y2 的是 Gc2。

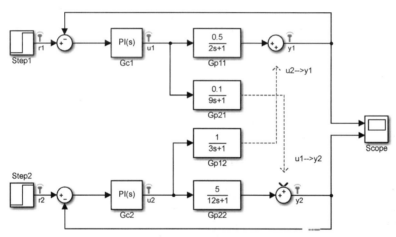

图 8.25　重新配对后控制系统仿真模型

仍先按无关联情况下（图 8.25 当前连线）各单回路来整定控制器参数，整定结果为：Gc1 的 P2=2.08，I2=1.50；Gc2 的 P1=0.21，I1=0.25。然后同时连接图 8.25 中的关联通道 u1-->y2，u2-->y1，即构建全关联情况。以下通过仿真实验分析变量配对后系统在有无关联情况下的反应。

仿真中设置 Step1 为 1 s 时加入的单位阶跃信号，Step2 为 80 s 时加入的幅度为 0.5 的阶跃信号，仿真总时长 150 s。变量配对后系统无关联和有关联时的仿真结果如图 8.26（a）和（b）所示。

由图 8.26（a），在系统无关联情况下，两个系统独立工作，表现出对各自回路给定值阶跃跳变的良好跟随性能。

由图 8.26（b），仿真前段，在回路 1 的给定 r1 有单位阶跃跳变的情况下，回路 1 的控制偏差使 Gc1 动作。u1 的调整不仅使回路 1 的被控量 y1 跟随上 r1 的跳变，还在全耦合下使回路 2 的被控量 y2 也受到影响，但 y2 的变化幅值不大，且经回路 2 自身的调整又恢复到了 0 状态。仿真到第 80 s 时，由于回路 2 给定值的跳变，原来稳定的两回路均出现了波动，表现为 y2 跟随了 r2 的跳变，y1 因全耦合也受回路 2 的调整影响而变化，但经较小幅度的变化后较快地恢复了原态。综合仿真前后段的结果并对比图 8.23 可知，依据相对增益分析进行的变量重新配对后，两回路虽仍有关联，但对彼此的影响减弱了很多。所以说关联系统的设计首先要选择合理的变量配对关系。

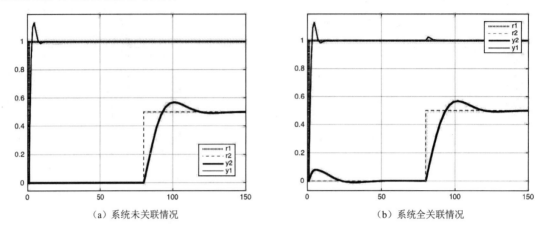

（a）系统未关联情况　　　　　　　　　　　（b）系统全关联情况

图 8.26　变量配对后控制系统的相互影响

2．前馈补偿解耦控制

前馈补偿解耦是在回路中常规控制器的输出端再添加补偿控制器，以抵消其对其他回路的耦合。其控制系统结构参见图 8.15。对于本仿真实例，图 8.15 中的补偿解耦控制器 N_{21} 和 N_{12} 分别设计为

$$N_{21}(s) = -\frac{G_{p21}(s)}{G_{p22}(s)} = -\frac{12s+1}{50(9s+1)} \tag{8.61}$$

$$N_{12}(s) = -\frac{G_{p12}(s)}{G_{p11}(s)} = -\frac{4s+2}{3s+1} \tag{8.62}$$

将耦合系统模型（式（13.47））及前馈补偿解耦控制器（式（8.61）、式（8.62））应用到如图 8.15 所示的前馈补偿解耦控制系统结构中，采用 Simulink 建模，可得仿真模型如图 8.27 所示。

图 8.27 所示模型中，两个回路的控制器 Gc1、Gc2 及输入 Step1、Step2 与上述系统变量配对后的仿真实验相同。加入前馈补偿控制后系统的仿真结果如图 8.28 所示。对比图 8.28 和图 8.26（a）发现，二者是完全一样的。这说明当能准确获知被控过程通道及关联通道数学模型时，前馈补偿解耦法可实现完全补偿，相当于两个回路间毫无关联，分别独自工作。

但若模型估计有误差，比如对 Gp22 的模型错估为 $\frac{5}{10s+1}$，则由式（8.61）得 $N_{21} = \frac{10s+1}{450s+50}$，$N_{12}$ 则没有变化。改动补偿解耦器 N_{21} 后系统仿真结果如图 8.29 所示。由图可知，模型估计的偏差会导致解耦不完全，回路间的相互影响重新出现。前馈补偿解耦的缺陷由此可见。

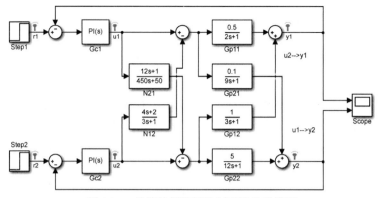

图 8.27　前馈补偿解耦控制系统仿真模型

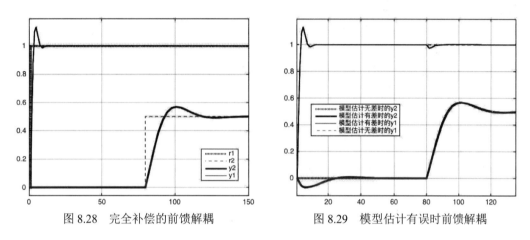

图 8.28　完全补偿的前馈解耦　　　　　图 8.29　模型估计有误时前馈解耦

本 章 小 结

1．多变量系统各个控制回路之间有可能存在的相互关联（即耦合），会妨碍各回路变量的独立控制作用，甚至破坏系统的正常工作。因此，必须设法减少或消除耦合。

2．输入量与输出量相同的多变量系统的典型耦合结构可分为 P 规范耦合和 V 规范耦合。

3．相对增益 λ_{ij} 是衡量多变量系统中各个变量间耦合程度的指标。λ_{ij} 表示调节量 U_j 对一个特定的被控量 Y_i 的影响程度，等于第一放大系数 p_{ij} 与第二放大系数 q_{ij} 之比。

4．常用的减少或消除耦合的方法包括提高调节器的增益、选用变量的最佳配对和采用解耦控制。

5．依据前馈补偿原理的前馈补偿解耦法是最早使用的解耦方法，这种方法还可以实现对扰动信号的解耦。

6．反馈解耦方法只采用 P 规范解耦结构，但被控对象可以是 P 规范结构或 V 规范结构。反馈解耦可以实现完全解耦。

7．对角阵解耦要求被控对象特性矩阵与解耦环节矩阵的乘积等于对角阵，因此，解耦后的系统等效为多个单回路。单位阵解耦是对角阵解耦的一种特殊情况。

习 题

8.1　常用的解耦设计方法有哪几种？试说明其优缺点。

8.2 已知在所有控制回路均开环的条件下，某一过程的开环增益矩阵为

$$\boldsymbol{K} = \begin{bmatrix} 0.58 & -0.36 & -0.36 \\ 0.73 & -0.61 & 0 \\ 1 & 1 & 1 \end{bmatrix}$$

试求出相对增益矩阵，并选出最佳的控制回路。分析此过程是否需要解耦。

8.3 现有一个三种液体混合系统。混合液流量为 Q，被控量为混合液的密度 ρ 和黏度 v，它们满足下列关系：$\rho = \dfrac{au_1 + bu_2}{Q}$，$v = \dfrac{cu_1 + du_2}{Q}$，式中，$u_1, u_2$ 为两个可控流量；a, b, c, d 为物理常数。试求系统的相对增益矩阵。设 $a = b = c = 0.5$，$d = 1.0$，求相对增益，并对计算结果进行分析。

8.4 已知被控对象的传递矩阵为 $\boldsymbol{G}_{\mathrm{p}}(s) = \begin{bmatrix} \dfrac{1}{(s+1)^2} & \dfrac{-1}{2s+1} \\ \dfrac{1}{3s+1} & \dfrac{1}{s+1} \end{bmatrix}$，期望的闭环传递矩阵为

$\boldsymbol{G}_{\mathrm{B}}(s) = \begin{bmatrix} \dfrac{1}{s+1} & 0 \\ 0 & \dfrac{1}{s+1} \end{bmatrix}$，试设计调节器—解耦环节的参数。

8.5 将习题 8.4 的解耦控制系统离散化为计算机解耦控制系统，并画出系统的结构图。设采样周期 $T_{\mathrm{s}} = 1\mathrm{s}$。

8.6 两个双变量耦合系统如题 8.6 图所示，设对象特性 $G_{\mathrm{p}11}(s)$，$G_{\mathrm{p}12}(s)$，$G_{\mathrm{p}21}(s)$，$G_{\mathrm{p}22}(s)$ 均已知，求解耦环节的传递矩阵 $\boldsymbol{N}(s)$。试比较题 8.6 图（a）与（b）所示两解耦环节的复杂性，并从物理概念上解释之。

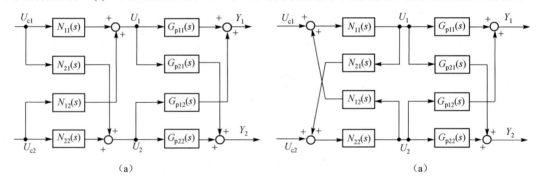

（a）　　　　　　　　　　　　　　　　　（a）

题 8.6 图

8.7 某流量混合控制系统如题 8.7 图所示，设 u_1 和 u_3 通过温度为 100F 的流体，u_2 通过温度为 200F 的流体，系统的配置完全对称，通过 u_1 和 u_3 的流体与通过 u_2 的流体在两边管中进行混合，求控制混合后流体的温度 T_{11} 和 T_{22} 以及总流量 Q_{33}。调节量为 u_1, u_2, u_3，试求取正确的变量配对。

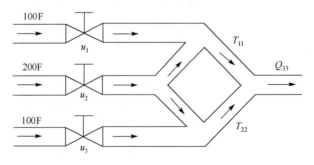

题 8.7 图

第9章 模糊控制

从 20 世纪 80 年代开始，针对工业过程本身的特点，控制界提出了一系列行之有效的先进过程控制方法。本章详细介绍其中的模糊控制方法，其他方法在第 10 章介绍。

1965 年，美国自动控制理论专家 L. A. Zadeh 发表了论文 "Fuzzy Set"，首次提出了模糊集合的概念，创立了模糊数学。1974 年，英国的 Mamdani 首先把模糊理论用于工业控制，取得了良好的效果。从此，模糊控制理论及模糊控制系统的应用迅速发展，展示了模糊理论在控制领域内具有广阔的应用前景。

从模糊控制系统的设计方法看，可分为两大类，即所谓的"直接综合法"和近年来提出的"分析综合法"。作为基础，本章讨论直接综合法。首先，介绍模糊数学基础，包括模糊集合运算、模糊关系、模糊逻辑以及模糊推理；然后，介绍模糊控制原理以及模糊控制器的设计方法；最后，作为应用实例介绍了浮选过程模糊控制系统以及工业电阻炉温度模糊控制系统。这里需说明，模糊数学的内容很丰富，本章仅介绍与模糊控制有关的部分内容。

9.1 概　　述

1. 模糊的基本概念

所谓"模糊"，其意思是指客观事物彼此间的差异在中间过渡时，界限不分明。比如，我们说"天气热"，那么气温到底多少度才算"热"？显然，没有明确的界限，这种概念称为模糊概念。日常生活中和生产实践中，存在着大量的模糊现象，以精确性为主要特点的经典数学，对于这类问题是无能为力的；而这类问题，正是模糊数学的用武之地。

2. 模糊控制系统

在工业过程中，对于那些无法获得数学模型，或模型粗糙复杂的、非线性的、时变的或耦合十分严重的系统，无论用经典的 PID 控制，还是现代控制理论的各种算法，都很难实现控制。但是，一个熟练的操作工人或技术人员，凭借自己的经验，靠其眼、耳等传感器官的感观，经过大脑的思维判断，给出控制量，通过手动操作，能够达到较好的控制效果。例如，对于一个温度控制系统，人的控制规则是：若温度高于设定值，操作者就减小给定量，使之降温；反之，若温度低于设定值，则加大给定量，使之升温。操作者在观察温度的偏差时，偏差越大，给定的变化也越大，即温度超出设定值越高，则给定减小也越多，设法使之降温越快；温度低于设定值越多，则给定增加也越大，以设法使之迅速升温。以上过程包含了大量的模糊概念，例如这里的"越高""越快""越多""越大"等。因此，操作者的感观与思维判断过程，实际上是一个模糊化及模糊计算的过程。我们把人的操作经验归纳成一系列的规则，存放在计算机中，利用模糊集理论将它定量化，使控制器模仿人的操作策略，这就是模糊控制器。用模糊控制器组成的系统为模糊控制系统。

9.2　模糊集合的基本概念

具有某种特定属性的对象的全体，称为集合。例如，一个停车场中的全部卡车可作为一个集合。

我们将所研究事物的范围或所研究的全部对象，称为论域，又称全集合。

论域中的事物称为元素。例如，停车场中的每一辆汽车均为汽车论域中的一个元素。用 X 表示一个论域，其中的元素可以表示为 a，记作 $a \in X$（读作 a 属于 X）。

论域中的一部分元素组成的集合，称作子集。例如，集合 A 是论域 X 中的一部分元素组成的，则称 A 为论域 X 上的子集，记作 $A \subseteq X$。

集合可用特征函数来表征。设有集合 A，其特征函数记作 $A(x)$。对于属于集合 A 的元素，特征函数取值为 1，对于不属于集合 A 的元素，特征函数取值为 0，即

$$A(x) = \begin{cases} 1 & x \in A \\ 0 & x \notin A \end{cases}$$

9.2.1　模糊集合

模糊数学是用精确的数学方法来描述模糊现象的数学。

1．模糊集合的隶属函数

在模糊数学中，用模糊集合来表征模糊现象。本书用带下画波浪线的大写英文字母表示模糊集合，以区别于普通集合，如模糊集合 $\underset{\sim}{A}$ 和普通集合 A。

普通集合的特征函数只有两个值：1 或 0，分别表示元素属于或不属于某集合。而模糊集合的特征函数可以在[0, 1]区间内连续取值。例如，可为 0.3，0.5 等。模糊集合的特征函数称为隶属函数，记作 $\underset{\sim}{A}(x)$。

模糊集合的隶属函数 $\underset{\sim}{A}(x)$，表示模糊集合中元素 x 属于模糊集 $\underset{\sim}{A}$ 的程度，或称 x 对于 $\underset{\sim}{A}$ 的隶属度。$\underset{\sim}{A}(x)$ 越接近于 1，则 x 属于 $\underset{\sim}{A}$ 的程度越高；$\underset{\sim}{A}(x)$ 越接近 0，则 x 属于 $\underset{\sim}{A}$ 的程度越低。

例 9.1　$\underset{\sim}{A}$ 表示年轻人的集合，在年龄区间[15, 35]内，可写出以下隶属函数：

$$\underset{\sim}{A}(x) = \begin{cases} 1 & 15 \leqslant x < 25 \\ \dfrac{1}{\left[1 + \left(\dfrac{x-25}{5} \right)^2 \right]} & x > 25 \end{cases}$$

我们研究年龄为 30 岁和 28 岁的人（$x = 30$ 和 $x = 28$）对于年轻人的隶属度。

解　　　　　　　　$\underset{\sim}{A}(30) = 0.5$，　　　$\underset{\sim}{A}(28) = 0.74$

2．模糊集合的表示

（1）当模糊集合中的元素为有限个时，模糊集合的表示如下。

令论域 $U = \{ u_1, u_2, \cdots, u_n \}$，有：

① Zadeh 表示法。

$$\underset{\sim}{A} = \frac{A(u_1)}{u_1} + \frac{A(u_2)}{u_2} + \cdots + \frac{A(u_n)}{u_n} \tag{9.1}$$

式中，$\underset{\sim}{A}$ 为论域 $\{u_1,u_2,u_3\cdots,u_n\}$ 上的模糊集合。

② 向量表示法[1]。式（9.1）还可以简单地表示为

$$\underset{\sim}{A} = \left(\underset{\sim}{A}(u_1), \underset{\sim}{A}(u_2), \cdots, \underset{\sim}{A}(u_n)\right)$$

③ 序偶表示法。式（9.1）的序偶形式为

$$\underset{\sim}{A} = \left((u_1, A(u_1)), (u_2, A(u_2)), \cdots, (u_n, A(u_n))\right)$$

例 9.2　某 5 个人的身高分别为 170 cm, 168 cm, 175 cm, 180 cm, 178 cm。他们的身高对于"高个子"的模糊概念的隶属度分别为 0.8, 0.78, 0.85, 0.90, 0.88。这样 5 个人身高的模糊集合可表示为

$$\underset{\sim}{A} = \frac{0.80}{170} + \frac{0.78}{168} + \frac{0.85}{175} + \frac{0.90}{180} + \frac{0.88}{178}$$

或　　　　　　　　　　　$\underset{\sim}{A} = (0.80, 0.78, 0.85, 0.90, 0.88)$

或　　　　　$\underset{\sim}{A} = \left((170, 0.80), (168, 0.78), (175, 0.85), (180, 0.90), (178, 0.88)\right)$

（2）当模糊集合中的元素为无穷多个时，模糊集合可用 Zadeh 法表示为

$$\underset{\sim}{A} = \int \frac{A(u)}{u} \tag{9.2}$$

例 9.3　远大于 0 的实数集合 $\underset{\sim}{A}$ 的隶属函数可表示为

$$\underset{\sim}{A}(x) = \begin{cases} 0 & x \leqslant 0 \\ \dfrac{1}{1 + \dfrac{100}{x^2}} & x > 0 \end{cases}$$

则模糊集合 $\underset{\sim}{A}$ 可写作 $\underset{\sim}{A} = \int_{\underset{\sim}{A}} \left[1 + \dfrac{100}{x^2}\right]^{-1} \Big/ x$。

注意，前面式（9.1）中的"＋"号和式（9.2）中的"$\int$"号，并不是表示加法运算和积分运算，而是模糊集的一种记号，表示论域中所有元素的集合。"—"号或"/"号不是表示除法运算，而是表示论域元素与隶属度的对应关系。

9.2.2　模糊集的基本运算

（1）模糊集的交运算

设 $\underset{\sim}{A}$ 和 $\underset{\sim}{B}$ 为两个模糊集，其交集 $\underset{\sim}{C}$ 的隶属度为

$$\underset{\sim}{C}(x) = \min\left[\underset{\sim}{A}(x), \underset{\sim}{B}(x)\right] \tag{9.3}$$

即两个模糊集的交集的隶属度取两个隶属度中较小的数，也可表示为

$$\underset{\sim}{C}(x) = \underset{\sim}{A}(x) \wedge \underset{\sim}{B}(x) \tag{9.4}$$

注：1 正如隶属函数是对集合（含普通集合和模糊集合）的定义一样，关系矩阵是对集合关系（含普通关系和模糊关系，集合关系也是集合）的定义。为强调此概念，本章中所有用向量表示的集合隶属度以及用矩阵表示的集合关系均用斜体大写字母表示，而非按照线性代数意义上的普通矩阵用粗斜体大写字母表示，请读者注意理解。

或用集合表示为 $$\mathop{C}\limits_{\sim} = \mathop{A}\limits_{\sim} \bigcap \mathop{B}\limits_{\sim}$$

（2）模糊集的并运算

设 $\mathop{A}\limits_{\sim}$ 和 $\mathop{B}\limits_{\sim}$ 为两个模糊集，其并集 $\mathop{C}\limits_{\sim}$ 的隶属度为

$$\mathop{C}\limits_{\sim}(x) = \max\left[\mathop{A}\limits_{\sim}(x), \mathop{B}\limits_{\sim}(x)\right] \tag{9.5}$$

即两个模糊集的并集的隶属度取两个隶属度中较大的数，可表示为

$$\mathop{C}\limits_{\sim}(x) = \mathop{A}\limits_{\sim}(x) \vee \mathop{B}\limits_{\sim}(x) \tag{9.6}$$

或用集合表示为 $$\mathop{C}\limits_{\sim} = \mathop{A}\limits_{\sim} \bigcup \mathop{B}\limits_{\sim}$$

（3）模糊集的补运算

设 $\mathop{A}\limits_{\sim}$ 是论域 X 中的模糊集，它的补集 $\overline{\mathop{A}\limits_{\sim}}$ 为

$$\overline{\mathop{A}\limits_{\sim}}(x) = 1 - \mathop{A}\limits_{\sim}(x) \tag{9.7}$$

（4）模糊集的包含和相等关系

设 $\mathop{A}\limits_{\sim}$ 和 $\mathop{B}\limits_{\sim}$ 为论域 U 上的两个模糊子集，对于 U 中的每一个元素 u，都有 $\mathop{A}\limits_{\sim}(u) \geqslant \mathop{B}\limits_{\sim}(u)$，则称 $\mathop{A}\limits_{\sim}$ 包含 $\mathop{B}\limits_{\sim}$，记作 $\mathop{A}\limits_{\sim} \supseteq \mathop{B}\limits_{\sim}$。

如果 $\mathop{A}\limits_{\sim} \supseteq \mathop{B}\limits_{\sim}$，且 $\mathop{A}\limits_{\sim} \subseteq \mathop{B}\limits_{\sim}$，则 $\mathop{A}\limits_{\sim}$ 与 $\mathop{B}\limits_{\sim}$ 相等，记作 $\mathop{A}\limits_{\sim} = \mathop{B}\limits_{\sim}$。两个模糊子集 $\mathop{A}\limits_{\sim}$ 与 $\mathop{B}\limits_{\sim}$ 相等，则对于论域上的任何元素 u 都有 $\mathop{A}\limits_{\sim}(u) = \mathop{B}\limits_{\sim}(u)$。

例 9.4 设 $\mathop{A}\limits_{\sim}$ 和 $\mathop{B}\limits_{\sim}$ 为论域 $X = \{x_1, x_2, x_3, x_4, x_5\}$ 上两个模糊集，有

$$\mathop{A}\limits_{\sim} = \frac{0.5}{x_1} + \frac{0.3}{x_2} + \frac{0.4}{x_3} + \frac{0.2}{x_4} + \frac{0.1}{x_5}, \qquad \mathop{B}\limits_{\sim} = \frac{0.2}{x_1} + \frac{0.8}{x_2} + \frac{0.1}{x_3} + \frac{0.7}{x_4} + \frac{0.4}{x_5}$$

试求 $\mathop{A}\limits_{\sim} \bigcap \mathop{B}\limits_{\sim}$，$\mathop{A}\limits_{\sim} \bigcup \mathop{B}\limits_{\sim}$，$\overline{\mathop{A}\limits_{\sim}}$ 和 $\overline{\mathop{B}\limits_{\sim}}$。

解 令 $\mathop{C}\limits_{\sim} = \mathop{A}\limits_{\sim} \bigcap \mathop{B}\limits_{\sim}$，$\mathop{D}\limits_{\sim} = \mathop{A}\limits_{\sim} \bigcup \mathop{B}\limits_{\sim}$，则

$$\mathop{C}\limits_{\sim} = \frac{0.5 \wedge 0.2}{x_1} + \frac{0.3 \wedge 0.8}{x_2} + \frac{0.4 \wedge 0.1}{x_3} + \frac{0.2 \wedge 0.7}{x_4} + \frac{0.1 \wedge 0.4}{x_5}$$

所以

$$\mathop{C}\limits_{\sim} = \mathop{A}\limits_{\sim} \bigcap \mathop{B}\limits_{\sim} = \frac{0.2}{x_1} + \frac{0.3}{x_2} + \frac{0.1}{x_3} + \frac{0.2}{x_4} + \frac{0.1}{x_5}$$

$$\mathop{D}\limits_{\sim} = \mathop{A}\limits_{\sim} \bigcup \mathop{B}\limits_{\sim} = \frac{0.5 \vee 0.2}{x_1} + \frac{0.3 \vee 0.8}{x_2} + \frac{0.4 \vee 0.1}{x_3} + \frac{0.2 \vee 0.7}{x_4} + \frac{0.1 \vee 0.4}{x_5} = \frac{0.5}{x_1} + \frac{0.8}{x_2} + \frac{0.4}{x_3} + \frac{0.7}{x_4} + \frac{0.4}{x_5}$$

$$\overline{\mathop{A}\limits_{\sim}} = 1 - \mathop{A}\limits_{\sim} = \frac{0.5}{x_1} + \frac{0.7}{x_2} + \frac{0.6}{x_3} + \frac{0.8}{x_4} + \frac{0.9}{x_5}$$

$$\overline{\mathop{B}\limits_{\sim}} = 1 - \mathop{B}\limits_{\sim} = \overline{\mathop{A}\limits_{\sim}} = 1 - \mathop{A}\limits_{\sim} = \frac{0.8}{x_1} + \frac{0.2}{x_2} + \frac{0.9}{x_3} + \frac{0.3}{x_4} + \frac{0.6}{x_5}$$

（5）模糊运算的性质

① 交换律： $\mathop{A}\limits_{\sim} \bigcup \mathop{B}\limits_{\sim} = \mathop{B}\limits_{\sim} \bigcup \mathop{A}\limits_{\sim}$， $\mathop{A}\limits_{\sim} \bigcap \mathop{B}\limits_{\sim} = \mathop{B}\limits_{\sim} \bigcap \mathop{A}\limits_{\sim}$

② 结合律： $\mathop{A}\limits_{\sim} \bigcup (\mathop{B}\limits_{\sim} \bigcup \mathop{C}\limits_{\sim}) = (\mathop{A}\limits_{\sim} \bigcup \mathop{B}\limits_{\sim}) \bigcup \mathop{C}\limits_{\sim}$， $\mathop{A}\limits_{\sim} \bigcap (\mathop{B}\limits_{\sim} \bigcap \mathop{C}\limits_{\sim}) = (\mathop{A}\limits_{\sim} \bigcap \mathop{B}\limits_{\sim}) \bigcap \mathop{C}\limits_{\sim}$

③ 分配律： $\mathop{A}\limits_{\sim} \bigcup (\mathop{B}\limits_{\sim} \bigcap \mathop{C}\limits_{\sim}) = (\mathop{A}\limits_{\sim} \bigcup \mathop{B}\limits_{\sim}) \bigcap (\mathop{A}\limits_{\sim} \bigcup \mathop{C}\limits_{\sim})$， $\mathop{A}\limits_{\sim} \bigcap (\mathop{B}\limits_{\sim} \bigcup \mathop{C}\limits_{\sim}) = (\mathop{A}\limits_{\sim} \bigcap \mathop{B}\limits_{\sim}) \bigcup (\mathop{A}\limits_{\sim} \bigcap \mathop{C}\limits_{\sim})$

④ 传递律： 若 $\mathop{A}\limits_{\sim} \subseteq \mathop{B}\limits_{\sim}, \mathop{B}\limits_{\sim} \subseteq \mathop{C}\limits_{\sim}$，则 $\mathop{A}\limits_{\sim} \subseteq \mathop{C}\limits_{\sim}$

⑤ 幂等律： $\mathop{A}\limits_{\sim} \bigcup \mathop{A}\limits_{\sim} = \mathop{A}\limits_{\sim}$， $\mathop{A}\limits_{\sim} \bigcap \mathop{A}\limits_{\sim} = \mathop{A}\limits_{\sim}$

⑥ 摩根律： $\overline{\mathop{A}\limits_{\sim} \bigcup \mathop{B}\limits_{\sim}} = \overline{\mathop{A}\limits_{\sim}} \bigcap \overline{\mathop{B}\limits_{\sim}}$， $\overline{\mathop{A}\limits_{\sim} \bigcap \mathop{B}\limits_{\sim}} = \overline{\mathop{A}\limits_{\sim}} \bigcup \overline{\mathop{B}\limits_{\sim}}$

⑦ 复原律：
$$\bar{\bar{A}} = A$$

注：模糊运算不满足补余率，即 $\bar{A} \cap A \neq 0$，$\bar{A} \cup A \neq 1$。

（6）λ 水平截集

设 A 为 $X = \{x\}$ 中的模糊集，其中隶属度大于 λ 的元素组成的集合，称为模糊集 A 的 λ 水平截集 A_λ，即

$$A_\lambda = \{x | A(x) \geqslant \lambda\} \tag{9.8}$$

显然 A_λ 为普通集合，它的特征函数为

$$A_\lambda(x) = \begin{cases} 1 & A_\lambda(x) \geqslant \lambda \\ 0 & A_\lambda(x) < \lambda \end{cases}$$

例 9.5 已知 $X = \{3,4,5,6,7,8\}$ 中，有一模糊子集

$$A = \frac{0.3}{3} + \frac{0.7}{4} + \frac{1}{5} + \frac{1}{6} + \frac{0.7}{7} + \frac{0.3}{8}$$

分别求出 $\lambda = 0.5$ 和 $\lambda = 0.8$ 的 λ 水平截集。

解
$$A_{0.5} = \{4,5,6,7\}, \qquad A_{0.8} = \{5,6\}$$

9.3　模　糊　关　系

"关系"是集合论中的一个重要概念，它是指元素之间的关联。模糊关系在模糊控制中占十分重要的地位。

这里首先要介绍一个概念：普通集合的直积。

有集合 A 和 B，我们定义 A 和 B 的直积为
$$A \times B = \{(a,b) | a \in A, b \in B\}$$

具体算法是：先在集合 A 中取一个元素 a，再在 B 中取一个元素 b，把它们搭配起来，构成序偶 (a,b)。所有的序偶 (a,b) 组成的集合，就是集合 A 与 B 的直积 $A \times B$。

例 9.6 设集合 $A = \{a,b\}$，$B = \{1,2,3\}$，求直积 $A \times B$ 和 $B \times A$。

解
$$A \times B = \{(a,1),(a,2),(a,3),(b,1),(b,2),(b,3)\}$$
$$B \times A = \{(1,a),(1,b),(2,a),(2,b),(3,a),(3,b)\}$$

可见，$A \times B \neq B \times A$。

9.3.1　普通关系

普通关系是用数学方法来描述普通集合中的元素之间有无关联。例如，甲、乙双方进行象棋比赛，各有3名棋手参赛，分别用 a_1，a_2，a_3 和 b_1，b_2，b_3 表示。甲方用 A 表示，乙方用 B 表示。若 A 中之 a_1 与 B 中之 b_1，b_3 对弈；a_2 与 b_2，b_3 对弈；a_3 与 b_1 对弈。若用符号 R 表示双方棋手之间的对弈关系，则该场比赛中的对弈关系为 $a_1 R b_1$，$a_1 R b_3$，$a_2 R b_2$，$a_2 R b_3$，$a_3 R b_1$。

以上对弈关系可以用序偶的形式表示，即
$$R = \{(a_1,b_1),(a_1,b_3),(a_2,b_2),(a_2,b_3),(a_3,b_1)\} \tag{9.9}$$

与普通集合的直积运算相比较，可见上式中的关系 R 是直积 $A \times B$ 的子集。

因此，我们可以给出普通关系的定义：集合 A 和 B 的直积 $A \times B$ 的一个子集 R，称为 A

与 B 的二元关系。

以上比赛的例子中，由于关系 R 也是一个集合。因此，我们可用元素（序偶）的特征函数值为 1，来表示该元素属于 R 集合，即具有对弈关系。用特征函数值为 0，表示不属于 R 集合，即不具有对弈关系。于是，我们可以写出一个关系矩阵。双方各有 3 名棋手，则关系矩阵为 3 行 3 列，行表示 A 方棋手 a_1，a_2 和 a_3，列则表示 B 方棋手 b_1，b_2 和 b_3，关系矩阵为

$$R = \begin{bmatrix} 1 & 0 & 1 \\ 0 & 1 & 1 \\ 1 & 0 & 0 \end{bmatrix}$$

9.3.2 模糊关系

将普通关系的概念扩展到模糊集合中来，我们可定义出模糊关系。

1. 模糊关系

定义1　模糊集 $\underset{\sim}{A}$ 和 $\underset{\sim}{B}$ 的直积 $\underset{\sim}{A} \times \underset{\sim}{B}$ 的一个模糊子集 $\underset{\sim}{R}$ 称为 $\underset{\sim}{A}$ 到 $\underset{\sim}{B}$ 的二元模糊关系，其序偶 (a,b) 的隶属度为 $\underset{\sim}{R}(a,b)$。

模糊集的直积运算法则与普通集合的直积运算法则相同。

若论域为 n 个集合的直积 $A_1 \times A_2 \times \cdots \times A_n$，则其模糊子集对应为 n 元模糊关系，其隶属函数是 n 个变量的函数。

显然，模糊关系也是模糊集合，其论域元素为序偶。

2. 模糊矩阵

定义2　设矩阵 $\underset{\sim}{R} = (r_{ij})_{m \times n}$，$r_{ij} \in [0,1]$，则称 $\underset{\sim}{R}$ 为模糊矩阵，用于描述模糊关系，故又称为模糊关系矩阵。r_{ij} 为模糊矩阵的元素，表示模糊关系的隶属函数。

例 9.7　学生甲、乙、丙参加艺术五项全能比赛，各项均以 20 分为满分。比赛结果如表 9.1 所示。

解　若定 18 分以上为优，可用普通关系表示出成绩"优"。令

$$A = \{甲，乙，丙\} = \{x_1, x_2, x_3\}$$

$$B = \{唱歌，跳舞，乐器，小品，绘画\} = \{y_1, y_2, y_3, y_4, y_5\}$$

用成绩"优"衡量，可写出 A 到 B 的普通关系矩阵为

$$R = \begin{bmatrix} 1 & 0 & 1 & 0 & 0 \\ 0 & 1 & 0 & 1 & 0 \\ 1 & 0 & 0 & 0 & 1 \end{bmatrix}$$

现在，我们用 20 分除各分数，得到的数值作为隶属函数值（"优"的隶属度为 1），可求得甲、乙、丙与"成绩优"的模糊关系。

首先，将算得的隶属函数值列于表 9.2 中。可立即写出模糊关系为

$$\underset{\sim}{R} = 0.9/(x_1, y_1) + 0.7/(x_1, y_2) + 0.95/(x_1, y_3) + 0.65/(x_1, y_4) + 0.75/(x_1, y_5) +$$
$$0.8/(x_2, y_1) + 0.9/(x_2, y_2) + 0.6/(x_2, y_3) + 0.95/(x_2, y_4) + 0.55/(x_2, y_5) +$$
$$0.95/(x_3, y_1) + 0.5/(x_3, y_2) + 0.75/(x_3, y_3) + 0.6/(x_3, y_4) + 0.9/(x_3, y_5)$$

| 表 9.1 | 例 9.7 中的比赛结果 |

学生	唱歌	跳舞	乐器	小品	绘画
甲	18	14	19	13	15
乙	16	18	12	19	11
丙	19	10	15	12	18

| 表 9.2 | 例 9.7 中算得的隶属函数值 |

项目 学生	y_1	y_2	y_3	y_4	y_5
x_1	0.9	0.7	0.95	0.65	0.75
x_2	0.8	0.9	0.6	0.95	0.55
x_3	0.95	0.5	0.75	0.6	0.9

写成模糊矩阵形式为
$$\underset{\sim}{R} = \begin{bmatrix} 0.9 & 0.7 & 0.95 & 0.65 & 0.75 \\ 0.8 & 0.9 & 0.6 & 0.95 & 0.55 \\ 0.95 & 0.5 & 0.75 & 0.6 & 0.9 \end{bmatrix}$$

矩阵形式十分直观地表达了普通关系与模糊关系的区别，即普通关系表示元素之间有无关联，而模糊关系表示元素之间关联的程度。

3．模糊关系矩阵的运算

（1）模糊矩阵的并运算

设有模糊矩阵 $\underset{\sim}{A} = [a_{ij}]$，$\underset{\sim}{A} = [b_{ij}]$，$\underset{\sim}{A}$ 和 $\underset{\sim}{B}$ 的并为 $\underset{\sim}{C} = [c_{ij}]$，且 $c_{ij} = a_{ij} \vee b_{ij}$，记作 $\underset{\sim}{C} = \underset{\sim}{A} \bigcup \underset{\sim}{B}$。

例 9.8 若模糊关系矩阵 $\underset{\sim}{A} = \begin{bmatrix} 0.1 & 0.3 \\ 0.8 & 0.2 \end{bmatrix}$，$\underset{\sim}{B} = \begin{bmatrix} 0.8 & 0.5 \\ 0.3 & 0.2 \end{bmatrix}$，求 $\underset{\sim}{A} \bigcup \underset{\sim}{B}$。

解 根据定义可求得
$$\underset{\sim}{C} = \underset{\sim}{A} \bigcup \underset{\sim}{B} = \begin{bmatrix} 0.1 & 0.3 \\ 0.8 & 0.2 \end{bmatrix} \bigcup \begin{bmatrix} 0.8 & 0.5 \\ 0.3 & 0.2 \end{bmatrix} = \begin{bmatrix} 0.1 \vee 0.8 & 0.3 \vee 0.5 \\ 0.8 \vee 0.3 & 0.2 \vee 0.2 \end{bmatrix} = \begin{bmatrix} 0.8 & 0.5 \\ 0.8 & 0.2 \end{bmatrix}$$

（2）模糊矩阵的交运算

设有模糊矩阵 $\underset{\sim}{A} = [a_{ij}]$ 和 $\underset{\sim}{B} = [b_{ij}]$，$\underset{\sim}{A}$ 和 $\underset{\sim}{B}$ 的交为 $\underset{\sim}{C} = [c_{ij}]$，且 $c_{ij} = a_{ij} \wedge b_{ij}$，记作 $\underset{\sim}{C} = \underset{\sim}{A} \bigcap \underset{\sim}{B}$。

例 9.9 求例 9.8 中的 $\underset{\sim}{A} \bigcap \underset{\sim}{B}$。

解 由定义可求得
$$\underset{\sim}{C} = \underset{\sim}{A} \bigcap \underset{\sim}{B} = \begin{bmatrix} 0.1 & 0.3 \\ 0.8 & 0.2 \end{bmatrix} \bigcap \begin{bmatrix} 0.8 & 0.5 \\ 0.3 & 0.2 \end{bmatrix} = \begin{bmatrix} 0.1 \wedge 0.8 & 0.3 \wedge 0.5 \\ 0.8 \wedge 0.3 & 0.2 \wedge 0.2 \end{bmatrix} = \begin{bmatrix} 0.1 & 0.3 \\ 0.3 & 0.2 \end{bmatrix}$$

（3）模糊矩阵的积运算（模糊矩阵合成运算）

设有模糊关系矩阵 $\underset{\sim}{A} = [a_{ij}]_{n \times m}$ 和 $\underset{\sim}{B} = [b_{jk}]_{m \times l}$，$\underset{\sim}{A}$ 和 $\underset{\sim}{B}$ 的积为 $\underset{\sim}{C} = [c_{ik}]_{n \times l}$，且 $c_{ik} = \overset{m}{\underset{j=1}{\vee}}(a_{ij} \wedge b_{jk})$，记作

$$\underset{\sim}{C} = \underset{\sim}{A} \circ B \tag{9.10}$$

设 R 是 $U \times V$ 上的模糊关系，S 是 $V \times W$ 上的模糊关系，则 $T = R \circ S$ 称为 R 对 S 的合成。当论域 $U，V，W$ 为有限时，模糊关系的合成可用模糊矩阵的合成表示。

例 9.10 求例 9.8 中两个模糊关系矩阵的积。

解
$$\underset{\sim}{A} \circ \underset{\sim}{B} = \begin{bmatrix} 0.1 & 0.3 \\ 0.8 & 0.2 \end{bmatrix} \circ \begin{bmatrix} 0.8 & 0.5 \\ 0.3 & 0.2 \end{bmatrix}$$
$$= \begin{bmatrix} (0.1 \wedge 0.8) \vee (0.3 \wedge 0.3) & (0.1 \wedge 0.5) \vee (0.3 \wedge 0.2) \\ (0.8 \wedge 0.8) \vee (0.2 \wedge 0.3) & (0.8 \wedge 0.5) \vee (0.2 \wedge 0.2) \end{bmatrix} = \begin{bmatrix} 0.3 & 0.2 \\ 0.8 & 0.5 \end{bmatrix}$$

可见，模糊关系矩阵的积的运算法则与普通矩阵的乘积求法是一致的，只是这里的"∧"

号和"∨"号，分别对应普通矩阵计算中的"·"和"+"。

9.3.3 模糊变换

设有两个有限集 $X = \{x_1, x_2, \cdots, x_n\}$，$Y = \{y_1, y_2, \cdots, y_m\}$，$\underset{\sim}{R}$ 是 X 到 Y 的模糊关系。

$$\underset{\sim}{R} = \begin{bmatrix} r_{11} & r_{12} & \cdots & r_{1m} \\ r_{21} & r_{22} & \cdots & r_{2m} \\ \vdots & \vdots & \cdots & \vdots \\ r_{n1} & r_{n2} & \cdots & r_{nm} \end{bmatrix}$$

设 $\underset{\sim}{A}$ 和 $\underset{\sim}{B}$ 分别为 X 和 Y 上的模糊集 $\underset{\sim}{A} = (a_1, a_2, \cdots, a_n)$，$\underset{\sim}{B} = (b_1, b_2, \cdots, b_m)$，且

$$\underset{\sim}{B} = \underset{\sim}{A} \circ \underset{\sim}{R} \tag{9.11}$$

则称 $\underset{\sim}{B}$ 是 $\underset{\sim}{A}$ 的象，$\underset{\sim}{A}$ 是 $\underset{\sim}{B}$ 的原象，称 $\underset{\sim}{R}$ 是 X 到 Y 上的一个模糊变换。

例 9.11 已知模糊集 $\underset{\sim}{A}$ 为论域 $X = \{x_1, x_2, x_3\}$ 上的模糊子集，$\underset{\sim}{R}$ 是论域 X 到论域 Y 的模糊变换，且

$$Y = \{y_1, y_2\}, \quad \underset{\sim}{A} = (0.1, 0.3, 0.5), \quad \underset{\sim}{R} = \begin{bmatrix} 0.5 & 0.2 \\ 0.3 & 0.1 \\ 0.4 & 0.6 \end{bmatrix}$$

求 $\underset{\sim}{A}$ 的象 $\underset{\sim}{B}$。

解
$$\underset{\sim}{B} = \underset{\sim}{A} \circ \underset{\sim}{R} = (0.1, 0.3, 0.5) \circ \begin{bmatrix} 0.5 & 0.2 \\ 0.3 & 0.1 \\ 0.4 & 0.6 \end{bmatrix}$$

$$= \left[(0.1 \wedge 0.5) \vee (0.3 \wedge 0.3) \vee (0.5 \wedge 0.4) \quad (0.1 \wedge 0.2) \vee (0.3 \wedge 0.1) \vee (0.5 \wedge 0.6) \right]$$

$$= (0.4, 0.5)$$

9.3.4 模糊决策

众所周知，对任何事物的决策均是在对该事物评价的基础上进行的，我们这里仅讨论模糊综合评判方法。

设 $X = \{x_1, x_2, \cdots, x_n\}$ 为所研究事物的因素集，$\underset{\sim}{A}$ 为 X 的加权模糊集，$Y = \{y_1, y_2, \cdots, y_m\}$ 是评语集，$\underset{\sim}{B}$ 是 Y 上的决策集，$\underset{\sim}{R}$ 是 X 到 Y 上的模糊关系。对 $\underset{\sim}{R}$ 做模糊变换，可算得决策集 $\underset{\sim}{B}$：

$$\underset{\sim}{B} = \underset{\sim}{A} \circ \underset{\sim}{R} = (b_1, b_2, \cdots, b_m) \tag{9.12}$$

若要做出最后的决策，可按最大值原理选最大的 b_i，所对应的 y_i 作为最终的评判结果。

例 9.12 用户厂家对某控制系统的性能进行评价。因素集为 $X = \{$超调量，调节时间，稳态精度$\}$，评语集为 $Y = \{$很好，较好，一般，差$\}$。

解 若对于"超调量"一项的评价是：用户厂家中有 30% 认为很好，30% 认为较好，20% 认为一般，20% 认为差，则可用模糊关系表示为 $\underset{\sim}{R}_1 = (0.3, 0.3, 0.2, 0.2)$。

同样可以写出对"调节时间"的评价的模糊关系为 $\underset{\sim}{R}_2 = (0.1, 0.2, 0.5, 0.2)$。

对"稳态精度"的评价的模糊关系为 $\underset{\sim}{R}_3 = (0.4, 0.4, 0.1, 0.1)$。

于是，可以写出这次的性能评价的模糊关系矩阵为

$$R = \begin{bmatrix} 0.3 & 0.3 & 0.2 & 0.2 \\ 0.1 & 0.2 & 0.5 & 0.2 \\ 0.4 & 0.4 & 0.1 & 0.1 \end{bmatrix}$$

由于各用户厂家对于因素集中各性能指标的要求不同，最终结论也会不同。我们用加权模糊集 A 来表示这种不同的要求。

若厂家甲要求调节过程快，其他性能要求不高，用加权模糊集表示为 $A_1 = (0.25, 0.5, 0.25)$。

而厂家乙对稳态精度的要求较高，超调量的要求次之，对调节时间的要求不高，写出加权模糊集为 $A_2 = (0.3, 0.2, 0.5)$。

注意，A_i 中的加权系数之和应为 1。

按照式（9.12），可算得甲、乙两厂家的决策集分别为

$$B_1 = A_1 \circ R = (0.25, 0.5, 0.25) \circ \begin{bmatrix} 0.3 & 0.3 & 0.2 & 0.2 \\ 0.1 & 0.2 & 0.5 & 0.2 \\ 0.4 & 0.4 & 0.1 & 0.1 \end{bmatrix} = (0.25, 0.25, 0.5, 0.2)$$

$$B_2 = A_2 \circ R = (0.3, 0.2, 0.5) \circ \begin{bmatrix} 0.3 & 0.3 & 0.2 & 0.2 \\ 0.1 & 0.2 & 0.5 & 0.2 \\ 0.4 & 0.4 & 0.1 & 0.1 \end{bmatrix} = (0.4, 0.4, 0.2, 0.2)$$

按照最大值原理，选择最大的隶属度所对应的评语。对厂家甲，从 B_1 可以看出第 3 个元素（0.5）最大，故甲对该系统性能的评价是"一般"。对厂家乙，从 B_2 可看出第 1 和第 2 个元素大，均为 0.4，故乙对该系统的评价是"好"。

9.4　模　糊　推　理

9.4.1　模糊逻辑

数字电路和自动控制系统广泛应用二值逻辑。对于一个命题，不是"真"就是"假"，两者必居其一，用数字表示则为"1"或"0"；在数字电路中则为"高电平"和"低电平"。

以上的二值逻辑在模糊集中是不能应用的。例如，"今天热"是一个模糊概念，不能简单地用"是"与"否"来精确说明。

由于模糊命题 A 的隶属函数在[0, 1]区间内连续取值，所以称为连续值逻辑，或称模糊逻辑。设模糊命题 A 的真值为 x（$x \in [0,1]$），当"$x=1$"时 A 为完全真，当 $x=0$ 时 A 为完全假，x 的大小表示 A 的真假程度。

在实际运用时，往往把连续值模糊逻辑分成若干离散等份作为多值逻辑来处理。

9.4.2　模糊语言算子

模糊语言用来表达一定论域上的模糊集合，其任务是对人类语言进行定量化。这里我们仅讨论模糊语言算子。

模糊语言算子是指一类加强或削弱模糊语言表达程度的词。如 "特别""很""相当"等，可加在其他模糊词的前面进行修饰。如对于"天气特别热""天气比较热"等模糊词，加在"热"前面的词就是模糊语言算子。在模糊数学方法中，可将这些词定量化。

1. 语气算子

语气算子的数学描述是 $\underset{\sim}{A}^n(x)$，加强语气的词称为集中算子（$n>1$），减弱语气的词称为散漫化算子（$n\leqslant 1$）。

例9.13 例9.1中描述过"年轻人"的集合为

$$\underset{\sim}{A}(x)=\begin{cases}1 & 15\leqslant x<25\\[2mm]\dfrac{1}{1+\left(\dfrac{x-25}{5}\right)^2} & x\geqslant 25\end{cases}$$

已算得28岁和30岁的人对于"年轻人"的隶属度分别为 $\underset{\sim}{A}(30)=0.5$，$\underset{\sim}{A}(28)=0.74$。现在我们加上集中算子"很"，取 $n=2$，设 $\underset{\sim}{B}$ 为"很年轻"的模糊集合，则

$$\underset{\sim}{B}(x)=\underset{\sim}{A}^2(x)=\begin{cases}1 & 15\leqslant x<25\\[2mm]\dfrac{1}{\left[1+\left(\dfrac{x-25}{5}\right)^2\right]^2} & x\geqslant 25\end{cases}$$

分别求出28岁和30岁对"很年轻"的隶属度为 $\underset{\sim}{B}(28)=0.54$，$\underset{\sim}{B}(30)=0.25$。

我们再加上散漫化算子"较"，取 $n=0.5$，设 $\underset{\sim}{C}$ 为"很年轻"的模糊集合，则

$$\underset{\sim}{C}(x)=\sqrt{\underset{\sim}{A}(x)}=\begin{cases}1 & 15\leqslant x<25\\[2mm]\dfrac{1}{\sqrt{1+\left(\dfrac{x-25}{5}\right)^2}} & x>25\end{cases}$$

分别求出28岁和30岁对于"较年轻"的隶属度为 $\underset{\sim}{C}(28)=0.88$，$\underset{\sim}{C}(28)=0.71$。

由以上例子可见，隶属函数的乘方值越小，这便是集中算子的作用；隶属函数的开方值越大，这是散漫化算子的作用。

2. 模糊化算子

使肯定转化为模糊的词，称为模糊化算子。如"今天气温 30℃"是一个肯定语句，在30℃的前面加上"大约"，便成了"今天气温大约 30℃"，这是模糊词，其中"大约"是模糊化算子。这类算子还有"可能""大概""近似"等。

3. 判定化算子

判定化算子把模糊量变成精确量，"属于""接近于"等就是这类算子。

例9.14 已知模糊矩阵 $\underset{\sim}{R}=\begin{bmatrix}0.2 & 0.9\\0.7 & 0.5\end{bmatrix}$，若选取矩阵元素"属于" λ 以上者有效，就将模糊矩阵变为普通矩阵。

解 取 $\lambda=0.5$，则 $R=\begin{bmatrix}0 & 1\\1 & 0\end{bmatrix}$。

显然，此处 λ 的意义与 λ 水平截集的意义相似。上例说明判定化因子"属于"将模糊量变成了精确量。

9.4.3　模糊推理

推理是由已知判断获得另一个新判断的思维过程。其中的已知判断称为前提，新判断称为结论。

1．判断句与推理句

（1）判断句型为"u 是 a"。

（2）推理句型为"若 u 是 a，则 u 是 b"。

以上 u 为研究对象（论域中的元素），a 和 b 为概念词或概念词组。当 a 和 b 的概念为模糊集时，则为模糊推理语句。

2．模糊条件推理

模糊条件推理语句可用模糊关系表示。

设 $\underset{\sim}{A}$ 是论域 X 上的模糊子集，$\underset{\sim}{B}$ 和 $\underset{\sim}{C}$ 是 Y 上的模糊子集，若条件推理语句为"若 $\underset{\sim}{A}$ 则 $\underset{\sim}{B}$，否则 $\underset{\sim}{C}$"，则该条件推理语句可用模糊关系表示为

$$\underset{\sim}{R} = (\underset{\sim}{A} \times \underset{\sim}{B}) \cup (\overline{\underset{\sim}{A}} \times \underset{\sim}{C}) \tag{9.13}$$

上式所表示的 $\underset{\sim}{R}$ 中的元素可按下式求得：

$$\underset{\sim}{R}(x,y) = [\underset{\sim}{A}(x) \wedge \underset{\sim}{B}(y)] \vee [(1 - \underset{\sim}{A}(x)) \wedge \underset{\sim}{C}(y)] \tag{9.14}$$

其他形式的条件判断语句可依次类推，如"若 $\underset{\sim}{A}$ 则 $\underset{\sim}{B}$""若 $\underset{\sim}{A}$ 且 $\underset{\sim}{B}$ 则 $\underset{\sim}{C}$"等。

3．推理合成规则

以上条件推理语句的基本形式为"若……（又称前件），则……（又称后件）"，用于表示一般原则。推理的准确性是基于一般原理正确的。

推理合成规则步骤如下：

（1）根据模糊条件推理语句计算相应的模糊关系 $\underset{\sim}{R}$，称之为大前提。

（2）确定当前具体条件，即计算具体前件量，称之为小前提。采用模糊变换的方法，经过合成计算，得到结论。

设 $\underset{\sim}{R}$ 为 $X \times Y$ 的模糊关系，$\underset{\sim}{A}_i$ 是 X 上的模糊子集，则可求得

$$\underset{\sim}{B}_i = \underset{\sim}{A}_i \circ \underset{\sim}{R} \tag{9.15}$$

式中，$\underset{\sim}{R}$ 为大前提；$\underset{\sim}{A}_i$ 为小前提；$\underset{\sim}{B}_i$ 为推理合成得到的结论。

以上模糊推理方法可用于模糊控制，根据输入给出相应的输出。当某控制器的模糊关系 $\underset{\sim}{R}$ 确定以后，若输入为 $\underset{\sim}{A}_1$，可根据推理合成，求得控制器的输出 $\underset{\sim}{B}_1$。

例 9.15　已知模糊推理语句为"若压力小，则转角大，否则转角不很大"。若"压力大"，转角如何？若"压力很小"，转角又如何？

解　设压力的论域为 $X = \{x_1, x_2, x_3, x_4, x_5\}$，转角的论域为 $Y = \{y_1, y_2, y_3, y_4, y_5\}$，"压力小"的模糊集为

$$\underset{\sim}{A}_1(\text{小}) = \frac{1}{x_1} + \frac{0.8}{x_2} + \frac{0.6}{x_3} + \frac{0.4}{x_4} + \frac{0.2}{x_5}$$

用模糊语气算子，可写出"压力很小"的集合为

$$A_2(\text{很小}) = \frac{1}{x_1} + \frac{0.64}{x_2} + \frac{0.36}{x_3} + \frac{0.16}{x_4} + \frac{0.04}{x_5}$$

"压力大"的模糊集为

$$A_3(\text{大}) = \frac{0.2}{x_1} + \frac{0.4}{x_2} + \frac{0.6}{x_3} + \frac{0.8}{x_4} + \frac{1}{x_5}$$

同样，可写出"转角大"的模糊集为

$$B(\text{大}) = \frac{0.2}{y_1} + \frac{0.4}{y_2} + \frac{0.6}{y_3} + \frac{0.8}{y_4} + \frac{1}{y_5}$$

用模糊集 C_1 表示"转角不很大"，

$$C_1(\text{很大}) = \frac{0.04}{y_1} + \frac{0.16}{y_2} + \frac{0.36}{y_3} + \frac{0.64}{y_4} + \frac{1}{y_5}$$

$$C_1(\text{不很大}) = \frac{0.96}{y_1} + \frac{0.84}{y_2} + \frac{0.64}{y_3} + \frac{0.36}{y_4} + \frac{0}{y_5}$$

首先，写出模糊关系矩阵，根据式（9.13）和式（9.14）可得

$$R = \left(A_1(\text{小}) \times B(\text{大}) \right) \bigcup \left(\overline{A}_1(\text{小}) \times C(\text{不很大}) \right)$$

$$= \begin{bmatrix} 0.2 & 0.4 & 0.6 & 0.8 & 1.0 \\ 0.2 & 0.4 & 0.6 & 0.8 & 0.8 \\ 0.2 & 0.4 & 0.6 & 0.6 & 0.6 \\ 0.2 & 0.4 & 0.4 & 0.4 & 0.4 \\ 0.2 & 0.2 & 0.2 & 0.2 & 0.2 \end{bmatrix} \bigcup \begin{bmatrix} 0.0 & 0.0 & 0.0 & 0.0 & 0.0 \\ 0.2 & 0.2 & 0.2 & 0.2 & 0.0 \\ 0.4 & 0.4 & 0.4 & 0.36 & 0.0 \\ 0.6 & 0.6 & 0.6 & 0.36 & 0.0 \\ 0.8 & 0.8 & 0.64 & 0.36 & 0.0 \end{bmatrix}$$

所以

$$R = \begin{bmatrix} 0.2 & 0.4 & 0.6 & 0.8 & 1.0 \\ 0.2 & 0.4 & 0.6 & 0.8 & 0.8 \\ 0.4 & 0.4 & 0.6 & 0.6 & 0.6 \\ 0.6 & 0.6 & 0.6 & 0.4 & 0.4 \\ 0.8 & 0.8 & 0.64 & 0.36 & 0.2 \end{bmatrix}$$

当"压力大"时，求转角的情况 B_3：

$$B_3 = A_3 \circ R = (0.2, 0.4, 0.6, 0.8, 1.0) \circ \begin{bmatrix} 0.2 & 0.4 & 0.6 & 0.8 & 1.0 \\ 0.2 & 0.4 & 0.6 & 0.8 & 0.8 \\ 0.4 & 0.4 & 0.6 & 0.6 & 0.6 \\ 0.6 & 0.6 & 0.6 & 0.4 & 0.4 \\ 0.8 & 0.8 & 0.64 & 0.36 & 0.2 \end{bmatrix}$$

$$= (0.8, 0.8, 0.64, 0.6, 0.6)$$

可见，此时的转角不很大。

当"压力很小"时，求转角的情况 B_2：

$$B_2 = A_2 \circ R = (1.0, 0.64, 0.36, 0.16, 0.04) \circ \begin{bmatrix} 0.2 & 0.4 & 0.6 & 0.8 & 1.0 \\ 0.2 & 0.4 & 0.6 & 0.8 & 0.8 \\ 0.4 & 0.4 & 0.6 & 0.6 & 0.6 \\ 0.6 & 0.6 & 0.6 & 0.4 & 0.4 \\ 0.8 & 0.8 & 0.64 & 0.36 & 0.2 \end{bmatrix}$$

$$= (0.36, 0.4, 0.6, 0.8, 1.0)$$

可见，此时的转角近似大。

在工业控制中，根据控制规律可写出不同的条件推理语句。用以上分析方法进行模糊推理，便可得到所需的控制信号。关于具体的实现方法，我们在下一节讨论。

9.5 模糊控制器原理及设计

模糊控制首先根据人的思维方式，总结人的操作经验，并用模糊语言和一系列的模糊条件语句，描述控制策略（控制规则）；然后通过计算机或专用模块实现这些规则，完成控制作用。模糊控制器的设计不依赖被控对象的精确数学模型。

9.5.1 模糊控制系统的组成

模糊控制系统的组成方框图如图 9.1 所示。

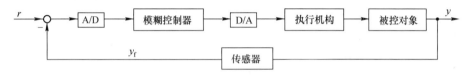

图 9.1　模糊控制系统的组成方框图

模糊控制系统一般可分为四个组成部分。

（1）模糊控制器。用微机编程实现模糊控制算法，或由硬件实现。

（2）输入/输出接口装置。包括 A/D、D/A 及电平转换电路。模糊控制器通过它们从被控对象获取数字量，并向执行机构输出模拟量。

（3）广义被控对象。包括执行机构及被控对象，被控对象可以是线性或非线性的、定常或时变的，也可以是单变量或多变量的、有时滞或无时滞的以及有强干扰的，等等。

（4）传感器。它将被控对象或各种过程的受控量转换为电信号。

9.5.2 模糊控制原理

按照模糊控制器的输入变量的个数，可分为一维、二维和三维模糊控制器，如图 9.2 所示。图中，一维模糊控制器的输入为被控量的偏差 E，即设定值与反馈值之差；二维模糊控制器的输入为 E 及其变化率 $\dot{E}$；三维模糊控制器的输入为 E、$\dot{E}$ 及其导数 $\ddot{E}$。从理论上讲，还可以有更高维数的模糊控制器，维数越高，控制精度越高。但是，维数越高，控制器越复杂。因此，一般取三维以下，应用最为广泛的是二维模糊控制器。

图 9.3 是一个二维模糊控制系统的示意图。

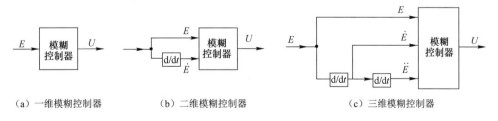

（a）一维模糊控制器　　　　（b）二维模糊控制器　　　　　（c）三维模糊控制器

图 9.2　模糊控制器的结构

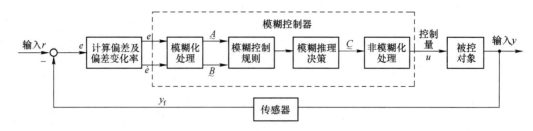

图 9.3　二维模糊控制系统示意图

在图 9.3 所示系统中，偏差 $e = y_f - r$，偏差变化率 $\dot{e} = de/dt$。e 和 $\dot{e}$ 分别为模糊控制器的两个输入信号，它们均为精确量，而模糊控制算法器（模糊控制规则和模糊推理）处理的是模糊量。因此，首先要对 e 和 $\dot{e}$ 进行模糊化处理，变成模糊集 $\underset{\sim}{A}$ 和 $\underset{\sim}{B}$，$\underset{\sim}{A}$ 对应偏差量 e，$\underset{\sim}{B}$ 是偏差变化率 $\dot{e}$ 的模糊集。模糊控制规则和模糊推理两部分组成模糊算法器，为模糊控制器的核心。其中模糊控制规则部分是将人的操作经验和思维过程，总结成控制规则，从而得到模糊关系。然后用模糊推理法则，计算出相应的控制模糊集 $\underset{\sim}{C}$，再经过非模糊化处理，得到精确的控制量 u，去控制被控对象。

9.5.3　模糊控制系统设计

以二维模糊控制器为例。二维模糊控制器形式参见图 9.3，其输入量为偏差 e 和偏差变化率 $\dot{e}$，输出为控制量 u。

1．糊控制系统中模糊概念的确定

（1）论域

输入量 $e, \dot{e}$ 和输出量 u 的实际取值范围，称为系统的基本论域。基本论域中的量为连续取值的模拟量。

为了便于建立模糊集合，将各量的基本论域划分为离散取值的有限集，称为各量的模糊论域。模糊论域可表示为 $[-n, n]$，其中的元素均为自然数。

例如，将 $e, \dot{e}$ 和 u 的模糊论域均确定为 $[-6, +6]$。

（2）模糊集合（模糊语言值）的确定

在模糊论域的基础上，可用模糊语言变量划分若干个模糊集合。模糊集合的数目按照控制精度与算法繁简要求确定（一般正负对称）。

例如，将 $e, \dot{e}$ 和 u 的模糊论域均划分为 7 个对称的模糊集：NB（负大），NM（负中），NS（负小），O（零），PS（正小），PM（正中），PB（正大）。于是，各量的模糊语言值集合为

$$T(e) = \{\mathrm{NB}_e, \mathrm{NM}_e, \mathrm{NS}_e, \mathrm{O}_e, \mathrm{PS}_e, \mathrm{PM}_e, \mathrm{PB}_e\}$$

$$T(\dot{e}) = \{\mathrm{NB}_{\dot{e}}, \mathrm{NM}_{\dot{e}}, \mathrm{NS}_{\dot{e}}, \mathrm{O}_{\dot{e}}, \mathrm{PS}_{\dot{e}}, \mathrm{PM}_{\dot{e}}, \mathrm{PB}_{\dot{e}}\}$$

$$T(u) = \{\mathrm{NB}_u, \mathrm{NM}_u, \mathrm{NS}_u, \mathrm{O}_u, \mathrm{PS}_u, \mathrm{PM}_u, \mathrm{PB}_u\}$$

（3）模糊集合隶属度的确定

① 首先分别定义 7 个模糊集合的中心点。让模糊论域中的元素 -6, -4, -2, 0, 2, 4, 6 分别对应 NB, NM, NS, O, PS, PM, PB 七个模糊集合的中心点，各个元素在相应集合中的隶属度为 1。例如，NB(-6) = 1，PS(2) = 1。

② 确定隶属函数的形式。按人的思维习惯，隶属函数可取正态分布（参见图9.4）或三角形分布。

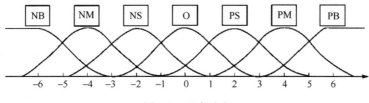

图 9.4　正态分布

偏差 e 的模糊集合 $\underset{\sim}{E}$ 的隶属函数采用正态分布形式，定义如下

$$\underset{\sim}{E}(x) = \exp\left[-\left(\frac{x - e_i}{b_e}\right)^2\right]$$

e_i 为各模糊集合的中心点。例如对于 PM_e，$e_i = 4$。常用的正态分布，取 $b_e = 1.674$，参见图9.5。常用的三角形分布参见图9.6。

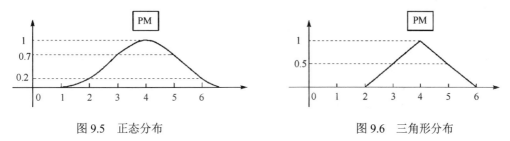

图 9.5　正态分布　　　　　　　　　图 9.6　三角形分布

模糊控制系统设计的关键在于设计出模糊控制器。由图9.3可知，模糊控制器由三部分组成：模糊化环节、模糊控制算法器（包含模糊控制规则和模糊推理）和非模糊化环节。

2. 输入精确量的模糊化过程

（1）输入精确量的模糊化

模糊控制器的输入量偏差 e 及其变化率 $\dot{e}$ 是连续变化的精确量。为计算方便，首先将它们离散化，分成若干等级。

设 e 的基本论域为 $[-x, x]$，即 e 的实际变化范围是 $[-x, x]$。若 e 的模糊论域取为 $\{-n, -n+1, \cdots, n-1, n\}$，则定义精确量 e 的模糊化量化因子为

$$k_e = n / x \qquad (9.16)$$

设 $\dot{e}$ 的基本论域为 $[-x, x]$，$\dot{e}$ 的模糊论域取为 $\{-n, -n+1, \cdots, n-1, n\}$，同理可定义精确量 $\dot{e}$ 的模糊化量化因子 $k_{ec} = n / x$。

若 e 的实际变化范围是不对称的 $[a, b]$，则可用下式对其进行模糊量化

$$y = \frac{2n}{b - a}\left[x - \frac{a + b}{2}\right] \qquad (9.17)$$

y 经过四舍五入得到相应的模糊集合论域值。

在模糊论域确定后，我们可以把对称等级 $\{-6, -5, \cdots, +6\}$ 分成 8 挡，记作
PB（正大）PM（正中）PS（正小）PO（正零）NO（负零）NS（负小）NM（负中）NB（负大）

根据实际系统，可分别写出各挡的隶属函数。例如，对于 NB（负大），在论域 X 中，-6 为最负的值，我们可认为-6 对 NB 的隶属度为 1。若-5，-4，-3，-2 对于 NB 的隶属度分别为 0.8，0.7，0.4 和 0.1，其他元素隶属度为 0，则可写出对应 NB 的模糊集为

$$\underline{A}_1 = (1, 0.8, 0.7, 0.4, 0.1, 0, 0, 0, 0, 0, 0, 0, 0)$$

同理，可以写出论域中对应 NM，NS，NO，PO，PS，PM，PB 的模糊集，将这 8 个模糊子集列在表 9.3 中。

注意，对于不同的实际系统，这 8 个模糊子集的隶属函数可能不同，需根据实际情况确定。

表 9.3 偏差 e 的模糊集

$E(x)$ 　 E 模糊集	-6	-5	-4	-3	-2	-1	0	1	2	3	4	5	6
NB	1.0	0.8	0.7	0.4	0.1	0	0	0	0	0	0	0	0
NM	0.2	0.7	1.0	0.7	0.3	0	0	0	0	0	0	0	0
NS	0	0.1	0.3	0.7	1	0.7	0.2	0	0	0	0	0	0
NO	0	0	0	0	0.1	0.6	1.0	0	0	0	0	0	0
PO	0	0	0	0	0	0	1.0	0.6	0.1	0	0	0	0
PS	0	0	0	0	0	0	0.2	0.7	1.0	0.7	0.3	0.1	0
PM	0	0	0	0	0	0	0	0	0.3	0.7	1.0	0.7	0.2
PB	0	0	0	0	0	0	0	0	0.1	0.4	0.7	0.8	1.0

同样，可将 $\dot{e}$ 分成 13 个等级，则 $\dot{e}$ 的论域为

$$EC = \{-6, -5, -4, -3, -2, -1, 0, 1, 2, 3, 4, 5, 6\}$$

把 EC 分成 7 挡，分别为

PB（正大），PM（正中），PS（正小），O（零），NS（负小），NM（负中），NB（负大）

于是，可以形成 7 个模糊子集，见表 9.4。

表 9.3 和表 9.4 完成了输入精确量模糊化的过程。我们用 $\underline{A}$ 表示偏差 e 的模糊集。从表 9.3 可知，有 $\underline{A}_1, \underline{A}_2, \underline{A}_3, \underline{A}_4, \underline{A}_5, \underline{A}_6, \underline{A}_7, \underline{A}_8$ 共 8 个模糊子集，分别对应 NB，NM，NS，NO，PO，PS，PM，PB。而用 $\underline{B}$ 表示 $\dot{e}$ 的模糊集。从表 9.4 可知，有 $\underline{B}_1, \underline{B}_2, \underline{B}_3, \underline{B}_4, \underline{B}_5, \underline{B}_6, \underline{B}_7$ 共 7 个模糊子集，分别对应 NB，NM，NS，O，PS，PM，PB。

表 9.4 偏差 $\dot{e}$ 的模糊集

$C(x)$ 　 EC 模糊子集	-6	-5	-4	-3	-2	-1	0	1	2	3	4	5	6
NB	1.0	0.8	0.4	0.1	0	0	0	0	0	0	0	0	0
NM	0.2	0.7	1.0	0.7	0.2	0	0	0	0	0	0	0	0
NS	0	0	0.2	0.7	1	0.9	0	0	0	0	0	0	0
O	0	0	0	0	0	0.5	1.0	0.5	0	0	0	0	0
PS	0	0	0	0	0	0	0	0.9	1.0	0.7	0.2	0	0
PM	0	0	0	0	0	0	0	0	0.2	0.7	1.0	0.7	0.2
PB	0	0	0	0	0	0	0	0	0	0.1	0.7	0.8	1.0

例 9.16 某系统偏差的实际变化范围为[-10, 10]，定义其模糊论域为 $\{-6, -5, \cdots, 5, 6\}$。若实际偏差 $e = 3.2$，试将其转化为模糊论域中的数值 e^*，并模糊化为模糊集合。

解
$$k_e = n/x = 6/10 = 0.6$$
$$e^* = e \times k_e = 3.2 \times 0.6 = 1.92 \approx 2$$

此处 e^* 由精确的实数值四舍五入为整数。

将 e^* 模糊化为模糊集合常用两种方法。

① 独点模糊集法。已知 e 的模糊论域为

$$E = \{-6, -5, -4, -3, -2, -1, 0, 1, 2, 3, 4, 5, 6\}$$

将 e^* 的整数值在论域中对应的元素隶属度取为1，其他元素隶属度取为0，得到模糊集合 $\underset{\sim}{E}$ 即为模糊化的结果。

在本例中用独点模糊集法可将 e 模糊化为

$$\underset{\sim}{E} = (0, 0, 0, 0, 0, 0, 0, 0, 1, 0, 0, 0, 0)$$

② 最大隶属度法。偏差 e 的模糊集参见表9.3。e^* 的整数值对应的论域元素在哪个模糊集中隶属度最大，则该集合就是模糊化的结果。

在本例中用最大隶属度法可将 e 模糊化为 PS。

$\dot{e}$ 的模糊化方法与 e 相同。

（2）输出控制量 u 的模糊集

将 u 也分成13个等级，则 u 的论域为

$$U = \{-6, -5, -4, -3, -2, -1, 0, 1, 2, 3, 4, 5, 6\}$$

将 U 分成7挡，即 NB, NM, NS, O, PS, PM, PB, 分别对应 $\underset{\sim}{C}_1$, $\underset{\sim}{C}_2$, $\underset{\sim}{C}_3$, $\underset{\sim}{C}_4$, $\underset{\sim}{C}_5$, $\underset{\sim}{C}_6$, $\underset{\sim}{C}_7$ 共7个模糊子集，其隶属度列于表9.5。

表 9.5　控制量 u 的模糊集

$U(x)$ ＼ U 模糊集	-6	-5	-4	-3	-2	-1	0	1	2	3	4	5	6
NB	1.0	0.8	0.4	0.1	0	0	0	0	0	0	0	0	0
NM	0.2	0.7	1.0	0.7	0.2	0	0	0	0	0	0	0	0
NS	0	0.1	0.4	0.8	1.0	0.4	0	0	0	0	0	0	0
O	0	0	0	0	0	0.5	1.0	0.5	0	0	0	0	0
PS	0	0	0	0	0	0	0.4	0.8	1.0	0.4	0	0	0
PM	0	0	0	0	0	0	0	0	0.2	0.7	1.0	0.7	0.2
PB	0	0	0	0	0	0	0	0	0	0.1	0.4	0.8	1.0

3. 模糊控制算法

图 9.7 是模糊控制算法器，如前所述它由模糊控制规则和模糊推理两部分组成。

对于有两个输入的模糊控制算法器，最常用的控制规则是"若 A_i 且 B_j，则 C_k"或表示成

      IF　A_i　AND　B_j，THEN　C_k

其中，A_i 是偏差模糊集；B_j 是偏差变化率模糊集；而 C_k 是控制量模糊集。

图 9.7　模糊控制算法器

例如，"若 $A = \text{NS}$ 且 $B = \text{NB}$，则 $C = \text{PM}$"。

由 9.4 节可知，这种控制规则是一个模糊条件推理语句，它对应一个模糊关系：

$$\underset{\sim}{R}_i = A_i \times B_i \times C_i \tag{9.18}$$

其隶属函数为

$$\underset{\sim}{R} = (a_i, b_j, c_k) = \underset{\sim}{A}(a_i) \wedge \underset{\sim}{B}(b_j) \wedge \underset{\sim}{C}(c_k) \tag{9.19}$$

其中，$i = 1, 2, \cdots, n$；$j = 1, 2, \cdots, m$；$k = 1, 2, \cdots, p$。

现在，我们来讨论式（9.18）的具体算法。用模糊矩阵表示式（9.18）的关系，可得

$$\underset{\sim}{R} = \underset{\sim}{D}^{\mathrm{T}} \times \underset{\sim}{C} \tag{9.20}$$

式中，$\underset{\sim}{D} = \underset{\sim}{A} \times \underset{\sim}{B}$；符号 $\underset{\sim}{D}^{\mathrm{T}}$ 表示将 $\underset{\sim}{D}$ "拉直" 运算后再转置。"拉直" 的具体算法是将 $\underset{\sim}{D}$ 中的元素按行顺序列出，后续行的第一个元素紧接前一行的最后一个元素，依次类推。可见，$\underset{\sim}{D}^{\mathrm{T}}$ 是一个单列向量。这样运算的目的是可以将多输入等效转换成单输入。

例 9.17　$\underset{\sim}{D} = \begin{bmatrix} 0.2 & 0.5 & 0.7 \\ 0.3 & 0.8 & 0.2 \end{bmatrix}$，试计算 $\underset{\sim}{D}^{\mathrm{T}}$。

解

$$\underset{\sim}{D}^{\mathrm{T}} = \begin{bmatrix} 0.2 \\ 0.5 \\ 0.7 \\ 0.3 \\ 0.8 \\ 0.2 \end{bmatrix}$$

按式（9.20）算得 $\underset{\sim}{R}$ 后，再用推理合成原理算出控制量：

$$\underset{\sim}{C}_1 = \underset{\sim}{D}_1 \circ \underset{\sim}{R} \tag{9.21}$$

式中，$\underset{\sim}{D}_1$ 是 $\underset{\sim}{D}_1$ "拉直" 运算的结果，显然为一行向量，$\underset{\sim}{D}_1 = \underset{\sim}{A}_1 \times \underset{\sim}{B}_1$。

式（9.20）和式（9.21）说明了模糊控制算法器的计算步骤为：

Step1：通过模糊集 $\underset{\sim}{A}$，$\underset{\sim}{B}$ 和 $\underset{\sim}{C}$，算出关系矩阵 $\underset{\sim}{R}$；

Step2：以 $\underset{\sim}{R}$ 为控制原则，输入 $\underset{\sim}{A}_i$ 和 $\underset{\sim}{B}_j$ 后，用推理合成运算，得到相应的控制输出量 $\underset{\sim}{C}_k$。

例 9.18　已知 $\underset{\sim}{A} = (0.8,\ 0.4)$，$\underset{\sim}{B} = (0.2, 0.7, 0.8)$，$\underset{\sim}{C} = (0.3, 0.5)$。求当 $\underset{\sim}{A}_1 = (0.3, 0.6)$，$\underset{\sim}{B}_1 = (0.1, 0.5, 1.0)$ 时，输出 $\underset{\sim}{C}_1$ 如何？

解　根据式（9.20），可算得

$$\underset{\sim}{D} = \underset{\sim}{A} \times \underset{\sim}{B} = \begin{bmatrix} 0.8 \wedge 0.2 & 0.8 \wedge 0.7 & 0.8 \wedge 0.8 \\ 0.4 \wedge 0.2 & 0.4 \wedge 0.7 & 0.4 \wedge 0.8 \end{bmatrix} = \begin{bmatrix} 0.2 & 0.7 & 0.8 \\ 0.2 & 0.4 & 0.4 \end{bmatrix}$$

故

$$\underset{\sim}{D}^{\mathrm{T}} = \begin{bmatrix} 0.2 \\ 0.7 \\ 0.8 \\ 0.2 \\ 0.4 \\ 0.4 \end{bmatrix}$$

所以
$$\underset{\sim}{R} = \underset{\sim}{D}^{\mathrm{T}} \times \underset{\sim}{C} = \begin{bmatrix} 0.2 \\ 0.7 \\ 0.8 \\ 0.2 \\ 0.4 \\ 0.4 \end{bmatrix} \times (0.3, 0.5) = \begin{bmatrix} 0.2 & 0.2 \\ 0.3 & 0.5 \\ 0.3 & 0.5 \\ 0.2 & 0.2 \\ 0.3 & 0.4 \\ 0.3 & 0.4 \end{bmatrix}$$

又
$$\underset{\sim}{D}_1 = \underset{\sim}{A}_1 \times \underset{\sim}{B}_1 = \begin{bmatrix} 0.3 \wedge 0.1 & 0.3 \wedge 0.5 & 0.3 \wedge 1.0 \\ 0.6 \wedge 0.1 & 0.6 \wedge 0.5 & 0.6 \wedge 1.0 \end{bmatrix} = \begin{bmatrix} 0.1 & 0.3 & 0.3 \\ 0.1 & 0.5 & 0.6 \end{bmatrix}$$

$$\underset{\sim}{D}_1 = (0.1, 0.3, 0.3, 0.1, 0.5, 0.6)$$

可算得
$$\underset{\sim}{C}_1 = \underset{\sim}{D}_1 \circ \underset{\sim}{R} = (0.1, 0.3, 0.3, 0.1, 0.5, 0.6) \circ \begin{bmatrix} 0.2 & 0.2 \\ 0.3 & 0.5 \\ 0.3 & 0.5 \\ 0.2 & 0.2 \\ 0.3 & 0.4 \\ 0.3 & 0.4 \end{bmatrix} = (0.3, 0.4)$$

按照以上方法算出的模糊控制器，也称为极大极小模糊控制器。

4. 模糊控制规则的确定

模糊控制规则，实质上是将操作者在实践中的控制经验加以总结而得到的模糊条件语句的集合，可形成一个表格，称之为模糊控制状态表，即控制策略。

现针对图 9.3 所示系统，讨论模糊控制规则的确定方法。假设图 9.8 是该系统的阶跃响应曲线。

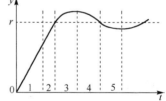

图 9.8　阶跃响应曲线

系统被控量偏差 $e = y - r$，偏差变化率 $\dot{e} = \mathrm{d}e/\mathrm{d}t$。

第一区：由于 $e<0$，且绝对值很大，说明输出 y 远小于给定 r，若 $\dot{e}$ 为负或零，此时控制量应该最大。可总结出如下控制规则：

IF（$\underset{\sim}{E}$ = NB or NM）AND（$\underset{\sim}{EC}$ = NB or NM or NS or O）THEN $\underset{\sim}{U}$ = PB

若 $\dot{e}$ 为正，则根据 $\dot{e}$ 的大小，减少控制量。

第二区：$e \leqslant 0$，但绝对值变小，若 $\dot{e}$ 为负或零，此时控制量应该为正，但绝对值减小。可总结出如下控制规则：

IF $\underset{\sim}{E}$ = NS AND（$\underset{\sim}{EC}$ = NB or NM or NS or O）THEN $\underset{\sim}{U}$ = PM

若 $\dot{e}$ 为正，则根据 $\dot{e}$ 的大小，减少控制量，以防止超调。

第三区：$e \geqslant 0$，若 $\dot{e}$ 为正或零。此时控制量应该为负，其绝对值大小因 e 和 $\dot{e}$ 的绝对值大小而定。可以总结出相应的控制规则：

IF $\underset{\sim}{E}$ = PS AND（$\underset{\sim}{EC}$ = O or PS or PM or PB）THEN $\underset{\sim}{U}$ = NM

IF $\underset{\sim}{E}$ = PM AND（$\underset{\sim}{EC}$ = O or PS or PM or PB）THEN $\underset{\sim}{U}$ = NB

第四区：$e \geqslant 0$，同时 $\dot{e}$ 为负。此时控制量应为较小正值，视 e 和 $\dot{e}$ 的绝对值大小而定。相应可以总结出控制规则：

IF $\underset{\sim}{E}$ = PS AND（$\underset{\sim}{EC}$ = NB or NM）THEN $\underset{\sim}{U}$ = PS

IF $\underset{\sim}{E}$ = PS   AND($\underset{\sim}{EC}$ =NS)THEN $\underset{\sim}{U}$ = O

第五区：$e \leqslant 0$，同时 $\dot{e}$ 为负或零。此时控制量应为正值，具体视 e 和 $\dot{e}$ 的绝对值大小而定。可以总结出相应的控制规则：

IF $\underset{\sim}{E}$ = NS AND（ $\underset{\sim}{EC}$ =NS or O）THEN

$$\underset{\sim}{U} = PM$$

表 9.6 总结了一套完整的控制策略，称为模糊控制状态表。

根据表 9.6，可以求出总的模糊关系 $\underset{\sim}{R}$ 。表中每项对应一个模糊条件语句"若 $\underset{\sim}{A}$ 且 $\underset{\sim}{B}$ 则 $\underset{\sim}{C}$"，即对应一个模糊关系 $\underset{\sim}{R}_i$ ， $\underset{\sim}{R}_i$ 可根据式（9.20）求出。若共有 m 条规则，那么总的模糊关系 $\underset{\sim}{R} = \bigcup_{i=1}^{m} \underset{\sim}{R}_i$ 。

表 9.6 模糊控制状态表

$\dot{e}$＼$\frac{u}{e}$	NB	NM	NS	NO	PO	PS	PM	PB
NB	PB	PB	PM	PM	PM	PS	O	O
NM	PB	PB	PM	PM	PM	PS	O	O
NS	PB	PB	PM	PS	PS	O	NM	NM
O	PB	PB	PM	O	O	NM	NB	NB
PS	PM	PM	O	NS	NS	NM	NB	NB
PM	PM	O	NS	NM	NM	NB	NB	NB
PB	O	O	NS	NM	NM	NM	NB	NB

5. 控制量的非模糊处理

模糊控制算法器输出的控制量 $\underset{\sim}{U}$ 是一个模糊集，首先必须经过模糊判决，将 $\underset{\sim}{U}$ 变成控制量 F 论域中的精确量 u^*。然后，再将 u^* 转化为控制量基本论域中有物理意义的精确量 u，用 u 对被控对象进行控制。

常用的模糊判决方法有三种。

（1）最大隶属度法

这种方法的判决原则是取隶属度最大的那个论域元素 u_i 作为控制器的输出。

例 9.19 若控制量模糊集为

$$\underset{\sim}{U} = \frac{0}{-6} + \frac{0}{-5} + \frac{0}{-4} + \frac{0}{-3} + \frac{0}{-2} + \frac{0}{0} + \frac{0.3}{+1} + \frac{0.5}{+2} + \frac{0.7}{+3} + \frac{1}{+4} + \frac{0.7}{+5}$$

试按最大隶属度法，求取判决输出。

解 判决输出 $u^* = +5$。

若 $\underset{\sim}{U}$ 的隶属度最大值出现"平顶"，则取"平顶"的中点，作为判决输出。

例 9.20 若控制量模糊集为

$$\underset{\sim}{U} = \frac{0.3}{-6} + \frac{0.5}{-5} + \frac{0.7}{-4} + \frac{1}{-3} + \frac{1}{-2} + \frac{0.7}{0} + \frac{0}{+1} + \frac{0}{+2} + \frac{0}{+3} + \frac{0}{+4} + \frac{0}{+5} + \frac{0}{+6}$$

试按最大隶属度法，求取判决输出。

解 由于模糊集 $\underset{\sim}{U}$ 有两个最大隶属度，出现平顶，故取其中点为判决输出，即

$$u^* = \frac{-3-2}{2} = -2.5$$

用最大隶属度法进行判决，应避免出现双峰现象，如图 9.9 所示。

（2）中位数判决法

在最大隶属度法中，只考虑最大隶属度，而忽略了其他信息的影响。中位数判决法是将隶属函数曲线与横坐标所围成的面积，平均分成两部分，以分界点处所对应的论域元素 c_i 作为判决输出。

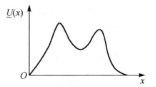

图 9.9　模糊集隶属函数的双峰现象

（3）加权平均判决法

加权平均判决法可用下式表示：

$$u^* = \left(\sum_{i=1}^{n} k_i u_i\right) \bigg/ \sum_{i=1}^{n} k_i$$

式中，k_i 是加权系数；u_i 是控制量论域中相应元素的值。这种方法的关键是如何合理地选取加权系数。

一般选控制量模糊集中相应元素的隶属度为加权系数，则

$$u^* = \left[\sum_{i=1}^{n} \underset{\sim}{U}(u_i) \cdot c_i\right] \bigg/ \sum_{i=1}^{n} \underset{\sim}{U}(u_i)$$

具体选择哪一种判决方法，要根据实际系统而定。经过模糊判决后得到 u^*，还要将其转化为基本论域中的精确量 u。

假设控制量 u 的基本论域为 $[-x, x]$，模糊论域为 $\{-n, -(n-1), \cdots, n\}$，定义比例因子 $k_u = x / n$，则

$$u = u^* \times k_u \tag{9.22}$$

6. 模糊控制查询表的生成

令：

偏差 e 的 F 论域 $E = \{e_1, e_2, \cdots, e_n\}$，　　　　$\underset{\sim}{A}_i$（$i = 1, \cdots, l$）是 E 上的模糊子集

变化率 ec 的 F 论域 $EC = \{ec_1, ec_2, \cdots, ec_m\}$，　　$\underset{\sim}{B}_i$（$j = 1, \cdots, q$）是 EC 上的模糊子集

控制量 u 的 F 论域 $U = \{u_1, u_2, \cdots, u_n\}$，　　　$\underset{\sim}{C}_k$（$k = 1, \cdots, p$）是 U 上的模糊子集

模糊控制查询表生成步骤为：

（1）求总的模糊关系 $\underset{\sim}{R}$。

先求出控制规则 IF $\underset{\sim}{A}_i$ AND $\underset{\sim}{B}_j$ THEN $\underset{\sim}{C}_k$ 对应的模糊关系：由式（9.20）可知，$\underset{\sim}{R}_x = (\underset{\sim}{A}_i \times \underset{\sim}{B}_j) \times \underset{\sim}{C}_k$，$\underset{\sim}{R}_x$ 为 $l \times q$ 行、p 列矩阵。那么，总的模糊关系为 $\underset{\sim}{R} = \bigcup_{x=1}^{l \times q} R_x$，$\underset{\sim}{R}$ 为 $l \times q$ 行、p 列矩阵。

（2）根据实际输入、输出计算出 e 和 $\dot{e}$，并模糊化为独点模糊集。

假设偏差 e 经量化并四舍五入得到 e^*，对应为偏差模糊论域 E 中的 e_i；$\dot{e}$ 经量化并四舍五入得到 ec^*，对应为偏差变化率F论域中 ec_j，则形成独点模糊集为

$$\underset{\sim}{A} = (0_{i-1}, 1, 0_{n-i}), \qquad \underset{\sim}{B} = (0_{j-1}, 1, 0_{m-j})$$

式中，0_{i-1} 表示 $i-1$ 个零。

例 9.21　e 和 $\dot{e}$ 的基本论域为 $[-4, 4]$，模糊论域为 $\{-6, -5, \cdots, 5, 6\}$。实测 $e = 0.72$，$\dot{e} = -2.2$。将 e 和 $\dot{e}$ 化为独点模糊集。

解　　　　　　　　　　　　$k_e = k_{ec} = n / x = 6 / 4 = 1.5$

$$e^* = e \times k_e = 0.72 \times 1.5 = 1.08 \approx 1，\text{从而 } i = 8$$

$$ec^* = \dot{e} \times k_{ec} = -2.2 \times 1.5 = -3.3 \approx -3，\text{从而 } j = 4$$

相应的独点模糊集为　　　　　$\underset{\sim}{A} = (0_7, 1, 0_5), \qquad \underset{\sim}{B} = (0_3, 1, 0_9)$

（3）计算 $\underset{\sim}{D}$ 和 $\underset{\sim}{C}$。

$$\underset{\sim}{D}=\underset{\sim}{A}\times\underset{\sim}{B}=\underset{\sim}{A}^{\mathrm{T}}\circ\underset{\sim}{B}=\begin{bmatrix}0_{i-1}\\1\\0_{n-i}\end{bmatrix}\circ(0_{j-1},1,0_{m-j})=\begin{pmatrix}&0_{(i-1)\times m}&\\0_{j-1}&1&0_{m-j}\\&0_{(n-i)\times m}&\end{pmatrix}$$

$$\underset{\sim}{D}=\left(0_{(i-1)\times m+(j-1)},1,0_{(m-j)+(n-i)\times m}\right)$$

$$\underset{\sim}{C}=\underset{\sim}{D}\circ\underset{\sim}{R}=（总模糊关系 \underset{\sim}{R} 的第 (i-1)\times m+j 行）$$

例 9.22 求例 9.21 中的 $\underset{\sim}{D}$ 和 $\underset{\sim}{C}$。

解 已知 $m=13$，$n=13$，有

$$\underset{\sim}{D}=\underset{\sim}{A}\times\underset{\sim}{B}=\underset{\sim}{A}^{\mathrm{T}}\circ\underset{\sim}{B}=\begin{bmatrix}0_7\\1\\0_5\end{bmatrix}\circ(0_3,1,0_9)\begin{bmatrix}&0_{7\times13}&\\0_3&1&0_9\\&0_{5\times13}&\end{bmatrix}$$

$$\underset{\sim}{D}=(0_{7\times13+3},1,0_{9+5\times13})=(0_{94},1,0_{54})$$

$$\underset{\sim}{C}=\underset{\sim}{D}\circ\underset{\sim}{R}=（总模糊关系 \underset{\sim}{R} 的第 95 行）$$

（4）形成总查询表。

显然，为了在计算机上实现模糊控制算法，系统的偏差模糊论域 E、偏差变化率 F 论域 EC 及控制量模糊论域 U，都必须是有限的。在求出系统的总模糊关系矩阵 R 以后，若系统的误差为论域 E 中的某元素 e_i，则误差模糊集 $\underset{\sim}{A}$ 中第 i 个元素的隶属度为 1，其余元素的隶属度为 0（独点模糊集方法）。同样，若系统误差变化率为论域 EC 中的某元素 ec_j，则误差变化率模糊集 $\underset{\sim}{B}$ 中第 j 个元素隶属度为 1，其余元素的隶属度为 0。根据模糊推理合成规则，可算得相应的控制量 $\underset{\sim}{C}$，再用最大隶属度法或加权平均法对 $\underset{\sim}{C}$ 模糊判决得到 u^*。对论域 E 和论域 EC 中的元素的所有组合都计算出相应的控制量 u^*，就得到了总控制表（模糊控制查询表）。表 9.7 为一个模糊控制总表的例子。

表 9.7　总控制表举例

E \ EC \ U	-6	-5	-4	-3	-2	-1	0	1	2	3	4	5	6
-6	6	6	6	6	6	6	6	3	3	1	0	0	0
-5	6	6	6	6	6	6	6	3	3	1	0	0	0
-4	6	6	6	6	5	5	5	3	3	1	0	0	0
-3	6	5	5	5	5	5	5	2	1	0	-1	-1	-1
-2	3	3	3	3	3	3	3	1	0	0	-1	-1	-1
-1	3	3	3	3	3	3	1	0	0	0	-1	-1	-1
0	3	3	3	3	1	1	0	-1	-1	-1	-3	-3	-3
1	1	1	1	1	0	0	-1	-3	-3	-3	-3	-3	-3
2	1	1	1	1	0	-2	-3	-3	-3	-3	-3	-3	-3
3	0	0	0	0	-2	-2	-5	-5	-5	-5	-5	-5	-6
4	0	0	0	-1	-3	-3	-5	-5	-5	-6	-6	-6	-6
5	0	0	0	-1	-3	-3	-6	-6	-6	-6	-6	-6	-6
6	0	0	0	-1	-3	-3	-6	-6	-6	-6	-6	-6	-6

将表 9.7 存储在计算机中，在实时控制时，只要测得偏差 e，然后计算出 $\dot{e}$，就可以查询内存中的总控制表，找到相应的控制量。表 9.7 是根据表 9.3、表 9.4、表 9.5 以及表 9.6 的信息，经过大量计算得来的。需说明的是，该表中的控制量 U 的范围设定为 $[-6, +6]$。实际控制值，则应经过比例因子 k_u 或式 (9.22) 换算得出。

下面我们通过一个例子来说明总控制表的形成过程。

例 9.23 某系统的误差、误差变化率及控制量的基本论域均为 $[-4, +4]$，模糊论域均为 $\{-4, -3, -2, -1, 0, 1, 2, 3, 4\}$，共 9 个元素。为计算简单，我们把三个模糊论域均分成 5 挡，即 NB, NS, O, PS, PB。表 9.8、表 9.9、表 9.10 及表 9.11 分别为该系统的误差模糊集、误差变化率模糊集、控制量模糊集和模糊状态表，试求其总控制表。

表 9.8 例 9.23 之误差模糊集

	-4	-3	-2	-1	0	1	2	3	4
NB	1	0.8	0.2	0	0	0	0	0	0
NS	0	0.1	0.8	1	0.2	0	0	0	0
O	0	0	0	0.4	1	0.3	0	0	0
PS	0	0	0	0	0.2	1	0.8	0.1	0
PB	0	0	0	0	0	0	0.2	0.8	1

表 9.9 例 9.23 之误差变化率模糊集

	-4	-3	-2	-1	0	1	2	3	4
NB	1	0.7	0.1	0	0	0	0	0	0
NS	0	0.2	0.8	1	0.1	0	0	0	0
O	0	0	0	0.2	1	0.1	0	0	0
PS	0	0	0	0	0.1	1	0.8	0.1	0
PB	0	0	0	0	0	0	0.1	0.7	1

表 9.10 例 9.23 之控制量模糊集

	-4	-3	-2	-1	0	1	2	3	4
NB	1	0.8	0.4	0	0	0	0	0	0
NS	0	0.2	1	0.8	0.1	0	0	0	0
O	0	0	0	0.4	1	0.2	0	0	0
PS	0	0	0	0	0.1	0.8	1	0.2	0
PB	0	0	0	0	0	0	0.4	0.8	1

表 9.11 例 9.23 之模糊状态表

E / U / EC	NB	NS	O	PS	PB
NB	PB	PB	PS	O	O
NS	PB	PS	PS	O	NS
O	PS	PS	O	NS	NS
PS	PS	O	NS	NS	NB
PB	O	O	NS	NB	NB

根据以上 4 个表，用前面所介绍的算法，可计算出该系统的总模糊关系为 (9×9) 行、9 列的模糊矩阵。

若实测系统的误差为 -4，误差变化率也为 -4，则二模糊集分别为

$$\text{误差 } \underset{\sim}{A} = (1, 0, 0, 0, 0, 0, 0, 0, 0)$$

$$\text{误差变化率 } \underset{\sim}{B} = (1, 0, 0, 0, 0, 0, 0, 0, 0)$$

$$\underset{\sim}{D} = \underset{\sim}{A} \times \underset{\sim}{B} = \underset{\sim}{A}^{\mathrm{T}} \circ \underset{\sim}{B} = \begin{bmatrix} 1 \\ 0_8 \end{bmatrix} \circ (1, 0_8)$$

$$\underset{\sim}{D} = (1, 0_{80})$$

$$\underset{\sim}{C} = \underset{\sim}{D} \circ \underset{\sim}{R} = (\text{总模糊关系 } \underset{\sim}{R} \text{ 的第 1 行})$$

即

$$\underset{\sim}{C} = (0, 0, 0, 0, 0, 0, 0.4, 0.8, 1)$$

或

$$\underset{\sim}{C} = \frac{0}{-4} + \frac{0}{-3} + \frac{0}{-2} + \frac{0}{-1} + \frac{0}{0} + \frac{0}{+1} + \frac{0.4}{+2} + \frac{0.8}{+3} + \frac{1}{+4}$$

用最大隶属度法进行判决，可知控制量应为 $u^* = 4$。

若系统的误差仍为 -4，误差变化率为 0，则相应的模糊集为

$$\underset{\sim}{A} = (1, 0, 0, 0, 0, 0, 0, 0, 0)$$

$$\underset{\sim}{B} = (0, 0, 0, 0, 1, 0, 0, 0, 0)$$

$$\underset{\sim}{D} = \underset{\sim}{A} \times \underset{\sim}{B} = \underset{\sim}{A}^{\mathrm{T}} \circ \underset{\sim}{B} = \begin{bmatrix} 1 \\ 0_8 \end{bmatrix} \circ (0_4, 1, 0_4) = \begin{bmatrix} 0_4 & 1 & 0_4 \\ & 0_{8 \times 9} & \end{bmatrix}$$

$$\underset{\sim}{D} = (0_4, 1, 0_{76})$$

$$\underset{\sim}{C} = \underset{\sim}{D} \circ \underset{\sim}{R} = (\text{总模糊关系 } \underset{\sim}{R} \text{ 的第 5 行})$$

即

$$\underset{\sim}{C} = (0, 0, 0, 0.1, 0.1, 0.8, 1, 0.2, 0.1)$$

或

$$\underset{\sim}{C} = \frac{0}{-4} + \frac{0}{-3} + \frac{0}{-2} + \frac{0.1}{-1} + \frac{0.1}{0} + \frac{0.8}{+1} + \frac{1}{+2} + \frac{0.2}{+3} + \frac{0.1}{+4}$$

用最大隶属度法进行判决,可知控制量应为 $u^* = 2$。

依次类推,算出所有各种组合情况下的 u^* 值,便可得到模糊控制查询表 9.12。

由以上总控制表的形成过程可知:模糊控制器的响应——总模糊关系 $\underset{\sim}{R}$ 的每一行是每一个非模糊观测结果所引起的模糊响应;而 $\underset{\sim}{R}$ 的每一行的峰值或中心值是每一个非模糊观测结果所引起的确切响应。

基本模糊控制器的设计是通过离线生成总控制表完成的,而它的控制方式是通过在线查询总控制表实现的。

除以上设计方法外,还有直接推理合成等多种模糊控制器设计方法,此处不再赘述,可参阅其他有关模糊控制的专著。

表 9.12 例 9.23 之模糊控制查询表

	-4	-3	-2	-1	0	1	2	3	4
-4	4	4	4	4	2	0	0	0	0
-3	4	4	4	4	2	0	0	0	0
-2	4	4	2	2	2	0	0	-1	-1
-1	4	4	2	2	2	0	0	-1	-2
0	2	2	2	2	0	-2	-1	-1	-2
1	2	2	0	0	0	-2	-2	-3	-4
2	2	2	0	0	-1	-1	-2	-3	-3
3	0	0	0	0	-1	-3	-3	-3	-3
4	0	0	0	0	-2	-4	-3	-3	-4

9.6 工业电阻炉温度模糊控制系统

9.6.1 系统简介

工业电阻炉是一类具有严重非线性、大滞后、大惯性和非线性的常见工业被控对象,图 9.10 为电阻炉温度控制系统结构图。可控硅控制输出板根据CPU板的信息,改变双向可控硅的触发角,以控制电阻炉的加热电压,从而调节炉温的高低。智能测温板直接与炉内的热电偶连接,采集电阻炉的炉温,作为系统的反馈信号。

本节介绍工业电阻炉的温度模糊控制系统设计。

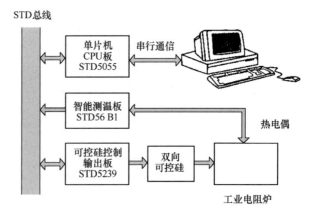

图 9.10 电阻炉温度控制系统结构图

9.6.2 电阻炉温度模糊控制器设计

根据电阻炉温度控制系统的特点,采用二维模糊控制器。模糊控制器的输入信号为电阻炉温

度的偏差 e 和偏差变化率 $\dot{e}$。在本系统中，e 指实际测得的炉温与炉温设定值之差，$\dot{e}$ 反映了实测炉温的变化速度和变化方向，输出 u 为控制加热电压的增量，这就形成了模糊控制器的基本结构。

1. 各变量的模糊子集

设 E, EC, U 分别为炉温偏差、炉温偏差变化率和加热电压增量的变化范围（论域）。

设定 e 的模糊论域为 $E = \{-6, -5, -4, -3, -2, -1, -0, 0, 1, 2, 3, 4, 5, 6\}$

$\dot{e}$ 的模糊论域为 $EC = \{-6, -5, -4, -3, -2, -1, 0, 1, 2, 3, 4, 5, 6\}$

u 的模糊论域为 $U = \{-7, -6, -5, -4, -3, -2, -1, 0, 1, 2, 3, 4, 5, 6, 7\}$

在 E 上定义 8 个模糊子集分别对应 8 个语言变量：

PB（正大），	PM（正中），	PS（正小），	PO（正零）
NO（负零），	NS（负小），	NM（负中），	NB（负大）

在 EC 和 U 上定义 7 个模糊子集分别对应 7 个语言变量：

PB（正大），PM（正中），PS（正小），O（零），NS（负小），NM（负中），NB（负大）

经过实验，总结出 e、$\dot{e}$ 和 u 的模糊集的隶属度，分别列于表 9.13、表 9.14 和表 9.15。在形成这些表时，需注意两点：（1）隶属函数曲线的形状。如图 9.11 所示，其中模糊集 A 的隶属函数为高分辨率，而模糊集 B 为低分辨率。高分辨率控制的灵敏度较高，它所引起的输出变化比较剧烈；而采用低分辨率，控制的灵敏度较低，引起的输出变化较平缓。因此，一般在偏差大的范围中，采用低分辨率的模糊集；在偏差小接近于零时，采用高分辨率。（2）在形成模糊集时，要考虑覆盖程度，即论域中任何一点的隶属函数的最大值不能太小，否则会引起失控。

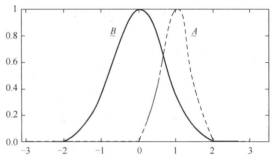

图 9.11　高、低分辨率隶属函数曲线

表 9.13　电阻炉温度偏差 e 的模糊集隶属度表

	−6	−5	−4	−3	−2	−1	−0	+0	1	2	3	4	5	6
PB	0	0	0	0	0	0	0	0	0	0	0.1	0.4	0.8	1
PM	0	0	0	0	0	0	0	0	0	0.2	0.7	1	0.7	0.2
PS	0	0	0	0	0	0	0	0.3	0.8	1	0.5	0.1	0	0
PO	0	0	0	0	0	0	0	1	0.6	0.1	0	0	0	0
NO	0	0	0	0	0.1	0.6	1	0	0	0	0	0	0	0
NS	0	0	0.1	0.5	1	0.8	0.3	0	0	0	0	0	0	0
NM	0.2	0.7	1	0.7	0.2	0	0	0	0	0	0	0	0	0
NB	1	0.8	0.4	0.1	0	0	0	0	0	0	0	0	0	0

表 9.14　电阻炉温度偏差变化率 $\dot{e}$ 的模糊集隶属度表

	−6	−5	−4	−3	−2	−1	0	1	2	3	4	5	6
PB	0	0	0	0	0	0	0	0	0	0.1	0.4	0.8	1
PM	0	0	0	0	0	0	0	0	0.2	0.7	1	0.7	0.2
PS	0	0	0	0	0	0	0	0.9	1	0.7	0.2	0	0
O	0	0	0	0	0	0.5	1	0.5	0	0	0	0	0

	-6	-5	-4	-3	-2	-1	0	1	2	3	4	5	6
NS	0	0	0.2	0.7	1	0.9	0	0	0	0	0	0	0
NM	0.2	0.7	1	0.7	0.2	0	0	0	0	0	0	0	0
NB	1	0.8	0.4	0.1	0	0	0	0	0	0	0	0	0

表 9.15　加热电压增量 u 的模糊集隶属度表

	-7	-6	-5	-4	-3	-2	-1	0	1	2	3	4	5	6	7
PB	0	0	0	0	0	0	0	0	0	0	0	0.1	0.4	0.8	1
PM	0	0	0	0	0	0	0	0	0	0.2	0.7	1	0.7	0.2	0
PS	0	0	0	0	0	0	0	0.4	1	0.8	0.4	0	0	0	0
O	0	0	0	0	0	0	0.5	1	0.5	0	0	0	0	0	0
NS	0	0	0	0.1	0.4	0.8	1	0.4	0	0	0	0	0	0	0
NM	0	0.2	0.7	0.2	0	0	0	0	0	0	0	0	0	0	0
NB	1	0.8	0.4	0.1	0	0	0	0	0	0	0	0	0	0	0

2．控制算法设计

根据操作工人的经验，可总结出模糊控制规则表，如表 9.16 所示。

显然，电阻炉温度模糊控制器的控制规则具有"若 $\underset{\sim}{A}$ 且 $\underset{\sim}{B}$ 则 $\underset{\sim}{C}$"的形式。用式（9.20）可算得模糊关系矩阵 $\underset{\sim}{R}$，从而用合成推理运算 $\underset{\sim}{U}=(\underset{\sim}{E}^{\mathrm{T}}\times CE)\circ R$ 计算出控制量模糊集。

3．进行模糊判决，生成总控制表

用最大隶属度法对 $\underset{\sim}{U}$ 进行模糊判决，可得到总控制表 9.17。将该表存入计算机中，便可用查表法进行控制。

图 9.12 是电阻炉温度模糊控制系统方框图，其中 k_3 是 U 的量化因子。

表 9.16　模糊控制规则表

u (e ＼ ė)	NB	NM	NS	O	PS	PM	PB
NB	PB	PB	PB	PB	PM	O	O
NM	PB	PB	PB	PB	PM	O	O
NS	PM	PM	PM	PS	O	NS	NS
NO	PM	PM	PS	O	NS	NM	NM
PO	PM	PM	PS	O	NS	NM	NM
PS	PS	PS	O	NS	NM	NM	NM
PM	O	O	NM	NB	NB	NB	NB
PB	O	O	NM	NB	NB	NB	NB

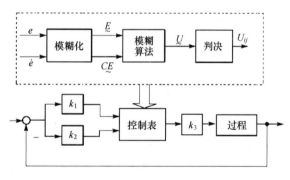

图 9.12　电阻炉温度模糊控制系统方框图

表 9.17　总控制表

U (E ＼ EC)	-6	-5	-4	-3	-2	-1	0	1	2	3	4	5	6
-6	7	7	7	7	7	7	7	4	4	3	0	0	0
-5	7	7	7	7	7	7	7	4	4	3	0	0	0

EC / U / E	-6	-5	-4	-3	-2	-1	0	1	2	3	4	5	6
-4	7	7	7	7	7	7	7	4	4	3	0	0	0
-3	7	7	7	7	7	7	7	4	4	3	0	0	0
-2	4	4	4	4	4	4	2	0	0	-1	-1	-2	-2
-1	4	4	4	4	4	4	2	0	0	-1	-2	-2	-2
-0	4	4	4	3	1	1	0	-1	-1	-3	-4	-4	-4
+0	4	4	4	3	1	1	0	-1	-1	-3	-4	-4	-4
1	2	2	2	1	0	0	-2	-4	-4	-4	-4	-4	-4
2	2	2	1	1	0	0	-2	-4	-4	-4	-4	-4	-4
3	0	0	0	-3	-3	-4	-4	-7	-7	-7	-7	-7	-7
4	0	0	0	-3	-3	-4	-4	-7	-7	-7	-7	-7	-7
5	0	0	0	-3	-3	-4	-4	-7	-7	-7	-7	-7	-7
6	0	0	0	-3	-3	-4	-4	-7	-7	-7	-7	-7	-7

9.6.3 控制效果

用以上设计的模糊控制器对电阻炉温度进行实时控制，控制目标为300℃，电阻炉温度控制系统的实际误差范围是（-300℃,+300℃）。为提高控制精度，将误差范围设定为（-36℃,+36℃），误差变化率设定为（-6℃,+6℃），如超出此范围，取最大控制量。

图 9.13 为电阻炉温度系统的模糊控制阶跃响应，横轴表示时间（单位：min），纵轴表示温度（单位：℃）。由图 9.13 可见，系统无超调，稳态误差小于 4℃。

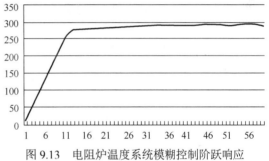

图 9.13　电阻炉温度系统模糊控制阶跃响应

9.7　浮选过程模糊控制系统

9.7.1　浮选工艺过程

浮选是从金属矿物中选取精矿的方法。矿物经过粉碎加工成矿浆后，进入浮选工序。首先在矿浆中加入作为捕收剂的药剂，再加入石灰，经过搅拌充气，形成包含精矿的气泡，浮悬在矿浆表面。于是，从矿浆上层得到精矿，余下的为尾矿。回收率和品位是衡量浮选结果的指标。为了得到高回收率和高品位的成品精矿，一个浮选过程往往有多道选取过程。图 9.14 是一个铜矿浮选过程流程图，其中 $N_1 \sim N_5$ 是浮选挡。矿浆从 1 号料流给矿，经过第一个节点，与 14 号料流合并，生成 2 号料流进入浮选槽 1，进行粗选作业；经 N_1 槽选出的精矿，从 3 号料流入 N_2 号浮选槽，继续浮选。而 N_1 槽余下的尾矿，从 4 号料流流入 N_3 号槽继续浮选，依次类推。按此流程图，从 18 号料流得到成品铜精矿 C，而从 7 号料流，流出尾矿 T。

由此可见，金属矿的浮选过程是一个大滞后的十分复杂的生产过程。影响浮选过程的因素是很多的，捕收剂增加量、充气量、石灰用量等，均对精矿的品位和回收率有影响。从矿浆给矿到得到成品精矿这样一个过程，用常规的 PID 调节，或其他基于模型的控制方法，均很难得到满意的控制效果。而现场的操作工人，根据观察到的矿浆的颜色、泡沫等进行控制，可以达到较好的效果。但是由于人的经验不同，以及多种干扰，质量不可能稳定。因此，将熟练的操作工人的经验和浮选原理结合起来，用模糊方法来控制浮选过程是十分有意义的。

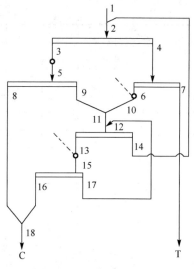

9.7.2 浮选过程模糊控制器设计

铜精矿的回收率和品位分别反映了成品精矿的产量和质量，因此，分别以这两个量作为浮选控制系统的输出。系统中同样分别以回收率和品位的偏差和偏差变化率为输入，形成两个模糊控制器。在浮选过程中，捕收剂用量对浮选过程的影响较大，充气量和石灰添加量对浮选过程也有影响。我们首先选用捕收剂用量的增量作为模糊控制器的输出量。

图 9.14　浮选过程流程图

仅讨论以回收率作为控制目标的情况，如图 9.15 所示。回收率偏差 E 指实际测得的精矿回收率与回收率设定值之差；偏差变化率 EC 反映了实测回收率的变化速度和变化方向。令控制量捕收剂用量的增量为 U，为模糊控制器的输出量，这就形成了模糊控制器的基本结构。

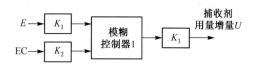

图 9.15　以回收率为输出控制量的模糊控制器

1. 各变量的模糊子集

设 X，Y，Z 分别为回收率偏差、回收率偏差变化率和捕收剂增量的变化范围（论域）。

$$X = \{-6, -5, -4, -3, -2, -1, -0, +0, +1, +2, +3, +4, +5, +6\}$$

即 E 分 14 个等级，X 模糊化的量化因子取 $K_1=0.3886$。在论域 X 上，有 8 个模糊子集，分别对应 8 个语言变量：

PB（正大），PM（正中），PS（正小），PO（正零），NO（负零），NS（负小），NM（负中），NB（负大）

将 EC 分为 5 个等级，即 $Y=\{-2,\ -1,\ 0,\ +1,\ +2\}$。

EC 在讨论域上有 5 个模糊子集，对应 5 个语言变量为：

PB（正大），PS（正小），ZE（正零），NS（负小），NB（负大）

EC 的量化因子为 $K_2=1.088$。

用同样方法可定出捕收剂增量 U 的论域和模糊子集，分别为

$$Z=\{-6, -5, -4, -3, -2, -1, 0, +1, +2, +3, +4, +5, +6\}$$

共 13 个等级，模糊子集有 7 个：

PB（正大），PM（正中），PS（正小），ZE（正零），NS（负小），NM（负中），NB（负大）

经过实验，总结出 E、EC 和 U 模糊集的隶属函数，分别列于表 9.18～表 9.20。

表 9.18　E 模糊集隶属度表

	-6	-5	-4	-3	-2	-1	-0	+0	1	2	3	4	5	6
PB	0	0	0	0	0	0	0	0	0	0	0.1	0.4	0.9	1
PM	0	0	0	0	0	0	0	0	0	0.2	0.9	1	0.7	0.2

续表

	-6	-5	-4	-3	-2	-1	-0	+0	1	2	3	4	5	6
PS	0	0	0	0	0	0	0	0.6	0.9	1	0.8	0.3	0	0
PO	0	0	0	0	0	0	0	1	0.6	0.1	0	0	0	0
NO	0	0	0	0	0.1	0.6	1	0	0	0	0	0	0	0
NS	0	0	0.3	0.8	1	0.9	0.6	0	0	0	0	0	0	0
NM	0.2	0.5	1	0.9	0.2	0	0	0	0	0	0	0	0	0
NB	1	0.9	0.4	0.1	0	0	0	0	0	0	0	0	0	0

表 9.19　EC 模糊集隶属度表

	-2	-1	0	1	2
PB	0	0	0	0.5	1
PS	0	0	0.8	1	0.5
ZE	0.1	0.5	1	0.5	0
NS	0.5	1	0.8	0	0
NB	1	0.5	0	0	0

表 9.20　U 模糊集隶属度表

	-6	-5	-4	-3	-2	-1	0	1	2	3	4	5	6
PB	0	0	0	0	0	0	0	0	0	0.1	0.4	0.9	1
PM	0	0	0	0	0	0	0	0	0.2	0.9	1	0.4	0.2
PS	0	0	0	0	0	0	0	0.9	1	0.4	0.2	0	0
ZE	0	0	0	0	0	0.5	1	0.5	0	0	0	0	0
NS	0	0	0.2	0.5	1	0.9	0.5	0	0	0	0	0	0
NM	0.2	0.5	0.7	1	0.2	0.1	0	0	0	0	0	0	0
NB	1	0.9	0.8	0.1	0	0	0	0	0	0	0	0	0

2．控制算法设计

（1）控制规则确定

根据操作工人的经验和浮选原理，可总结出控制规则如下。

　　If　E(nt)=NB　&　EC(nt)=NB　or　NS　or　ZE　then　U(nt-mt)=PB
　　Else
　　If　E(nt)=NM　&　EC(nt)=PS　or　PB　then　U(nt-mt)=PM
　　Else
　　If　E(nt)=NM　&　EC(nt)=NB　then　U(nt-mt)=PB
　　Else
　　If　E(nt)=NM　&　EC(nt)=not(NB)　then　U(nt-mt)=PM
　　Else
　　If　E(nt)=NS　&　EC(nt)=not(PS or PB)　then　U(nt-mt)=PM
　　Else
　　If　E(nt)=NS　&　EC(nt)=PS or PB　then　U(nt-mt)=PS
　　Else
　　If　E(nt)=NO　&　EC(nt)=not(PB)　then　U(nt-mt)=PS
　　Else

If E(nt)=NO & EC(nt)=(PB) then U(nt-mt)=ZE
Else
If E(nt)=PO & EC(nt)=NB or NS then U(nt-mt)–ZE
Else
If E(nt)=PS & EC(nt)=ANY then U(nt-mt)=NS
Else
If E(nt)=PM & EC(nt)=NB or NS then U(nt-mt)=NS
Else
If E(nt)=PM & EC(nt)=not(NB or NS) then U(nt-mt)=NM
Else
If E(nt)=PB & EC(nt)=NB or NS then U(nt-mt)=NM
Else
If E(nt)=PB & EC(nt)=not(NB or NS) then U(nt-mt)=NB

浮选过程模糊控制器的控制规则具有"若 A 且 B 则 C"的形式,其中 U(nt-mt)表示控制作用滞后 m 个采样周期,(nt-mt)时刻施加的控制,到 nt 时刻才对回收率有影响。

（2）模糊关系矩阵 R 计算

由于 E、EC 和 U 分别为 14 元、5 元和 13 元的向量,故模糊关系 R 是 14 行、5 列、13 层的三维矩阵。算得 R 以后,用合成推理运算计算出控制量模糊集 $U=(E^{\mathrm{T}}\times \mathrm{EC})\circ R$。

（3）模糊判决,生成总控制表

用最大隶属度法对 U 进行模糊判决,可得到总控制表 9.21。将该表存入计算机中,便可用查表法进行控制。取图 9.15 中 U 的量化因子 K_3=2.1923,于是,模糊控制器设计完成。

表 9.21 总控制表

							E								
		-6	-5	-4	-3	-2	-1	-0	+0	+1	+2	+3	+4	+5	+6
回收率偏差变化率 EC	-2	6	6	6	5	4	3	1	0	0	-2	-3	-4	-5	-6
	-1	6	6	5	4	3	2	0	0	-1	-2	-3	-4	-5	-6
	0	6	5	4	4	2	2	1	-1	-2	-3	-4	-4	-5	-6
	+1	6	5	4	3	2	1	0	0	-2	-3	-4	-5	-6	-6
	+2	6	5	4	3	2	0	0	-1	-3	-4	-5	-6	-6	-6

9.7.3 控制效果

图 9.16~图 9.20 分别为给矿量、给矿浓度、充气量、磨矿细度、石灰用量扰动变化时,模糊控制的效果。由图可见,在各种扰动下,系统的回收率均能收敛到稳定,较快地回复到平衡状态,取得了较好的控制效果。图中,T 为时间,回收率为百分比。

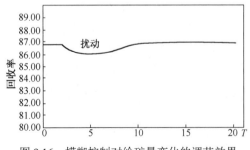

图 9.16 模糊控制对给矿量变化的调节效果

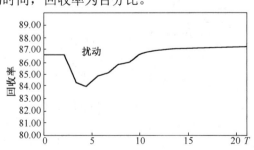

图 9.17 模糊控制对给矿浓度变化的调节效果

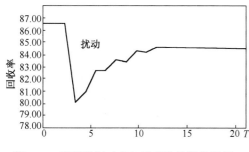

图 9.18　模糊控制对充气量变化的调节效果

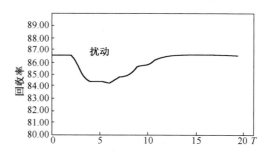

图 9.19　模糊控制对磨矿细度变化的调节效果

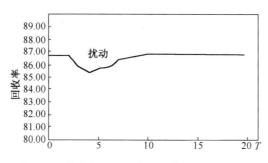

图 9.20　模糊控制对石灰用量扰动的调节效果

同理可设计出以铜精矿品位作为控制目标的模糊控制器，两个模糊控制器输出经过加权运算后得到实际的捕收剂用量，这里不再介绍。

9.8　模糊控制的 MATLAB 仿真

本节利用 MATLAB 的模糊控制工具箱建立模糊控制系统，并对其进行仿真分析。

设某水箱液位通过进水量的大小来加以调节。而根据人工操作经验，进水阀的阀位开度和液位之间满足如下关系：

（1）如果水箱液位低，则将阀门开大，液位低得越多则阀门开度越大；

（2）如果水箱液位不变，则阀门开度不变；

（3）如果水箱液位高，则将阀门关小，液位高得越多则阀门开度越小。

利用上述模糊控制规则设计模糊控制器以实现水箱液位控制，控制系统的结构如图 9.21 所示。图中，h_0 为设定液位，h 为实际液位，e 为液位误差，u 为阀位控制量。

图 9.21　水箱液位控制系统结构

根据人工操作经验，选取液位误差 e 和误差的变化率 ec 作为模糊控制器的输入量，其中

$$e = h_0 - h , \quad \text{ec} = \mathrm{d}e / \mathrm{d}t \tag{9.23}$$

设 K_e 和 K_{ec} 分别为 e 和 ec 的量化因子，则经过模糊化后，模糊控制器的输入为

$$E = K_e \cdot e , \quad \text{EC} = K_{ec} \cdot \text{ec} \tag{9.24}$$

设 K_u 为 u 的比例因子，U 为模糊控制器的输出，则阀位控制量为

$$u = K_u \cdot U \tag{9.25}$$

其中，$E, \mathrm{EC}, U \in [-1,1]$。

输入、输出变量的模糊子集分别为

$$E = \mathrm{EC} = \{\mathrm{NB, NS, Z, PS, PB}\}, \quad U = \{\mathrm{NB, NM, NS, Z, PS, PM, PB}\} \qquad (9.26)$$

模糊规则表如表 9.22 所示。

仿真步骤如下。

1．构建基于 GUI 的模糊推理系统

（1）建立模糊控制器结构。在 MATLAB 的命令窗口中，输入"fuzzy"，打开 FIS 编辑器，构建一个两输入一输出的模糊控制器，以文件名：levelcontrol.fis 存盘，如图 9.22 所示。

（2）定义输入、输出变量的模糊子集。双击输入、输出变量模块，编辑模糊子集的分布，隶属函数的设置分别如图 9.23 和图 9.24 所示。

表 9.22　模糊规则表

EC \ U \ E	NB	NS	Z	PS	PB
NB	PB	PM	PM	PS	Z
NS	PM	PM	PS	Z	NS
O	PM	PS	Z	NS	NM
PS	PS	Z	NS	NM	NM
PB	Z	NM	NM	NB	NB

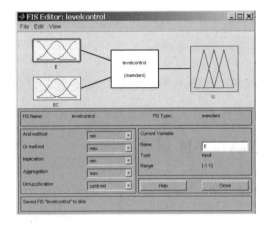

图 9.22　液位 FIS 编辑器

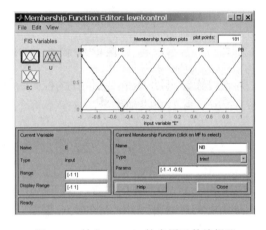

图 9.23　输入 E、EC 的隶属函数编辑器

（3）编辑模糊控制规则。单击 FIS 编辑器中规则编辑器，将表 9.22 所示的模糊规则依次输入规则编辑器中，如图 9.25 所示。

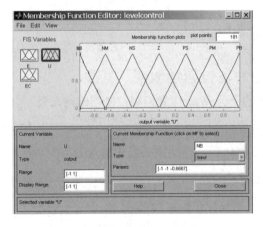

图 9.24　输出 U 的隶属函数编辑器

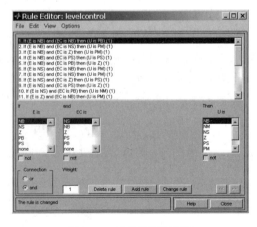

图 9.25　液位规则编辑器

至此，基于 GUI 编辑的模糊控制器已经全部完成，将此 FIS 系统再次进行保存。为了在 Simulink 仿真环境中调用该 FIS 系统，将 levelcontrol.fis 文件进行 File→Export→To Disk…的同时，还需进行 File→Export→To Workspace…，此时，弹出如图 9.26 所示的界面。该操作将 levelcontrol.fis 文件保存在工作空间中，可供 Simulink 建立模糊控制系统时，对模糊控制器进行调用和连接。

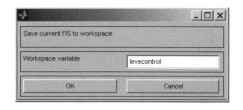

图 9.26　保存 FIS 文件到工作空间界面

2．建立 Simulink 仿真模型

在仿真系统中，设水箱液位模型近似为

$$G(s) = \frac{1}{100s + 1} \tag{9.27}$$

系统输入为单位阶跃信号，选取量化因子 $K_e = 15$，$K_{ec} = 0.05$，比例因子 $K_u = 7$。激活 Simulink 仿真环境，建立液位模糊控制系统，仿真结构图如图 9.27 所示。

在 Simulation 下拉菜单中，选择 Start，完成仿真。双击图 9.27 所示 Simulink 仿真结构图中的 Scope，系统仿真结果如图 9.28 所示。由图可见，采用基于人工经验的模糊控制能对液位系统进行较好的控制。

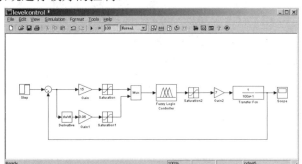

图 9.27　液位模糊控制 Simulink 仿真结构图

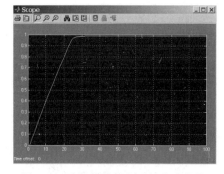

图 9.28　液位模糊控制系统仿真结果

本 章 小 结

1．模糊控制方法以模糊数学为基础。

2．在模糊数学中，用模糊集合表征模糊现象。模糊集合的特征函数称为隶属函数。隶属函数在[0, 1]区间内连续取值，表示对应论域元素属于模糊集合的程度。

3．模糊关系是两个论域的直积上的模糊集合，其论域元素是序偶，其隶属函数表示对应论域元素之间的关联程度。

4．模糊逻辑为连续逻辑，实际应用中常处理成多值逻辑进行运算。

5．模糊条件推理语句可以表示为模糊关系，用推理合成方法得到推理结论。

6．模糊控制用模糊语言和一系列的模糊条件语句描述控制策略，用模糊推理方法完成控制作用。这些控制策略不依赖被控制对象的精确数学模型，而是模拟人的思维和经验。

7．模糊控制器的设计首先需要将系统的有关变量模糊化，然后进行模糊运算和模糊决策。

8. 模糊控制的运算过程由计算机或专用控制器完成，有总控制查询表和直接推理合成等方法。

习 题

9.1 回答以下问题：

（1）与同一模糊现象对应的隶属度是否是唯一的？为什么？试举例说明。

（2）模糊控制表的确定过程是否完全具有客观性，有无包含人的主观因素？为什么？请具体说明。

9.2 计算以下模糊集的并 $A \cup B$、交 $A \cap B$ 和补 $\bar{A}$、$\bar{B}$。

（1）
$$A = (0.8, 0.4, 0.3), \quad B = (0.1, 0.2, 0.5)$$

（2）
$$A = \frac{0.5}{x_1} + \frac{0.35}{x_2} + \frac{0.4}{x_3} + \frac{0.25}{x_4} + \frac{0.3}{x_5}, \quad B = \frac{0.65}{x_1} + \frac{0.3}{x_2} + \frac{0.8}{x_3} + \frac{0.1}{x_4} + \frac{0.7}{x_5}$$

9.3 已知在论域 X 上有模糊集 $A = (0.7, 0.5, 0.2)$，在 Y 上有模糊集 $B = (0.1, 0.2, 0.5)$，试计算：

（1）X 到 Y 的模糊关系 R；

（2）若论域 X 上有模糊子集 $A_1 = (0.1, 0.2, 0.3)$，试通过模糊变换，求 A_1 的象 B_1。

9.4 求以下模糊矩阵的 $A \cup B$、$A \cap B$ 和 $A \circ B$。

（1）$A = \begin{bmatrix} 0.2 & 0.4 \\ 0.6 & 0.5 \end{bmatrix}$, $B = \begin{bmatrix} 0.8 & 0.6 \\ 0.4 & 0.2 \end{bmatrix}$；（2）$A = \begin{bmatrix} 0.1 & 0.2 & 0.6 \\ 0.3 & 0.1 & 0.2 \\ 0.5 & 0.8 & 0.4 \end{bmatrix}$, $B = \begin{bmatrix} 0.4 & 0.25 & 0.8 \\ 0.2 & 0.4 & 0.6 \\ 0.3 & 0.5 & 0.1 \end{bmatrix}$

9.5 试写出以下控制规则的模糊关系算式：（1）"若 A 则 B"；（2）"若 A 且 B 且 C 则 D"。

9.6 已知某模糊控制器的控制规则为"若 A 且 B 则 C"，且 $A = (0.5, 0.8)$，$B = (0.3, 0.5, 0.6)$，$C = (0.4, 0.2)$。（1）求模糊关系 R；（2）若已知 $A_1 = (0.2, 0.4)$ 和 $B_1 = (0.6, 0.8, 1)$，求 C_1。

第 10 章 预 测 控 制

预测控制适用于控制不易建立精确数学模型且比较复杂的工业生产过程，所以它一出现就受到国内外工程界的重视，并已在石油、化工、电力、冶金、机械等工业部门的控制系统中得到了成功的应用。

本章介绍预测控制的基本原理及几种典型的预测控制方法，具体包括：动态矩阵控制（Dynamic Matrix Control，DMC）、模型算法控制（Model Algorithm Control，MAC）和广义预测控制（Generalized Predictive Control, GPC）等。

10.1 模型预测控制的基本原理

模型预测控制（Model Predictive Control, MPC）是一种基于模型的滚动优化控制策略，已在炼油、化工、冶金和电力等复杂工业过程中得到广泛的应用。模型预测控制具有控制效果好、鲁棒性强等优点，可有效地克服过程的不确定性、非线性和关联性。

模型预测控制具有下列三个基本要素。

（1）预测模型。预测模型是指一类能够显式地拟合被控系统特性的动态模型。无论采用何种表达形式，只要它能根据历史信息和未来输入预测系统未来行为，就可以作为预测模型。由于 MPC 是基于预测模型对系统行为进行优化的，因此预测模型的精度对 MPC 系统的性能具有直接影响。

（2）滚动优化。滚动优化是指在每个采样周期都基于系统的当前状态及预测模型，按照给定的有限时域目标函数优化过程性能，找出最优控制序列，并将该序列的第一元素施加给被控对象。每个采样周期的目标函数形式相对统一，但它们包含的绝对时间区域是不同的，是滚动向前的。预测控制算法与通常的最优控制算法不同，它不是采用一个不变的全局优化目标，而是采用滚动式的有限时域优化策略。这意味着优化过程不是一次离线进行的，而是在线反复进行优化计算、滚动实施，从而使由于模型失配、时变、干扰等引起的不确定性能及时得到弥补，提高了系统的控制效果。

（3）反馈校正。反馈校正用于补偿模型预测误差和其他扰动。由于实际系统中存在非线性、不确定性等因素的影响，在预测控制算法中，基于不变模型的预测输出不可能与系统的实际输出完全一致，而在滚动优化过程中，又要求模型输出与实际系统输出保持一致，因此，模型预测控制采用过程实际输出与模型输出之间的误差进行反馈校正来弥补这一缺陷。这样的滚动优化可有效地克服系统中的不确定性，提高系统的控制精度和鲁棒性。

MPC 系统原理框图如图 10.1 所示。其中，y 是系统当前输出，y_r 是根据设定值和 y 求

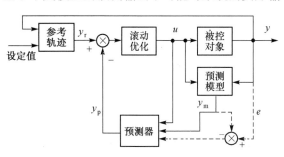

图 10.1 MPC 系统原理框图

得的参考轨迹，y_m 是预测模型的直接输出，y_p 是经反馈校正后的预测输出，虚线部分将 y_m 与 y 之间的偏差 e 反馈给预测器以便进行反馈校正。图 10.1 中各部分的作用如下：

参考轨迹：它对改善闭环系统的动态特性及鲁棒性起重要作用，根据 y 和设定值生成的 y_r 是从系统当前输出到设定值的一条光滑轨迹。

滚动优化：在每个采样周期，求解有限时域优化问题，并将求出的最优控制序列中对应当前时刻的部分应用于被控对象。

预测模型和预测器：基于模型和系统信息求出预测值 y_m，并根据过去的预测偏差信息，对其进行反馈校正，得到校正后的预测输出 y_p。

10.2　动态矩阵控制

从 1974 年起，动态矩阵控制（DMC）就作为一种有约束的多变量优化控制算法应用在美国壳牌石油公司的生产对象上。1979 年，卡特勒等在美国化工年会上首次介绍了这一算法。40 多年来，它已在石油化工等部门的过程控制中获得了成功的应用。

DMC 算法是一种基于对象阶跃响应的预测控制算法，它适用于渐近稳定的线性对象。对于不稳定对象，一般可先用常规 PID 控制使其稳定，然后再使用 DMC 算法；对于弱非线性对象，可在工作点处线性化。

10.2.1　预测模型

在单输入-单输出 DMC 算法中，首先需要测定对象单位阶跃响应的采样值 $a_i = a(iT)$，其中，T 为采样周期，$i = 1, 2, \cdots$。对于渐近稳定的对象，阶跃响应在某一时刻 $t_N = NT$ 以后将趋于平稳，以致 a_i（$i > N$）与 a_N 的误差和量化误差及测量误差有相同的数量级。因而可认为，a_N 已近似等于阶跃响应的稳态值 $a_s = a(\infty)$。这样，对象的动态信息就可以近似地用有限集合 $\{a_1, a_2, \cdots, a_N\}$ 加以描述。这个集合的参数构成了 DMC 的模型参数，向量 $\boldsymbol{a} = \{a_1, a_2, \cdots a_N\}^T$ 称为模型向量，N 则称为建模时域。

虽然阶跃响应是一种非参数模型，但由于线性系统具有比例和叠加性质，故利用这组模型参数 $\{a_i\}$，足以预测对象在未来时刻的输出值。在 k 时刻，假定控制作用保持不变时对未来 N 个时刻输出的初始预测值为 $\tilde{y}_0(k+i|k)$，$i = 1, 2, \cdots, N$ ［例如，在稳态启动时便可取 $\tilde{y}_0(k+i|k) = y(k)$］，则当 k 时刻控制作用有一增量 $\Delta u(k)$ 时，即可算出在其作用下未来时刻的输出值为

$$\tilde{y}_1(k+i|k) = \tilde{y}_0(k+i|k) + a_i \Delta u(k) \qquad i = 1, 2, \cdots, N \qquad (10.1)$$

同样，在 M 个连续的控制增量 $\Delta u(k), \Delta u(k+1), \cdots, \Delta u(k+M-1)$ 作用下，未来各时刻的输出值为

$$\tilde{y}_M(k+i|k) = \tilde{y}_0(k+i|k) + \sum_{j=1}^{\min(M,i)} a_{i-j+1} \Delta u(k+j-1) \qquad i = 1, 2, \cdots, N \qquad (10.2)$$

式中，y 的下标表示控制作用变化的次数；$k+i|k$ 表示在 k 时刻对 $k+i$ 时刻的预测。显然在任一时刻 k，只要知道了对象输出的初始值 $\tilde{y}_0(k+i|k)$，就可以根据未来控制作用增量，由预测模型［参见式（10.2）］计算未来的对象输出。在这里，式（10.1）只是模型式（10.2）在 $M = 1$ 时的特例。

10.2.2 滚动优化

DMC 是一种通过求解滚动时域优化问题确定控制策略的算法。在每一时刻 k，要确定从该时刻起的 M 个控制作用增量 $\Delta u(k), \Delta u(k+1), \cdots, \Delta u(k+M-1)$，使被控制对象在其作用下未来 P 个时刻的输出预测值 $\tilde{y}_M(k+i|k)$ 尽可能接近给定的期望值 $\omega(k+i)$（$i=1, 2, \cdots, P$）[参见图 10.2]。这里，M, P 分别称为控制时域与优化时域，它们的意义可以从图10.2直接看出。为了使问题有实际意义，通常规定 $M \leqslant P \leqslant N$。

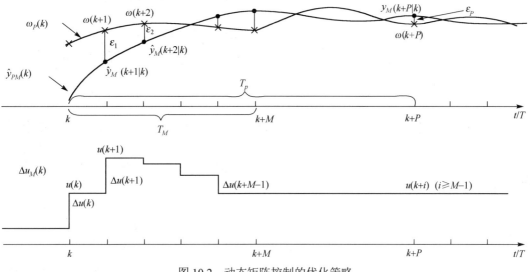

图 10.2　动态矩阵控制的优化策略

在控制过程中，往往不希望控制增量 Δu 变化过于剧烈，这一因素可在优化性能指标中加入软约束予以考虑。因此，k 时刻的优化性能指标可取为

$$J(k) = \sum_{i=1}^{P} q_i \left[\omega(k+i) - \tilde{y}_M(k+i|k) \right]^2 + \sum_{j=1}^{M} r_j \Delta u^2(k+j-1) \qquad (10.3)$$

式中，q_i, r_j 是加权系数，它们分别表示对跟踪误差及控制增量变化的抑制。

在不考虑约束的情况下，上述问题就是以 $\Delta U_M(k) = [\Delta u(k), \Delta u(k+1), \cdots, \Delta u(k+M-1)]^{\mathrm{T}}$ 为优化变量，在动态模型 [参见式（10.2）] 下使式（10.3）最小的优化问题。为了求解这一优化问题，首先利用预测模型式（10.2）导出性能指标中 $\tilde{y}$ 与 Δu 的关系，这一关系可用向量形式写成

$$\tilde{\boldsymbol{y}}_{PM}(k) = \tilde{\boldsymbol{y}}_{P0}(k) + \boldsymbol{A} \Delta \boldsymbol{U}_M(k) \qquad (10.4)$$

式中　　　$\tilde{\boldsymbol{y}}_{PM}(k) = \begin{bmatrix} \tilde{y}_M(k+1|k) \\ \vdots \\ \tilde{y}_M(k+P|k) \end{bmatrix}, \qquad \tilde{\boldsymbol{y}}_{P0}(k) = \begin{bmatrix} \tilde{y}_0(k+1|k) \\ \vdots \\ \tilde{y}_0(k+P|k) \end{bmatrix}$

$$\boldsymbol{A} = \begin{bmatrix} a_1 & \cdots & 0 \\ \vdots & \ddots & \vdots \\ a_M & \ddots & a_1 \\ \vdots & \ddots & \vdots \\ a_P & \cdots & a_{P-M+1} \end{bmatrix}$$

这里，A 是由阶跃响应系数 a_i 组成的 $P \times M$ 阶矩阵，称为动态矩阵。式中向量 $\tilde{y}$ 的前一个下标表示所预测的未来输出的个数，后一个下标则表示控制量变化的次数。

同样，式（10.3）也可以写成向量形式：

$$J(k) = \left\| \boldsymbol{\omega}_P(k) - \tilde{\boldsymbol{y}}_{PM}(k) \right\|_{\boldsymbol{Q}}^2 + \left\| \Delta \boldsymbol{U}_M(k) \right\|_{\boldsymbol{R}}^2 \tag{10.5}$$

式中 $\qquad \boldsymbol{\omega}_p(k) = \left[\omega(k+1), \cdots, \omega(k+P) \right]^{\mathrm{T}}$，$\boldsymbol{Q} = \mathrm{diag}\left(q_1, \cdots, q_P \right)$，$\boldsymbol{R} = \mathrm{diag}\left(r_1, \cdots, r_M \right)$

由加权系数构成的对角阵 $\boldsymbol{Q}$ 和 $\boldsymbol{R}$ 分别称为误差加权矩阵和控制权矩阵。

将式（10.4）代入式（10.5），可得

$$J(k) = \left\| \boldsymbol{\omega}_P(k) - \tilde{\boldsymbol{y}}_{P0}(k) - \boldsymbol{A}\Delta \boldsymbol{U}_M(k) \right\|_{\boldsymbol{Q}}^2 + \left\| \Delta \boldsymbol{U}_M(k) \right\|_{\boldsymbol{R}}^2$$

在 k 时刻，$\boldsymbol{\omega}_P(k), \tilde{\boldsymbol{y}}_{P0}(k)$ 均为已知，使 $J(k)$ 对 $\Delta \boldsymbol{U}_M(k)$ 取极小值，可通过极值的必要条件 $\mathrm{d}J(k)/\mathrm{d}\Delta \boldsymbol{U}_M(k) = 0$ 求得：

$$\Delta \boldsymbol{U}_M(k) = \left(\boldsymbol{A}^{\mathrm{T}} \boldsymbol{Q} \boldsymbol{A} + \boldsymbol{R} \right)^{-1} \boldsymbol{A}^{\mathrm{T}} \boldsymbol{Q} \left[\boldsymbol{\omega}_P(k) - \tilde{\boldsymbol{y}}_{P0}(k) \right] \tag{10.6}$$

它给出了 $\Delta u(k), \Delta u(k+1), \cdots, \Delta u(k+M-1)$ 的最优值。但 DMC 并不把它们都当成应实现的解，而只是取其中的即时控制作用增量 $\Delta u(k)$ 构成实际控制 $u(k) = u(k-1) + \Delta u(k)$ 作用于对象。到下一时刻，它又提出类似的优化解求出 $\Delta u(k+1)$。这就是所谓"滚动优化"的策略。

根据式（10.6）可求出 $\qquad \Delta u(k) = \boldsymbol{C}^{\mathrm{T}} \Delta \boldsymbol{U}_M(k) = \boldsymbol{d}^{\mathrm{T}} \left[\boldsymbol{\omega}_P(k) - \tilde{\boldsymbol{y}}_{P0}(k) \right] \tag{10.7}$

其中，P 维列向量 $\qquad \boldsymbol{d}^{\mathrm{T}} = \boldsymbol{C}^{\mathrm{T}} \left(\boldsymbol{A}^{\mathrm{T}} \boldsymbol{Q} \boldsymbol{A} + \boldsymbol{R} \right)^{-1} \boldsymbol{A}^{\mathrm{T}} \boldsymbol{Q} \triangleq \left[d_1, \cdots, d_P \right] \tag{10.8}$

称为控制向量。M 维行向量 $\boldsymbol{C}^{\mathrm{T}} = [1 \quad 0 \quad \cdots \quad 0]$ 表示取首元素的运算。一旦优化策略确定（即 $P, M, \boldsymbol{Q}, \boldsymbol{R}$ 已定），则 $\boldsymbol{d}^{\mathrm{T}}$ 可由式（10.8）一次离线算出。这样，若不考虑约束，优化问题的在线求解就简化为直接计算式（10.7），它只涉及向量之差及点积运算，因而是十分简易的。

10.2.3 反馈校正

当 k 时刻把控制量 $u(k)$ 施加于对象时，相当于在对象输入端加上了一个幅值为 $\Delta u(k)$ 的阶跃，利用式（10.1）可算出在其作用下未来时刻的输出预测值

$$\tilde{\boldsymbol{y}}_{N1}(k) = \tilde{\boldsymbol{y}}_{N0}(k) + \boldsymbol{a}\Delta u(k) \tag{10.9}$$

它实际上就是式（10.1）的向量形式，其中 N 维向量 $\tilde{\boldsymbol{y}}_{N1}(k)$ 和 $\tilde{\boldsymbol{y}}_{N0}(k)$ 的构成及含义同前述相似。由于 $\tilde{\boldsymbol{y}}_{N1}(k)$ 的元素是未加入 $\Delta u(k+1), \cdots, \Delta u(k+M-1)$ 时的输出预测值，故经移位后它们可以作为 $k+1$ 时刻的初始预测值进行新的优化计算。然而，由于实际存在模型失配、环境干扰等未知因素，由式（10.9）给出的预测值可能偏离实际值。

因此，若不及时利用实时信息进行反馈校正，进一步的优化就会建立在虚假的基础上。为此，在 DMC 中，到下一个采样时刻首先要检测对象的实际输出 $y(k+1)$，并把它与由式（10.9）算出的模型预测输出 $\tilde{y}_1(k+1|k)$ 相比较，构成输出误差

$$e(k+1) = y(k+1) - \tilde{y}_1(k+1|k) \tag{10.10}$$

这一误差信息反映了模型中未包括的不确定因素对输出的影响，可用来预测未来的输出误差，以补充基于模型的预测。如图 10.5 所示，由于对误差的产生缺乏因果性的描述，故误差预测只能采用时间序列方法。例如，可采用对 $e(k+1)$ 加权的方式修正对未来输出的预测：

$$\tilde{\boldsymbol{y}}_{\mathrm{cor}}(k+1) = \tilde{\boldsymbol{y}}_{N1}(k) + \boldsymbol{h}e(k+1) \tag{10.11}$$

式中
$$\tilde{\boldsymbol{y}}_{\text{cor}}(k+1) = \begin{bmatrix} \tilde{y}_{\text{cor}}(k+1|k+1) \\ \vdots \\ \tilde{y}_{\text{cor}}(k+N|k+1) \end{bmatrix}$$

为校正后的输出预测向量。由权系数组成的 N 维向量 $\boldsymbol{h} = [h_1, \cdots, h_N]^{\text{T}}$ 称为校正向量。

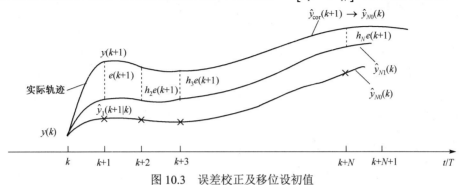

图 10.3　误差校正及移位设初值

在 $k+1$ 时刻，由于时间基点的变动，预测的未来时间点也将移到 $k+2, \cdots, k+1+N$。因此，$\tilde{\boldsymbol{y}}_{\text{cor}}(k+1)$ 的元素还需要通过移位才能成为 $k+1$ 时刻的初始预测值：

$$\tilde{y}_0(k+1+i|k+1) = \tilde{y}_{\text{cor}}(k+1+i|k+1) \qquad i = 1, \cdots, N-1 \qquad (10.12)$$

而 $\tilde{y}_1(k+1+N|k+1)$ 由于模型的截断，可由 $\tilde{y}_{\text{cor}}(k+N|k+1)$ 近似。这一初始预测值的设置可用向量形式表示为

$$\tilde{\boldsymbol{y}}_{N0}(k+1) = \boldsymbol{S}\tilde{\boldsymbol{y}}_{\text{cor}}(k+1) \qquad (10.13)$$

式中
$$\boldsymbol{S} = \begin{bmatrix} 0 & 1 & \cdots & 0 \\ \vdots & 0 & 1 & \vdots \\ \vdots & \vdots & \ddots & 1 \\ 0 & \cdots & \cdots & 1 \end{bmatrix}$$

为移位阵。

有了 $\tilde{\boldsymbol{y}}_{N0}(k+1)$，又可像上面那样进行 $k+1$ 时刻的优化计算，求出 $\Delta u(k+1)$。整个控制就以这种结合反馈校正的滚动优化方式反复地在线进行，其算法结构如图 10.4 所示。

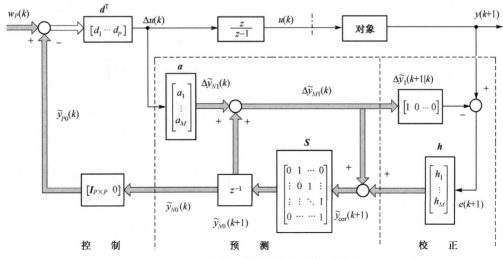

图 10.4　动态矩阵控制算法结构示意图

由图 10.4 可见，DMC 算法由预测、控制、校正三部分构成。其中，粗箭头表示向量流，细箭头表示标量流。在每一采样时刻，未来 P 个时刻的期望输出 $\boldsymbol{\omega}_P(k)$ 与初始预测输出 $\tilde{\boldsymbol{y}}_{P0}(k)$ 构成的偏差向量与动态控制向量 $\boldsymbol{d}^{\mathrm{T}}$ 按照式（10.7）点乘，得到该时刻的控制增量 $\Delta u(k)$。这一控制增量一方面通过数字积分（累加）运算求出控制量 $u(k)$ 并作用于被控对象，另一方面与模型向量 $\boldsymbol{a}$ 相乘并按照式（10.9）计算出在其作用后的预测输出 $\tilde{\boldsymbol{y}}_{N1}(k)$。到下一采样时刻，首先检测对象的实际输出 $y(k+1)$，并与预测值 $\tilde{y}_1(k+1|k)$ 相比较后按照式（10.10）构成输出误差 $e(k+1)$。这一误差与校正向量相乘作为误差预测，再与模型预测一起按照式（10.11）得到校正后的预测输出 $\tilde{\boldsymbol{y}}_{\mathrm{cor}}(k+1)$，并按照式（10.13）移位后作为新的初始值预测 $\tilde{\boldsymbol{y}}_{N0}(k+1)$。图 10.4 中，$z^{-1}$ 表示时间基点的记号后推一步，这样就等于把新的时刻重新定义为 k 时刻，整个过程将反复在线进行。

10.2.4 算法实现

由于 DMC 是一种基于模型的控制，并且应用了在线优化的原理，与 PID 算法相比，显然它需要做更多的离线准备工作，这主要包括以下三个方面。

（1）测试对象的阶跃响应要经过处理及模型验证后才能得到模型系数 $a_1,\cdots,a_N$。在这里，应该强调模型的动态响应必须是光滑的，测量噪声和干扰必须滤除，否则会影响控制质量甚至造成系统不稳定。

（2）利用仿真程序确定优化策略，并根据式（10.8）算出控制系数 $d_1,d_2,\cdots,d_P$。

（3）选择校正系数 $h_1,h_2,\cdots,h_N$。

这三组动态系数确定后，应置入固定的内存单元，以便实时调用，如图 10.5 所示。

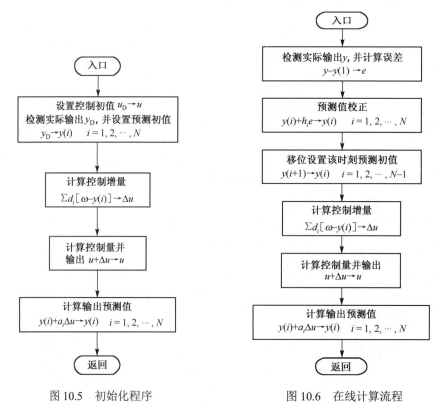

图 10.5　初始化程序　　　　　　　图 10.6　在线计算流程

DMC 的在线计算由初始化模块与实时控制模块组成。初始化模块是在投入运行的第一步检测对象的实际输出 $y(k)$，并把它设定为预测初值 $\hat{y}_0(k+i|k), i=1,2,\cdots,N$（从这里可以看出，过程在系统投入运行前必须处于相对稳定的状态，否则在投入运行时会引起波动）。从第二步起即转入实时控制模块，在每一时刻的在线计算流程可参见图10.6。

注意，在图 10.6 中，设定值 ω 是定值并事先置入内存。若需要跟踪时变的轨线，则还要编制一个设定值模块，以便在线计算每一时刻的期望值 $\omega(i)(i=1,2,\cdots,P)$，并以此代替流程图中的 ω。

10.2.5 参数选择

当 DMC 算法在线实施时，只涉及模型参数 a_i、控制参数 d_i 和校正参数 h_i。除了 h_i 可由设计者直接自由选择外，a_i 取决于对象阶跃响应特性及采样周期的选择，d_i 取决于 a_i 及优化性能指标，它们都是设计的结果而非直接可调参数。在设计中，真正要确定的原始参数应该是：

（1）采样周期 T；

（2）滚动优化参数的初值，包括预测时域长度 P、控制时域长度 M、误差权矩阵 $\boldsymbol{Q}$ 和控制权矩阵 $\boldsymbol{R}$；

（3）误差校正参数 h_i。

由于这些参数都有比较直观的物理含义，对于一般的被控对象，DMC通常使用凑试与仿真相结合的方法，对设计参数进行整定。

例 10.1 考虑被控对象 $$y(k) = \frac{1}{1+0.5z^{-1}} u(k-1)$$

为构造预测模型，将阶跃响应采样值选为

$$\boldsymbol{a} = [1 \quad 0.5 \quad 0.75 \quad 0.625 \quad 0.7 \quad 0.65 \quad 0.675 \quad 0.67]$$

按照图10.4，用 Simulink 构造图10.7 中的.mdl 文件，其中，自定义函数分别为 D, a, C, H, ipp 和 S，各函数用 m 文件实现以下功能（与图 10.7 中的各模块功能相对应）：

- D Fcn
  输入：$\boldsymbol{\omega}_P(k) - \tilde{\boldsymbol{y}}_{P0}(k)$

  输出：$\Delta \boldsymbol{U}_M(k) = \left(\boldsymbol{A}^{\mathrm{T}} \boldsymbol{Q} \boldsymbol{A} + \boldsymbol{R}\right)^{-1} \boldsymbol{A}^{\mathrm{T}} \boldsymbol{Q} \left[\boldsymbol{\omega}_P(k) - \tilde{\boldsymbol{y}}_{P0}(k)\right]$

- a Fcn1
  输入：$\Delta \boldsymbol{U}_M(k)$

  输出：$\Delta \tilde{\boldsymbol{y}}_N(k) = \boldsymbol{a} \Delta \boldsymbol{u}(k)$

- C Fcn2
  输入：$\tilde{\boldsymbol{y}}_{N1}(k)$

  输出：$\tilde{\boldsymbol{y}}_1(k+1|k) = [1 \quad 0 \quad \cdots \quad 0] \cdot \tilde{\boldsymbol{y}}_{N1}(k)$

- H Fcn3
  输入：$e(k+1) = y(k+1) - \tilde{y}_1(k+1|k)$

  输出：$\boldsymbol{h} \cdot e(k+1) \qquad \boldsymbol{h} = [h_1, h_2, \cdots]^{\mathrm{T}}$，$h_i$ 为误差校正参数

- S Fcn4
  输入：$\tilde{\boldsymbol{y}}_{\mathrm{cor}}(k+1)$

  输出：$\tilde{\boldsymbol{y}}_{N0}(k+1) = \boldsymbol{S}\tilde{\boldsymbol{y}}_{\mathrm{cor}}(k+1)$，$\qquad \boldsymbol{S} = \begin{bmatrix} 0 & 1 & \cdots & 0 \\ \vdots & \ddots & \vdots & \vdots \\ \vdots & \vdots & 0 & 1 \\ 0 & \cdots & 0 & 1 \end{bmatrix}$

● ipp Fcn5　　输入：$\tilde{\boldsymbol{y}}_{N0}(k)$

　　　　　　 输出：$\tilde{\boldsymbol{y}}_{P0}(k)=[\boldsymbol{I}_{P\times P}\quad \boldsymbol{0}]\cdot\tilde{\boldsymbol{y}}_{N0}(k)$

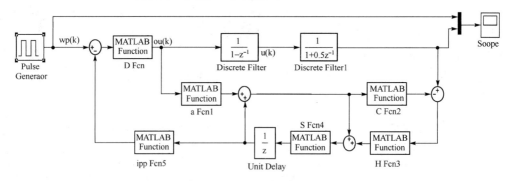

图 10.7　Simulink 仿真

　　仿真结果如图 10.8 所示。可以看出，在模型匹配的情况下，DMC 控制可以得到良好的控制效果。

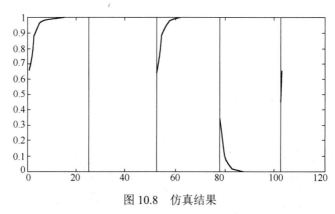

图 10.8　仿真结果

10.2.6　DMC 的主要特征和优点

1．DMC 的主要特征

（1）预测模型采用阶跃响应模型。

（2）设计过程中固定格式是用二次型目标函数决定控制量最优增量序列的，由于当考虑到各种约束条件时，求最优解相当费时，因此不少学者研究了诸如双值动态矩阵控制、自校正动态矩阵控制等多种算法。

（3）参数调整是用改变二次型目标函数中的权系数矩阵 $\boldsymbol{Q}$、$\boldsymbol{R}$ 来实现的。

2．DMC 算法的优点

（1）可以直接在控制算法中考虑预测变量和控制变量的约束条件，用满足约束条件的范围求出最优预测值。

（2）把控制变量与预测变量的权系数矩阵作为设计参数，在设计过程中通过仿真来调节鲁棒性好的参数值。

（3）控制变量与预测变量较多的场合，或者控制变量的设定在给出的目标范围内，这时具有自由度，预测变量的定常状态值被认为有无数组组合。

（4）从受控对象动态特性设定到最后做仿真来确定控制性能，这一系列设计规范已相当成熟。

（5）DMC 算法以 Δu 作为控制量，在控制中包含了数字积分环节，因此，即使在模型失配的情况下，也能得到无静差控制。

10.3　模型算法控制

模型算法控制（MAC）又称模型预测启发控制（MPHC），是 20 世纪 70 年代后期提出的另一类预测控制算法。它已在美、法等国家的许多工业过程（如电厂锅炉、化工精馏塔等）的控制中取得了显著成效，受到了过程控制界的广泛重视。

与 DMC 相同，MAC 也适用于渐进稳定的线性对象，但其设计前提不是对象的阶跃响应，而是其脉冲响应。

10.3.1　具有简易性能指标的 MAC 算法

1. 预测模型

对于线性对象，如果已知其单位脉冲响应的采样值 $g_1, g_2, \cdots$，则可以根据离散卷积公式，写出其输入与输出之间的关系：

$$y(k+i) = \sum_{j=1}^{\infty} g_j u(k+i-j) \qquad (10.14)$$

式中，u, y 分别是输入量、输出量相对于稳定工作点的偏移值。对于渐进稳定的对象，由于 $\lim_{j \to \infty} g_j = 0$，故总能找到一个时刻 $t_N = NT$，使得这以后的脉冲响应值 $g_j (j > N)$ 与测量和量化误差有相同的数量级，以致实际可视为 0 而予以忽略。这样，对象的动态就可近似地用一个有限项卷积表示的预测模型来描述：

$$y_m(k+i) = \sum_{j=1}^{N} g_j u(k+i-j) \qquad (10.15)$$

这一模型可用来预测对象在未来时刻的输出值，其中 y 的下标 m 表示模型。由于模型向量 $\boldsymbol{g} = [g_1, g_2, \cdots, g_N]^T$ 通常存放在计算机的内存中，故在文献中有时也称其为内部模型。

2. 参考轨迹

在 MAC 中，控制系统的期望输出是由从现时实际输出 $y(k)$ 出发且向设定值 c 光滑过渡的一条参考轨迹规定的。在 k 时刻的参考轨迹可由其在未来采样时刻的值 $y_r(k+i)$（$i = 1, 2, \cdots$）来描述，它通常可取一阶指数变化的形式。这时

$$y_r(k+i) = y(k) + [c - y(k)] \left(1 - e^{-iT/\tau}\right) \qquad i = 1, 2, \cdots$$

式中，下标 r 表示参考输出；τ 是参考轨迹的时间常数；T 为采样周期。若记 $\alpha = \exp(-T/\tau)$，则上式也可写为

$$y_r(k+i) = a^i y(k) + (1 - a^i) c \qquad i = 1, 2, \cdots$$

如果 $c = y(k)$，则对应着镇定问题；而 $c \neq y(k)$，则对应着跟踪问题。

显然，如果 τ 越小，那么 α 就越小，参考轨迹就能越快地到达设定点 c。α 是MAC中一个重要的设计参数，它对闭环系统的动态特性和鲁棒性都起着关键作用。

3. 滚动优化

在 MAC 中，k 时刻的优化准则要选择未来 P 个控制量，使在未来 P 个时刻内的预测输出 y_p（下标 p 表示预测）尽可能接近由参考轨迹所确定的期望输出 y_r［参见图 10.9］。这一优化性能指标可写作

$$J(k) = \sum_{i=1}^{P} \omega_i \left[y_p(k+i) - y_r(k+i) \right]^2 \quad (10.16)$$

式中，P 为优化时域；ω_i 为非负权系数。它们决定了各采样时刻的误差在 $J(k)$ 中所占的比重。

为了得到式（10.16）中的预测输出值 y_p，可采用下面两种策略。

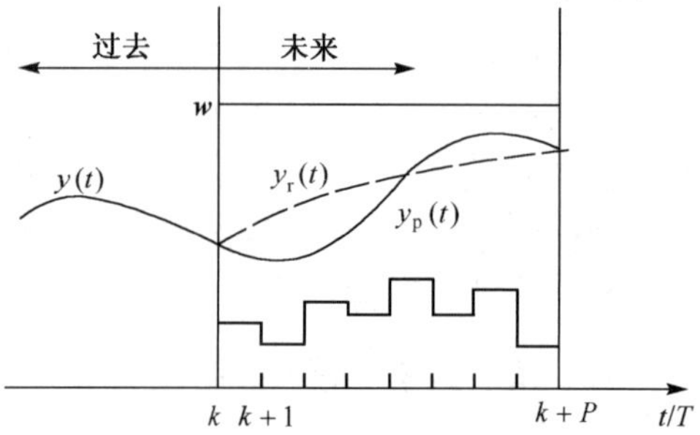

（1）开环预测

直接把由预测模型式（10.14）计算的模拟输出 y_m 当作预测输出，得到

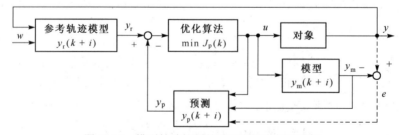

图 10.9　模型算法控制的参考轨迹与滚动优化

$$y_p(k+i) = y_m(k+i) \quad i = 1, 2, \cdots, P \tag{10.17}$$

根据式（10.14），可写出它们的详细表达式

$$\begin{cases} y_p(k+1) = g_1 u(k) + g_2 u(k-1) + \cdots + g_N u(k+1-N) \\ y_p(k+2) = g_1 u(k+1) + g_2 u(k) + \cdots g_N u(k+2-N) \\ \quad\quad\quad\quad \vdots \\ y_p(k+P) = g_1 u(k+P-1) + g_2 u(k+P-2) + \cdots + g_N u(k+P-N) \end{cases} \tag{10.18}$$

将上式代入性能指标［参见式（10.16）］，并且注意到 $u(k), \cdots, u(k+P-1)$ 是待确定的优化变量，在一般情况下，就可通过优化算法求出它们，并将即时控制量 $u(k)$ 作用于实际对象。

这一算法的结构可见图 10.10 中不带虚线的部分。由于 y_p 的计算没有用到实际输出信息 y 而只依赖于模型输出，故称为开环预测。

```
        参考轨迹模型              优化算法              对象        y
  w  →   y_r(k+i)    → y_r  +⊖→  min J_p(k)  → u →      →
                            −                        │          │
                                                  ┌──┴──┐       │
                                                  │模型 │ y_m − ⊖ +
                                                  │y_m(k+i)│    │ e
                                    ┌─────────────┘            │
                            y_p   ┌─┴──┐                        │
                        └─────────│预测 │←──────────────────────┘
                                  │y_p(k+i)│ - - - - - - - - - - -
                                  └────┘
```

图 10.10　模型算法控制的开环预测和闭环预测

如果不考虑约束并且对象无纯滞后或非最小相位特性，则上述优化问题的求解可简化为令性能指标［参见式（10.16）］中的各项误差为零，并逐项递推求出 $u(k), u(k+1), \cdots$。这时，无论优化时域 P 取多大，即时最优控制量 $u(k)$ 的计算只取决于 $y_p(k+1) = y_r(k+1)$。

由此可求得
$$u(k) = \frac{y_r(k+1) - g_2 u(k-1) - \cdots - g_N u(k-N+1)}{g_1}$$
（10.19）

在这种情况下，一步优化与 P 步优化所得的即时控制律是相同的。上述开环预测的明显缺点是：当存在模型误差时，由于模型预测的不准确，将会产生静差。为了说明这一点，我们把对象的实际脉冲响应系数用向量 $\tilde{\boldsymbol{g}}^T = [\tilde{g}_1, \tilde{g}_2, \cdots, \tilde{g}_N]^T$ 表示，$\tilde{\boldsymbol{g}} \neq \boldsymbol{g}$。

考虑最简单的无约束一步优化情况，这时

预测输出：$y_p(k+1) = y_m(k+1) = \boldsymbol{g}^T \boldsymbol{U}(k) = y_r(k+1) = ay(k) + (1-a)c$

实际输出：$y(k+1) = \tilde{\boldsymbol{g}}^T \boldsymbol{U}(k)$

其中，$\boldsymbol{U}(k) = [u(k), \cdots, u(k-N+1)]^T$。当控制达到稳定时，$y(t)$，$u(t)$ 均保持为常量不再变化，我们将其分别记作 y_s，u_s，则由上述两式可得

$$\left(\sum_{i=1}^{N} g_i \right) u_s = \alpha y_s + (1-\alpha)c, \quad y_s = \left(\sum_{i=1}^{N} \tilde{g}_i \right) u_s$$

由此可得
$$y_s = \frac{(1-\alpha)\left(\sum_{i=1}^{N} \tilde{g}_i \right)c}{\left(\sum_{i=1}^{N} g_i \right) - \alpha \left(\sum_{i=1}^{N} \tilde{g}_i \right)}$$

只要 $\sum_{i=1}^{N} \tilde{g}_i \neq \sum_{i=1}^{N} g_i$，输出与设定值之间就存在静差

$$d_s = c - y_s = \frac{\left(\sum_{i=1}^{N} g_i \right) - \left(\sum_{i=1}^{N} \tilde{g}_i \right)}{\left(\sum_{i=1}^{N} g_i \right) - \alpha \left(\sum_{i=1}^{N} \tilde{g}_i \right)} \cdot c$$

因此，有必要以实测的输出信息构成闭环预测，以校正对未来输出的预测值。

（2）闭环预测

闭环预测与开环预测［参见式（10.17）］的差别在于：在构成输出预测值 y_p 时，除了利用模型预测值 y_m 外，还附加了误差项 e，其一般形式为
$$y_p(k+i) = y_m(k+i) + e(k) \qquad i = 1, 2, \cdots, P$$
（10.20）

式中，$e(k)$ 可由 k 时刻的实际输出 $y(k)$ 与模型输出 $y_m(k)$ 的误差构成：
$$e(k) = y(k) - y_m(k) = y(k) - \sum_{j=1}^{N} g_j u(k-j)$$
（10.21）

闭环预测的实质就相当于DMC中的误差校正。由于采用了反馈校正原理，它可以在模型失配时有效地消除静差。仍考虑前面讨论的无约束一步优化算法，这时的预测输出变为
$$y_p(k+1) = y_m(k+1) + e(k) = \boldsymbol{g}^T \boldsymbol{U}(k) + y(k) - \boldsymbol{g}^T \boldsymbol{U}(k-1) = y_r(k+1) = \alpha y(k) + (1-\alpha)c$$

当达到稳态时，有 $\quad \left(\sum_{i=1}^{N} g_i \right) u_s + y_s - \left(\sum_{i=1}^{N} g_i \right) u_s = \alpha y_s + (1-\alpha)c \quad$ 或 $\quad y_s = c$

即控制是无静差的。这一带有反馈校正的闭环预测相当于在图10.10中引入了虚线所示的反馈

部分。实际的 MAC 无一例外地均采用了闭环预测的策略。

在考虑无约束一步优化时，采用闭环预测的最优控制量可通过

$$y_m(k+1) + e(k) = y_r(k+1)$$

导出，其表达式为

$$
\begin{aligned}
u(k) &= \left[\alpha y(k) + (1-\alpha)c - y(k) + \sum_{i=1}^{N} g_i u(k-i) - \sum_{i=2}^{N} g_i u(k+1-i) \right] \Big/ g_1 \\
&= \left[(1-\alpha)(c - y(k)) + g_N u(k-N) + \sum_{i=1}^{N-1}(g_i - g_{i+1})u(k-i) \right] \Big/ g_1
\end{aligned}
\tag{10.22}
$$

显然，在计算机内存中只需要存储固定的参数 $g_1, g_1 - g_2, \cdots, g_{N-1} - g_N, g_N$，过去 N 个时刻的控制输入 $u(k-1), \cdots, u(k-N)$，以及参考轨迹参数 α, c，在每一个时刻检测 $y(k)$ 后，即可由式（10.22）算出 $u(k)$。其算法流程在此不再赘述。

上一步优化的 MAC 算法虽然简单，但它不适用于有时滞或非最小相位特性的对象，因为前者 $g_1 = 0$ 将使式（10.22）失效，后者则会引起不稳定的控制。此外，由于控制率 [参见式（10.22）] 的计算对 g_1 十分敏感，对于小的 g_1 值，很小的模型误差就会引起 $u(k)$ 大幅度偏离最优值，控制效果将明显变差。所以，这种一步优化算法很难为实际工业控制所接受。为了使 MAC 能形成实用的工业控制算法，有必要采用多步优化的策略。然而前面已经指出，当取性能指标为式（10.16），在 P 步优化中允许控制量发生 P 次变化，并且不考虑结束时，P 步优化和一步优化所得的即时控制规律是相同的，仍不能用于时滞或非最小相位对象。所以，在多步优化时，应考虑采用不同的优化时域 P 和控制时域 M，并把性能指标修改为如下更一般的形式：

$$J(k) = \sum_{i=1}^{P} q_i \left[y_P(k+i) - y_r(k+i) \right]^2 + \sum_{j=1}^{M} r_j u^2(k+j-1) \tag{10.23}$$

下面讨论这种一般形式下的无约束多步优化 MAC 算法。

10.3.2　具有一般性能指标的 MAC 算法

1. 预测模型

注意到当取 $M < P$ 时，意味着 $u(k+i)$ 在 $i = M-1$ 后保持不变，即

$$u(k+i) = u(k+M-1) \qquad i = M, \cdots, P-1$$

因此，对未来输出的模型预测可写成如下形式：

$$y_m(k+1) = g_1 u(k) + g_2 u(k-1) + \cdots + g_N u(k+1-N)$$

$$\vdots \qquad\qquad \vdots \qquad\qquad \vdots$$

$$y_m(k+M) = g_1 u(k+M-1) + g_2 u(k+M-2) + \cdots + g_N u(k+M-N)$$

$$y_m(k+M+1) = (g_1 + g_2)u(k+M-1) + g_3 u(k+M-2) + \cdots + g_N u(k+M+1-N)$$

$$\vdots \qquad\qquad \vdots \qquad\qquad \vdots$$

$$y_m(k+P) = (g_1 + \cdots g_{P-M+1})u(k+M-1) + g_{P-M+2}u(k+M-2) + \cdots + g_N u(k+P-N)$$

上面的式子可用向量形式简记为

$$\boldsymbol{y}_m(k) = \boldsymbol{G}_1 \boldsymbol{u}_1(k) + \boldsymbol{G}_2 \boldsymbol{u}_2(k) \tag{10.24}$$

式中
$$\boldsymbol{y}_{m}(k)=\left[y_{m}(k+1),\cdots,y_{m}(k+P)\right]^{\mathrm{T}}$$

$$\boldsymbol{u}_{1}(k)=\left[u(k),\cdots,u(k+M-1)\right]^{\mathrm{T}}$$

$$\boldsymbol{u}_{2}(k)=\left[u(k-1),\cdots,u(k+1-N)\right]^{\mathrm{T}}$$

$$\boldsymbol{G}_{1}=\begin{bmatrix} g_1 & & & & & \\ g_2 & g_1 & & & \mathbf{0} & \\ & & \ddots & & & \\ & & & g_1 & & \\ \vdots & \vdots & \vdots & & g_1 & \\ & & & & \vdots & \\ g_P & g_{P-1} & \cdots & g_{P-M+2} & \cdots & (g_1+\cdots+g_{P-M+1}) \end{bmatrix}_{(P\times M)}, \quad \boldsymbol{G}_{2}=\begin{bmatrix} g_2 & \cdots & & g_N \\ \vdots & & \vdots & \ddots \\ g_{P+1} & \cdots & g_N & \mathbf{0} \end{bmatrix}_{(P\times(N-1))}$$

注意，在预测模型［参见式（10.24）］中，$\boldsymbol{G}_{1}$，$\boldsymbol{G}_{2}$ 是由模型参数 g_i 构成的已知矩阵，$N-1$ 维向量 $\boldsymbol{u}_{2}(k)$ 是由 k 时刻以前的输入信息组成的已知向量，而 M 维向量 $\boldsymbol{u}_{1}(k)$ 则为所要求的现在和未来的控制输入量。

2. 参考轨迹

k 时刻的参考轨迹采样值的向量形式为
$$\boldsymbol{y}_{r}(k)=\left[y_{r}(k+1),\cdots,y_{r}(k+P)\right]^{\mathrm{T}} \tag{10.25}$$
式中
$$y_{r}(k+i)=\alpha^{i}y(k)+(1-\alpha^{i})c \qquad i=1,2,\cdots,P$$

3. 闭环预测

k 时刻对输出的闭环预测可记为
$$\boldsymbol{y}_{p}(k)=\boldsymbol{y}_{m}(k)+\boldsymbol{h}e(k) \tag{10.26}$$
式中
$$\boldsymbol{y}_{p}(k)=\left[y_{p}(k+1),\cdots,y_{p}(k+P)\right]^{\mathrm{T}}, \quad \boldsymbol{h}=\left[h_{1},\cdots,h_{p}\right]^{\mathrm{T}}$$

$$e(k)=y(k)-y_{m}(k)=y(k)-\sum_{j=1}^{N}g_{j}u(k-j)$$

这里也采用了加权的误差补偿办法。

4. 最优控制律

根据预测模型［式（10.24）］、参考轨迹［式（10.25）］和闭环预测［式（10.26）］，可求出在性能指标［式（10.23）］下的无约束 MAC 最优控制律：
$$\boldsymbol{u}_{1}(k)=(\boldsymbol{G}_{1}^{\mathrm{T}}\boldsymbol{Q}\boldsymbol{G}_{1}+\boldsymbol{R})^{-1}\boldsymbol{G}_{1}^{\mathrm{T}}\boldsymbol{Q}[\boldsymbol{y}_{r}(k)-\boldsymbol{G}_{2}\boldsymbol{u}_{2}(k)-\boldsymbol{h}e(k)] \tag{10.27}$$
式中
$$\boldsymbol{Q}=\operatorname{diag}(q_{1},\cdots,q_{P}), \quad \boldsymbol{R}=\operatorname{diag}(r_{1},\cdots,r_{M})$$
即最优即时控制量为
$$u(k)=\boldsymbol{d}^{\mathrm{T}}[\boldsymbol{y}_{r}(k)-\boldsymbol{G}_{2}\boldsymbol{u}_{2}(k)-\boldsymbol{h}e(k)] \tag{10.28}$$
式中
$$\boldsymbol{d}^{\mathrm{T}}=[1 \ 0 \ \cdots \ 0](\boldsymbol{G}_{1}^{\mathrm{T}}\boldsymbol{Q}\boldsymbol{G}_{1}+\boldsymbol{R})^{-1}\boldsymbol{G}_{1}^{\mathrm{T}}\boldsymbol{Q}$$

5. 与 DMC 比较

可以看出，多步优化的 MAC 算法与 DMC 算法的推导十分相似，其中有些不同之处，如参考轨迹的引入、误差校正的加权等，两者可以互相借用。但下述两个不同点必须加以注意：

第一，MAC 控制律［式（10.28）］中的 $\boldsymbol{d}^{\mathrm{T}}$，其计算与 DMC 中计算 $\boldsymbol{d}^{\mathrm{T}}$ 的式（10.8）十分相似，但矩阵 $\boldsymbol{G}_1$ 中并不是简单地以脉冲响应系数 g_i 取代式（10.4）动态矩阵 $\boldsymbol{A}$ 中的阶跃响应系数 α_i，它的最后一列用到了 g_i 的和，这与 $\boldsymbol{A}$ 中最后一列的形式是不对应的。其原因在于，DMC 以 Δu 为控制输入，在控制时域后的 $\Delta u = 0$，不再考虑其阶跃响应的影响，而在 MAC 中则以 u 为控制输入，在控制时域后 u 不再变化，但 $u = u(k+M-1) \neq 0$，仍需考虑其脉冲响应的叠加。

第二，即使在没有模型误差即 $e(k) = 0$ 时，上述多步 MAC 算法一般也存在静差，因为在到达稳态时，根据

$$u(k) = \boldsymbol{d}^{\mathrm{T}}[\boldsymbol{y}_{\mathrm{r}}(k) - \boldsymbol{G}_2 \boldsymbol{u}_2(k)]$$

可得
$$u_{\mathrm{s}}\big[1 + d_1(g_2 + \cdots + g_N) + \cdots + d_P(g_{P+1} + \cdots + g_N)\big]$$
$$= (d_1 \alpha + \cdots + d_P \alpha^P) y_{\mathrm{s}} + \big[d_1(1-\alpha) + \cdots + d_P(1-\alpha^P)\big] c$$

而
$$y_{\mathrm{s}} = \left(\sum_{i=1}^{N} g_i\right) u_{\mathrm{s}}$$

故可得
$$y_{\mathrm{s}} = \frac{\left\{\left(\sum_{i=1}^{N} g_i\right)\big[d_1(1-\alpha) + \cdots + d_P(1-\alpha^P)\big]\right\} \cdot c}{\left\{\left(\sum_{i=1}^{N} g_i\right)\big[d_1(1-\alpha) + \cdots + d_P(1-\alpha^P)\big] + \big[1 - d_1 g_1 - \cdots - d_P(g_1 + \cdots + g_P)\big]\right\}} \triangleq \mu c$$

由此可见，只要 $1 - d_1 g_1 - \cdots - d_P(g_1 + \cdots + g_P) \neq 0$，系统的稳态输出 y_{s} 便存在静差 $d_{\mathrm{s}} = c - y_{\mathrm{s}} = (1-\mu)c$。

可以证明，若在优化性能指标［式（10.23）］中选择 $r_j = 0$，则上述静差不再出现，因为这时有

$$[d_1 \ \cdots \ d_P] = [1 \ 0 \ \cdots \ 0](\boldsymbol{G}_1^{\mathrm{T}} \boldsymbol{Q} \boldsymbol{G}_1)^{-1} \boldsymbol{G}_1^{\mathrm{T}} \boldsymbol{Q}$$

两边右乘 $\boldsymbol{G}_1$ 可得
$$[d_1 \ \cdots \ d_P]\boldsymbol{G}_1 = [1 \ 0 \ \cdots \ 0]$$

展开后有
$$d_1 g_1 + d_2 g_2 + \cdots + d_P g_P = 1$$
$$d_2 g_1 + \cdots + d_P g_{P-1} = 0$$
$$\vdots \qquad\qquad \vdots$$
$$d_M g_1 + \cdots + d_P(g_1 + \cdots + g_{P-M+1}) = 0$$

相加后可得
$$d_1 g_1 + d_2(g_1 + g_2) + \cdots + d_P(g_1 + \cdots + g_P) = 1$$

因此，在不对控制量抑制时可导致无静差的控制。以上在讨论一步优化时证明了闭环预测可消除静差，正是因为性能指标［式（10.16）］中没有考虑控制的加权。

MAC 算法在一般的性能指标下会出现静差，是由于它以 u 作为控制量，本质上导致了比例性质的控制。而 DMC 算法与此不同，它以 Δu 直接作为控制量，在控制中包含了数字积分环节，因而即使在模型失配的情况下，也能导致无静差的控制，这是 DMC 算法的显著优越之处。

10.3.3　算法实现

本节讨论一步优化模型预测控制算法。

所谓一步优化控制算法，是指每次只实施一步优化控制的算法，简称一步 MAC。此时有

预测模型： $y_m(k+1) = \boldsymbol{g}^T \boldsymbol{U}(k) = g_1 u(k) + \sum_{i=2}^{N} g_i u(k-i+1)$

参考轨迹： $y_r(k+1) = \alpha y(k) + (1-\alpha)w$

优化指标： $J_1(k) = \left[y_p(k+1) - y_r(k+1) \right]^2$

误差校正： $y_p(k+1) = y_m(k+1) + e(k) = y_m(k+1) + y(k) - \sum_{i=1}^{N} g_i u(k-i)$

由此可导出最优控制量 $u(k)$ 的显式解：

$$\dot{u}(k) = \frac{1}{g_1}\left[ay(k) + (1-\alpha)w - y(k) + \sum_{i=1}^{N} g_i u(k-i) - \sum_{i=2}^{N} g_i u(k-i+1) \right]$$

$$= \frac{1}{g_1}\left\{ (1-\alpha)[w-y(k)] + g_N u(k-N) + \sum_{i=1}^{N-1} (g_i - g_{i+1})u(k-i) \right\}$$

如果对控制量存在约束条件，则实际控制作用的实现可按图 10.11 中的流程操作。

具体实现如下。

（1）离线计算。测定对象的脉冲响应 $g_1, g_2, \cdots, g_N$，并经光滑后得到；选择参考轨迹的时间常数 T_r，计算 $a = \exp(-T/T_r)$。

（2）初始化。把 $g_1 - g_2, g_2 - g_3,$ $\cdots, g_N$ 置入固定内存单元；把工作点参数 u_0、给定值 ω，以及参数 $g_1, 1-\alpha$ 和有关约束条件 $u_{min}^*(k) = u_{min} - u_0$，$u_{max}^*(k) = u_{max} - u_0$ 置入固定内存单元；设置初值 $u(i) = 0 (i = 1, 2, \cdots, N)$。

（3）在线计算。一步 MAC 特别简单，且在线计算量小。但是，一步 MAC 不适用于时滞对象与非最小相位对象。

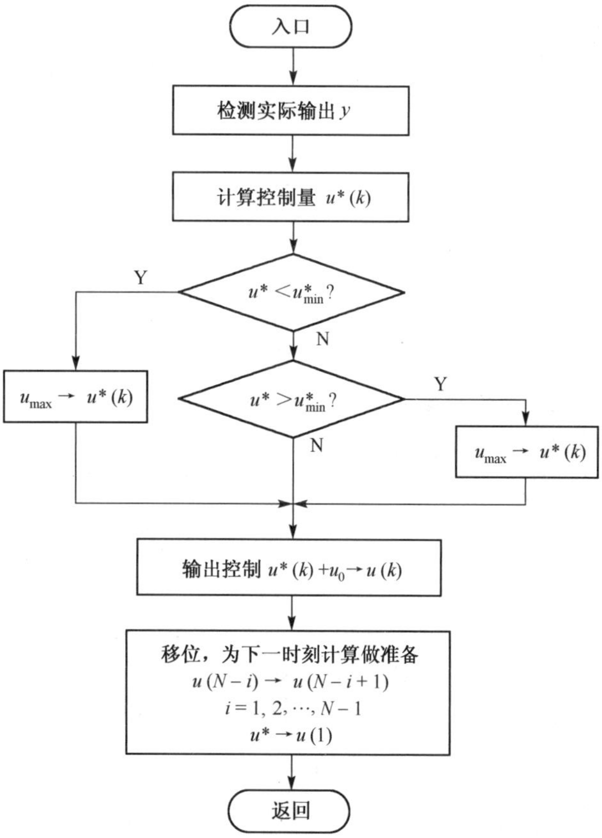

10.3.4 MAC 的主要特征和优点

1. MAC 的主要特征

（1）预测模型采用脉冲响应模型。

（2）通过调整给定目标轨迹的一次迟滞系统的时间常数，来满足控制特性有关的鲁棒稳定性、鲁棒性等指标。

2. MAC 算法的优点

（1）由于采用的是脉冲响应模型，无须降低其模型阶数。

图 10.11　一步 MAC 流程图

（2）对于过程输入的大小和变化率的约束，可正确地直接进行处理。

（3）控制律是时变的，闭环响应对于受控对象的变化具有鲁棒性。

（4）依靠内部模型的在线更新，可以实现增益预调整。

（5）脉冲响应模型的设定和控制量的计算使用相同算法，可以简化硬件条件。

（6）对于不同的受控对象，可以采用不同的采样周期。

（7）对于传感器故障或系统控制特性的恶化，可以在线修改控制规则。

10.4 广义预测控制算法

广义预测控制（Generalized Predictive Control）是 20 世纪 80 年代产生的一种新型控制方法。因为其具有较强的鲁棒性、对模型要求低等特点，更适合于实际工业生产过程和控制，所以它一经提出就在控制理论界引起高度的重视，并随着算法的不断发展，在工业过程控制领域得到了越来越多的应用。近年来，其应用领域已延伸到冶金、机械、电子甚至医学等领域。

10.4.1 广义预测控制基本理论

1. 问题描述

被控对象的数学模型采用如下离散差分方程描述：

$$A(z^{-1})y(t) = B(z^{-1})u(t-1) + C(z^{-1})\omega(t)/\Delta$$

其中，$A(z^{-1})$、$B(z^{-1})$ 和 $C(z^{-1})$ 是后移算子 z^{-1} 的多项式

$$A(z^{-1}) = 1 + a_1 z^{-1} + \cdots + a_{n_a} z^{-n_a}, \quad B(z^{-1}) = b_0 + b_1 z^{-1} + \cdots + b_{n_b} z^{-n_b}, C(z^{-1}) = 1 + c_1 z^{-1} + \cdots + c_{n_c} z^{-n_c}$$

上式中被控对象的固有时滞为 1，$u(t)$ 和 $y(t)$ 分别是被控对象的输入和输出，$\omega(t)$ 为随机变量序列，$\Delta = 1 - z^{-1}$ 为差分算子。

为方便起见，在下面的推导中令 $C(z^{-1}) = 1$，有如下受控自回归积分滑动平均模型：

$$A(z^{-1})y(t) = B(z^{-1})u(t-1) + \omega(t)/\Delta \tag{10.29}$$

设定从当前时刻开始的各预测周期的输出设定值为 $y_r(t+j)$（$j = 1, 2\cdots$），广义预测控制的任务就是使被控对象的输出 $y(t+j)$ 尽可能平稳地达到设定值 $y_r(t+j)$。需要注意的是，控制的目的不是使输出直接等于设定值，而是跟踪参考轨迹。因此，我们往往将参考轨迹柔化为

$$w(t+j) = \alpha^j y(t) + (1 - \alpha^j) y_r \qquad j = 1, 2, \cdots, N$$

式中，y_r、$y(t)$ 和 $w(t+j)$ 分别为设定值、输出值和参考轨迹；α（$0 < \alpha < 1$）为柔化系数。

给定性能指标函数：
$$J = E\left[\sum_{j=N_0}^{N} \left(y(t+j) - y_r(t+j) \right)^2 + \sum_{j=N_0}^{M} \lambda(j) \Delta u(t+j)^2 \right] \tag{10.30}$$

式中，$\Delta u(t+j) = 0$（$M \leqslant j < N$），表示从 t 时刻开始的 M 步以后控制量不再变化；N_0 是最小预测时域；N 是最大预测时域；M 是控制时域；$\lambda(j)$ 是控制加权序列。为了方便推导，这里设 $\lambda(j) = 1$，$N_0 = 1$。图 10.12 反映了 N 与 M 之间的关系。

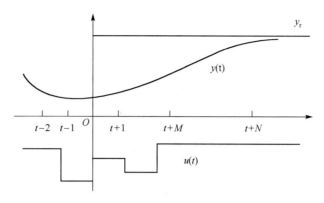

图 10.12　预测时域 N 与控制时域 M

为了得到 j 步后输出 $y(t+j)$ 的最优预测值，使用如下 Diophantine 方程：

$$1 = E_j(z^{-1})A(z^{-1})\Delta + z^{-j}F_j(z^{-1}) \tag{10.31}$$

$$E_j(z^{-1})B(z^{-1}) = G_j(z^{-1}) + z^{-j}H_j(z^{-1}) \tag{10.32}$$

其中，$j=1,\cdots,N$；并且 $E_j(z^{-1})$, $F_j(z^{-1})$, $G_j(z^{-1})$, $H_j(z^{-1})$ 是 z^{-1} 的多项式

$$E_j(z^{-1}) = e_0 + e_1 z^{-1} + \cdots + e_{j-1}z^{-j+1}, \quad F_j(z^{-1}) = f_0^j + f_1^j z^{-1} + \cdots + f_{n_a}^j z^{-n_a}$$

$$G_j(z^{-1}) = g_0 + g_1 z^{-1} + \cdots + g_{j-1}z^{-j+1}, \quad H_j(z^{-1}) = h_0^j + h_1^j z^{-1} + \cdots + h_{n_b-1}^j z^{-n_b+1}$$

为简化起见，在随后的公式中将 $E_j(z^{-1})$, $F_j(z^{-1})$, $G_j(z^{-1})$, $H_j(z^{-1})$ 多项式括号中的 z^{-1} 省略。

将式（10.29）两端同乘 E_j，并代入式（10.31）和式（10.32），得

$$y(t+j) = G_j\Delta u(t+j-1) + F_j y(t) + H_j\Delta u(t-1) + E_j\omega(t+j) \tag{10.33}$$

式中，$E_j\omega(t+j)$ 是 t 时刻后的白噪声，则 $t+j$ 时刻以后输出的最优预测值 $\mathring{y}(t+j)$ 可以表示为

$$\mathring{y}(t+j) = G_j\Delta u(t+j-1) + F_j y(t) + H_j\Delta u(t-1)$$

则有

$$y(t+j) = \mathring{y}(t+j) + E_j\omega(t+j)$$

将式（10.33）写成向量形式：

$$\boldsymbol{y} = \boldsymbol{G}\boldsymbol{u} + \boldsymbol{F}\, y(t) + \boldsymbol{H}\Delta u(t-1) + \boldsymbol{E} \tag{10.34}$$

式中

$$\boldsymbol{y}^{\mathrm{T}} = [y(t+1),\cdots,y(t+N)], \qquad \boldsymbol{u}^{\mathrm{T}} = [\Delta u(t),\cdots,\Delta u(t+M-1)]$$

$$\boldsymbol{F}^{\mathrm{T}} = [F_1,\cdots,F_N], \quad \boldsymbol{H}^{\mathrm{T}} = [H_1,\cdots,H_N], \quad \boldsymbol{E}^{\mathrm{T}} = [E_1\omega(t+1),\cdots,E_N\omega(t+N)]$$

$$\boldsymbol{G} = \begin{bmatrix} g_0 & & & \boldsymbol{0} \\ g_1 & g_0 & & \\ \vdots & & \ddots & \\ g_{M-1} & g_{M-2} & \cdots & g_0 \\ \vdots & & & \\ g_{N-1} & g_{N-2} & \cdots & g_{N-M} \end{bmatrix}$$

定义
$$y_r^T = [y_r(t+1), \cdots, y_r(t+N)]$$

则性能指标函数式（10.30）可写成
$$J = E\left[(y - y_r)^T (y - y_r) + \lambda u^T u \right] \tag{10.35}$$

将式（10.34）代入式（10.35），求得使 J 取最小值的控制律为
$$G^T \left[Gu + Fy(t) + H\Delta u(t-1) - y_r \right] + \lambda u = 0$$

整理得
$$u = (G^T G + \lambda I)^{-1} G^T \left[y_r - Fy(t) - H\Delta u(t-1) \right]$$

将 $(G^T G + \lambda I)^{-1} G^T$ 的第一行记为
$$[p_1, \cdots, p_N] = p^T \tag{10.36}$$

并且定义
$$P(z^{-1}) = p_N + p_{N-1}z^{-1} + \cdots + p_1 z^{-N+1} \tag{10.37}$$

则根据滚动优化和反馈校正的原理，广义预测控制律可写成如下形式
$$\Delta u(t) = p^T \left[y_r - Fy(t) - H\Delta u(t-1) \right] = P(z^{-1})y_r(t+N) - \alpha(z^{-1})y(t) - \beta(z^{-1})\Delta u(t-1) \tag{10.38}$$
$$u(t) = u(t-1) + \Delta u(t) \tag{10.39}$$

其中
$$\alpha(z^{-1}) = \sum_{j=1}^{N} p_j F_j(z^{-1}) = \alpha_0 + \alpha_1 z^{-1} + \cdots + \alpha_{n_a} z^{-n_a} \tag{10.40}$$

$$\beta(z^{-1}) = \sum_{j=1}^{N} p_j H_j(z^{-1}) = \beta_0 + \beta_1 z^{-1} + \cdots + \beta_{n_b-1} z^{-n_b+1} \tag{10.41}$$

式（10.38）和式（10.39）即为广义预测控制律。

2. Diophantine 方程的递推求解

随着预测步数 j 的改变，Diophantine 方程中的 E_j, F_j 和 G_j, H_j 的数值也随之改变，所以每一步都需要重新计算。下面来求其数值的递推解。

（1）E_j, F_j 的递推求解

对于 $j+1$ 步预测，由 Diophantine 方程（10.31）可得
$$1 = E_{j+1}(z^{-1})\bar{A}(z^{-1}) + z^{-(j+1)}F_{j+1}(z^{-1}) \tag{10.42}$$

式中
$$\bar{A}(z^{-1}) = A(z^{-1})\Delta = 1 + \bar{a}_1 z^{-1} + \cdots + \bar{a}_{n_a+1}z^{-n_a-1}$$

将式（10.31）与式（10.42）相减，得
$$\bar{A}(z^{-1})\left[E_{j+1}(z^{-1}) - E_j(z^{-1}) \right] + z^{-j}\left[z^{-1}F_{j+1}(z^{-1}) - F_j(z^{-1}) \right] = 0 \tag{10.43}$$

即
$$E_{j+1}(z^{-1}) - E_j(z^{-1}) = \frac{z^{-j}}{\bar{A}(z^{-1})}\left[F_j(z^{-1}) - z^{-1}F_{j+1}(z^{-1}) \right]$$

显然，上式左边从 0 到 $j-1$ 次的所有幂次项均为 0，因此 $E_j(z^{-1})$ 和 $E_{j+1}(z^{-1})$ 的前 j 项的系数必相等，于是有
$$E_{j+1}(z^{-1}) = E_j(z^{-1}) + e_j z^{-j} \tag{10.44}$$

将式（10.44）代入式（10.43），得
$$F_{j+1}(z^{-1}) = z\left[F_j(z^{-1}) - e_j \bar{A}(z^{-1}) \right]$$

为了求出 E_j, F_j 的递推解，将上式展开，即

$$f_0^{j+1} + f_1^{j+1} z^{-1} + \cdots + f_{n_a}^{j+1} z^{-n_a}$$

$$= z \left[f_0^j + f_1^j z^{-1} + \cdots + f_{n_a}^j z^{-n_a} - e_j(1 + \overline{a}_1 z^{-1} + \cdots + \overline{a}_{n_a+1} z^{-n_a-1}) \right]$$

$$= z \left[(f_0^j - e_j) + (f_1^j - \overline{a}_1 e_j) z^{-1} + \cdots + (f_{n_a}^j - \overline{a}_{n_a} e_j) z^{-n_a} - e_j \overline{a}_{n_a+1} z^{-(n_a+1)} \right]$$

令上式两边幂次项系数相等，有

$$e_j = f_0^j = F_j(0) \tag{10.45}$$

$$f_i^{j+1} = f_{i+1}^j - \overline{a}_{i+1} f_0^j \qquad 0 \leqslant i < n_a \tag{10.46}$$

$$f_{n_a}^{j+1} = -\overline{a}_{n_a+1} f_0^j \tag{10.47}$$

由式（10.45）～式（10.47）即可递推计算 E_j, F_j 的系数。

递推时所需初值由 $j=1$ 时的 Diophantine 方程式（10.31）解出：

$$1 = E_1(z^{-1})\overline{A}(z^{-1}) + z^{-1} F_1(z^{-1})$$

则有

$$E_1(z^{-1}) = e_0 = 1$$

$$F_1(z^{-1}) = z\left[1 - \overline{A}(z^{-1})\right] = -\overline{a}_1 - \overline{a}_2 z^{-1} - \cdots - \overline{a}_{n_a+1} z^{-n_a}$$

（2） G_j, H_j 的递推求解

对于 $j+1$ 步预测，由 Diophantine 方程式（10.32）有

$$E_{j+1}(z^{-1})B(z^{-1}) = G_{j+1}(z^{-1}) + z^{-(j+1)} H_{j+1}(z^{-1}) \tag{10.48}$$

式（10.48）与式（10.33）相减，得

$$\left[E_{j+1}(z^{-1}) - E_j(z^{-1})\right]B(z^{-1}) = G_{j+1}(z^{-1}) - G_j(z^{-1}) + z^{-j}\left[z^{-1} H_{j+1}(z^{-1}) - H_j(z^{-1})\right] \tag{10.49}$$

由式（10.44）式（10.49）可得 $\qquad G_{j+1}(z^{-1}) - G_j(z^{-1}) = g_j z^{-j} \tag{10.50}$

利用式（10.44）和式（10.50），式（10.46）可写为

$$e_j B(z^{-1}) = g_j + z^{-1} H_{j+1}(z^{-1}) - H_j(z^{-1})$$

将上式展开，即 $\qquad e_j(b_0 + b_1 z^{-1} + \cdots + b_{n_b} z^{-n_b})$

$$= g_j + z^{-1}(h_0^{j+1} + h_1^{j+1} z^{-1} + \cdots + h_{n_b-1}^{j+1} z^{-n_b+1}) - (h_0^j + h_1^j z^{-1} + \cdots + h_{n_b-1}^j z^{-n_b+1})$$

令上式两边幂次项系数相等，有

$$g_j = e_j b_0 + h_0^j \tag{10.51}$$

$$h_{i-1}^{j+1} = e_j b_i + h_i^j \qquad 1 \leqslant i < n_b \tag{10.52}$$

$$h_{n_b-1}^{j+1} = e_j b_{n_b} \tag{10.53}$$

由式（10.51）～式（10.53）即可递推计算 G_j, H_j 的系数。

递推求解 G_j, H_j 时，所需初值由 $j=1$ 时的 Diophantine 方程式（10.32）解出：

$$e_0 B(z^{-1}) = G_1(z^{-1}) + z^{-1} H_1(z^{-1})$$

即

$$G_1(z^{-1}) = g_0 = e_0 b_0$$

$$H_1(z^{-1}) = z(e_0 B(z^{-1}) - e_0 b_0) = b_1 + b_2 z^{-1} + \cdots + b_{n_b} z^{-n_b+1}$$

3. 广义预测控制方法的参数选择

广义预测控制方法采用了多步预测的方式，同单步预测相比，增加了预测时域 N_0，N 和控制时域 M 以及控制加权常数 λ 等控制参数。这些参数值的选取对控制性能有着重要影响，其选取的一般性原则如下。

（1）最小预测时域 N_0。当被控对象的时滞 d 已知时，取 $N_0 \geqslant d$。若 $N_0 \leqslant d$，则在 $y(t+1),\cdots,y(t+N)$ 中将有一些输出不受输入 $u(t)$ 的影响。时滞 d 未知时，为了不失一般性，可取 $N_0 = 1$。

（2）预测时域 N。为了包括被控对象的真实动态部分，一般取 N 接近于系统的上升时间。实际应用中，常用较大的 N，使它超过被控对象脉冲响应的时滞部分或非最小相位特性引起的反向部分，并覆盖被控对象的主要动态响应。

N 的取值影响着系统的稳定性和快速性。取值较小，响应迅速，但稳定性较差，过小时甚至会导致系统超调和振荡；取值较大，虽然鲁棒性好，但响应速度慢，增加了计算时间，系统的实时性不佳。所以在实际选择中，往往在上述两者之间取值，使系统既能达到所期望的稳定性，又拥有较好的快速性。

（3）控制时域 M。M 是算法所控制的预测输出的长度，M 越小，则跟踪性越差。增大 M 可提高对系统的控制能力，但随着 M 的增大，系统的稳定性随之降低，同时矩阵维数增加，运算量增大，降低了系统的实时性。因此，选择的时候需要综合考虑，两者兼顾。

对于一个简单的被控对象，一般取 $M = 1$ 即可；对复杂的被控对象，我们可以逐步增大 M，直到控制和输出响应变化较小为止。

（4）控制加权常数 λ。λ 的作用是限制控制增量 $\Delta u(t)$ 的剧烈变化。增大 λ，可以增强控制的稳定性，但同时也减弱了控制强度。一般情况下，λ 取得较小，若实际控制中发现控制系统稳定但控制量变化较大时，可适度增加 λ 值，直至达到满意的控制效果。值得一提的是，上述参数的选择对控制效果的影响是非线性的，参数之间也会相互影响。比如，当 N 增大时，λ 也要相应增加，否则可能会影响闭环系统的稳定性。这些需要在控制过程中结合控制效果加以调整。

4. 广义预测控制算法

（1）算法步骤

以上介绍的广义预测控制基本算法是在被控对象参数已知的情况下推导出来的。当被控对象的参数未知或慢时变时，必须使用参数估计算法，先在线估计出 $A(z^{-1})$ 和 $B(z^{-1})$ 的系数，然后用参数估计值代替真实值进行控制律的推导。这里假设 $A(z^{-1})$ 和 $B(z^{-1})$ 的阶次 n_a 和 n_b 是已知的。

为突出算法，令 $C(z^{-1}) = 1$，可将被控对象的数学模型写为

$$\Delta y(t) = -a_1 \Delta y(t-1) - \cdots - a_{n_a} \Delta y(t-n_a) + b_0 \Delta u(t-1) + \cdots + b_{n_b} \Delta u(t-n_b-1) + w(t) \quad (10.54)$$

上式可表示为
$$\Delta y(t) = X(t-1)^T \theta_0 + w(t)$$

其中
$$X(t-1)^T = [-\Delta y(t-1),\cdots,-\Delta y(t-n_a),\Delta u(t-1),\cdots,\Delta u(t-n_b-1)]$$

$$\theta_0 = [a_1,\cdots,a_{n_a},b_0,\cdots,b_{n_b}]^T$$

令
$$\varepsilon(t) = \Delta y(t) - X(t-1)^T \hat{\theta}(t-1)$$

其中
$$\hat{\theta}(t) = [\hat{a}_1(t),\cdots,\hat{a}_{n_a}(t),\hat{b}_0(t),\cdots,\hat{b}_{n_b}(t)]^T$$

考虑到被控对象参数可能慢时变的情况下，选取具有遗忘因子的递推最小二乘算法，即：

$$\hat{\theta}(t) = \hat{\theta}(t-1) + \frac{P(t-2)X(t-1)\varepsilon(t)}{\rho + X(t+1)^{\mathrm{T}}P(t-2)X(t-1)}$$

$$P(t-1) = \frac{1}{\rho}\left[P(t-2) - \frac{P(t-2)X(t-1)X(t-1)^{\mathrm{T}}P(t-2)}{\rho + X(t-1)^{\mathrm{T}}P(t-2)X(t-1)}\right] \quad （10.55）$$

式中，ρ 是遗忘因子，一般取 $\rho = 0.95 \sim 1$；$P(-1)$ 为任意正定矩阵。

广义预测自适应控制算法步骤如下：

给定参数估计算法中的遗忘因子 ρ、正定矩阵 $P(-1)$ 和初始值 $\hat{\theta}(0)$；给定预测时域 N、控制时域 M 和加权常数 λ。

第 1 步：在线估计被控对象 $A(z^{-1})$ 和 $B(z^{-1})$ 的系数估计值构成的多项式 $\hat{A}(z^{-1})$ 和 $\hat{B}(z^{-1})$。

第 2 步：用 $\hat{A}(z^{-1})$ 和 $\hat{B}(z^{-1})$ 代替 $A(z^{-1})$ 和 $B(z^{-1})$，再利用 Diophantine 方程式（10.30）及式（10.31）求出 E_j, F_j, G_j 和 H_j。

第 3 步：计算矩阵 $\hat{\boldsymbol{G}}^{\mathrm{T}}$ 及 $(\hat{\boldsymbol{G}}^{\mathrm{T}}\hat{\boldsymbol{G}} + \lambda \boldsymbol{I})^{-1}$。

第 4 步：由式（10.38）和式（10.39）求解出下一时刻的控制量 $u(t)$。

第 5 步：$t = t+1$，返回到第 1 步。

例 10.2 给定一个被控对象模型

$$y(t) - 0.71y(t-1) + 0.28y(t-2) = 0.49u(t-1) - 1.05u(t-2)$$

设控制参数 $N = 3$，$M = 3$，$\lambda = 0.5$。试用递推法求解其 Diophantine 方程。

解 由对象模型可知 $\qquad A(z^{-1}) = 1 - 0.71z^{-1} + 0.28z^{-2}$

$$B(z^{-1}) = 0.49 - 1.05z^{-1}$$

$$\overline{A}(z^{-1}) = 1 - 1.71z^{-1} + 0.99z^{-2} - 0.28z^{-3}$$

由 Diophantine 方程式（10.31）：

$j = 1$ 时 $\qquad\qquad 1 = E_1(z^{-1})\overline{A}(z^{-1}) + z^{-1}F_1(z^{-1})$

计算得 $\qquad E_1(z^{-1}) = e_0 = 1$，$\qquad F_1(z^{-1}) = 1.71 - 0.99z^{-1} + 0.28z^{-2}$

$j = 2$ 时 $\qquad\qquad 1 = E_2(z^{-1})\overline{A}(z^{-1}) + z^{-2}F_2(z^{-1})$

计算得 $\qquad E_2(z^{-1}) = 1.0 + 1.71z^{-1}$，$\qquad F_2(z^{-1}) = 1.9 - 1.41z^{-1} + 0.48z^{-2}$

$j = 3$ 时 $\qquad\qquad 1 = E_3(z^{-1})\overline{A}(z^{-1}) + z^{-3}F_3(z^{-1})$

计算得 $\qquad E_3(z^{-1}) = 1.0 + 1.71z^{-1} + 1.93z^{-2}$，$\qquad F_3(z^{-1}) = 1.89 - 1.44z^{-1} + 0.54z^{-2}$

由 Diophantine 方程式（10.33）：

$j = 1$ 时 $\qquad\qquad E_1(z^{-1})B(z^{-1}) = G_1(z^{-1}) + z^{-1}H_1(z^{-1})$

计算得 $\qquad G_1(z^{-1}) = g_0 = e_0b_0 = 0.49$，$\qquad H_1(z^{-1}) = -1.05$

$j = 2$ 时 $\qquad\qquad E_2(z^{-1})B(z^{-1}) = G_2(z^{-1}) + z^{-2}H_2(z^{-1})$

计算得 $\qquad G_2(z^{-1}) = -0.21 + 0.49z^{-1}$，$\qquad H_2(z^{-1}) = -1.80$

$j = 3$ 时 $\qquad\qquad E_3(z^{-1})B(z^{-1}) = G_3(z^{-1}) + z^{-3}H_3(z^{-1})$

计算得 $\qquad G_3(z^{-1}) = -0.85 - 0.21z^{-1} + 0.49z^{-2}$，$\qquad H_3(z^{-1}) = -2.03$

故有
$$\boldsymbol{G} = \begin{bmatrix} 0.49 & 0 & 0 \\ -0.21 & 0.49 & 0 \\ -0.85 & -0.21 & 0.49 \end{bmatrix}, \quad (\boldsymbol{G}^{\mathrm{T}}\boldsymbol{G} + \lambda\boldsymbol{I})^{-1}\boldsymbol{G}^{\mathrm{T}} = \begin{bmatrix} 0.39 & -0.18 & -0.45 \\ -0.01 & 0.64 & -0.18 \\ 0.22 & -0.01 & 0.39 \end{bmatrix}$$

由式（10.38），有 $\Delta u(t) = 0.39\, y_{\mathrm{r}}(t+1) - 0.18\, y_{\mathrm{r}}(t+2) - 0.45\, y_{\mathrm{r}}(t+3) + 0.53\, y(t) -$

$$0.51 y(t-1) + 0.22\, y(t-2) - 0.82\, \Delta u(t-1)$$

再由 $u(t) = u(t-1) + \Delta u(t)$ 计算出所预测出来的 t 时刻的控制量即可。

（2）广义预测控制仿真实例

仿真实例仍同上，为最小相位系统

$$y(t) - 0.71 y(t-1) + 0.28 y(t-2) = 0.49 u(t-1) - 1.05 u(t-2)$$

图 10.13 中参考轨迹是周期性变化的，从控制曲线来看，广义预测控制能得到较好的控制效果，反映出了算法本身具有较强的控制能力。

图 10.14 给出的是在不同的控制参数情况下的控制曲线，从中我们可以体会到不同的控制参数带来的不同的控制效果。在实际使用中，需要反复实验，选择一个合适的参数值。

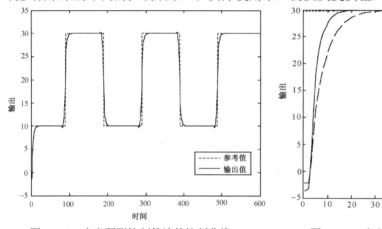

图 10.13　广义预测控制算法的控制曲线 2

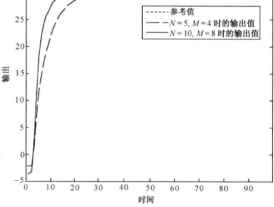

图 10.14　广义预测控制算法的控制曲线 1

10.4.2　基于 Toeplitz 预测方程的广义预测控制算法

基本的广义预测算法，需求解 Diophantine 方程和逆矩阵，计算量很大。在这里介绍一种不需要递推求解 Diophantine 方程的广义预测算法，该算法提出了一个基于 Toeplitz 矩阵的预测方程，并在其基础上减小了在线计算量，提高了控制算法的快速性。

1. 问题描述

给定单输入-单输出被控对象传递函数模型：

$$A(z^{-1})y(t) = z^{-1}B(z^{-1})u(t) \tag{10.56}$$

式中，$A(z^{-1})$、$B(z^{-1})$ 是后移算子 z^{-1} 的多项式

$$A(z^{-1}) = 1 + A_1 z^{-1} + \cdots + A_{n_{\mathrm{a}}} z^{-n_{\mathrm{a}}}, \quad B(z^{-1}) = B_0 + B_1 z^{-1} + \cdots + B_{n_{\mathrm{b}}} z^{-n_{\mathrm{b}}},$$

$u(t)$ 和 $y(t)$ 分别是被控对象的输入序列和输出序列。

式（10.56）两边同乘以 $\Delta(z)$ 得到增益模型：

$$D(z^{-1})y(t) = z^{-1}B(z^{-1})\Delta u(t) \tag{10.57}$$

式中
$$D(z) = A(z)\Delta(z) = D_0 + D_1 z^{-1} + \cdots + D_{n_d} z^{-n_d} \tag{10.58}$$

采用如下广义预测控制的性能指标 J 函数：

$$J = \sum_{i=1}^{N} \|e(i)\|_2^2 + \lambda \sum_{i=0}^{M-1} \|\Delta u(i)\|_2^2 \tag{10.59}$$

式中，N 是预测时域长度；M 是控制时域长度；$\Delta u(i) = u(i) - u(i-1)$ 是 i 时刻的控制增量；$e(i) = r(i) - y(i)$ 是 i 时刻预测输出的偏差向量（r_i 为 i 时刻输出设定值）；λ 是控制加权常数。为简便起见并不失一般性，在分析过程中我们假设 $r(i) = r$，其中 r 为常数。

为了实现广义预测控制，需要选择合适的 $\Delta u(t)$（$t = 0, 1, \cdots n-1$），使得性能指标函数 J 达到最小值，由此来获得下一时刻的控制量

$$u(t) = u(t-1) + \Delta u(t)$$

2. 基于 Toeplitz 矩阵的预测方程

引入 Toeplitz 矩阵 C_M 和 Hankel 矩阵 H_M：

$$C_M = \begin{bmatrix} M_0 & 0 & \cdots & \cdots & 0 \\ M_1 & M_0 & 0 & \cdots & 0 \\ \vdots & \vdots & \vdots & \vdots & \vdots \\ M_{n_M} & \vdots & \vdots & \vdots & 0 \\ \cdots & \cdots & \cdots & \cdots & M_0 \end{bmatrix}, \quad H_M = \begin{bmatrix} M_1 & M_2 & \cdots & M_{n_M} \\ M_2 & \cdots & M_{n_M} & 0 \\ \vdots & \vdots & \vdots & \vdots \\ M_{n_M} & 0 & \cdots & 0 \\ 0 & 0 & \cdots & 0 \\ \vdots & \vdots & \vdots & \vdots \end{bmatrix} \tag{10.60}$$

式中，$M = M_0 + M_1 z^{-1} + \cdots + M_{n_M} z^{-n_M}$；$C_M, H_M$ 的维数根据实际内容来确定。

得到式（10.57）的一种等价的新型矩阵形式

$$C_D Y = C_B \Delta U + P, \quad P = H_B \Delta U_{\text{past}} - H_D Y_{\text{past}} \tag{10.61}$$

式中，C_D 为 $N \times N$ 维；C_B 为 $N \times M$ 维；H_D 为 $N \times n_d$ 维；C_B 为 $N \times n_b$ 维；

$$Y = [y(t+1), \cdots, y(t+N)]^T; \quad \Delta U = [\Delta u(t), \cdots, \Delta u(t+M-1)]^T$$

$$Y_{\text{past}} = [y(t), \cdots, y(t-n_d+1)]^T; \quad \Delta U_{\text{past}} = [\Delta u(t-1), \cdots, \Delta u(t-n_b)]^T$$

式（10.61）的作用是把未来时刻的控制增量与过去时刻的控制增量和输出值分离开，便于滚动时域优化问题的求解。

由于 $Y = R - E$（R 为设定输出矩阵，E 为预测输出偏差矩阵）成立，可将式（10.61）进一步转化为

$$C_D E + C_B \Delta U = Q, \quad Q = C_D R - P, \quad P = H_B \Delta U_{\text{past}} - H_D Y_{\text{past}} \tag{10.62}$$

易知 C_D 是可逆的，可以得到基于 Toeplitz 矩阵的预测方程：

$$E = C_D^{-1}(Q - C_B \Delta U) \tag{10.63}$$

3. 控制律的求解

性能指标函数为
$$\begin{aligned} J &= E^T E + \lambda \Delta U^T \Delta U \\ &= (C_D^{-1} Q - C_D^{-1} C_B \Delta U)^T (C_D^{-1} Q - C_D^{-1} C_B \Delta U) + \lambda \Delta U^T \Delta U \end{aligned} \tag{10.64}$$

定义 $s = C_D^{-1} Q$，$v = C_D^{-1} C_B$，则有

$$J = (s - v\Delta U)^{\mathrm{T}}(s - v\Delta U) + \lambda \Delta U^{\mathrm{T}}\Delta U \qquad (10.65)$$

控制律求解如下：

$$\Delta U = (v^{\mathrm{T}}v + \lambda I)^{-1}v^{\mathrm{T}}s = \left[C_B{}^{\mathrm{T}}(C_D^{-1})^{\mathrm{T}}C_D^{-1}C_B + \lambda I \right]^{-1} C_B{}^{\mathrm{T}}(C_D^{-1})^{\mathrm{T}}C_D^{-1}Q \qquad (10.66)$$

下一时刻的控制量：
$$u(t) = \Delta u(t) + u(t-1) \qquad (10.67)$$

4．控制算法

（1）算法步骤

已知被控对象的传递函数 $A(z^{-1})y(t) = z^{-1}B(z^{-1})u(t)$，设定控制参数：预测时域 N，控制时域 M，控制加权常数 r，加权控制律矩阵 K，输出设定值 y_r。

第 1 步：已知被控对象参数 A，B，根据式（10.58）计算 D。

第 2 步：由卷积矩阵 C_M 和汉克尔矩阵 H_M 的定义式（10.60）和式（10.61）写出矩阵 C_D, C_B, H_D, H_B。

第 3 步：由式（10.62）求解 P, Q。

第 4 步：根据式（10.66）求解预测控制量偏差序列 $\Delta u(t), \cdots, \Delta u(t+M-1)$。

第 5 步：根据式（10.67）求解下一时刻的控制量 $u(t)$。

第 6 步：$t = t+1$，返回到第一步。

例 10.3 给定被控对象模型 $\qquad y(t) - 0.7y(t-1) = 0.6u(t-1) - 0.9u(t-2)$

控制参数 $N = 5$，$M = 4$，$\lambda = 10$。试用本节所述基于 Toeplitz 预测方程的广义预测控制方法，写出其预测方程并进行仿真控制。

解 由对象模型可知 $\quad A(z^{-1}) = 1 - 0.7z^{-1}$，$B(z^{-1}) = 0.6 - 0.9z^{-1}$

根据式（10.58）： $\qquad\qquad D(z^{-1}) = A(z^{-1})\Delta$

得 $\qquad\qquad D(z^{-1}) = 1 - 1.7z^{-1} + 0.7z^{-2}$

由 C_M, H_M 的定义式写出矩阵 C_D, C_B, H_D, H_B：

$$C_D = \begin{bmatrix} 1.0 & 0 & 0 & 0 & 0 \\ -1.7 & 1.0 & 0 & 0 & 0 \\ 0.7 & -1.7 & 1.0 & 0 & 0 \\ 0 & 0.7 & -1.7 & 1.0 & 0 \\ 0 & 0 & 0.7 & -1.7 & 1.0 \end{bmatrix}, \quad C_B = \begin{bmatrix} 0.6 & 0 & 0 & 0 \\ -0.9 & 0.6 & 0 & 0 \\ 0 & -0.9 & 0.6 & 0 \\ 0 & 0 & -0.9 & 0.6 \\ 0 & 0 & 0 & -0.9 \end{bmatrix}$$

$$H_B = \begin{bmatrix} -0.9 & 0 & 0 & 0 & 0 \end{bmatrix}^{\mathrm{T}}, \quad H_D = \begin{bmatrix} -1.7 & 0.7 & 0 & 0 & 0 \\ 0.7 & 0 & 0 & 0 & 0 \end{bmatrix}^{\mathrm{T}}$$

由式（10.62）可知 $\quad P = \begin{bmatrix} -0.9 & 0 & 0 & 0 & 0 \end{bmatrix}^{\mathrm{T}}\Delta u(t-1) - \begin{bmatrix} -1.7 & 0.7 & 0 & 0 & 0 \\ 0.7 & 0 & 0 & 0 & 0 \end{bmatrix}^{\mathrm{T}} \begin{bmatrix} y(t) \\ y(t-1) \end{bmatrix}$

$$Q = \begin{bmatrix} 1.0 & 0 & 0 & 0 & 0 \\ -1.7 & 1.0 & 0 & 0 & 0 \\ 0.7 & -1.7 & 1.0 & 0 & 0 \\ 0 & 0.7 & -1.7 & 1.0 & 0 \\ 0 & 0 & 0.7 & -1.7 & 1.0 \end{bmatrix} \begin{bmatrix} y_r(t) \\ y_r(t+1) \\ y_r(t+2) \\ y_r(t+3) \\ y_r(t+4) \end{bmatrix} - P$$

由式（10.66）及式（10.67），可解出下一时刻的控制量 $u(t) = u(t-1) + \Delta u(t)$。

（2）仿真结果

仿真实例仍同上，有非最小相位系统

$$y(t) - 0.7y(t-1) = 0.6u(t-1) - 0.9u(t-2)$$

图 10.15 示出了在不同的控制参数情况下的控制曲线，所有的控制方法参数的选择对控制性能有极为重要的影响。

图 10.16 是在同样的被控对象、同样的控制参数的情况下，比较了传统的也即基本的广义预测控制算法与本章中的新型广义预测控制算法的控制效果，从中可以看出新型广义预测控制算法在控制参数时域长度要求程度上的优越性，能以较小的控制参数时域长度获得比传统算法更好的控制效果。

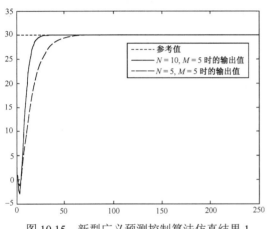

图 10.15　新型广义预测控制算法仿真结果 1　　　图 10.16　新型广义预测控制算法仿真结果 2

10.5　基于 MATLAB 的预测控制仿真

预测控制利用被控对象的预测模型估计控制作用施加出去后被控变量的未来值，从而指导控制量的优化，且这种优化过程是反复在线进行的。所以从指导思想来说，预测控制是优于传统的 PID 控制的，它非常适合控制那些不易建立精确数学模型且较复杂的工业过程。本节就 DMC 算法和 GPC 算法进行 MATLAB 仿真，并给出具体的.mdl 文件和.m 文件代码。

10.5.1　动态矩阵控制（DMC）仿真

动态矩阵控制是一种基于被控对象阶跃响应的预测控制算法，其算法结构可参见图 10.4。以下通过一个仿真实例介绍该算法的实现方法及其控制效果。

考虑一个常见二阶系统，其传递函数为

$$G(s) = \frac{1}{s^2 + 0.86s + 1.05} \tag{10.68}$$

对其采用 DMC 方法进行控制，可根据图 10.4 用 Simulink 构造如图 10.17 所示的仿真模型（本实例中定义该模型文件名为 DMCsimulink.mdl）。

动态矩阵控制算法的 MATLAB 实现如下。

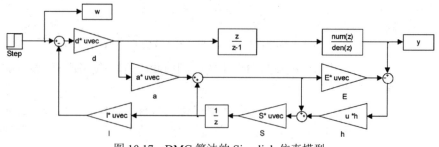

图 10.17　DMC 算法的 Simulink 仿真模型

```
% DMC.m   动态矩阵控制(DMC)
num=1;
den=[1 0.86 1.05];
G=tf(num,den);                  %连续系统
Ts=0.2;                         %采样时间 Ts
G=c2d(G,Ts);                    %被控对象离散化
[num,den,]=tfdata(G,'v');
N=60;                           %建模时域 N
[a]=step(G,1*Ts:Ts:N*Ts);       %计算模型向量 a
M=2;                            %控制时域
P=15;                           %优化时域
for j=1:M
    for i=1:P-j+1
        A(i+j-1,j)=a(i,1);      %动态矩阵 A
    end
end
Q=1*eye(P);                     %误差权矩阵 Q
R=1*eye(M);                     %控制权矩阵 R
C=[1,zeros(1,M-1)];             %取首元素向量 C 1*M
E=[1,zeros(1,N-1)];             %取首元素向量 E 1*N
d=C*(A'*Q*A+R)^(-1)*A'*Q;       %控制向量 d=[d1 d2 ...dp]
h=1*ones(1,N);                  %校正向量 h(N 维列向量)
I=[eye(P,P),zeros(P,N-P)];      %Yp0=I*Yno
S=[[zeros(N-1,1) eye(N-1)];[zeros(1,N-1),1]]; %N*N 移位阵 S
%运行 siumlink 文件
sim('DMCsimulink');
%图形显示
subplot(2,1,1);
plot(y,'LineWidth',2);
hold on;
plot(w,':r','LineWidth',2);
xlabel('\fontsize{12}时间');
ylabel('\fontsize{12}输出');
legend('输出值','设定值');
```

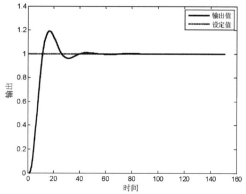

图 10.18　动态矩阵控制算法仿真曲线

仿真结果如图 10.18 所示，从图中可以看出，在模型匹配的情况下，DMC 算法可以得到良好的

控制效果。

10.5.2 广义预测控制（GPC）仿真

广义预测控制（GPC）是一种鲁棒性强、能有效克服系统滞后、可应用于开环不稳定非最小相位系统的先进控制算法，其算法基本原理可参见 10.4 节。以下通过一个仿真实例介绍广义预测自适应控制算法的实现方法及其控制效果。

仍考虑例 10.2 节中的最小相位系统作为被控对象，其 CARIMA 模型表述为

$$y(t) - 0.71y(t-1) + 0.28y(t-2) = 0.49u(t-1) - 1.05u(t-2) + \xi(t)/\Delta \qquad (10.69)$$

其中，$\xi(t)$ 是方差为 0.01 的白噪声序列。广义预测自适应算法的 MATLAB 实现如下。

```
%GPC.m 广义预测自适应控制算法(GPC)
clear;
%被控对象为 y(k)-2y(k-1)+1.1y(k-2)=u(k-4)+2u(k-5)+xi(k)/delta
A=[1 -0.71 0.28];C=1;d=1;
B=[zeros(1,d-1) 0.49 -1.05];
na=length(A)-1;nb=length(B)-1;        % na、nb 分别为 A、B 末项下标
N1=d;                                 % 优化时域初值 N1
N2=20;                                % 优化时域终值 N2
Nu=10;                                % 控制时域 Nu
L=200;                                % 仿真步长 L
xi=sqrt(0.01)*randn(L,1);             % xi(k)：方差为 0.01 白噪声序列
w=5*ones(1,L+d);                      % 设定值 w
dy=zeros(1,L);                        % 用 dy(t)表示 Δy(t)，存放每一时刻的 Δy
du=zeros(L,1);                        % 用 du(k)表示 Δu(t)，存放每一时刻的 Δu
dyt=zeros(na,1);                      % dyt(i)表示 Δy(t-i)，对每一时刻 t，存放过去的 Δy
dut=zeros(nb+1,1);                    % dut(i)表示 Δu(t-i)，对每一时刻 t，存放过去的 Δu
y=zeros(1,L);                         % 存放每一时刻计算的系统输出值
u=zeros(1,L);                         % 控制量初值
Y=zeros(na+1,1);                      % 计算 Δu 式中的 Y'=[Δy(t)Δy(t-1)……Δy(t-i)]
theta0=[-0.5 0.4 0.3 -1.5];           % 模型参数辨识初值
theta_e=zeros(na+nb+1,L);             % θ 的估计值，用 θ(:,i)表示 i 时刻 θ 的估计值
P=10^6*eye(na+nb+1);                  % 协方差矩阵 P 初值
mu=0.99;                              % 遗忘因子 μ
alpha=0.3;                            % 0<α<1 用于计算参考轨迹
Lambda=0.9;                           % 加权常数 λ
% 循环开始
for k=1:L
    % 计算输出数据
    switch k
        case 1
            dy(1)=xi(1);              % Δy(1)
            y(1)=dy(1);               % t=1 时刻系统输出值
        otherwise
            dy(k)=-A(2:na+1)*dyt+B*dut+xi(k);
            y(k)=y(k-1)+dy(k);
    end
```

```matlab
% 辨识开始
X=[-dyt;dut];
switch k
    case 1
        theta_e(:,1)=theta0;        % t=1 时刻 θ 的估计值等于 θ0
    otherwise
        theta_e(:,k)=theta_e(:,k-1)+P*X*(dy(k)-X'*theta_e(:,k-1))/(mu+X'*P*X);
        P=(1/mu)*(P-P*X*X'*P/(mu+X'*P*X));
end
% 提取辨识结果
A_e=[1 (theta_e(1:na,k))'];
B_e=theta_e(na+1:na+nb+1,k)';
% 解丢番图方程(通过调用 DPT 函数(参见后续代码)实现)
[E,F,G,H]=DPT(A_e,B_e,N1,N2,Nu,na,nb);
% 计算参考轨迹
yr=zeros(N2,1);
yr(1)=y(k);
for i=2:N2
    yr(i)=alpha*yr(i-1)+(1-alpha)*w(k+d);
end
yr=yr(N1:N2);
% 计算控制量
G1=(G'*G+Lambda*eye(Nu,Nu))^(-1)*G';
p=G1(1,:);
Y(1)=y(k);
switch k
    case 1
    otherwise
        i=min(k,na+1);
        for j=2:i
            Y(j)=y(k-j+1);
        end
end
switch k
    case 1
        du(1)=p*yr-p*F*Y;
    otherwise
        du(k)=p*yr-p*F*Y-p*H*dut(1:nb);
end
switch k
    case 1
        u(1)=du(1);
    otherwise
        u(k)=u(k-1)+du(k);
end
for i=na:-1:2
    dyt(i)=dyt(i-1);
end
```

```matlab
        dyt(1)=dy(k);
        for i=nb+1:-1:2
            dut(i)=dut(i-1);
        end
        dut(1)=du(k);
end
% 图形显示
figure(1)
plot(1:L,y)
xlabel('\fontsize{12}时间');
ylabel('\fontsize{12}输出');
hold on
plot(1:L,w(1:L),':r')
legend('输出值','设定值')
figure(2)
figure(2);
plot(1:L,theta_e)
xlabel('\fontsize{12}时间');
ylabel('\fontsize{12}辨识参数');
% 丢番图方程递推求解
function [E,F,G,H]=DPT(A_e,B_e,N1,N2,Nu,na,nb)
E=zeros(N2,N2);
F=zeros(N2,na+1);
G=zeros(N2,Nu);
H=zeros(N2,nb);
AA=conv(A_e,[1 -1]);
AA=AA(2:na+2);              %   AA=A*Δ-1
F(1,:)=-AA;
for j=1:1:N2
    for i=1:1:na+1
        switch i
            case na+1
                F(j+1,na+1)=-AA(na+1)*F(j,1);
            otherwise
                F(j+1,i)=F(j,i+1)-AA(i)*F(j,1);
        end
    end
end                        %   计算 F

E(1,:)=1;
for i=2:1:N2
    for j=1+1:1:i
        E(j,i)=F(j-1,1);
    end
end                        %   计算 E

H(1,:)=B_e(2:nb+1);
for j=1:1:N2-1
    for i=1:1:nb
        switch i
```

```
            case nb
                H(j+1,nb)=E(j+1,N2)*B_e(nb+1);
            otherwise
                H(j+1,i)=E(j+1,N2)*B_e(i+1)+H(j,i+1);
        end
    end
end                            %  计算 H

G(1,1)=B_e(1);
for j=2:1:N2
    G(j,1)=E(j,N2)*B_e(1)+H(j-1,1);
end
for i=2:1:Nu
    for j=i:1:N2
        G(j,i)=G(j-1,i-1);
    end
end                            %  计算  G

E=E';
E=E(N1:N2,:);
F=F(N1:N2,:);
G=G(N1:N2,:);
H=H(N1:N2,:);                  %  考虑 N1 不为 1 的情况
```

上述广义预测控制算法的仿真结果如图 10.19 所示，其中被控对象的设定值为 5。图 10.19 表明：在考虑噪声的情况下，广义预测自适应算法能够得到较好的控制效果。

图 10.20 给出的是系统对模型参数 a_1、a_2、b_0 和 b_1 的辨识过程曲线。从图中可以看出，该算法对系统参数的估计值收敛较为迅速，使得广义预测自适应算法能够很好地对一些非线性、时变系统的控制。

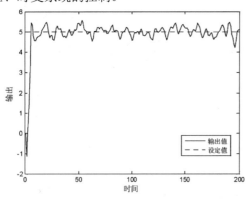

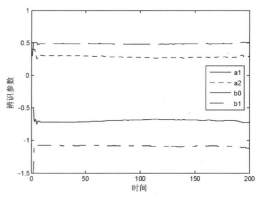

图 10.19　广义预测自适应控制算法仿真曲线　　图 10.20　广义预测自适应算法参数辨识曲线

本 章 小 结

1. 模型预测控制是一种基于模型的滚动优化控制策略，它具有三个基本环节：预测模型、滚动优化和反馈校正。

2. DMC 算法是一种基于对象阶跃响应的预测控制算法，用改变二次型目标函数中的权

系数矩阵 $\boldsymbol{Q}$、$\boldsymbol{R}$ 来实现参数调整，它适用于渐进稳定的线性对象。

3．MAC 使用系统的脉冲响应作为预测模型，也适用于渐进稳定的线性对象。

4．GPC 依赖于系统的输入-输出模型，适用于开环不稳定、非最小相位的线性系统。

习　　题

10.1　简述预测控制的基本原理。

10.2　简单说明 DMC、MAC 和基本 GPC 三种算法的特点和应用对象。

10.3　已知被控对象为

$$G(z) = \frac{1}{1 - 0.5z^{-1}}$$

可知其阶跃响应系数向量为　　$\boldsymbol{a} = [1 \quad 1.5 \quad 1.75 \quad 1.88 \quad 1.94 \quad 1.96 \quad 1.98 \quad 2]$

另外，设定预测时域 $P = 5$，控制时域 $M = 3$，优化性能指标为

$$J(k) = \sum_{i=1}^{P} q_i \left[\omega(k+i) - \hat{y}_M(k+i|k) \right]^2 + \sum_{j=1}^{M} r_j \Delta u^2(k+j-1)$$

其中，$q_i = 0.01 (i = 1, 2, \cdots, P)$；$r_i = 0.02 (i = 1, 2, \cdots, M)$。求动态矩阵 $\boldsymbol{A}$ 和 DMC 控制向量 $\boldsymbol{d}^{\mathrm{T}}$。

10.4　已知被控对象为

$$G(z) = \frac{1}{1 + 0.5z^{-1}}$$

可知其脉冲响应系数向量为　　$\boldsymbol{g} = [1 \quad 0.5 \quad 0.75 \quad 0.625 \quad 0.685 \quad 0.658 \quad 0.678 \quad 0.665]$

设定预测时域为 $P = 5$，控制时域为 $M = 3$。

（1）优化性能指标为

$$J(k) = \sum_{i=1}^{P} \omega_i \left[y_{\mathrm{p}}(k+i) - y_{\mathrm{r}}(k+i) \right]^2$$

求 MAC 开环最优控制量 $u(k)$。

（2）优化性能指标为

$$J(k) = \sum_{i=1}^{P} q_i \left[y_{\mathrm{p}}(k+i) - y_{\mathrm{r}}(k+i) \right]^2 + \sum_{j=1}^{M} r_j u^2(k+j-1)$$

其中，$q_i = 0.01 (i = 1, 2, \cdots, P)$；$r_i = 0.02 (i = 1, 2, \cdots, M)$。反馈误差权矩阵 $\boldsymbol{h} = [h_i, \cdots, h_p]$，$h_i = 0.01 (i = 1, 2, \cdots, P)$。求 MAC 闭环最优控制率 $u(k)$。

10.5　给定一被控系统　　$y(t) = 1.0y(t-1) - 0.2y(t-1) + 1.2u(t-1) - 0.5u(t-2)$

及预测时域长度 $N = 3$，控制时域长度 $M = N$。求解 $j = 1, 2$ 时，Diophantine 方程中的多项式 E_j，F_j，G_j 和 H_j。

第11章 先 进 控 制

先进过程控制是对那些不同于常规单回路控制，并具有比常规 PID 控制更好的控制效果的控制策略的统称。先进过程控制在工业过程控制理论和应用领域发展迅速，并受到普遍重视，它以先进的控制理论为基础，以计算机、智能传感器与仪表、总线网络为手段，一改传统的工业控制方式，实现全局优化，提高产品质量和生产效率。先进过程控制是控制理论、传感技术、计算机技术、网络与总线技术等多学科的交叉与结合，强调理论与实际的结合，重视应用技术。

本章着重介绍三种先进控制方法，包括自适应控制、智能控制和鲁棒控制。

11.1 自适应控制

11.1.1 自适应控制概述

在日常生活中，所谓自适应是指生物能改变自己的习性以适应新的环境的一种特征。因此，直观地说，自适应控制器应当是这样一种控制器，它能修正自己的特性以适应对象和扰动的动态特性的变化。

自适应控制的研究对象是具有一定程度不确定性的系统，这里所谓的"不确定性"是指描述被控对象及其环境的数学模型不是完全确定的，其中包含一些未知因素和随机因素。

自适应控制与常规的反馈控制和最优控制一样，也是一种基于数学模型的控制方法，所不同的只是自适应控制所依据的关于模型和扰动的先验知识比较少，需要在系统运行过程中不断提取有关模型的信息，使模型逐步完善。具体地说，可以依据对象的输入、输出数据，不断地辨识模型参数，这个过程称为系统的在线辨识。随着生产过程的不断进行，通过在线辨识，模型会变得越来越准确，越来越接近于实际。既然模型在不断地改进，显然，基于这种模型综合出来的控制作用也将随之不断地改进。

常规的反馈控制系统对于系统内部特性的变化和外部扰动的影响都具有一定的抑制能力，但是由于控制器参数是固定的，所以当系统内部特性变化或者外部扰动的变化幅度很大时，系统的性能常常会大幅度下降，甚至不稳定。所以对那些对象特性或扰动特性变化范围很大，同时又要求经常保持高性能指标的一类系统，采取自适应控制是合适的。应当指出，自适应控制比常规反馈控制要复杂得多，成本也高得多，因此只是在用常规反馈达不到所期望的性能时，才会考虑采用它。

自从 20 世纪 50 年代末期由美国麻省理工学院提出第一个自适应控制系统以来，先后出现过许多不同形式的自适应控制系统。发展到现阶段，无论是从理论研究还是从实际应用角度来看，比较成熟的自适应系统有两类：（1）模型参考自适应控制系统；（2）自校正控制系统。本节主要讲述这两类自适应控制的基础知识。

11.1.2 模型参考自适应控制

1. 模型参考自适应控制原理

模型参考自适应控制器是自适应控制器中的一种，其原理框图参见图 11.1。其中，参考模型代表被控对象对某种给定信号的理想响应特性。理想情况下，通过自适应调节机制调节控制器，使被控对象的实际输出 y_p 与参考模型的输出 y_m 之间的偏差尽量小。

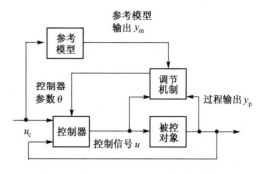

图 11.1　模型参考自适应系统原理框图

本节从一个简单系统入手，介绍模型参考自适应控制的基本思想，包括一阶系统的模型参考自适应控制器的结构和自适应律的设计。

2. 一阶系统的模型参考自适应控制

假定我们要控制的对象是一个一阶线性时不变系统，它的传递函数为

$$p(s) = \frac{Y_p(s)}{U(s)} = \frac{k_p}{s + a_p} \tag{11.1}$$

式中，$Y_p(s)$ 和 $U(s)$ 分别为对象输出和控制的拉氏变换；传递函数 $p(s)$ 中的 k_p 和 a_p 为未知参数。

我们选择一个参考模型，它是一个稳定的单输入单输出线性时不变系统，其传递函数为

$$M(s) = \frac{Y_m(s)}{R_m(s)} = \frac{k_m}{s + a_m} \tag{11.2}$$

式中，$k_m > 0$ 和 $a_m > 0$ 可由设计者按希望的输出响应来任意选取。

控制的目标就是设计控制信号 $u(t)$ 使对象输出 $y_p(t)$ 能渐进跟踪参考模型的输出 $y_m(t)$，而且在整个控制过程中，所有系统中的信号应当都是有界的。

（1）控制律的推导

对象和模型的时域描述如下：

$$\dot{y}_p = -a_p y_p(t) + k_p u(t) \tag{11.3}$$

$$\dot{y}_m = -a_m y_m(t) + k_m r(t) \tag{11.4}$$

一阶系统模型参考自适应控制的原理框图如图 11.2 所示。

图11.2中虚线所框的部分是一个闭环可调系统，它由被控对象、前馈可调参数 $c_0(t)$ 和

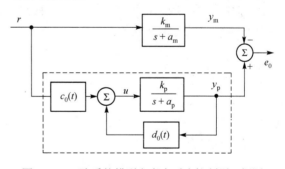

图 11.2　一阶系统模型参考自适应控制原理框图

反馈可调参数 $d_0(t)$ 组成。控制信号 $u(t)$ 由参考输入 $r(t)$ 和对象的输出信号 $y_p(t)$ 的线性组合构成，即有

$$u(t) = c_0(t)r(t) + d_0(t)y_p(t) \tag{11.5}$$

当 $c_0(t)$，$d_0(t)$ 等于其标称参数 c_0^*，d_0^* 时，有

$$c_0^* = \frac{k_\mathrm{m}}{k_\mathrm{p}} , \qquad d_0^* = \frac{a_\mathrm{p} - a_\mathrm{m}}{k_\mathrm{p}} \tag{11.6}$$

则可调系统的传递函数可以和参考模型的传递函数完全匹配。显然，由式（11.3）和式（11.5）可得

$$\dot{y}_\mathrm{p}(t) = -a_\mathrm{p} y_\mathrm{p}(t) + k_\mathrm{p}\left[c_0(t)r(t) + d_0(t)y_\mathrm{p}(t) \right]$$
$$= -\left[a_\mathrm{p} - k_\mathrm{p} d_0(t) \right] y_\mathrm{p}(t) + k_\mathrm{p} c_0(t)r(t) \tag{11.7}$$

当 $c_0(t) = c_0^*$，$d_0(t) = d_0^*$ 时，上式可简化为

$$\dot{y}_\mathrm{p}(t) = -a_\mathrm{m} y_\mathrm{p}(t) + k_\mathrm{m} r(t) \tag{11.8}$$

正好与参考模型的方程一样。

引入输出误差和参数误差及其动态方程，定义输出误差

$$e_0 = y_\mathrm{p} - y_\mathrm{m} \tag{11.9}$$

定义参数误差
$$\boldsymbol{\phi} = \begin{bmatrix} \phi_r(t) \\ \phi_y(t) \end{bmatrix} = \begin{bmatrix} c_0(t) - c_0^* \\ d_0(t) - d_0^* \end{bmatrix} \tag{11.10}$$

令式（11.7）与式（11.4）相减，得

$$\dot{e}_0 = -a_\mathrm{m}(y_\mathrm{p} - y_\mathrm{m}) + (a_\mathrm{m} - a_\mathrm{p} + k_\mathrm{p} d_0)y_\mathrm{p} + k_\mathrm{p} c_0 r - k_\mathrm{m} r$$
$$= -a_\mathrm{m} e_0 + k_\mathrm{p}\left[(c_0 - c_0^*)r + (d_0 - d_0^*)y_\mathrm{p} \right]$$
$$= -a_\mathrm{m} e_0 + k_\mathrm{p}(\phi_r r + \phi_y y_\mathrm{p}) \tag{11.11}$$

为简便起见，以下 s 既代表拉氏变换复变量，有时也可理解为微分算子。这样式（11.11）可写成以下比较紧凑的形式：

$$e_0 = \frac{k_\mathrm{p}}{s + a_\mathrm{m}}(\phi_r r + \phi_y y_\mathrm{p}) = \frac{k_\mathrm{p}}{k_\mathrm{m}} M(\phi_r r + \phi_y y_\mathrm{p}) = \frac{1}{c_0^*} M(\phi_r r + \phi_r y_\mathrm{p}) \tag{11.12}$$

注意：此处的 $M(\phi_r r + \phi_y y_\mathrm{p})$ 代表对时域信号 $\phi_r r + \phi_y y_\mathrm{p}$ 按传递函数 $M(\cdot)$ 的算子关系进行运算。

方程式（11.12）是严格正实误差方程，因为 $M(s)$ 为严格正实函数。因此，我们可以考虑采用以下形式的可调参数的自适应律：

$$\begin{cases} \dot{c}_0 = -g e_0 r \\ \dot{d}_0 = -g e_0 y_\mathrm{p}, \qquad g > 0 \end{cases} \tag{11.13}$$

这里要求：$k_\mathrm{p}/k_\mathrm{m} > 0$，$k_\mathrm{m} > 0$ 一般由设计者选定，因此需要知道对象 k_p 的符号。M 是严格正实的。也就是说，参考模型的类别应受到限制，它只能选择严格正实的传递函数。

值得注意的是，这里的信号 y_p 不是外部输入的，它本身就是 e_0 的函数，也是可调系统的函数。这与模型参考辨识的情况有所不同，不过对于稳定性的证明仍采用同一种思路。

首先假定 r 是有界的，所以 y_m 也是有界的，自适应控制系统的误差方程可用以下微分方程描述：

$$\begin{cases} \dot{e}_0 = -a_\mathrm{m} e_0 + k_\mathrm{p}(\phi_r r + \phi_y e_0 + \phi_y y_\mathrm{m}) \\ \dot{\phi}_r = -g e_0 r \\ \dot{\phi}_y = -g e_0^2 - g e_0 y_\mathrm{m} \end{cases} \tag{11.14}$$

其中最后一个方程利用了 $y_p = e_0 + y_m$ 的关系。在式（11.14）的表达式中，方程的右边包括了状态 (e_0, ϕ_r, ϕ_y) 和外部输入信号 (r, y_m)。选用以下函数为 Lyapunov 函数：

$$V(e_0, \phi_r, \phi_y) = \frac{e_0^2}{2} + \frac{k_p}{2g}(\phi_r^2 + \phi_y^2) \tag{11.15}$$

沿式（11.14）的轨线对式（11.15）取时间导数，有

$$\dot{V} = -a_m e_0^2 + k_p \phi_r e_0 r + k_p \phi_y e_0^2 + k_p \phi_y e_0 y_m - k_p \phi_r e_0 r - k_p \phi_y e_0^2 - k_p \phi_y e_0 y_m = -a_m e_0^2 \leqslant 0$$

因此，自适应控制系统在 Lyapunov 稳定的意义下是稳定的，也就是说，在任意初始条件下，e_0，ϕ_r 和 ϕ_y 都是有界的。根据式（11.14）可知，$\dot{e}_0$ 也是有界的。既然 V 是单调递减函数，而且有下界，即

$$\int_0^\infty \dot{V} \mathrm{d}t = -a_m \int_0^\infty e_0^2 \mathrm{d}t = V(\infty) - V(0) < \infty$$

所以 $e_0 \in L_2$。既然 $e_0 \in L_2 \bigcap L_\infty$，而且 $\dot{e}_0 \in l_\infty$，那么当 $t \to \infty$ 时，有 $e_0(t) \to \infty$。

上述证明 e_0 渐进稳定的方法很精巧也很简单，但是不容易推广到高阶系统，因为这里要求参考模型 M 是严格正实的。

上述算法称为直接控制算法，因为这种自适应算法可直接用来改进控制器的参数 c_0 和 d_0。

（2）自适应控制系统的结构

自适应控制系统的有参数调节和信号调节两种，下面仅给出自适应控制（信号调节）系统的具体结构，如图 11.3 所示。其中虚线所框出的部分为自适应律的计算机实现。c_0^*, d_0^* 为自适应控制器的标称参数。即在正常情况下，由前馈增益 c_0^*、反馈增益 d_0^* 和对象 $k_p / (s + a_p)$ 所组成的反馈控制系统，其传递函数恰好与参考模型的传递函数相匹配。如果对象的参数 k_p 或 a_p 发生了变化，则误差 $e_0(t) \neq 0$ 通过自适应律的信号调整，将使误差 $e_0(t) = 0$，可调系统与参考模型的输出将再度达到一致。

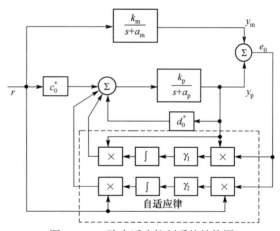

图 11.3 一阶自适应控制系统结构图

11.1.3 自校正控制

自校正控制是目前应用最广的一类自适应控制方法。它的基本思想是将参数估计递推算法与各种不同类型的控制算法相结合，组成不同类型的自校正控制器。本书只介绍最简单的基于单步预测的最小方差控制，它是基于优化某种性能指标而设计的。

最小方差自校正调节器于 1973 年由 Astrom 和 Wittenmark 正式提出，它按最小方差为目标设计自校正控制律，用递推最小二乘计算法直接估计控制器参数，它是一种最简单的自校正控制器。我们首先讨论这种自校正控制器的理由在于它的算法简单，易于理解，易于实现，而且也是其他自校正控制算法的基础，并且迄今在某些工业过程中仍有实用价值。

最小方差自校正控制的基本思想是：由于一般工业对象存在纯延时 d，当前的控制作用要滞后 d 个采样周期才能影响输出，因此，要使输出方差最小，就必须提前 d 步对输出量做

出预测，然后根据所得的预测值来设计所需的控制。这样，通过连续不断的预测和控制，就能保证稳态输出方差为最小。由此可见，实现最小方差控制的关键在于预测。

1. 预测模型

已知被控对象的数学模型为 $\qquad A(q^{-1})y(t) = q^{-d}B(q^{-1})u(t) + C(q^{-1})\xi(t)$ （11.16）

式中 $\qquad A(q^{-1}) = 1 + a_1 q^{-1} + \cdots + a_{n_a}q^{-n_a}$；$B(q^{-1}) = b_0 + b_1 q^{-1} + \cdots + b_{n_b}q^{-n_b}$；

$$C(q^{-1}) = 1 + c_1 q^{-1} + \cdots + c_{n_c}q^{-n_c}$$

$$E\{\xi(t)\} = 0；\quad E\{\xi(i)\xi(j)\} = \begin{cases} \sigma^2, & \text{当} i = j \text{时} \\ 0, & \text{当} i \neq j \text{时} \end{cases}$$

假定 $C(q^{-1})$ 是 Hurwitz 多项式，即 $C(z^{-1})$ 的根完全位于 z 平面的单位圆内。

对于过程式（11.16），到 t 时刻为止的所有输入输出观测数据可记为

$$\{Y^t, U^t\} = \{y(t), y(t-1), \cdots, u(t), u(t-1), \cdots\}$$

基于 $\{Y^t, U^t\}$ 对 $t+d$ 时刻输出的预测记为 $\hat{y}(t+d|t)$，预测误差记为

$$\bar{y}(t+d|t) = y(t+d) - \hat{y}(t+d|t)$$

则关于提前 d 步最小方差预测的结果可归纳成以下定理。

定理 1 最优 d 步预测

使预测误差的方差 $E\{\bar{y}^2(t+d|t)\}$ 为最小的最优 d 步预测 $y^*(t+d|t)$ 必满足方程

$$C(q^{-1})y^*(t+d|t) = G(q^{-1})y(t) + F(q^{-1})u(t) \tag{11.17}$$

式中 $\qquad\qquad\qquad\qquad F(q^{-1}) = E(q^{-1})B(q^{-1}) \tag{11.18}$

$$C(q^{-1}) = A(q^{-1})E(q^{-1}) + q^{-d}G(q^{-1}) \tag{11.19}$$

$E(q^{-1}) = 1 + e_1 q^{-1} + \cdots + c_{n_e}q^{-n_e}$；$G(q^{-1}) = g_0 + g_1 q^{-1} + \ldots + g_{n_g}q^{-n_g}$；$F(q^{-1}) = f_0 + f_1 q^{-1} + \cdots + f_{n_f}q^{-n_f}$

$E(q^{-1}), G(q^{-1})$ 和 $F(q^{-1})$ 的阶次分别为 $d-1, n_a-1$ 和 n_b+d-1。这时，最优预测误差的方差为

$$E\{\tilde{y}^*(t+d|t)^2\} = \left(1 + \sum_{i=1}^{d-1} e_i^2\right)\sigma^2 \tag{11.20}$$

证明：根据式（11.16）和式（11.19）可得

$$y(t+d) = E\xi(t+d) + \frac{B}{A}u(t) + \frac{G}{A}\xi(t) \tag{11.21}$$

为书写简便，多项式 $A(q^{-1})$ 简写成 A，其余类推。由式（11.16）可得

$$\xi(t) = \frac{A}{C}y(t) - \frac{q^{-d}B}{C}u(t)$$

将上式代入式（11.21），再利用方程式（11.8）和式（11.19）并简化后得

$$y(t+d) = E\xi(t+d) + \frac{F}{C}u(t) + \frac{G}{C}y(t) \tag{11.22}$$

由于最小化的性能指标 $J = E\{\bar{y}^2(t+d|t)\}$，所以有

$$J = E\left\{\left[y(t+d) - \hat{y}(t+d|t)\right]^2\right\} = E\left\{\left[E\xi(t+d) + \frac{F}{C}u(t) + \frac{G}{C}y(t) - \hat{y}(t+d|t)\right]^2\right\}$$

$$= E\left\{\left[E\xi(t+d)\right]^2\right\} + E\left\{\left[\frac{F}{C}u(t) + \frac{G}{C}y(t) - \hat{y}(t+d|t)\right]^2\right\}$$

上式右边的第一项是不可预测的，因此，欲使 J 最小必须取 $\hat{y}(t+d|t)$ 等于 $y^*(t+d|t)$，这时可得式（11.17），而且

$$J_{\min} = E\left\{\left[E(q)\xi(t+d)\right]^2\right\} = (1 + e_1^2 + \cdots + e_{d-1}^2)\sigma^2$$

方程式（11.22）称为预测模型，方程式（11.17）称为最优预测器方程，方程式（11.19）称为 Diophantine 方程。当 $A(q^{-1})$，$B(q^{-1})$，$C(q^{-1})$ 和 d 已知时，可以通过 Diophantine 方程求得 $E(q^{-1})$ 和 $G(q^{-1})$，进而求得 $F(q^{-1})$。为了求解 $E(q^{-1})$ 和 $G(q^{-1})$，可令式（11.19）两边 q 的同幂项系数相等，再求得所得的代数方程组，就可求出 $E(q^{-1})$ 和 $G(q^{-1})$ 的系数。

最后应当说明一下关于初始条件的选择问题，当 $C(q^{-1})$ 是稳定多项式时，初始条件对最优预测的影响将呈指数衰减，所以当 t 足够大时，如在稳态下预测，初始条件的影响就无关重要了。

例 11.1 求以下对象的最优预测器并计算其最小预测误差的方差。

$$y(t) + a_1 y(t-1) = b_0 u(t-2) + \xi(t) + c_1 \xi(t-1)$$

解 已知 $A(q^{-1}) = 1 + a_1 q^{-1}$，$B(q^{-1}) = b_0$，$C(q^{-1}) = 1 + c_1 q^{-1}$，$d = 2$

根据对 E,F,G 的阶次的要求有

$$G(q^{-1}) = g_0, \quad E(q^{-1}) = 1 + e_1 q^{-1}, \quad F(q^{-1}) = f_0 + f_1 q^{-1}$$

由 Diophantine 方程可得 $1 + c_1 q^{-1} = (1 + a_1 q^{-1})(1 + e_1 q^{-1}) + q^{-2} g_0 = 1 + (e_1 + a_1)q^{-1} + (g_0 + a_1 e_1)q^{-2}$

令上式两边 q^{-1} 的同幂项系数相等，可得下列代数方程组

$$\begin{cases} e_1 + a_1 = c_1 \\ g_0 + a_1 e_1 = 0 \end{cases}$$

解得 $\quad e_1 = c_1 - a_1, \quad g_0 = a_1(a_1 - c_1), \quad f_0 = b_0, \quad f_1 = b_0(c_1 - a_1)$

预测模型、最优预测和最优预测误差的方差分别为

$$y(t+2) = \frac{g_0 y(t) + (f_0 + f_1 q^{-1})u(t)}{1 + c_1 q^{-1}} + (1 + e_1 q^{-1})\xi(t+2)$$

$$y^*(t+2|t) = \frac{g_0 y(t) + (f_0 + f_1 q^{-1})u(t)}{1 + c_1 q^{-1}}$$

$$E\{\tilde{y}^*(t+2|t)^2\} = (1 + e_1^2)\sigma^2$$

将 $e_1 = 1.6$，$g_0 = 1.44$，$f_0 = 0.5$，$f_1 = 0.8$ 代入以上各式，则有

$$y(t+2) = \frac{1.44 y(t) + 0.5 u(t) + 0.8 u(t-1)}{1 + 0.7 q^{-1}} + \xi(t+2) + 1.6\xi(t+1)$$

$$y^*(t+2|t) = \frac{1.44 y(t) + 0.5 u(t) + 0.8 u(t-1)}{1 + 0.7 q^{-1}}$$

$$E\{\tilde{y}^*(t+2|t)^2\} = 3.56\sigma^2$$

若 $d = 1$，则一步预测误差为 σ^2，这说明预测误差随着长度 d 的增加而增加，也就是说，

预测精度将随预测长度而降低。这与通常的直观判断相一致。

2. 最小方差控制

假设 $B(q^{-1})$ 是 Hurwitz 多项式，即过程是最小相位或逆稳的，则有以下定理。

定理 2 最小方差控制

设控制的目标是使实际输出 $y(t+d)$ 与希望输出 $y_r(t+d)$ 之间误差的方差

$$J = E\left\{\left[y(t+d) - y_r(t+d)\right]^2\right\}$$

为最小，则最小方差控制律为

$$F(q^{-1})u(t) = y_r(t+d) + \left[C(q^{-1}) - 1\right]y^*(t+d|t) - G(q^{-1})y(t) \tag{11.23}$$

证明 从定理 1 已知　　$y(t+d) = E(q^{-1})\xi(t+d) + y^*(t+d|t)$

所以有

$$J = E\left\{\left[E(q^{-1})\xi(t+d) + y^*(t+d|t) - y_r(t+d)\right]^2\right\}$$

$$= E\left\{\left[E(q^{-1})\xi(t+d)\right]^2\right\} + E\left\{\left[y^*(t+d|t) - y_r(t+d)\right]^2\right\}$$

上式右边第一项不可控，所以要使 J 最小，必须使 $y^*(t+d|t)$ 等于 $y_r(t+d)$，再利用最优预测方程式（11.17），即得式（11.23）。

对于调节器的问题，可以设 $y_r(t+d) = 0$，则式（11.23）可简化为

$$F(q^{-1})u(t) = -G(q^{-1})y(t)$$

或　　　

$$u(t) = -\frac{G(q^{-1})}{F(q^{-1})}y(t) = -\frac{G(q^{-1})}{E(q^{-1})B(q^{-1})}y(t) \tag{11.24}$$

最小方差调节器的结构如图11.4所示，很容易得到闭环系统方程为

$$\begin{cases} y(t) = \dfrac{CF}{AF + q^{-d}BG}\xi(t) = \dfrac{CBE}{CB}\xi(t) = E(q^{-1})\xi(t) \\ u(t) = -\dfrac{CG}{AF + q^{-d}BG}\xi(t) = -\dfrac{CG}{CB}\xi(t) = -\dfrac{G}{B}\xi(t) \end{cases} \tag{11.25}$$

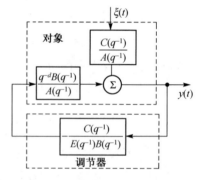

图 11.4　最小方差调节器的结构

从方程式（11.25）和图11.4可以看出，最小方差控制的实质就是用控制器的极点（$F(q^{-1})$ 的零点）去对消对象的零点（$B(q^{-1})$ 的零点）。当 B 不稳定时，输出虽然有界，但对象必须是最小相位的。实质上，多项式 $B(q^{-1})$ 和 $C(q^{-1})$ 的零点都是闭环系统的隐藏振型，为了保证闭环系统稳定，这些隐藏振型都必须是稳定振型。所以，最小方差控制只能用于最小相位系统（逆稳系统）。这是最小方差调节器的一个最主要的缺点。它的另一个缺点是：最小方差控制对靠近单位圆的稳定零点非常灵敏，在设计时要加以注意。此外，当干扰方差较大时，由于需要一步完成校正，所以控制量的方差也很大，这将加速执行机构的磨损。有些对象也不希望调节过程过于猛烈，这也是最小方差控制的不足之处。

例 11.2 对于例 11.1 的对象，若采用最小方差控制，则有

$$u(t) = \frac{(1 + c_1 q^{-1})y_r(t+d) - a_1(a_1 - c_1)y(t)}{b_0\left[1 + (c_1 - a_1)q^{-1}\right]}$$

当 $y_r(t+d)=0$ 时，有
$$u(t)=-\frac{1}{b_0}\left[\frac{a_1(a_1-c_1)}{1+(c_1-a_1)q^{-1}}\right]y(t)$$

或
$$u(t)=\frac{c_1-a_1}{b_0}[a_1y(t)-b_0u(t-1)]$$

将例 11.1 的数据：$a_1=-0.9, b_0=0.5, c_1=0.7$ 代入上式，则有
$$u(t)=-\frac{1.44}{0.5+0.8q^{-1}}y(t)$$

输出方差为
$$E\{y^2(t)\}=(1+1.6^2)\sigma^2=3.56\sigma^2$$

如果不加控制，根据对象方程有
$$y(t)=0.9y(t-1)+\xi(t)+0.7\xi(t-1)$$

由于 $E\{y(t-1)\xi(t)\}=0, E\{y(t-1)\xi(t-1)\}=\sigma^2$，则由上式可算出当 $u(0)\equiv0$ 时，输出方差为
$$E\{y^2(t)\}=14.47\sigma^2$$

此例说明，采用最小方差控制可使输出方差减少3/4。对于某些大型工业过程，输出方差减小意味着产品质量的提高，这将会带来巨大的经济效益。

3．最小方差自校正调节器

当被控对象模型式（11.16）的参数未知时，将递推最小二乘参数估计和最小方差控制结合起来，就形成了最小方差自校正调节器。1973 年 Astrom 和 Wittenmark 提出的是这种自校正调节器的隐式算法，下面介绍这种算法。

（1）估计模型

隐式算法要直接估计控制器参数，为此需要建立一个估计模型，利用预测模型方程式（11.22），并令 $C(q^{-1})=1$，即得
$$y(t+d)=G(q^{-1})y(t)+F(q^{-1})u(t)+E(q^{-1})\xi(t+d)$$

这时，最优预测为
$$y^*(t+d|t)=G(q^{-1})y(t)+F(q^{-1})u(t)$$

如果我们讨论的是调节器问题，则相当于 $y^*(t+d|t)=0$，一般情况下可以把估计模型写成
$$y_r(t+d)=G(q^{-1})y(t)+F(q^{-1})u(t)+\varepsilon(t+d) \qquad (11.26)$$

式中
$$\varepsilon(t)=\xi(t)+e_1\xi(t-1)+\cdots+e_{d-1}\xi(t-d+1)$$

滑动平均过程 $\varepsilon(t)$ 与观测序列
$$\{y(t-d),y(t-d-1),\cdots,y(t-d-n_g),\cdots,u(t-d),u(t-d-1),\cdots,u(t-d-n_f)\}$$

中的一切元素是统计独立的，因此，可以采用最小二乘法得到估计模型参数，即可以得到控制参数的无偏估计。

如果 $C(q^{-1})\neq1$，考虑到
$$[C(q^{-1})]^{-1}=1+c_1'q^{-1}+c_2'q^{-2}+\cdots$$

可以把预测模型改写为
$$y(t+d)=G(q^{-1})y(t)+F(q^{-1})u(t)+c_1'[G(q^{-1})y(t-1)+F(q^{-1})u(t-1)]+$$
$$c_2'[G(q^{-1})y(t-2)+F(q^{-1})u(t-2)]+\cdots+E(q^{-1})\xi(t+d)$$

如果参数估计收敛，则参数估计将收敛到其真值，于是上式右边所有方括号中的项都将为零，其效果与 $C(q^{-1})=1$ 等价。因此，不论 $C(q^{-1})$ 为何种形式，式（11.26）都可以作为隐

式算法的估计模型。

为了保证参数估计的唯一性，可以将估计模型中的某个参数固定，例如取 $f_0 = b_0$，这就要求事先知道 b_0，为此需要进行工艺分析或试验才能确定 b_0 值。由于准确地测定 b_0 值有困难，可设定其估计值为 $\hat{b}_0$，它不可能等于真值 b_0，为了保证参数收敛，应取 $b_0 / \hat{b}_0$ 在 $(0,2)$ 的范围内。当选定 $\hat{b}_0$ 以后，递推参数估计公式要做一定形式的修改，为此先将估计模型改写成

$$y(t) - b_0 u(t-d) = \boldsymbol{\phi}^{\mathrm{T}}(t-d)\boldsymbol{\theta} + \varepsilon(t) \tag{11.27}$$

式中，
$$\boldsymbol{\theta} = [g_0, g_1, \cdots, g_{n_g}, f_1, f_2, \cdots, f_{n_f}]^{\mathrm{T}}$$

$$\boldsymbol{\phi}^{\mathrm{T}}(t) = [y(t), \cdots, y(t-n_g), u(t-1), \cdots, u(t-n_f)]$$

这样可直接利用最小二乘递推公式。

（2）最小方差自校正调节算法

根据估计模型式（11.27），可以得到递推参数估计

$$\begin{cases} \hat{\boldsymbol{\theta}}(t) = \hat{\boldsymbol{\theta}}(t-1) + K(t)\left[y(t) - b_0 u(t-d) - \boldsymbol{\phi}^{\mathrm{T}}(t-d)\,\hat{\boldsymbol{\theta}}(t-1)\right] \\ K(t) = \dfrac{\boldsymbol{P}(t-1)\boldsymbol{\phi}(t-d)}{1 + \boldsymbol{\phi}^{\mathrm{T}}(t-d)\boldsymbol{P}(t-1)\boldsymbol{\phi}(t-d)} \\ \boldsymbol{P}(t) = \left[I - K(t)\boldsymbol{\phi}^{\mathrm{T}}(t-d)\right]\boldsymbol{P}(t-1) \end{cases} \tag{11.28}$$

与最小方差控制
$$u(t) = -\frac{1}{b_0}\boldsymbol{\phi}^{\mathrm{T}}(t)\hat{\boldsymbol{\theta}}(t) \tag{11.29}$$

假设已知 n_a, n_b, d 和 b_0，最小方差调节器的计算步骤如下：

① 设置值 $\hat{\boldsymbol{\theta}}(0)$ 和 $P(0)$，输入初始数据，计算 $u(0)$；

② 读取新的观测数据 $y(t)$；

③ 组成观测数据向量（回归向量）$\boldsymbol{\phi}(t)$ 和 $\boldsymbol{\phi}(t-d)$；

④ 用递推最小二乘法估计式（11.28）计算最新参数估计向量 $\hat{\boldsymbol{\theta}}(t)$ 和矩阵 $\boldsymbol{P}(t)$；

⑤ 用式（11.29）计算自校正调节量 $u(t)$；

⑥ 输出 $u(t)$；

⑦ 返回②，循环。

例 11.3 用一个简单的例子说明自校正调节器将收敛于最小方差调节律。此例的对象方程为

$$y(t+1) + ay(t) = bu(t) + e(t+1) + ce(t) \tag{11.30}$$

式中，$\{e(t)\}$ 为零均值不相关随机变量序列。如果参数 a, b, c 为已知，用比例控制律

$$u(t) = -\theta y(t) = -\frac{c-a}{b}y(t)$$

可使输出的方差为最小。这时，输出变量为

$$y(t) = e(t)$$

这个结果从前述的最小方差控制律中已经得到。如果参数 a, b, c 为未知，则可以直接利用式（11.30）的模型求出参数 a, b, c 的最小二乘估计 $\hat{a}, \hat{b}, \hat{c}$，将它们代入比例控制律中可得自校正控制律

$$u(t) = -\frac{\hat{c} - \hat{a}}{\hat{b}} y(t)$$

但是，我们也可以认为反馈控制律中只有一个参数，即 $\theta = (c-a)/b$ 为未知。这时，由 θ 表达的自校正预测估计模型为

$$y(t+1) = \theta y(t) + u(t) \tag{11.31}$$

利用式（11.31）所示的模型可以求得 θ 的最小二乘估计 $\hat{\theta}$，即

$$\hat{\theta}(t) = \frac{\sum_{k=0}^{t-1} y(k)[y(k+1) - u(k)]}{\sum_{k=0}^{t-1} y^2(k)} \tag{11.32}$$

这时的自校正控制律为

$$u(t) = -\hat{\theta}(t) y(t) \tag{11.33}$$

由式（11.32）可得

$$\frac{1}{t}\sum_{k=0}^{t-1} y(k+1)y(k) = \frac{1}{t}\sum_{k=0}^{t-1}\left[\hat{\theta}(k)y^2(k) + u(k)y(k)\right]$$

$$= \frac{1}{t}\sum_{k=0}^{t-1}\left[\hat{\theta}(t) - \hat{\theta}(k)\right]y^2(k)$$

假设 y 是均方有界的，而且当 $t \to \infty$ 时，估计 $\hat{\theta}(t)$ 是收敛的，那么可得相关函数 r_y 的估计 $\hat{r}_y$，即有

$$\hat{r}_y(1) = \lim_{t\to\infty}\frac{1}{t}\sum_{k=0}^{t-1} y(k+1)y(k) = 0$$

此式说明 $y(k)$ 与 $y(k+1)$ 不相关，即 $\{y(k)\}$ 最终为不相关序列。也就是说，由式（11.32）与式（11.33）所组成的自校正调节器将使输出达到渐进最小方差。本例只说明对于一阶对象这个结论为真。

这个结论与人们的直观想象并不完全符合，因为作为自校正调节器的估计模型[式（11.31）]与对象的实际模型[式（11.30）]并不完全一致。但理论和实践都证明这个结果是正确的。

（3）最小方差自校正跟踪算法

现在讨论 $y_r(t+d) \neq 0$ 的情况，这时估计模型为

$$y(t-d) = \boldsymbol{\phi}^{\mathrm{T}}(t)\boldsymbol{\theta}(t) + \xi(t+d)$$

式中

$$\boldsymbol{\theta}(t) = \left[g_0, g_1, \cdots, g_{n_g}, f_0, f_1, \cdots, f_{n_f}, c_0, c_1, \cdots, c_{n_c}\right]$$

$$\boldsymbol{\phi}^{\mathrm{T}}(t) = \left[y(t), \cdots, y(t-n_g), u(t), \cdots, u(t-n_f), -y^*(t+d-1|t-1), \cdots, -y^*(t+d-n_c|t-n_c)\right]$$

相应的最小方差控制为

$$y_r(t+d) = \boldsymbol{\phi}^{\mathrm{T}}(t)\boldsymbol{\theta}(t)$$

当参数未知时，数据向量 $\boldsymbol{\phi}(t)$ 中的最优预测也未知，因此只能用它的估计 $\hat{y}^*(t)$ 来代替 $y^*(t|t-d)$。这时，参数递推估计公式需用扩展最小二乘估计算法，即

$$\hat{\boldsymbol{\theta}}(t) = \hat{\boldsymbol{\theta}}(t-1) + \boldsymbol{K}(t)\left[y(t) - \hat{\boldsymbol{\phi}}^{\mathrm{T}}(t-d)\hat{\boldsymbol{\theta}}(t-1)\right]$$

$$\boldsymbol{K}(t) = \frac{P(t-1)\hat{\boldsymbol{\phi}}^{\mathrm{T}}(t-d)}{1 + \hat{\boldsymbol{\phi}}^{\mathrm{T}}(t-d)P(t-1)\hat{\boldsymbol{\phi}}(t-d)}$$

$$P(t) = \left[\boldsymbol{I} - \boldsymbol{K}(t)\boldsymbol{\phi}^{\mathrm{T}}(t-d)\right]P(t-1)$$

式中

$$\hat{\boldsymbol{\phi}}^{\mathrm{T}}(t) = \left[y(t), \cdots, y(t-n_g), u(t), \cdots, u(t-n_f), -\hat{y}^*(t+d-1), \cdots, -\hat{y}^*(t+d-n_c)\right]$$

$$\hat{y}^* = \hat{\boldsymbol{\phi}}^{\mathrm{T}}(t-d)\hat{\boldsymbol{\theta}}(t-d)$$

自校正控制应满足

$$y_{\mathrm{r}}(t+d) = \boldsymbol{\phi}^{\mathrm{T}}(t)\hat{\boldsymbol{\theta}}(t)$$

或者

$$u(t) = \frac{1}{\hat{f}_0(t)}\left[y_{\mathrm{m}}(t+d) + \sum_{i=1}^{n_c}\hat{c}_i(t)\hat{y}^*(t+d-i) - \sum_{i=0}^{n_g}\hat{g}_i y(t-i) - \sum_{i=1}^{n_f}\hat{f}_i u(t-i)\right]$$

由上式可知，如果 $\hat{f}_0$ 趋于零，则 $u(t) \to \infty$。为了避免这个问题，对 $\hat{f}_0$ 的最小值应加以约束，这就意味着应当事先知道 f_0 的符号和下界，或者当 $\hat{f}_0 < f_{\min}$ 时，令 $\hat{f}_0 = f_{\min}$，$f_{\min}$ 事先设定。

自校正跟踪与自校正调节的计算步骤类似，这里就不赘述了。

（4）采样周期的选择

当自校正控制用于实际工业对象时，采样周期的选择是十分重要的，下面提出一些观点供选择时参考。

① 采样究竟应当多快，这是数字控制系统首先要解决的问题。一般说来，采样周期依赖于不同的应用，它可以从毫秒级到小时级。粗略地说，采样周期应当近似等于对象主要时间常数的 1/5，当然还要考虑计算机的计算速度和其他因素。

② 在选择采样周期时，应尽可能让它的整数倍等于对象的纯延时。如果出现延时等于采样周期的非整数倍的情况，就有可能使一个逆稳的连续时间系统经采样后变成一个非逆稳的离散时间系统。例如，考虑一个带延时的一阶线性连续时间系统

$$G(s) = \frac{\alpha\mathrm{e}^{-\tau s}}{s-a}$$

式中，τ 为纯延时。当采样周期为 Δ，$\tau = k\Delta + \tau'$（$0 \leqslant \tau' \leqslant \Delta$）时，对应的离散时间模型为

$$G(z) = \frac{z^{-(k+1)}(b_1 + b_2 z^{-1})}{1 - az^{-1}}$$

式中　　$b_1 = 1 - \exp[-(\Delta-\tau')\alpha]$，$b_2 = \exp[-(\Delta-\tau')\alpha] - \exp(-\Delta\alpha)$，$a = \exp(-\Delta\alpha)$

注意，当 τ 为 Δ 的整数倍时，则 $|b_2| = 0$，否则 $|b_2|$ 不等于零，也有可能 $|b_2| > |b_1|$，这样，离散时间系统就是非逆稳的。出现这种情况，最小方差控制就不适用了。

③ 当一个连续时间系统被采样并离散化以后，其极点 p 将转换成 $\mathrm{e}^{p\Delta}$，其中 Δ 为采样周期。然而，对于零点来说，这样的对应关系并不成立。例如，位于左半平面的连续时间系统的零点，经离散化后，将不会被转化成位于单位圆内的离散系统的零点；相反有可能是，离散化将右半平面的零点（连续系统）转换成位于单位圆内的零点（离散系统）。如果采样周期足够小，相对阶大于等于 2 的连续时间系统，经采样转换成离散时间系统，将具有不稳定的零点。

④ 最小采样周期受到参数估计计算时间和控制量的计算时间的限制。由于参数估计的计算量大，而且参数变化相对于状态变化要慢，所以可经几个采样周期后再改进一次参数，但每次采样都需要计算一次控制。

11.2　智　能　控　制

11.2.1　智能控制基础

自从 20 世纪 70 年代初期"智能控制"的概念被提出以来，智能控制理论与应用的研究

在全世界范围内获得了日益蓬勃的发展。

定性地讲，智能控制系统应具有学习、记忆和大范围的快速自适应和自组织的能力，能够及时地根据环境和任务的变化，在给定的性能指标下，有效地处理观测（或感知）信息，最大限度地减小不确定性，并以安全可靠的方式规划、产生和执行控制行动，从而达到预定的目标和良好的性能指标。对于任何智能系统而言，都存在一个使该系统知道如何去完成的任务集。

智能控制并不排斥传统控制理论，而是继承和发扬它。首先，表现在控制论里的反馈和信息这两个基本概念，在智能控制理论中仍然占有重要地位，并且更加突出了信息处理的重要性。其次，在智能控制系统中并不排斥传统的控制理论的应用，恰恰相反，智能控制系统中的执行级更强调采用传统控制理论进行设计。这是因为在这一级的被控对象通常具有精确的数学模型，成熟的传统控制理论可以对其实现高精度的控制。而智能方法在传统控制理论显得乏力的场合使用更为恰当，特别是对象数学模型不确知或有时变参数的场合，智能方法也可以显示其一定的优越性。

11.2.2 智能控制的理论结构

1．二元结构论

通过对几个与学习控制有关的、含有拟人控制器的控制系统、含有人-机控制器的控制系统，以及自主机器人等系统进行研究，把它们归纳为智能控制系统，并在此基础上提出智能控制的二元交集结构。即智能控制（IC）是自动控制（AC）与人工智能（AI）的交集，如图11.5所示。

2．三元结构论

有专家认为构成二元交集结构的二元相互支配，无助于智能控制的有效和成功的应用，因此把运筹学引入到智能控制中，扩展了二元结构论，指出智能控制是自动控制、人工智能和运筹学（OR）的交集，如图11.6所示，形成智能控制的三元结构。

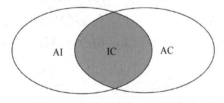

图 11.5　智能控制的二元结构

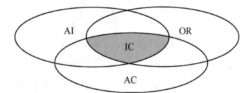

图 11.6　智能控制的三元结构

3．四元结构论

1989 年，有专家提出把信息论也包括到智能控制的理论结构中，构成四元论结构，如图 11.7 所示。即智能控制是自动控制、人工智能、运筹学和信息论（IT）的交集，所以把信息论作为四元论结构的构成部分之一。

提出四元论的理由如下：

（1）信息论与控制论、系统论相互作用和相互靠拢，构成缺一不可的"三论"观点是众所周知的，既然控制论（自动控制）和系统论（运筹学）已成为智能控制的理论结构中的成员，信息论也不应例外。

（2）许多智能控制系统是以知识和经验为基础的拟人控

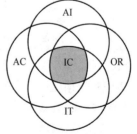

图 11.7　智能控制的四元结构

制系统，而知识只是信息的一种形式，人工智能或智能控制中都离不开信息论的参与作用。

（3）人体器官控制具有信息论的功能，而智能控制力图模仿的恰是人体活动功能。

（4）智能控制以信息熵为测度，建立智能控制系统的原则是要使总熵最小，而熵函数是现代信息论的重要基础之一。

从上面的讨论中我们看到，虽然关于智能控制理论结构有几种不同见解，但也存在着某些共识：

（1）智能控制属于多种学科的交叉学科；

（2）智能控制以自动控制为基础，并以人工智能和自动控制相结合为主要标志而形成的自动控制发展的新阶段；

（3）和人工智能一样，智能控制在发展过程中不断地吸收运筹学、信息论、系统论、计算机科学、模糊数学、实验心理学、仿生学、心理学以及控制论等学科的思想、方法和新的研究成果，正在逐步地完善。

4. 智能控制的分类

智能控制按系统构成分类，可以分为以下几种：递阶控制、专家控制、仿人智能控制、神经控制和模糊控制等。

11.2.3 递阶控制

1. 递阶控制的一般原理

对于复杂的大系统，通常采用多级多目标金字塔式的控制结构。控制系统由许多控制器组成，使得一级上的每个控制器只控制一个子系统，子系统之间又保持一定的联系。这样配置的控制器从上一级的控制器（或决策单元）接收信息，并用以控制下一级的控制器（或子系统）。各控制器之间目标可能存在的冲突依靠上一级控制器（或协调器）进行协调。

协调是大系统控制理论中常用的一个基本概念。在多级多目标的控制系统中，协调的目的是通过对下层控制器的干预来调整该层各控制器的决策，以满足整个系统控制总目标的要求。完成协调作用的决策单元称为协调器，图 11.8 给出了一个二级结构的协调器，协调器作用于控制器的干预信号 C 就起协调作用。

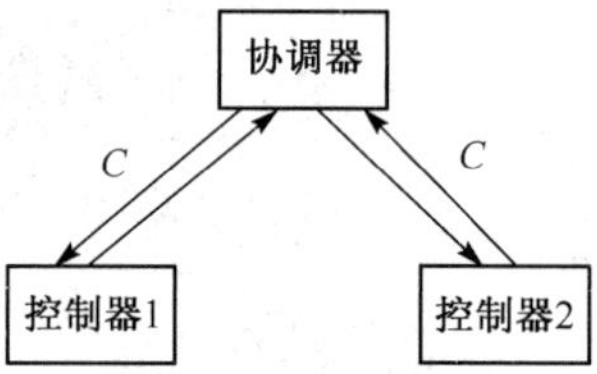

递阶控制的基本原理是把一个总体问题 P 分解成有限数量的子问题 P_i，P 的目标应使复杂系统的总体准则取得极值。设 P_i 是对子问题求解时，不考虑各子问题 P_i 之间存在关联而发生冲突的情况而得到的解，则有

$$[P_1, P_2, \cdots, P_n] \text{的解} \Rightarrow P \text{的解}$$

图 11.8　协调作用

实际上，各子系统（子问题）间存在关联，因而产生冲突（也称为耦合作用），所以必须引进一个协调参数，用以解决由于关联而产生的冲突。

递阶控制中的协调问题就是要选择适当的协调参数，使递阶控制达到最优。

协调有多种方法，但多数都基于下述两个基本原则：

（1）关联预测协调原则。协调器要预测各子系统的关联输入、输出变量，下层各决策单元要根据预测的关联变量求解各自的决策问题，然后把达到的性能指标值送给协调器，协调器再修正关联预测值，直到总体目标达到最优为止。这种协调模式称为直接干预模式，这种协调方法可在线应用。

（2）关联平衡协调原则。下层的各决策单元在求解各自的优化问题时，把关联变量当成独立变量来处理，即不考虑关联约束条件，仅依靠协调器的干预信号（平衡信号）来修正各决策单元的优化指标，以保证最后关联约束得以满足，这时目标函数中修正项的数值应趋于零。这种协调方法又称为目标协调法。

2. 多级递阶智能控制系统的结构

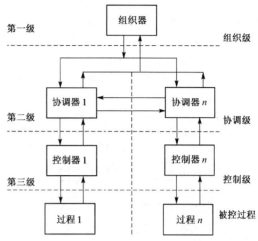

图 11.9　递阶智能控制系统的结构

人的中枢神经系统是按多级递阶结构组织起来的，因此，多级递阶的控制结构已成为智能控制的一种典型结构。多级递阶智能控制系统是智能控制最早应用于工业实践的一个分支，它对智能控制系统的形成起到了重要作用。

多级递阶智能控制的结构如图 11.9 所示，按智能程度的高低分为三级。

（1）组织级

组织级位于智能控制系统的最上面一层，它的作用是对于给定的外部命令和任务，设法找到能够完成该任务的子任务（或动作）组合，再将这些子任务的要求送到协调级，通过协调处理，将具体的动作要求送至执行级完成所要求的任务，最后对任务执行的结果进行性能评价，并将评价结果逐级向上反馈，同时对以前存储的知识信息加以修改，从而起到学习的作用。

（2）协调级

从组织级发来的命令首先传送到协调级中的分派器。这些命令表示为基元事件的组合，分派器负责对各协调器的控制与通信。它根据当前工作状态，将组织级送来的基元事件序列翻译为面向协调器的控制行动，然后在合适的时候将它们送至相应的协调器。在任务执行完后，分派器还负责向组织级传送反馈信息。

（3）运行控制级

运行控制级是系统的最低级，它直接控制局部过程并完成子任务。运行控制级和协调级相反，这一级必须高精度地执行局部任务，而不要求具有更多智能，可采用常规的优化控制。

多级递阶智能控制系统的结构与一般的多级递阶控制系统的结构基本上相同。其差别主要表现在递阶智能控制采用了智能控制器，使这种控制系统更多地利用了人工智能的原理和方法，譬如组织器和协调器都具有利用知识和处理知识的能力，具有不同程度的自学能力等，如图 11.10 所示。

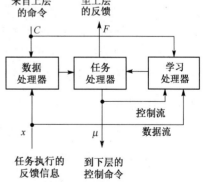

图 11.10　组织器和协调器的统一结构

大系统的多级多目标递阶控制结构的特点是：

① 越是处于高层的单元，对系统的行为影响也就越大；

② 处于高级单元的决策周期要比处在低级单元的决策周期长，主要是处理涉及到系统行为中变化较慢的因素；

③ 越是处于高级，问题的描述就越会遇到更多的不确定性而更难于定量地给予公式化。

根据上述特点，再对比图 11.9 所给出的递阶智能控制的结构，显然，这样的设计形式是符合复杂系统递阶控制的要求的。从最低级控制级→协调级→组织级，对智能要求逐步提高，而对于这类多级递阶智能控制系统，智能主要体现在高的层次上。

在高层次上遇到的问题常常具有不确定性，而在这个层次上采用基于知识的组织器是恰到好处的，因为基于知识的组织器便于处理定性信息和利用人的直觉推理逻辑和经验。因此，可以把多级递阶智能控制系统的工作原理做两次分解，以便于理解。从横向来看，把一个复杂系统分解成若干个相互联系的子系统，对每个子系统单独配置控制器，这样便于直接进行控制，使复杂问题在很大程度上得到了简化；从纵向来看，把控制整个复杂系统所需要的知识的多少，或者说所需要智能的程度，从低到高又做了一次分解，这就给处理复杂问题又带来了方便。而协调器作为一个中间环节，解决了各子系统间因相互关联而导致的目标冲突。这样，多级递阶智能控制系统就能在最高组织器的统一组织下，实现对复杂系统的优化控制。

11.2.4 基于知识的专家控制

专家控制是指将专家系统的理论和技术同控制理论方法与技术结合，在未知环境下，仿效专家的智能，实现对系统的控制。把专家控制的原理所设计的系统或控制器，分别称为专家控制系统或专家控制器。

专家控制系统是指相当于（领域）专家处理知识和解决问题能力的计算机智能软件系统。专家控制系统不同于离线的专家系统，它不仅是独立的决策者，而且是具有获得反馈信息并能实时在线控制的系统。

1．专家控制系统的特点

工业生产过程由于本身的连续性及对产品质量要求高等特点，对专家控制系统提出了一些有别于一般专家系统的特殊要求。因此，专家控制系统具有下述特点：

（1）高可靠性及长期运行的连续性。工业过程控制对可靠性要求苛刻和其他领域相比显得更为突出。工业过程控制往往数十甚至数百小时连续运行，而不允许间断工作。

（2）在线控制的实时性。工业过程的实时控制，要求控制系统在控制过程中要能实时地采集数据，处理数据，进行推理和决策，对过程进行及时的控制。

（3）优良的控制性能及抗干扰性。工业控制的被控对象特性复杂，如非线性、时变性、强干扰等，这就要求专家控制系统具有很强的应变能力，即自适应和自学习能力，以保证在复杂多变的各种不确定性因素存在的不利环境下，获得优良的控制性能。

（4）使用的灵活性及维护的方便性。用户可以灵活方便地设置参数，修改规则等。在系统出现故障或异常情况时，系统本身应能采取相应措施或要求引入必要的人工参与。

2．专家控制系统的结构

由于工业控制对专家控制系统提出了上述的可靠性、实时性及灵活性等特殊要求，所以专家控制系统中知识表示通常采用产生式规则，于是知识库就变为规则库。Astrom 研制的一个专家控制系统的结构如图 11.11 所示。这个专家控制系统具有一定

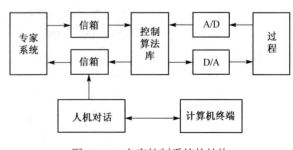

图 11.11　专家控制系统的结构

的代表性。一般说来，产生式专家控制系统由以下几部分组成。

（1）数据库。主要存储事实、证据、假设和目标等。如对过程控制而言，事实包括传感器测量误差、操作阈值、报警水平阈值、操作时序约束、对象成分配置等静态数据；证据包括传感器及仪表的动态测试数据等；假设用来丰富现有事实和集合等；目标包括静态目标和动态目标，静态目标是一个大的性能目标阵列，动态目标包括在线建立的来自外界命令或程序本身的目标。

（2）规则库。含有产生式规则，这种规则的典型描述为

"如果（条件），那么（结果）"

其中，"条件"表示来源于数据库的事实、证据、假设和目标；"结果"表示控制器的作用或一个估计算法。

规则也可以看成运行状态的函数，因为数据库中定义的状态要比通常控制理论中的状态概念更加广义。这些产生式规则可以包括操作者的经验和可应用的控制和估计算法、这些算法的适当特性，以及应用时系统监控和诊断等规则。

专家控制系统中的规则库相当于一般专家系统中的知识库。

（3）推理机。按照不同的策略，从当前数据库的内容中确定下一条产生式规则。

（4）人机接口。产生式专家控制系统的人机接口包括两部分：一部分包含更新知识库的规则编辑和修改；另一部分是运行时用户接口，它包含一些解释工具，用以帮助用户询问等，用户接口还可以跟踪规则的执行。

（5）规则环节。在控制过程中出现在线错误时，规则环节给出指令改变产生目标等，产生一些不干涉动作的调整作用，以保证控制系统能够随着所需要的操作条件去在线改变控制过程。控制规划的执行可看成在一个大的网络中寻找到达当前已建立的目标的路径。

3. 实时过程控制专家系统

工业过程控制问题是工业控制领域中的主要对象，由于现代化工业过程控制所要求的高精度，实现控制的复杂性及所要求控制的实时性之间存在着矛盾，所以近年来开发的实时过程控制专家系统已经成为解决这种矛盾的有效途径，其中比较有代表性的是 PICON（Process Intelligent CONtrol）系统。

PICON 实时过程控制专家系统是 LISP 机器公司 Moore 等人于 1984 年设计的，用于控制分布式过程控制系统。该系统包括：LISP 处理机专家系统、68010 处理机高速数据获取与处理系统、分布式过程控制系统、人机接口及图形显示等部分，其结构如图 11.12 所示。

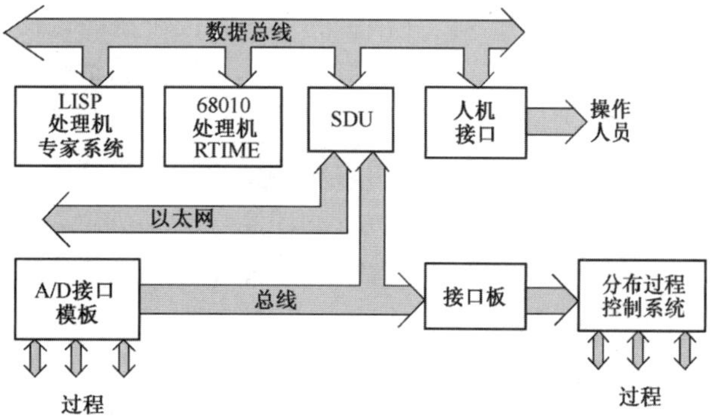

图 11.12　PICON 实时过程控制专家系统结构

11.2.5　仿人智能控制

控制系统的动态过程是不断变化的，为了获得良好的控制性能，控制器必须根据控制系统的动态特征，不断地改变或调整控制决策，以便控制器本身的控制规律适应于控制系统的需要。

在控制决策过程中，经验丰富的操作者并不是依据数学模型进行控制，而是根据操作经验，在线确定或变换控制策略从而获得良好的控制效果。

仿人智能控制的基本思想是在控制过程中利用计算机模拟人的控制行为功能，最大限度地识别和利用控制系统动态过程所提供的特征信息，进行启发和直觉推理，从而实现对缺乏精确模型的对象的有效控制。

1. 仿人智能控制的基本思想

人的控制系统具有非常庞大复杂的结构。尽管生物学家对大脑的研究取得了许多成果，但对大脑微观结构及其控制机制的认识仍是相当有限的。因此，要从微观结构上模拟大脑，实现其控制功能，目前的科学技术是无法做到的。人工神经网络的研究，也只是针对具体问题求解提出一些所谓的神经网络"模型"而已，与人的大脑的真正微观结构完全是两码事，从宏观结构模拟实现是仿人智能控制的比较现实的方法。其基本思想是采用多层递阶结构，模仿人的学习、在线特征识别与记忆、直觉推理和多模态控制策略等行为和功能。

人的主管运动控制的神经系统在宏观结构和行为功能方面具有如下特点：

（1）控制系统各部分具有分工协调、并行运行的特点，把一个复杂的运动控制过程进行分解，大大地提高了信息获取和处理的效率。

（2）控制作用采用分级递阶结构。层次越高，智能越高。伴随智能递增，精度递减。低层次的控制，往往类似于生物体的"感知-行为"模式，信息处理速度快，精度高，虽然智能程度较低，但也有高超的控制技巧。各层次间的巧妙结合和信息交换构成了人的运动控制的基础。

（3）有专门的协调机构。人体运动控制不仅面临着多变的外部环境，而且面临着不固定的内部状态。众多的控制回路相互关联，各种运动的快速、准确、并行的运行有赖于高层次的协调控制机构的作用。

仿人智能控制正是建立在人体运动控制特点的基础上实现的一种智能控制方法。仿人智能控制系统在结构上和行为功能上的实现应遵循下面四条基本原则：

（1）信息处理和决策的分层递阶结构，并且伴随精度递减智能递增。

（2）具有在线特征识别与特征记忆能力。

（3）采用开、闭环结合的多模态控制策略。

（4）能运用启发式与直觉推理进行问题求解。

启发式与直觉推理可以采用人工智能中的产生式规则等形式予以描述。在线特征识别与特征记忆可以通过在人工智能和模式识别技术的基础上构造的系统动态特征模型实现。多模态控制策略可以建立在传统的控制理论基础上，也可以采纳其他智能控制器方案，分层递阶的信息处理和决策的系统结构需要计算机硬件、软件的支持。

2. 仿人智能控制器的结构

仿人智能控制所要研究的主要目标不是被控对象，而是控制器自身，研究控制器的结构和功能如何更好地从宏观上模拟控制专家大脑的结构功能和行为功能。

一个多变量仿人智能控制器的基本结构如图 11.13 所示。它由简单的协调器 K、主从控制器 MC 和参数自校正器 ST 组成两级智能控制器。MC 和 ST 分别由各自的特征辨识器 CI、推理机 IE 和规则库 RB 构成。二者由数据库 DB 联系交换信息。输入给定 R、输出 Y 和误差 E 的信息分别输入给 MC 和 ST，经 CI 中反映系统动态特性的特征集 A 和反映系统特性变

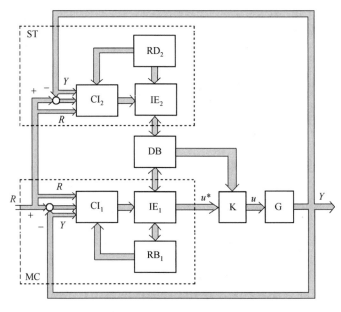

图 11.13 多变量仿人智能控制器的基本结构

化的特征集 B 比较识别后，由 IE 中的直觉推理规则集 F 和 H 映射到控制模式集 V 和参数校正模式集 W，产生控制输出 U^* 和控制参数集 M。于是可得

$$A_i = \{a_{i1}, a_{i2}, \cdots, a_{im}\} \xrightarrow{F_i} V_i = \{v_{i1}, v_{i2}, \cdots, v_{im}\} \tag{11.34}$$

$$B_i = \{b_{i1}, b_{i2}, \cdots, b_{ip}\} \xrightarrow{H_i} W_i = \{w_{i1}, w_{i2}, \cdots, w_{ip}\} \qquad i = 1, 2, \cdots, n \tag{11.35}$$

式中，A_i, B_i 是解析式、逻辑关系式和阀集的集合；F_i, H_i 是以 IF（特征）THEN（控制模式）的形式写成的直觉推理规则集；V_i, W_i 是以各种线性、非线性函数写成的模式集，分别存放于 RB 和 DB 中。ST 产生的 M 进入 DB 取代原有的控制参数集，MC 产生输出 u^*，经 K 输出 $u = Ku^*$，去控制被控对象 G。

为了应用计算机来实现仿人智能控制，需要设法把人的操作经验、定性知识及直觉推理输入计算机，让它通过灵活机动的判断、推理及控制算法来应用这些知识，进行仿人智能控制。

计算机在线获取信息的主要来源是系统的输入 R 和输出 Y，从中可以计算出误差 e 及误差变化 Δe，通过 e 和 Δe 可以进一步求出表征系统动态特性的特征量，例如 $e \cdot \Delta e$, $\Delta e \cdot \Delta e_{n-1}$, $|\Delta e / e|$, $\cdots$

计算机借助于上述特征量可以捕捉动态过程的特征信息，识别系统的动态行为，作为控制决策的依据。根据系统的动态特征及动态行为，从多种控制模式中选取最有效的控制形式，对被控对象进行精确的控制。计算机在控制过程中能够使用定性知识和直觉推理，这一点是和传统的控制理论根本不同的，也正是这一点体现出仿人智能。这种方式很好地解决了控制过程中的快速性、稳定性和准确性的矛盾。

3．仿人智能控制的多种模式

仿人智能控制器可以在线识别被控系统动态过程的各种特征，它不仅知道当前系统输出的误差、误差变化以及误差变化的趋势，还可以知道系统动态过程当前所处的状态和姿态及其动态行为，可以记忆前期控制效果和识别前期控制决策的有效性。总之，仿人智能控制器在同样条件下，所获取的关于动态过程的各种信息（包括定量的和定性的），要比传统的控制方式丰富得多。正因为这样，仿人智能控制器才做到了"心中有数"，才能不失时机地做出相应的控制决策。

对于仿人智能控制来说，为了获得好的控制效果，关键还在于合理地确定控制方式，实时地选择大小和方向适当的控制量以及合理的采样周期和控制周期。

从不同的角度模仿人的控制决策过程，就出现了多种仿人智能控制模式，例如仿人智能开关控制、仿人比例控制、仿人智能积分控制和智能采样控制等。此外，在仿人智能控制中还采用变增益比例控制、比例微分控制以及开环、闭环相结合的控制方式。这里所说的开环是指一种保持控制方式，即控制器当前的输出保持前一时刻的输出值，此时控制器的输出量与当前动态过程无关，相当于系统开环运行。

11.2.6 神经控制

基于人工神经网络的控制（ANN-based Control）简称神经控制（Neural Control）。神经网络是由大量人工神经元（处理单元）广泛互联而成的网络。它是在现代神经生物学和认识科学对人类信息处理研究的基础上提出来的，具有很强的自适应性和学习能力、非线性映射能力、鲁棒性和容错能力，充分地将这些神经网络特性应用于控制领域，可使控制系统的智能化向前迈进一大步。

随着被控系统越来越复杂，人们对控制系统的要求越来越高，特别是要求控制系统能适应不确定性、时变的对象与环境。传统的基于精确模型的控制方法难以适应要求，现在关于控制的概念也已更加广泛，它要求包括一些决策、规划以及学习功能。神经网络由于其有上述优点而越来越受到人们的重视。

1. 神经网络模型

人工神经网络是以工程技术手段来模拟人脑神经元网络的结构与特征的系统。我们利用人工神经元可以构成各种不同拓扑结构的神经网络，它是生物神经网络的一种模拟和近似。就神经网络的主要连接形式而言，目前已有数十种不同的神经网络模型，其中前馈型网络和反馈型网络是两种典型的结构模式。

（1）前馈型神经网络

前馈型神经网络，又称为前向网络（Feedforward NN），其结构如图11.14所示，神经元分层排列，有输入层、隐层（也称为中间层，可有若干层）和输出层，每一层的神经元只接收前一层神经元的输入。

从学习的观点来看，前馈网络是一种强有力的学习系统，其结构简单而易于编程。从系统的观点来看，前馈网络是一个静态非线性映射。通过简单非线性处理单元的复合映射，可获得复杂的非线性处理能力。但从计算的观点来看，前馈网络缺乏丰富的动力学行为。大部分前馈网络都是学习网络，它们的分类能力和模式识别能力一般都强于反馈网络。典型的前馈网络有感知器网络、BP 网络等。

（2）反馈型神经网络

反馈型神经网络（Feedback NN）的结构如图 11.15 所示。若总节点（神经元）数为 N，则每个节点有 N 个输入和 1 个输出，也就是说，所有节点都是一样的，它们之间都可相互连接。

反馈神经网络是一种反馈动力学系统，它需要工作一段时间才能达到稳定。

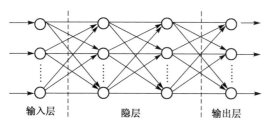

图 11.14　前馈型神经网络结构

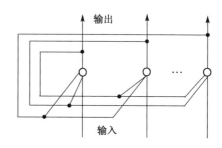

图 11.15　反馈型神经网络结构

2．神经控制的基本思想

传统的基于模型的控制方式，根据被控对象的数学模型及对控制系统的性能指标来设计控制器，并对控制规律加以数学解析描述；模糊控制基于专家经验和领域知识总结出若干条模糊控制规则，构成描述具有不确定性复杂对象的模糊关系，通过被控系统输出误差及误差变化和模糊关系的推理合成获得控制量，从而对系统进行控制。这两种控制方式都具有显式表达知识的特点。而神经网络不善于显式表达知识，但是它具有很强的逼近非线性函数的能力，即非线性映射能力。把神经网络用于控制正是利用它的这个独特优点。

为了研究神经网络的多种形式，先给出神经网络控制的定义。所谓神经网络控制，即基于神经网络的控制或简称神经控制，是指在控制系统中采用神经网络这一工具对难以精确描述的复杂的非线性对象进行建模，或充当控制器，或优化计算，或进行推理，或故障诊断等，以及同时兼有上述某种功能的适当组合。将这样的系统称为基于神经网络的控制系统，称这种控制方式为神经网络控制。

众所周知，控制系统的目的在于通过确定适当的控制量输入，使得系统获得期望的输出特性。图 11.16（a）给出了一般反馈控制系统的原理图，而图 11.16（b）采用神经网络代替了图 11.16（a）中的控制器，为了完成同样的控制任务，我们分析一下神经网络是如何工作的。

设被控制对象的输入 u 和系统输出 y 之间满足如下非线性函数关系：

$$y = g(u) \qquad (11.36)$$

控制的目的是确定最佳的控制量输入 u，使系统的实际输出 y 等于期望的输出 y_d。在该系统中，可把神经网络的功能看成输入与输出之间的某种映射，或称为函数变换，并设它的函数关系为

$$u = f(y_d) \qquad (11.37)$$

为了满足系统输出 y 等于期望的输出 y_d，将式（11.37）代入式（11.36），可得

$$y = g[f(y_d)] \qquad (11.38)$$

显然，当 $f(\bullet) = g^{-1}(\bullet)$ 时，满足 $y = y_d$ 的要求。

由于要采用神经网络控制的被控对象一般是

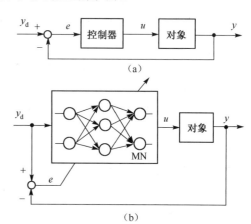

图 11.16　反馈控制与神经控制

复杂的且多具有不确定性，因此非线性函数 $g(\bullet)$ 是难以建立的，可以利用神经网络具有逼近

非线性函数的能力来模拟 $g^{-1}(\bullet)$。尽管 $g(\bullet)$ 的形式未知，但通过系统的实际输出 y 与期望输出 y_d 之间的误差来调整神经网络中的连接权重，即让神经网络学习，直至误差

$$e = y_d - y \rightarrow 0 \qquad (11.39)$$

的过程就是神经网络模拟 $g^{-1}(\bullet)$ 的过程，它实际上是对被控对象的一种求逆过程。由神经网络的学习算法实现这一求逆过程，就是神经网络实现直接控制的基本思想。

由于神经网络具有许多优异特性，所以决定了它在控制系统中应用的多样性和灵活性。

3．神经网络控制的分类

原则上，可以将神经网络控制分为神经网络直接反馈控制、神经网络模糊逻辑控制和基于传统控制理论的神经控制三大类。

（1）神经网络直接反馈控制

这种控制方式使神经网络直接作为控制器，利用反馈和使用遗传算法进行自学习控制。这是一种只使用神经网络实现的智能控制方式。

（2）神经网络模糊逻辑控制

模糊逻辑具有模拟人脑抽象思维的特点，而神经网络具有模拟人脑形象思维的特点，将二者相结合将有助于从抽象和形象思维两方面模拟人脑的思维特点，是目前实现智能控制的重要形式。

模糊系统善于直接表示逻辑，适于直接表示知识，神经网络长于学习，通过数据隐含表达知识。前者适于自上而下的表达，后者适于自下而上的学习过程，二者存在一定的互补、关联性。因此，它们的融合可以取长补短，可以更好地提高控制系统的智能性。

神经网络和模糊逻辑的结合有以下几种方式。

① 用神经网络驱动模糊推理的模糊控制。这种方法是利用神经网络直接设计多元的隶属函数，把 NN 作为隶属函数生成器组合在模糊控制系统中。

② 用神经网络记忆模糊规则的控制。通过一组神经元不同程度的兴奋表达一个抽象的概念值，由此将抽象的经验规则转化成多层神经网络的输入-输出样本，通过神经网络如 BP 网络记忆这些样本，控制器以联想记忆方式使用这些经验，在一定意义上与人的联想记忆思维方式接近。

③ 用神经网络优化模糊控制器的参数。在模糊控制系统中，影响控制性能的因素除上述的隶属函数、模糊规则外，还有控制参数，如误差、误差变化的量化因子及输出的比例因子，它们都可以调整。利用神经网络的优化计算功能可优化这些参数，改善模糊控制系统的性能。

④ 神经网络滑模控制。变结构控制从本质上应该看成一种智能控制，将神经网络和滑模控制结合就构成了神经网络滑模控制。这种方法将系统的控制或状态分类，根据系统和环境的变化进行切换和选择，利用神经网络具有的学习能力，在不确定的环境下通过自学习来改进滑模开关曲线，进而改善滑模控制的效果。

（3）基于传统控制理论的神经控制

将神经网络作为控制系统中的一个或几个部分，用以充当辨识器、对象模型、控制器、估计器或优化计算等。这种方式很多，常见的一些方式归纳如下：

① 神经逆动态控制。设系统的状态观测值为 $x(t)$ ，它与控制信号 $u(t)$ 的关系为 $x(t) = F(u(t), x(t-1))$ ， F 可能是未知的，假设 F 是可逆的，即 $u(t)$ 可从 $x(t)$ ， $x(t-1)$ 求出，通过训练，神经网络的动态响应为 $u(t) = H(x(t), x(t-1))$ ， H 即为 F 的逆动态。

② 神经自适应控制。只是采用神经网络辨识对象模型，其余和传统形式自适应控制结构相同。

③ 神经自校正控制。对于单神经网络，可以有如图 11.17 所示的控制结构，一般取 $\overline{e} = y_d - y$ 作为评价函数，但也可采用如下形式

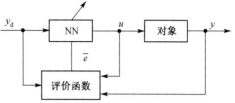

图 11.17　神经自校正控制的一种结构

$$\overline{e}(t) = \boldsymbol{M}_y [y_d(t) - y(t)] + \boldsymbol{M}_u u(t) \tag{11.40}$$

式中， $\boldsymbol{M}_y$ 和 $\boldsymbol{M}_u$ 为适当维数的矩阵。该方法的有效性在水下机器人姿态控制中得到了证实。

④ 神经内模控制。在传统的内模控制结构中，用一个神经网络作为模型状态估计器，用另一个神经网络作为控制器（或仍采用常规控制器），就构成了神经内模控制的结构形式。

⑤ 神经预测控制。图 11.18 给出了一种神经预测控制的结构，其中 NNM 为神经网络对象响应预测器，NNC 为神经网络控制器。NNM 提供的预测数据送入优化程序，使性能目标函数在选择合适的控制信号 u' 条件下达到最小值。

图 11.18 给出的结构表明，训练一个将来的网络来模仿优化程序的行为是可能的。NNC 被训练产生相同的控制输出，对于一个给定对象输出作为优化程序（ u' ），这种方法的优点是当训练完成时，包含对象模型和优化的常规下的外环（虚线部分）不再需要。

⑥ 神经自适应线性控制。神经网络控制不仅可用作非线性控制，也可用作线性控制。PID 控制是线性控制中的常用形式，其控制参数整定困难，尤其是不能自调整。采用神经网络调整 PID 控制参数就构成了神经自适应 PID 控制的结构，如图 11.19 所示。

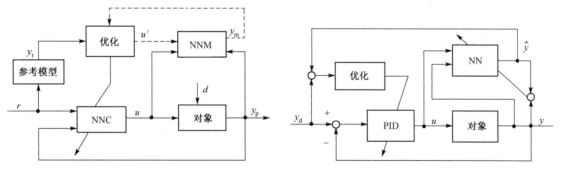

图 11.18　神经网络预测控制结构　　　图 11.19　神经自适应 PID 控制结构

4. 有待解决的问题

神经网络控制的研究从理论到应用都取得了许多可喜的进展，应该说是相当惊人的。但我们必须看到，人们对生物神经系统的研究与了解还很不够，所使用的神经网络模型无论从结构还是网络规模，都是真实神经网络的极简单模拟，因此神经网络控制的研究还非常原始。而迄今的结果也大都停留在仿真或实验室研究阶段，完整、系统的理论体系和大量艰难而富有挑战性的理论问题尚未解决，真正在线应用成功的实例也有待进一步发展。

从总体上来看，今后的研究应致力于如下几个方面：

（1）基础理论性研究，包括神经网络的统一网络模型与通用学习算法，网络的层数、单元数、激发函数的类型，逼近精度与拟逼近非线性映射之间的关系，持续激励与收敛，神经网络控制系统的稳定性、能控性、能观性及鲁棒性等；

（2）研究专门适合于控制问题的动态神经网络模型，解决相应产生的对动态网络的逼近能力与学习算法问题；

（3）神经网络控制算法的研究，特别是研究适合神经网络分布式并行计算特点的快速学习算法；

（4）对成熟的网络模型与学习算法，研制相应的神经网络控制专用芯片。

11.3 鲁棒控制

控制系统的鲁棒性是现代控制理论研究中一个非常活跃的领域,鲁棒控制问题最早出现在 20 世纪人们对于微分方程的研究中。什么叫鲁棒性呢？其实这个名字是一个音译，其英文拼写为 Robust，也就是健壮和强壮的意思。控制专家用这个名字来表示当一个控制系统中的参数发生摄动时，系统能否保持正常工作的一种特性或属性。就像人在受到外界病菌的感染后，是否能够通过自身的免疫系统恢复健康一样。

到 20 世纪 80 年代，现代控制理论已非常完善，但一直难以应用于实际中。这是因为，现代控制理论完全依赖于描述被控对象动态特性的精确数学模型，设计出来的系统性能也完全依赖于设计所用数学模型的精度，使得数学模型成为理论与工程实际的关键桥梁。而在工程实际中，不可避免地存在各种各样的不确定因素，几乎无法获得精确的数学模型。

为了弥补现代控制理论的不足，在系统的分析、设计阶段就应充分考虑被控对象所存在的各种不确定因素，即用基于含不确定性的非精确模型来分析系统和设计控制器。

11.3.1 基本概念

一般地，鲁棒性问题涉及以下三个重要概念。

（1）鲁棒稳定性。假定系统的数学模型属于某一个集合 Ω_0（对象模型可在此集合范围内摄动），若集合中的每一个系统都是内部稳定的，则称集合中的系统是鲁棒稳定的。

（2）鲁棒镇定。假定被控对象的数学模型属于某一个集合 Ω_0，一个控制器被称为鲁棒镇定的，是指它能镇定集合 Ω_0 中的每一个被控对象。

（3）鲁棒性能。假定被控对象的数学模型属于某一个集合 Ω_0，一个控制器被称为具有鲁棒性能，是指它能镇定集合 Ω_0 中的每一个被控对象，同时使它们满足某些特定的性能。

鲁棒稳定性是对问题的分析，而鲁棒镇定和鲁棒性能是对问题的综合。由于鲁棒镇定和鲁棒性能均与控制器有关，因此将这两个方面的问题统称为鲁棒控制。

从鲁棒性的角度观察经典控制可以发现，经典控制虽然没有给出用解析手段设计控制器的有效方法，但它根据被控的频率特性设定控制器参数初值，再通过现场调试进一步确定满足工程需要的控制器参数。它不要求被控对象的精确数学模型，因此具有一定的鲁棒性。现代控制理论以其对模型严谨的数学描述和对设计指标的精确描述方式为控制器提供了解析设计手段，但设计过程中没有考虑实际中存在的模型误差及其他不确定因素，因而其鲁棒性较差，限制了其在工程实际中的广泛应用。

可以说，鲁棒性概念是现代控制理论与工程实际相结合的产物，是对现代控制理论的补充和完善，它使现代控制走向工程实际。

11.3.2 H_∞ 优化与鲁棒控制

控制系统的 H_∞ 最优化是极小化某些闭环系统频率响应的峰值。对于图 11.20 所示常规单输入-单输出闭环控制系统，$F(s)$，$G_p(s)$ 为控制器与对象的传递函数。由干扰 v 到输出 y 的闭环传递函数为

$$S = \frac{1}{1+FG_p}$$

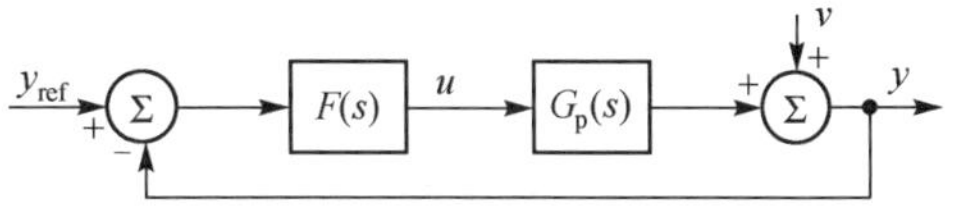

图 11.20　常规闭环控制系统

称其为反馈系统的灵敏度函数，它表征了控制系统输出对于干扰的灵敏度，期望 $S \to 0$。

确定控制器 F，使闭环系统稳定，且极小化灵敏度函数的峰值，等价于极小化干扰对输出的影响。若采用无穷范数形式，得

$$\|S\|_\infty = \max_{\omega \in R} |S(j\omega)|$$

式中，R 为实数集；ω 为角频率。

在无限频率域范围内某些函数的峰值可能不存在，所以改用最大（最小）数概念表示，以最小上界取代最大值。

上界（或下界）：设 $A \subset R$，若有实数 M，对一切 $x \in A$ 都有 $x \leqslant M$（或 $x \geqslant M$），则称 M 为集合 A 的一个上界（或下界）。

上确界（或下确界）：数集 A 的最小上界（或最大下界）称为 A 的上确界（或下确界），记为 $\sup A$（或 $\inf A$）。

当 $\max A$ 存在时，它必是 A 的最小上界，则 $\sup A = \max A$；当 $\min A$ 存在时，它必是 A 的最大下界，则 $\inf A = \min A$，所以 $\|S\|_\infty = \sup_{\omega \in R} |S(j\omega)|$。

由于最优化的性能指标 $\|S\|_\infty$ 为最小，寻找 F 使 $J_u = \min_F \|S\|_\infty$ 存在，所以表示为 $J_u = \inf_F \|S\|_\infty$。

灵敏度函数 S 的峰值越小，则在所有频率上 S 的幅值就越小，因而干扰对输出的影响就越小。可见，$\|S\|_\infty$ 极小化相当于极小化最坏情况下干扰对输出的影响。

另一方面，无穷范数是 2 范数的导出范数，即

$$\|S\|_\infty = \sup_{\|v\|_2 < \infty} \frac{\|y\|_2}{\|v\|_2}, \quad \|v\|_2 = \left(\int_{-\infty}^{+\infty} v^2(t)\mathrm{d}t \right)^{1/2}$$

由于 2 范数具有能量的意义，所以 $\|S\|_\infty$ 的物理意义是由传递函数 S 所表示系统的能量放大系数，H_∞ 最优化就是寻找控制器 F，使该系统能量放大系数最小化。

下面分析对象模型不精确时最优化与鲁棒控制的关系。根据图 11.20，系统的开环与闭环频率特性分别为

$$G_o = G_p F, \quad G_{cl} = \frac{G_p F}{1+G_p F}$$

通过设计 F，可使闭环传递特性 G_{cl} 满足设定的性能指标。但是，若所用模型具有不确定的偏差 ΔG_p，即实际对象为 $G_p + \Delta G_p$ 而非 G_p 时，则相应的开环频率特性偏差为

$$\Delta G_o = G_{ro} - G_o = \Delta G_p F$$

式中，$G_{ro} = (G_p + \Delta G_p)F$。

实际的闭环传递函数为 $\qquad G_{rcl} = \dfrac{(G_p + \Delta G_p)F}{1 + (G_p + \Delta G_p)F} = \dfrac{G_o + \Delta G_o}{1 + G_o + \Delta G_o}$

传递函数的闭环特性偏差为 $\qquad \Delta G_{cl} = G_{rcl} - G_{cl} = \dfrac{1}{1 + G_o}\dfrac{\Delta G_o}{G_{ro}}G_{rcl}$

则 $\qquad \dfrac{\Delta G_{cl}}{G_{rcl}} = \dfrac{1}{1 + G_o}\dfrac{\Delta G_o}{G_{ro}} = S\dfrac{\Delta G_o}{G_{ro}}$

可见，尽管设计时没考虑 ΔG_p 引起的开环频率特性偏差 ΔG_o，但若由此引起的闭环特性偏差 ΔG_{cl} 相对于闭环传递函数足够小，则实际系统的闭环就不会受到该未建模的太大影响。灵敏度函数 S 体现了开环特性相对偏差 $\Delta G_o / \Delta G_{ro}$ 到闭环特性相对偏差 $\Delta G_{cl} / \Delta G_{rcl}$ 的增益，若通过设计控制器 F 使 S 足够小，则可将闭环特性的偏差抑制在工程允许误差范围之内。即对于任意给定的足够小正数 ε，满足 $\|S\|_\infty < \varepsilon$。

因此，H_∞ 最优化相当于优化开环特性相对偏差对闭环特性相对偏差的影响程度，ε 越小，这种影响越小，控制器构成的系统鲁棒性也越强。

11.3.3 标准 H_∞ 控制

实际应用中，许多控制问题都可以表示为如图 11.21 所示的 H_∞ 标准控制系统。

图 11.21 中各信号均为向量信号，其中 w 为外部输入信号，包括指令信号、干扰等；z 为被控输出信号，也称为评价信号，常包括跟踪误差、调节误差和执行机构输出；u 为控制信号；y 为测量输出信号；$F(s)$ 为控制器；$G(s)$ 为广义被控对象，它并不一定等同于实际被控对象。对于不同的设计目标，即使是同一个对象，其广义被控对象也可能不同。一般而言，广义被控对象具有如下状态空间形式：

$$\begin{cases} \dot{x} = Ax + B_1 w + B_2 u \\ z = C_1 x + D_{11} w + D_{12} u \\ y = C_2 x + D_{21} w + D_{22} u \end{cases} \qquad (11.41)$$

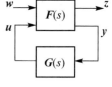

图 11.21 H_∞ 标准控制系统

式中，x 为 n 维向量，$x \in R^n$；z 为 m 维向量，$z \in R^m$；y 为 q 维向量，$y \in R^q$；w 为 l 维向量，$w \in R^l$；u 为 p 维向量，$u \in R^p$。

将式（11.41）用传递函数矩阵表示，得

$$\begin{bmatrix} Z(s) \\ Y(s) \end{bmatrix} = G(s)\begin{bmatrix} W(s) \\ U(s) \end{bmatrix} \qquad (11.42)$$

$$G(s) = \begin{bmatrix} G_{11}(s) & G_{12}(s) \\ G_{21}(s) & G_{22}(s) \end{bmatrix}$$

$$G_{11}(s) = C_1(sI - A)^{-1}B_1 + D_{11}, \quad G_{12}(s) = C_1(sI - A)^{-1}B_2 + D_{12}$$

$$G_{21}(s) = C_2(sI - A)^{-1}B_1 + D_{21}, \quad G_{22}(s) = C_2(sI - A)^{-1}B_2 + D_{22}$$

式中，$Z(s)$ 为信号 z 的拉普拉斯变换；$Y(s)$ 为信号 y 的拉普拉斯变换；$W(s)$ 为信号 w 的拉普拉斯变换；$U(s)$ 为信号 u 的拉普拉斯变换。

由于 $\qquad\qquad\qquad\qquad\qquad U(s) = F(s)Y(s) \qquad\qquad\qquad\qquad\qquad (11.43)$

则从 $W(s)$ 到 $Z(s)$ 的闭环传递函数为

$$T_{zw}(s) = G_{11} + G_{12}F(I - G_{22}F)^{-1}G_{21} \qquad (11.44)$$

H_∞ 最优控制问题，就是求一个实有理控制器 F 使闭环系统内部稳定，且使传递函数矩阵 $T_{zw}(s)$ 的 H_∞ 范数极小，即

$$J_u = \min_F \|T_{zw}\|_\infty = \gamma_0 \qquad (11.45)$$

当性能指标 γ_0 无法获取时，可以求一个实有理控制器 F 使闭环系统内部稳定，且使

$$\|T_{zw}\|_\infty < \gamma, \qquad \gamma > \gamma_0 \qquad (11.46)$$

则称其为 H_∞ 次优控制。通过逐渐减小 γ，反复求解该次优控制问题，使 γ 逼近 γ_0，进而逼近 H_∞ 最优控制解。

实际中的很多控制问题都可以转化成上述标准 H_∞ 控制问题。下面首先讨论标准 H_∞ 控制问题的求解方法，再介绍如何把其他控制问题转化为标准 H_∞ 控制问题。

11.3.4 H_∞ 控制的求解

由于式（11.46）等价于

$$\frac{1}{\gamma}\|T_{zw}(s)\|_\infty < 1 \qquad (11.47)$$

式（11.47）对应于将式（11.41）中输入 w 以 w' 代替后的增广被控对象：

$$\begin{cases} \dot{x} = Ax + B_1 w' + B_2 u \\ z = C_1 x + D_{11} w' + D_{12} u \\ y = C_2 x + D_{21} w' + D_{22} u \end{cases} \qquad (11.48)$$

式中

$$w' = \gamma w$$

与式（11.48）相应的传递函数为

$$G(s) = \begin{bmatrix} G_{11}(s)\gamma & G_{12}(s) \\ G_{21}(s)\gamma & G_{22}(s) \end{bmatrix}$$

式（11.48）与控制器 F 构成的闭环传递函数应满足

$$\|T_{zw'}(s)\|_\infty = \frac{1}{\gamma}\|T_{zw}(s)\|_\infty < 1 \qquad (11.49)$$

所以，求解由式（11.41）与式（11.47）构成的系统便转化为求解由式（11.48）与式（11.49）所描述的系统。

1. 状态反馈设计

由于适合一般情况的 H_∞ 次优控制问题求解较烦琐，下面仅介绍几个特例。

（1）特例一

在式（11.41）中，$D_{11} = 0$，$D_{21} = 0$，$D_{22} = 0$，$C_2 = I$，且 D_{12} 列满秩（$\text{rank} D_{12} = p$），(A, B_2) 能稳定，则通过设计状态反馈控制 $u = Kx$，$K \in R^{p \times n}$，使闭环系统内部稳定，且 $\|T_{zw}\|_\infty < \gamma$ 的充分必要条件为存在正定矩阵 $P > 0$，满足 Riccati 不等式

$$A^T P + PA + \gamma^{-2} PB_1 B_1^T P + C_1^T C_1 - (PB_2 + C_1^T D_{12})(D_{12}^T D_{12})^{-1}(B_2^T P + D_{12}^T C_1) < 0$$

此状态反馈矩阵为

$$K = -(D_{12}^T D_{12})^{-1}(B_2^T P + D_{12}^T C_1)$$

（2）特例二

在式（11.41）中，$D_{11}=0$，$D_{12}=0$，$D_{21}=0$，$D_{22}=0$，$C_2=I$，（A,B_2）能稳定，则存在状态反馈矩阵 K，使闭环系统内部稳定，且 $\|T_{zw}\|_\infty<\gamma$ 成立的充分必要条件是存在正数 $\varepsilon>0$，使得 Riccati 不等式

$$PA+A^{\mathrm{T}}P+P(\gamma^{-2}B_1B_1^{\mathrm{T}}-\varepsilon^{-2}B_2B_2^{\mathrm{T}})P+C_1^{\mathrm{T}}C_1<0$$

有正定解 $P>0$，则此状态反馈矩阵为 $K=-\dfrac{1}{2\varepsilon^2}B_2^{\mathrm{T}}P$。

（3）特例三

若状态和干扰输入完全可检测，定义 $y=\begin{bmatrix}x\\w\end{bmatrix}$，则增广被控对象具有形式

$$\dot{x}=Ax+B_1w+B_2u,\quad z=C_1x+D_{12}u,\quad y=\begin{bmatrix}x\\w\end{bmatrix}$$

假设满足下列 3 个条件：

①
$$\mathrm{rank}\begin{pmatrix}A-\mathrm{j}\omega I & B_2\\C_1 & D_{12}\end{pmatrix}=n+p\qquad\omega\in\mathbf{R}$$

②
$$D_{12}^{\mathrm{T}}\begin{bmatrix}C_1 & D_{12}\end{bmatrix}=\begin{bmatrix}0 & I\end{bmatrix}$$

③（A,B_2）能稳定。

存在状态反馈控制器使闭环系统内部稳定，且 $\|T_{zw}\|_\infty<\gamma$ 成立的充分必要条件是 Riccati 方程

$$PA+A^{\mathrm{T}}P+P(\gamma^{-2}B_1B_1^{\mathrm{T}}-B_2B_2^{\mathrm{T}})P+C_1^{\mathrm{T}}C_1=0$$

存在解矩阵
$$P=P^{\mathrm{T}}\geqslant 0$$
且
$$A+\gamma^{-2}B_1B_1^{\mathrm{T}}P-B_2B_2^{\mathrm{T}}P$$
稳定。相应的状态反馈控制为 $u=-B_2^{\mathrm{T}}Px$。

当 H_∞ 性能指标的 $\gamma\to\infty$ 时，H_∞ 意义下的最优控制问题就转化为一般线性二次型意义下的最优控制问题。

2．输出反馈设计

设广义被控对象的状态空间表达式为
$$\dot{x}=Ax+B_1w+B_2u,\quad z=C_1x+D_{12}u,\quad y=C_2x+D_{21}w$$
并满足如下假设：

（1）（A,B_2）能稳定，（C_2,A）能检测。

（2）（A,B_1）能稳定，（C_1,A）能检测。

（3）$D_{12}^{\mathrm{T}}\begin{bmatrix}C_1 & D_{12}\end{bmatrix}=\begin{bmatrix}0 & I\end{bmatrix}$。

（4）$\begin{bmatrix}B_1\\D_{21}\end{bmatrix}D_{21}^{\mathrm{T}}=\begin{bmatrix}0\\I\end{bmatrix}$。

由输出反馈构成的 H_∞ 标准控制问题为，设计输出反馈控制，使得图11.21所示的闭环系统内部稳定，且 $\|T_{zw}\|_\infty<\gamma$。

此问题有解的充分必要条件为:

(1) Riccati 方程式

$$A^T X_\infty + X_\infty A + X_\infty (\gamma^{-2} B_1 B_1^T - B_2 B_2^T) X_\infty + C_1^T C_1 = 0$$

$$A^T Y_\infty + Y_\infty A + Y_\infty (\gamma^{-2} C_1^T C_1 - C_2^T C_2) Y_\infty + B_1 B_1^T = 0$$

有解 $X_\infty \geqslant 0$,$Y_\infty \geqslant 0$。

(2) $\lambda_{\max}(X_\infty, Y_\infty) < \gamma^2$。

若上述两个条件成立,则满足要求的输出反馈控制器为

$$\dot{x}' = A_\infty x' - Z_\infty L_\infty y, \quad u' = F_\infty x'$$

式中 $A_\infty = A + \gamma^{-2} B_1 B_1^T X_\infty + B_2 F_\infty + Z_\infty L_\infty C_2$,$F_\infty = -B_2^T X_\infty$,$L_\infty = -Y_\infty C_2^T$,$Z_\infty = (I - \gamma^{-2} Y_\infty X_\infty)^{-1}$ 将其展开,则可表示为

$$\dot{x}' = Ax' + B_1(\gamma^{-2} B_1^T X_\infty x') + B_2 F_\infty x' + Z_\infty L_\infty C_2 x' - Z_\infty L_\infty y, \quad u = F_\infty x'$$

其另一种表示形式为

$$\begin{cases} \dot{x}' = Ax' + B_1 \hat{w}_W + B_2 u - Z_\infty L_\infty (y - C_2 x') \\ u = -B_2^T X_\infty x' \end{cases} \quad (11.50)$$

式中

$$\hat{w}_W = \gamma^{-2} B_1^T X_\infty x'$$

根据式(11.50)可以发现,输出反馈的 H_∞ 控制器由两部分构成:第一部分是范围状态估计器,第二部分是利用状态估计值进行反馈控制的项。这两部分的作用同最优控制中利用估计器获得状态估计值,然后再利用状态估计值实现最优反馈控制类似。并且,估计值 x' 的计算与最优控制输入矩阵 F_∞ 的计算相互独立。当 $\gamma \to \infty$ 时,式(11.50)化为

$$\dot{x}' = Ax' + B_1 u - L_\infty (y - C_2 x'), \quad u = -B_2^T X_\infty x'$$

此时,输出反馈 H_∞ 控制器变成了输出反馈的 H_2 最优控制问题。

例 11.4 有如下一阶线性定常系统:

$$\dot{x} = -2x + w_1 + u, \quad u = x + w_2$$

式中,w_1 和 w_2 分别为过程噪声和测量噪声;u 和 y 分别为控制输入和测量输出。定义干扰抑制目标为 $z = \begin{bmatrix} x \\ u \end{bmatrix}$,试设计动态输出反馈控制器,使系统从干扰到 z 的传递函数矩阵满足 $\|T_{zw}\|_\infty < 1$。

解 该系统的标准型广义被控对象为

$$\dot{x} = -2x + \begin{bmatrix} 1 & 0 \end{bmatrix} \begin{bmatrix} w_1 \\ w_2 \end{bmatrix} + u, \quad y = x + \begin{bmatrix} 1 & 0 \end{bmatrix} \begin{bmatrix} w_1 \\ w_2 \end{bmatrix}, \quad z = \begin{bmatrix} 1 \\ 0 \end{bmatrix} x + \begin{bmatrix} 0 \\ 1 \end{bmatrix} u$$

验证是否满足假设条件:

(1)(A,B_2)能稳定,(C_2,A)能检测。

(2)(A,B_1)能稳定,(C_1,A)能检测。

(3)$D_{12}^T [C_1 \quad C_{12}] = \begin{bmatrix} 1 & 0 \end{bmatrix} \begin{bmatrix} 1 & 0 \\ 0 & 1 \end{bmatrix} = \begin{bmatrix} 0 & 1 \end{bmatrix}$。

(4)$\begin{bmatrix} B_1 \\ D_{21} \end{bmatrix} D_{21}^T = \begin{bmatrix} 1 & 0 \\ 0 & 1 \end{bmatrix} \begin{bmatrix} 0 \\ 1 \end{bmatrix} = \begin{bmatrix} 0 \\ 1 \end{bmatrix}$。

经验证,以上 4 个条件均成立。

应用 Riccati 方程,得

$$-2X_\infty - 2X_\infty + 1 = 0$$

$$-2Y_\infty - 2Y_\infty + 1 = 0$$

解得
$$\boldsymbol{X}_\infty = \boldsymbol{Y}_\infty = 0.25 > 0$$

由于
$$\lambda_{\max}(\boldsymbol{X}_\infty \boldsymbol{Y}_\infty) = \frac{1}{16} < \gamma^2 = 1$$

于是存在输出反馈 H_∞ 控制器使闭环系统内部稳定，且 $\|\boldsymbol{T}_{zw}\|_\infty < 1$ 成立。

为此，依据式（11.50）得
$$\begin{cases} \dot{x}' = -\dfrac{121}{60}x' + \dfrac{4}{15}y + u \\ u = -\dfrac{1}{4}x' \end{cases}$$

其传递函数表达形式为
$$F(s) = \frac{U(s)}{Y(s)} = \frac{-\dfrac{1}{34}}{\dfrac{15}{34}s + 1}$$

本 章 小 结

1．自适应控制器是一种能修正自己的特性以适应对象和扰动的动态特性变化的控制器。本章介绍了两种最基本的自适应控制器、一阶模型参考自适应控制器和几种简单的自校正控制器。

2．智能控制就是在常规控制理论基础上，吸收人工智能、运筹学、计算机科学、模糊数学、实验心理学、生理学等其他科学中的新思想、新方法，对更广阔的对象（过程）实现期望控制。本章介绍了智能控制的基本结构体系和几种智能控制方法，包括递阶控制、专家控制、仿人控制和神经控制。

3．鲁棒控制是基于含不确定性的非精确模型来分析系统和设计控制器的。本章介绍了鲁棒控制的概念和标准 H_∞ 控制问题，并给出了两种 H_∞ 控制问题的求解方法。

习 题

11.1　简要说明最小方差自校正控制器的设计思想。

11.2　采用最小方差控制求以下对象的最优预测器，并计算其最小预测误差方差：
$$y(t) - 0.71y(t-1) + 0.28y(t-2) = 0.49u(t-1) - 1.05u(t-2) + \varepsilon(t)。$$

11.3　简述分级递阶智能控制的特征，以及组织级、协调级及执行级等各级的功能。

11.4　简述神经网络的特点及分类方法，并写出几种常用的神经网络学习算法。

附录A 工艺流程图中的仪表图例符号

在工艺流程图中，仪表通过特定的图形符号+字母组合+设计位号标注，在控制点处画出。仪表的图形符号见表A.1，功能字母代号见表A.2，设计位号由仪表所在控制系统顺次编号，无须统一规定。

表A.1 仪表类型及安装位置的图形符号

仪 表 类 型	现 场 安 装	控 制 室 安 装	现 场 盘 装
单台常规仪表	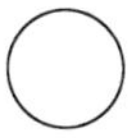 ○	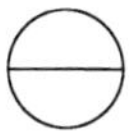 ⊖	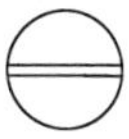 ⊖
DCS	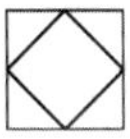 ◇	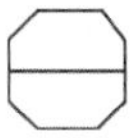 ⬡	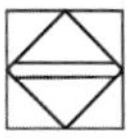 ⬡
计算机功能	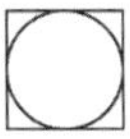 □	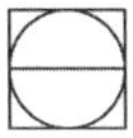 ⊖	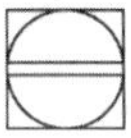 ⊖
PLC	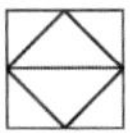 ◇	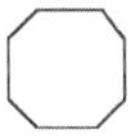 ⬡	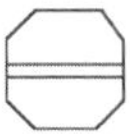 ⬡

表A.2 仪表功能字母代号

	首字母		后继字母		
	检测仪表或引发变量	修饰词	读出功能	输出功能	修饰词
A	分析		报警		
F	流量	比率（比值）			
L	物位		灯		低
P	压力、真空		连接点、测试点		
T	温度			传送	
C	电导率			控制	
D	密度	差密度			
E	电压（电动势）		检测元件		
H	手动				高
I	电流		指示		
K	时间、时间程序	变化速率		操作器	
Q	数量	积算、累计			
R	核辐射		记录		
S	速度、频率	安全		开关、连锁	

参 考 文 献

[1] 方康玲. 过程控制及其 MATLAB 实现（第二版）[M]. 北京：电子工业出版社，2013

[2] 方康玲. 过程控制系统（第二版）[M]. 武汉：武汉理工大学出版社，2007

[3] 刘晓玉，方康玲. 过程控制系统——习题解答及课程设计[M]. 武汉：武汉理工大学出版社. 2011

[4] 黄卫华，方康玲. 模糊控制系统及应用[M]. 北京：电子工业出版社，2012

[5] 潘炼，方康玲，吴怀宇. 过程控制与集散系统实验教程[M]. 武汉：华中科技大学出版社，2008

[6] 吴怀宇. 自动控制原理（第三版）[M]. 武汉：华中科技大学出版社，2017

[7] 慕延华，华臻，林忠海. 过程控制系统[M]. 北京：清华大学出版社，2018

[8] 叶小岭，叶彦斐，林屹，邵裕森. 过程控制工程[M]. 北京：机械工业出版社，2017

[9] 杨延西. 过程控制与自动化仪表（第 3 版）[M]. 北京：机械工业出版社，2017

[10] 俞金寿，孙自强. 过程控制系统（第二版）[M]. 北京：机械工业出版社，2015

[11] F. G. Shinskey（美）. 萧德云，吕伯明，译. 过程控制系统：应用、设计与整定[M]. 北京：清华大学出版社，2014

[12] 鲁照权，方敏. 过程控制系统[M]. 北京：机械工业出版社，2014

[13] 马锌，张贝克. 深入浅出过程控制——小锅带你学过控[M]. 北京：高等教育出版社，2013

[14] 戴连奎，于玲，田学民，王树青. 过程控制工程（第 3 版）[M]. 北京：化学工业出版社，2012

[15] 黄德先，王京春，金以慧. 过程控制系统[M]. 北京：清华大学出版社，2011

[16] 邵裕森，戴先中. 过程控制工程（第二版）[M]. 北京：机械工业出版社，2011

[17] 俞金寿. 工业过程先进控制技术[M]. 上海：华东理工大学出版社，2008

[18] 王树青，戴连奎，于玲. 过程控制工程[M]. 北京：化学工业出版社，2008

[19] 杨三青，王仁明，曾庆山. 过程控制[M]. 武汉：华中科技大学出版社，2008

[20] 孙洪程，李大字. 过程控制工程设计（第三版）[M]. 北京：化学工业出版社，2020

[21] 白志刚. 自动调节系统解析与 PID 整定[M]. 北京：化学工业出版社，2018

[22] 刘久斌. 热工控制系统[M]. 北京：中国电力出版社，2017

[23] 张一，王艳. 化工控制技术[M]. 北京：北京航空航天大学出版社，2014

[24] 刘金琨. 先进 PID 控制 MATLAB 仿真（第四版）[M]. 北京：电子工业出版社，2016

[25] 李正军，李潇然. 现场总线与工业以太网[M]. 北京：中国电力出版社，2018

[26] 杜维，张宏建，王会芹. 过程检测技术及仪表（第三版）[M]. 北京：化学工业出版社，2018

[27] 方小菊，陈越华，黄永杰. 检测技术与过程控制[M]. 北京：北京理工大学出版社，2017

[28] 杨成慧. 智能仪表技术[M]. 北京：北京大学出版社，2017

[29] 潘炼. 检测技术及工程应用[M]. 武汉：华中科技大学出版社，2010

[30] 胡寿松. 自动控制原理（第七版）[M]. 北京：科学出版社，2019

[31] 李国勇. 过程控制实验教程. 北京：清华大学出版社，2011

[32] 朱晓青. 现场总线技术与过程控制[M]. 北京：清华大学出版社，2018

[33] 蔡自兴. 智能控制原理及应用[M]. 北京：清华大学出版社，2019

[34] 刘金琨. 智能控制：理论基础、算法设计与应用[M]. 北京：电子工业出版社，2019

[35] 刘金琨. 智能控制（第四版）[M]. 北京：电子工业出版社，2017

[36] 李士友，李妍. 智能控制[M]. 北京：清华大学出版社，2016

[37] 王立新. 王迎军，译. 模糊系统与模糊控制教程[M]. 北京：清华大学出版社，2003

[38] 席裕庚. 预测控制（第二版）[M]. 北京：国防工业出版社，2013

[39] 李国勇. 智能预测控制及其 MATLAB 实现（第 2 版）[M]. 北京：电子工业出版社，2010

[40] 钱积新，赵均，徐祖华. 预测控制[M]. 北京：化学工业出版社，2007

[41] 田宏文. 转炉氧枪系统的自动化控制[J]. 冶金能源，2007，26(3)：58-60

[42] 吕庆功，牟仁玲，许文婧. 钢铁生产全流程虚拟仿真实践教学平台的建设与应用[J]. 实验室研究与探索，2019，38(7)：83-87，93

[43] 蔡恒斌. 氧气流量自动控制在福建三钢智能炼钢中的研究与应用[J]. 福建冶金，2019，48(6)：9-12

[44] 袁晴棠，殷瑞钰，曹湘洪，刘佩成. 面向 2035 的流程制造业智能化目标、特征和路径战略研究[J]. 中国工程科学，2020，22(3)：148-156

[45] 彭瑜. 先进物理层——一网到底的最后突破[J]. 自动化仪表，2020，41(4)：1-5，10

[46] 曹会启，赵振忠，武志伟. 工业以太网和无线网桥在甜菊糖提取自控系统中的应用[J]. 化工自动化及仪表，2019，46(8)：651-653

[47] 吴宇行，王晓东，朴恒. 过程控制技术在污水处理中的应用[J]. 净水技术，2020，39(7)：71-76，125

[48] 赵顺毅，陈子豪，张瑾. 现代流程工业的机器学习建模[J]. 自动化仪表，2019，40(9)：1-6

[49] 王正，孙兆军. 基于改进 Smith 预估补偿的智能滴灌系统模糊 PID 控制[J]. 节水灌溉，2020，(8)：18-21

[50] 贾歆玮，田龙，唐艳军. 智能 PID 控制技术在制浆造纸过程中的应用进展[J]. 纸和造纸，2020，39(2)：6-10

[51] 刘晔，王笑波，王昕. 一类基于 Expert-PID 的智能阀门定位器控制方法[J]. 控制工程，2019，26(1)：87-91

[52] 王威，杨平. 智能 PID 控制方法的研究现状及应用展望[J]. 自动化仪表，2008，29(10)：1-3，7

[53] 杨智，朱海锋，黄以华. PID 控制器设计与参数整定方法综述[J]. 化工自动化及仪表，2005，32(5)：1-7

[54] 吴宏鑫，沈少萍. PID 控制的应用与理论依据[J]. 控制工程，2003，10(1)：37-42

[55] 丁军，徐用懋. 单神经元自适应 PID 控制器及其应用[J]. 控制工程，2004，11(1)：27-30，42

[56] 张泾周，杨伟静，张安祥. 模糊自适应 PID 控制的研究及应用仿真[J]. 计算机仿真，2009，26(9)：132-135，163

[57] 尹成强，高洁，孙群，赵颖. 基于改进 Smith 预估控制结构的二自由度 PID 控制[J]. 自动化学报，2020，46(6)：1274-1282

[58] 李康康. 基于两级 Smith 预估补偿的加热炉温度串级控制[J]. 自动化与仪表，2020，35(4)，16-19，29

[59] 胡欢. 发电锅炉燃烧过程 Smith 预估解耦控制策略[J]. 安徽工业大学学报（自然科学版），2020，37(1)：40-45

[60] 胡昊，孟廷豪，秦朝军. 热媒炉出口温度前馈控制系统的设计与应用[J]. 化工自动化及仪表，2020，47(2)：110-114，169

[61] 赵伟. 基于自适应模糊前馈-反馈机制的筛分加料含水率控制方法[J]. 烟草科技，2019，52(3)：97-101

[62] 黄磊，官正强，唐德东，宋乐鹏. 串级变比值模糊 PID 烟气脱硫浆液 pH 值控制优化及仿真[J]. 仪器仪表用户，2019，26(1)：19-21，27

[63] 史冬琳，蔡子强，周浩杰，吕鑫. 反应釜连续反应多变量控制系统设计[J]. 东北电力大学学报，2018，

38(5)：69-73

[64] 雷帅，赵志诚，张井岗. 多变量过程二自由度控制器的设计[J]. 控制工程，2018，25(2)：298-304

[65] 郭瑞君，张国斌，纪煜. 基于模糊自适应内模控制的主蒸汽温度控制系统研究[J]. 中国电力，2018，51(12)：118-123

[66] 周超，谢七月，左毅，李鹏辉. 基于多模型切换的锅炉主蒸汽温度预测控制[J]. 电力科学与技术学报，2020，35(4)：154-160

[67] 王浩坤，徐祖华，赵均，江爱朋. 无偏模型预测控制综述[J]. 自动化学报，2020，46(5)：858-877

[68] 许娣，高钰凯，佴松宜. 连续搅拌反应釜的自适应模糊辨识与预测控制[J]. 科学技术与工程，2020，20(20)：8268-8275

[69] 王天堃. 基于神经网络模型及预测控制 DMC 的火电机组脱硝控制策略[J]. 中国电力，2019，52(12)：140-145

[70] 刘建帮，孙威，张宪霞. 多变量预测控制工程应用的控制模型前馈解耦策略[J]. 控制与决策，2019，34(5)：1094-1102

反侵权盗版声明

电子工业出版社依法对本作品享有专有出版权。任何未经权利人书面许可，复制、销售或通过信息网络传播本作品的行为；歪曲、篡改、剽窃本作品的行为，均违反《中华人民共和国著作权法》，其行为人应承担相应的民事责任和行政责任，构成犯罪的，将被依法追究刑事责任。

为了维护市场秩序，保护权利人的合法权益，本社将依法查处和打击侵权盗版的单位和个人。欢迎社会各界人士积极举报侵权盗版行为，本社将奖励举报有功人员，并保证举报人的信息不被泄露。

举报电话：（010）88254396；（010）88258888

传　　真：（010）88254397

E-mail：dbqq@phei.com.cn

通信地址：北京市海淀区万寿路 173 信箱
　　　　　电子工业出版社总编办公室

邮　　编：100036